海洋战略与海洋强国论丛
十二五国家重点出版物出版规划项目

China's Energy Strategy
The Impact on Beijing's Maritime Policies

中国能源战略对海洋政策的影响

[美] 加布里埃尔·B.柯林斯　安德鲁·S.埃里克森

莱尔·J.戈尔茨坦　威廉·S.默里 主编

李少彦　姜代超　薛　放　刘宏伟 译

U0340137

海洋出版社
2015年·北京

图书在版编目（CIP）数据

中国能源战略对海洋政策的影响／（美）加布里埃尔（Gabriel）
主编；李少彦等译. —北京：海洋出版社，2015.6
（海洋战略与海洋强国论丛）
书名原文：China's Energy Strategy：The Impact on Beijing's Maritime Policies
ISBN 978－7－5027－9190－2

Ⅰ. ①中… Ⅱ. ①加… ②李… Ⅲ. ①能源战略－影
响－海洋战略－研究－中国 Ⅳ. ①P74

中国版本图书馆 CIP 数据核字（2015）第 139157 号

图字：01－2012－5860
© 2008 by United States Naval Institute.
All rights Reserved.
Simplified Chinese translation arranged with United States Naval Institute.

声明：本书绪言及各章节中的表达观点仅代表作者个人观点，绝不代表中
华人民共和国或美国政府任何组织的任何官方政策或评价。该书以学术自
由为原则编译成册；除了作者本人外，不得认为该书相关人员（包括编辑、
其他论文作者以及翻译人员）以任何方式同意任何观点。

责任编辑：常青青
责任印制：赵麟苏

海洋出版社 出版发行

http://www. oceanpress. com. cn
北京市海淀区大慧寺路 8 号 邮编：100081
北京画中画印刷有限公司印刷 新华书店经销
2015 年 6 月第 1 版 2015 年 6 月北京第 1 次印刷
开本：787 mm×1092 mm 1/16 印张：26
字数：439 千字 定价：80.00 元
发行部：62132549 邮购部：68038093
总编室：62114335 编辑室：62100038
海洋版图书印、装错误可随时退换

目　次

第三部分　中国海军与能源通道相关的发展和重要问题

第四部分　中国能源安全与美中关系

绪 言

■ 加布里埃尔·B. 柯林斯　安德鲁·S. 埃里克森
莱尔·J. 戈尔茨坦　威廉·S. 默里

大约 30 年来，中国以两位数的增长率持续快速的发展，在世界史上既令人惊叹又史无前例。同样引人注目的是，这一发展过程一直以和平方式进行，并且至少可以说是避免了给国际体系造成不稳定影响，这与许多人以前预测的不同。今天和平的前景仍旧看好，中国在一个彼此依存的商贸与体制互动的网络中交织得日益紧密。中国领导人没有军事经验，似乎全神贯注于国内稳定与发展。"台独"的呼声似乎暂时低落下去，而中国政府新的灵活的外交在许多重要关系上取得了重大突破，这些关系曾经处于困难之中，包括与印度、俄罗斯和越南的关系。

但是，仍然有一些不和谐的趋势，中国的民族主义仍是一个威力巨大的潜在的不稳定因素。这在 2005 年 4 月得以证明，当时一群愤怒的民众严重破坏了日本驻上海领事馆。中国军队的现代化持续大踏步向前——即使中华人民共和国似乎面临自 1949 年新中国成立以来最为友善的战略环境。上一个十年进行的军队建设已经造就了世界上最先进的常规弹道导弹部队，这可能已经吸引了外国军事分析家们的绝大部分注意力。但是，中国军队的建设是在一个非常广阔的领域开展的，其在太空和海洋开发等重点军事领域中所取得的成就，最近已经通过下列活动得以展示：2007 年 1 月 11 日，中国进行了反卫星武器试验；在此之前的 2006 年 10 月 26 日，中国一艘柴油动力潜艇穿过了冲绳附近的美海军"小鹰"号航母战斗群的保护屏障。

为了研究中国对海洋的重视，中国这一转向非常明显，美国海军军事学院于 2006 年 10 月正式成立了中国海洋研究学会。我们的目的是创建一个各方面条件上乘的中心，用以研究中国海洋开发，特别是与之相关的商贸和军事事务。该学会广泛吸取了上个十年中在新港的教职员们所积累的亚太专业知识，并使用了许多独特的方法，其中包括非常重视对中文信息的研究。该学会已经成功进行了高质量的研究，这些研究为美海军以及在更为广义的范畴上为学术界和政策界提供服务。最后，关于该学会，重要的一点是：海上合作显著成为该学会几乎所有当前的以及未来计划中的活动主题，其中包括本书。的确，中美海上安全合作是该学会 2007 年年度会议的主题。该学会的团队完全秉承平衡与客观的立场来研究中国海洋开发。

该学会的活动中，最为突出的是年度会议。该学会的首次会议专门研究了中国水下作战，其结果被编为《中国未来核潜艇力量》一书，该书于 2007 年由海军军事学院出版社出版。本书的编写是基于该学会第二次会议的大量研究，本次会议主题为"中国能源战略对海洋的影响"。本次会议以中国制定的能源战略为一方，以其海军战略为另一方，探讨了两者之间可能的关系，从而试图探究中国经济战略与军事战略之间可能的互动关系。在更广义的层面上，本次会议试图探讨中国国家安全战略前景，该战略超越了"近海防御"，甚至超越了台湾。在某种意义上，这一方案力图就中国是追求成为地区性强国，还是凭借其强有力的太空部队和蓝水舰队，追求成为全球性强国，展开辩论。

2006 年 12 月 6 日至 7 日会议的与会者包括工业分析师、中国问题专家以及美军军官。值得注意的是，在与会者中有几位退休的大使和将军，包括美前太平洋总部司令和驻华大使约瑟夫·W. 普里赫（美海军退休将领）。美海军代表中有来自美海军作战部长办公室的高级军官以及来自美国第三舰队司令身边的高级军官。

本次会议的组织者们刻意选择了这样的立场，即欢迎对这一重要议题表达不同的观点，包括研究人员所持的各种观点：有人将中国看成正在出现的经济和军事威胁；有人则相信在全球商贸和安全方面，中国正在成为一个重要的"利益攸关方"。在中国能源战略和海军战略以及两者之间的关系问题上，各种不同的观点在本书各章中得到了清晰阐述。这也反映了学会广泛坚持以开放、多元和学术性方法研究中国海洋开发问题的立场。在这一方面，我们相信，值得注意的是，为了更好地使读者熟知在能源安全和海军发展方面巧于心机且洋洋洒洒的中国战略文献，本书各章中的大部分篇幅在很大程度上源自对中国原始资料的研究，许多资料在以前的英文学术研究中未曾引用过。

本次会议集中探讨 3 个具体问题：①什么是中国的能源战略？②对能源的依赖在中国正在出现的海军现代化建设中起着什么样的作用？③中国的能源战略对海洋战略发挥什么样的影响？本次会议所取得的一些共识以及主要的分歧表述如下：

就中国整体的能源战略而言，一部分经济学家注意到，中国国民生产总值将以目前的速度持续增长 20 年或 20 年以上。尽管中国拥有广泛的能源供应商，并且正投资开发替代能源（例如，核能），修建或商讨通往中国的管道，但是分析人员认为，北京对石油燃料以及海上供应的依赖将不会大幅削减。人们注意到，虽然北京寻求大幅提高其经济成分中的能源效益，但是与会者对此能否实现大打问号，即使许多人相信，北京在不远的将来有可能重新建立能源部。最后，会上介绍的几篇论文强调，中国在中亚、中东、尤其在非洲的能源外交卓有成效，这有可能得益于非常规手段。

在会上，许多研究人员都谈到了中国能源战略与海军战略之间的内在联系问题。特别是，具有广泛共识的是，许多中国人（特别是其中包括中国海军研究人员）担忧美国对中国实施能源禁运的可能性（这种禁运有可能得到日本、印度或者得到两者同时的协助）。例如，在台湾危机发生时，有可能出现这种情况。有人提出，这个问题可能已经成为中国加速发展海军，特别是"超越台湾"的理论基础（北京对于后者，信息日渐增强）。这是因为中国海军的研究人员似乎相信，中国海军现在或在不久的将来还不能争夺至关重要的海上能源交通线。中国在针对影响海军的所谓"马六甲困局"问题上的一个令人信服的国家安全观，总体上看，可能就是同心协力使得美国"不愿阻断，不敢阻断，无法阻断"中国的能源生命线。[1]中国的这一观念似乎暗示这样一个战略，即：首先建立相互依存的关系，同时防范冲突；以强有力的威慑防范冲突，同时进一步发展一旦威慑失败能够确保安全的能源运输能力和军事能力。与会者大体上同意这样一个观点，即：能源问题将迫使中国海军在一个更为多样化的地区内，在非冲突的环境下越来越频繁地使用兵力。这类地区中，其中一处有可能是印度洋，虽然在近期和中期，中国似乎面临着要面对抱负与能力之间的较大差距。在这方面，虽然中国海军的发展规模一直不大（以平台数量来衡量），并且在这个发展轨道上的任何变化对外界观察者来说都一览无余，但是在过去十年中，在质量方面所取得的成就则是巨大的且具有战略意义。

与会者还探讨了中国能源战略对美国海洋战略发展的影响。大多数与会者都认为，中国正形成的阻止通行与沿海控制能力，要求美国海军认真看待东亚海上交通线安全问题：在不随意滋生侵略图谋想法的情况下，必须保持可靠的能力。此外，会议还提及一点，那就是美国最终可能比中国更容易受到石油供应中断的危害，这是由于在其总体能源构成中，美国更依赖进口的石油。最后，许多与会者认为中国海军似乎已经步入了一个关键的战略转折点。按照这种观点，与会者推测中国海军参与外部事务的机会可能会很大，这种参与能够有助于在中国海军内部产生海洋"利益攸关方"的观念。

尽管与会者在很多领域取得了共识，但是在一些令人感兴趣的领域也还存有争议。针对中国各种不同行为在多大程度受到中央规划和控制这一问题，与会的专家们莫衷一是。例如，中国石油公司受国家控制的程度就是一个有争议的话题。有的与会者低估了中国能源安全政策中军事方面的整体重要性，而有的与会者则坚持该政策在战略方面惹人注目。一个相关的问题是能源是否是中国在东海和南海产生领土争端的真正动机。研究人员在中国在未来的岁月中可能具有何种能力的问题上也持有不同意见，特别是在中国人民解放军在向中国近距离水域之外投送兵力的能力的问题上仁者见仁，智者见智。在中国在非洲（以及更为广义的发展中世界）日益增强的影响力是否符合美国的利益问题上，与会者各持己见。最后，争议还体现在下列问题上：中国是否接受美国海军更为强势的介入；美国海军政策在多大程度上可能或者不可能影响中国海军现代化的规模与速度。与会者还在这样一个问题上针锋相对：在制定美国海洋战略时中国是否应当被看成是一个独特的挑战而被详尽地探讨。

本书分为四个部分。第一部分，"中国的能源未来与国家安全战略"，通过审视北京的经济与军事发展以及因此产生的能源需求和面临的政策挑战为本书的研究奠定基础。第一章由毛文杰（James Mulvenon）撰写，探讨了能源在中国人民解放军的发展中所起的作用以及北京在保卫其不断增长的能源获取通道问题上进行的战略选择。毛文杰论证了中国人民解放军正从作战的角度严肃地看待燃油短缺的问题。小查斯·W. 弗里曼然后对比了中美两国在能源问题上易受损害的程度，并评估了在此问题上双边合作的可能性。荣大聂（Daniel H. Rosen）和特雷弗·豪泽撰写了第三章，他们评估了中国潜在的未来经济增长与能源需求之间的交汇点。戴维·皮尔兹随后对中国的能源业进行了详细的分析。中国不断加大力度以获得和使用液化天然气来替代污染更为严重的燃料，特别是作为煤炭的替代物。米克尔·赫伯格对因此而产生的战略意义做了综述。随着中国能源需求的增长，相关海上交通线的安全已经成为北京一个主要的讨论议题。在第一部分最后一章中，加布里埃尔·B. 柯林斯和安德鲁·S. 埃里克森探讨了建立一支悬挂中国国旗的邮轮船队的动机与战略意义。

第二部分，"中国在全球的能源通道"，对中国为在全世界获取能源而做出的努力进行了深入研究。詹姆斯·R. 霍尔姆斯和吉原俊井都认为，从中东进口石油所具有的重要性表明中国的战略重点将不是转向西太平洋，而是转向印度洋，尽管目前看来这一趋势还很有限，但却在不断增长。赛德·拉希姆勾勒出中国与沙特阿拉伯之间最近在双方关系方面取得的实质性的进展，这有可能导致沙特阿拉伯为中国炼油能力以及战略石油储备的发展助一臂之力。虽然在与沙特阿拉伯之间的关系问题上，中国无法与美国相比，但是北京正巧妙地实施对沙特阿拉伯的影响。阿迈德·哈希姆分析了伊朗与中国之间长久的关系，发现了一些问题，这些问题从长期来看可能会限制双方真正战略伙伴关系的发展。在北京的权衡中，中伊关系服从中美关系，因为中美贸易关系是如此的强劲。克利福德·谢尔顿考察了中国凭借支援和不干涉信条，在不断获得非洲石油储备方面取得了越来越大的成功。一个典型的例子是中非共和国，它在北京的使馆似乎全部由中国出资，作为交换，中国则获得了矿物开采权。瓦泰里·喀兹洛夫将中国对能源和军事安全的渴求放到欧亚大陆这一复杂的地形背景中，在这一地区中国所取得的实质性的外交成果使得其边境相对安全。他认为，中国想同时成为一个陆上强国和一个海上强国。在探讨中日在南海进行的主权与资源竞争这一章中，彼得·达顿针对东海复杂和反复无常的燃气油田的争端，建议寻求创新性的法律解决途径。最后，约翰·加洛伐诺研究了南海不仅对中国的国家发展，而且对华盛顿的地缘政治利益所具有的战略意义。他描述了中国越来越行之有效地将软实力投送到南海地区，并评估了其未来的前景。

第三部分，"中国针对能源通道遭受封锁所进行的海军发展与关切"，研究了美中两国高度关切的状况。加布里埃尔·B. 柯林斯、安德鲁·S. 埃里克森以及莱尔·J. 戈尔茨坦审视了中国海军研究人员对北京所面对的与能源有关的海上威胁以及北京可能做出的应对所持的观点。他们证明中国不仅对这些问题深切担忧，而且对能源安全领域可能的海上合作持开放态度。伯纳德·D. 科尔考察了自 1949 年以来能源在中国海洋战略中发挥的作用。他评价今天的中国海军拥有世界上最有能力的常规动力潜艇部队和一支庞大的正在改进的水面作战舰艇部队，以及在其他海上使命区域执行任务的重要部队。中国海军已经在实力上超越了台北，成为日本海上自卫队一个不可轻视的对手，并且它对美国海军可能对台海进行干预的设想构成了发人深省的挑战。尽管科尔坚持认为，确保能源安全将仍旧是中国海军的一项使命，但是他得出的结论是，这一使命不可能成为中国海军现代化规划中的一个主要考虑因素。随后，詹姆斯·布瑟特论述了中国海军水面战斗舰艇的发展以及它们在未来保卫中国海上交通线中潜在的作用。与许多通常的想法不同的是，中国海军研究人员认为中国海军在未来几十年内将能够担负全球海上交通线上的保障任务。布鲁斯·艾里曼回顾了东亚的海上封锁以及影响这些海上封锁成败的因素，论证了中国在海上封锁方面有着丰富的经验，尽管它常常是海上封锁的受害者。在这一部分的结尾一章中，加布里埃尔·B. 柯林斯和威廉·S. 默里也对中国国内外的主流观点提出质疑。他们的结论是，与生俱来的封锁困难以及中国不断增长的遏制和报复能力使得对中国进行的封锁难以实施，并且使得任何试图对中国进行能源封锁的国家其封锁可能适得其反，甚至可能非常危险。

最后一部分，"中国的能源安全与美中关系"，探讨了更宏观的战略和政策意义，尤其是这些意义可能涉及美国海军的未来。罗纳德·奥罗克列举了中国海军近期的发展，认为至关重要的是华盛顿通过继续致力于强劲的海军发展与部署，在西太平洋保持存在、影响和作战能力。丹·布鲁门萨探究有可能引起华盛顿关切的中国海洋与能源发展形势，特别警告要注意那些从中国对石油的渴求中获益的令人生厌的政权以及可能因中国建设一支真正的蓝水舰队而产生的动荡。最后，他得出结论，中国调整能源政策方向所带来的责任将与市场保持一致，以减轻外界对其更大的战略目标的猜疑。乔纳森·D. 波拉克直截了当地质疑这一充满争议的思维方式，他认为能源安全概念本身就非常欠缺，并且这一概念在将太平洋两岸危险地神秘化中推波助澜。与之相反，他重在探究中美可能的合作途径，认为中美有可能成为"千舰海军"计划的伙伴，从而减轻双方共同面临的困难。

本书是中国海洋发展研究系列丛书中的第二部，所阐述的观点只是作者自己的观点，绝不代表美国海军或美国政府中的任何其他团体的官方政策或判断。本书编辑有一个心愿，那就是感谢每一位作者为我们呈现了出色的研究文稿。此外，我们深切地感谢海军军事学院的许多研究人员，他们为本次会议成功召开，特别是为本书得以问世，发挥了重要作用。他们是：丹林·卡西奥颇、迈克尔·卡丹、彼得·东布罗夫斯基、克里斯蒂娜·哈特利、吉姆·刘易斯、黛比·麦迪克斯、苏珊·莫雷蒂、乔－安·帕克斯、罗伯特·鲁贝尔、迈克尔·夏洛克和道格·史密斯。我们还要特别感谢吉吉·戴维斯，他是一位模范专业人士，他为了这一切常常工作至深夜。中国海洋研究学会还要感谢雷声综合防御系统公司，该公司通过向海军军事学院基金慷慨解囊，持之以恒地支持海军军事学院的亚太研究。最后，我们感谢海军军事学院出版社编辑团队，他们为了本书认真工作，表现出色。

在我们即将沿着这些优秀论文所指引的方向开始我们的思辨里程时，值得我们回首的是，从历史上看，中国从不倡导侵略和扩张主义。即使在其权力巅峰时期，这个所谓的中央王朝总体上看也没有对那些遥远的疆域进行殖民并且其边境在很长一段时期，一直都或多或少地保持稳定状态。另外，国际关系的基本理论告诉我们，那些大国的迅速崛起通常都伴随着严峻的动荡。20 世纪各种血淋淋的冲突至少部分属于这种状况。

2006 年的会议上，几名与会者注意到 2006 年会议恰逢 1941 年 12 月 7 日珍珠港遇袭悲剧发生 65 周年。当然，这纯属巧合。但是我们应当借此之际，严肃地反思亚太地区和平的价值，同时反思如何运用我们的海军力量帮助确保这一和平。历史学家们大都同意，六十多年前在太平洋地区造成深仇大恨的战争的主要原因是日本对外部资源的需求、日本人心目中所认为的软肋以及当时左右东京的相关的意识形态。在东亚占主导地位并持续了几十年的和平证明了本着向前看和善意的精神，以合作来解决争端所彰显的力量。

我们生活的世界正日益受到中国快速持久崛起的影响。我们在前进的道路上必须清楚地理解能源、国际冲突和海洋安全在不同程度上的相互联系，这有益于所有的国家。如果 65 年前的历史在今天这个充满活力的地区重演，那将是全世界的失败。

2007 年 6 月

注释：

1. 参阅凌云的《龙脉》，发表于《现代舰船》，2006 年 10 月，第 19 页。

第一部分

中国的能源未来与
国家安全战略

中国军队建设与中国战略能源的依赖性：尴尬困境与当务之急

■ 毛文杰①

一、引言

中国对石油不断大幅增长的需求与油然而生的对全球石油供应的依赖，使得中国的能源安全所处的尴尬困境日益加深，并成为中国以及国际上战略探讨的突出话题。绝大多数评论者承认，中国人民解放军在这些战略辩论中具有至关重要的分量，但是他们经常是从解放军政策的倾向与能力方面做些文章，几乎没有人去对这一问题做深入的分析研究。[1]本章试图通过回答四个核心问题来弥补这一缺憾：

（1）能源因素对中国正在进行的军事发展到底有多重要？

（2）在中国人民解放军的发展中，能源因素是如何影响各种平衡与折中的考量的？

（3）现在和将来能够保卫遥远的海上能源交通线吗？

（4）强制性的能源封锁将对北京造成多大伤害？

不过，我们必须注意到，刚开始的时候中国靠国内资源，特别是煤炭资源来满足90%的能源需求。[2]但是，中国在1993年变成了石油净进口国，并且预计未来它对国外石油资源的依赖将由现在的40%增长为2020年的75%～80%。因此，本章的核心重点是中国对进口石油的日益依赖及其对军事和安全问题产生的相应影响。

---

① 毛文杰（James Mulvenon）博士是防务集团公司情报研究与分析中心高级研究与分析总监。此前，他是位于华盛顿哥伦比亚特区兰德公司的政治学专家并担任兰德公司亚太政策中心副总监。他还是一位研究中国军事方面的专家，他目前研究重点是中国的指挥、控制、通讯、计算机、信息、监视与侦察（C4ISR）一体化系统，防务研究/研制/采办机构与政策，战略武器指导思想（计算机网络攻击与核战争），具有爱国主义情结的黑客以及中国的信息化革命对军队和民间的影响。其专著《战士的命运》（M. E. 夏普，2001）考察了中国军队巨额资金所支撑起来的军贸帝国。毛文杰博士从加州大学洛杉矶分校获得了政治学博士学位。

二、能源与中国人民解放军的发展

当我们考查能源在中国人民解放军发展中的作用时，将这个话题细分为战略、作战与战术层面有助于我们的考查。战略层面主要集中在中国的国家能源战略和该战略在多大程度上反映了中国人民解放军的喜好并包含和保护了中国人民解放军官僚机构的权益。[3]人们可以想一想中国人民解放军在与战略相关的计划和决策方面所发挥的作用。首先，能源安全在"十一五"规划中（2006—2010）是一个突出的问题，该计划的重点就是通过"能源供应安全、环境保护以及能源效益与节约"，实现"可持续增长"[4]。"十一五"规划是在国家发改委办公室张国宝主持下制定的，所记述的会谈资料显示，中国人民解放军通过各种直接的方式参与了该规划的制订，其中包括意见书或参加重要的内部会议。

在作战层面，人们可以想一想是否存在一个清楚表述的中国人民解放军能源战略以及如何贯彻这个战略。倘若军队没有公布一份正式的能源战略，我们只能从其外部行为以及其研究人员的论述中推测它的战略。在他们的论述中，中国人民解放军的研究人员强调中国发展独立可靠的国内外石油资源的重要性，"辨析了中国对石油进口的依赖不断加剧，这可能成为被美国利用的软肋"[5]。这些研究人员尤其"担忧美国能够利用它在富含石油地区的影响来限制中国获取石油，或者在中美产生冲突时，来阻止石油流入中国"[6]。了解中国人民解放军能源政策的一个主要窗口是国防动员体系。该体系负责为部队在危机时和战时调配包括能源供应在内的地方经济资源（能源与国防动员之间更为详细的联系，参阅本章最后一节）。

最后，在战术层面，中国人民解放军的一些部队积极投身于节约能源运动中。公开的以及内部军事资料有力地表明，中国人民解放军重视节约能源已经有些年头了，甚至在近期原油价格飙升之前就已经开始了。例如，《解放军报》2004年2月的一篇文章将解放军的能源政策导向概括如下："在过去的几年中，解放军为了在社会主义市场经济环境下加快中国特色军事变革，在……油料（石油、燃油和滑油）开发方面已经以降低消耗和提高效益为导向。"[7]军区级的联勤部被告知，他们应当"像爱惜血液一样爱惜石油，像珍视金子一样珍视石油。"[8]下级部队则清楚地理解什么是效益需求的动力。据报道，这些部队在汽车团油料管理研讨会上多次敲警钟，"中国所面临的石油形势不容乐观。我们在油料消耗方面已经跃居世界第一，我们43%的石油供应来自进口。节约能源和节约石油应当是官兵的当务之急"。[9]

节约燃料的努力在解放军空军中被以最为清楚的表述写进文件，据报道空军有其自己的"燃油节约工作"领导小组。为了降低燃油消耗，空军部队通过拖车牵引降低飞机起飞前和降落后的滑行时间，延长批次时间以便包括各种训练科目并因而降低发动机启动次数，增加模拟器的使用，改进气象分析以减少放油事故，合并维护保养计划以减少发动机启动。[10]二炮部队的模拟训练也已经直接与节约燃油的愿望相联系，[11]采用计算机网络和无线电频率识别卡的方法来防止浪费和偷油（"跑、冒、滴、漏"政策）。[12]全军范围内这种努力到底节约了多少吨燃油尚不得而知，但是宣传的力度在清楚地表明这项工作对领导层的重要性。

三、解放军发展道路上的能源安全与权衡

中国能源安全的尴尬处境对中国人民解放军的发展来说既是一个推动因素，也是一个限制。能源安全辩论显而易见在两个方面为中国人民解放军的发展提供了便利。首先，保卫与石油有关的海上交通线为中国人民解放军添加了一项新的战略任务，因此，为更多的国防开支，特别是在与发展一支可靠的蓝水海军相关的投资方面又增添了一条理由。其次，与之相关的是，能源战略为中国人民解放军参与和地方官员一起制定安全规划和决策，特别是在上述过程中需要考虑海军的专门技能时，为中国人民解放军创造了一个新的合法舞台。

但是，中国的能源安全困难也对解放军的发展起到了限制作用。首先，被中国需求拉升得更高的全球油价，对高节奏训练和作战形成了压力。2006年12月，在一次国防预算透明度的半官方研讨会上，中国人民解放军与会人员透露，2006年解放军在燃料成本上比预计已经多支出超过100亿元人民币（约13亿美元）。[13]其次，中华人民共和国对全球能源供应的依赖潜在地限制了解放军面对包括台湾地区、日本和美国等在内的辽阔区域的态势时铤而走险，特别是限制了解放军在面对外国石油供应被封锁这一对经济造成破坏性影响的情况下冒险行动。（关于这一情况的详细特点，参阅本章最后一部分）。

（一）能源安全与海上交通线防卫

在我们急急忙忙转而探讨解放军保卫与能源有关的海上交通线，尤其是保卫马六甲海峡的能力之前，我们必须问一个首要的问题：北京和解放

军想要保卫海上交通线吗？显然，按照常理思维，答案是肯定的。但是，当我们更进一步审视这一问题时，这个想象中的正确答案可能是来自对不可靠的臆想及其反应的推断。的确，中国从由美国海军提供的全球航行自由中受益匪浅，这尤其体现在过去25年实行对外开放与经济现代化举措中。鉴于如果用本国的力量替代美国海军进行保障，那么将由此产生高昂的政治、外交、军事以及尤为重要的财政成本，因此，在可预见的将来继续"免费享用"这一"公共红利"是否符合中国的利益，现在仍在争辩中。

确实，自20世纪90年代中期以来，中国对美国海军所提供的海上自由的中立本质的信心已经遭到破坏。1993年的"银河"号事件中，美国海军跟踪了一艘被疑为运送化学武器的船只，后来发现船上没有这类物质。这一事件震惊了中国当局并被习惯性地引用，以此证明美方怀有恶意。后继的一些国际危机增强了这些看法。1995至1996年在台湾附近海域进行的导弹测试源自美方部署了两个航母打击群，这使中国军事战略家们在思想上确信，他们需要准备在台湾事态中威慑甚至打败美国海军部队。联军行动以及北约炸毁中国驻贝尔格莱德使馆使中国安全界的绝大多数人确信，美国所实施的外交政策对主权的理解更体现其扩张性和干涉性。这进一步破坏了美军是全球规则保护者的这种看法。就在近期，中国还一直不愿加入《防扩散安全倡议》，认为在海上实施抓捕破坏了国际法与主权原则，尽管中国海军司令吴胜利最近对加入"千舰海军"计划以维护国际海洋安全表达了兴趣。[14]

有这些情况作为背景，中国军事战略家们将中国依赖美国对海上重要交通线的保护看成是一种挫折和触动，因此将寻求发展一种确保海上重要能源供应航道安全的独立手段，这就一点也不奇怪了。但是，中国人民解放军现在拥有完成这一使命的能力吗，或者说，在近期能够看到具有这样能力的前景吗？尽管中国人民解放军自20世纪90年代末期进行的现代化进程令人印象深刻，但是对这一问题简短的回答则是没有。在过去的十年中，中国现代化的造船联合企业已经建造了令人惊叹的12艘装备了先进武器系统的水面和水下的舰艇，包括4型潜艇（宋级战略潜艇、元级战略潜艇、商级战略核潜艇和晋级弹道导弹战略核潜艇[15]）、5型导弹驱逐舰（旅州、旅洋－Ⅰ、旅洋－Ⅱ/兰州、旅海、旅沪）和至少3型新式导弹护卫舰（江卫、江凯和江凯－Ⅱ）以及至少6型新式两栖登陆艇（玉康、玉亭－Ⅰ、玉亭－Ⅱ、玉海、玉登和2208型穿浪双体船）。[16]在其部署两艘俄罗斯建造的现代级导弹驱逐舰和四艘基洛级潜艇之后，中国海军还订购并接收了两艘现代级驱逐舰和八艘基洛级潜艇。

　　然而，尽管中国海军实力在数量和质量方面都有了显著的提升，但是对于执行全球远海巡逻任务来说，舰队似乎规模不够，训练也不够，更不要说在竞争的情况下保卫海上交通线了。公平地说，中国人民解放军部队越来越频繁的全球性港口访问的确显示了其不断增长的蓝水作战的信心，但是中国海军仍然主要是一支棕水和绿水海军。除了完成这一使命所要求的舰艇的绝对数量这一方面外，迄今为止，舰艇在航行中出现的一些未公开的问题凸显出来的关键瓶颈问题是补给和供应。[17]中国海军不仅缺少足够数量的辅助补给油船，而且中国目前没有——并且如果继续实行其长期以来阐明的政策——将永远也不会像美国那样得到外国海军基地的后勤支援。为了消除这一困难，以及或许是为中国海军在未来能够自己实施对海上重要交通线的保护做准备，李侃如（Lieberthal）和赫伯格（Herberg）指出，"为了在未来危机期间在保护海上能源运输通道方面使自己处于有利地位，中国已经毫不隐晦地大力加强与巴基斯坦、孟加拉和缅甸的合作，与它们新签了港口使用协议，增强了与它们的海上联系"。[18]

　　不过，与此同时，中国可能会继续在美国海军提供的安全保障下，在海上自由航行。如果并且当中国确定这一依赖已经无法忍受并且海军有能力提供自己的航行自由时，那时中美关系将达到一个重大的战略转折点。但是，这一时刻似乎如果不是要在几十年之后的话，也是要在许多年之后才能发生，尽管目前双方关系紧张。

（二）中国及其能源封锁的软肋

　　中国对能源需求的重要动因一直是其自 20 世纪 70 年代末以来经济的爆炸式增长。在这 20 年的跨度中，中国国内生产总值翻了两番，而能源消耗翻了一番。[19]中国现在在世界上是继美国之后的第二大石油消费国和第三大石油进口国。[20]在上个十年中，中国的能源需求占石油增长的1/3。更为重要的是，中国的石油进口与总消耗间的比率预计继续扩大，从目前的40% 到2020 年的70% 以上。这些进口的石油中，75% 预计来自中东而其中50% 经过马六甲海峡。[21]

　　中国痛苦地意识到对进口石油的依赖不断增长所带来的影响，中国政府正通过出台大量新政策，力图减轻这一影响。国防大学教授伯纳德·科尔认为，中国政府正试图通过下列途径维护石油安全：扩大国内生产、提高炼油厂效益、与外国供应商签署合同并且获得"对外国油气田的勘探权和生产控制"。[22]

中国在建立战略石油储备方面也已经采取了重要举措，这部分也是为了抗衡可能的石油封锁。[23]2001年3月，据报道在"十五"期间（2001—2005年），中国将投资200亿人民币，到2003年建成战略石油储备。[24]建立石油储备的工作显然拖延了，因为2004年10月有报道说，中国将在2005年正式启动其战略石油储备计划。[25]然而，2005年1月中国国家发改委副主任张晓强说，虽然2005年8月在宁波市，储备量为1千万桶的石油可供使用但中国将在2006年开始启动其战略石油储备工作。[26]根据亚太能源署研究中心发布的信息，中国计划分3个阶段来发展其战略石油储备，终极目标是到2020年达到国际能源机构推荐的储备量，即90天的石油进口量。虽然第一阶段确切的启动日期可能现在不太准确，但是建设中国战略石油储备的总体计划似乎没受影响。

（1）到2005年，中国的石油储备将到达35天石油进口量水平，其中14天的储备量直接由政府负责，21天的储备量由国企负责。

（2）到2010年，经济的石油储备应当达到50天的石油进口量，其中22天由政府负责，28天由上市公司负责。

（3）到2020年，预计战略石油供应储备将达到国际能源机构90天的标准，总量达到400万~500万吨。[27]

为了方便从港口转运原油，中国正在其沿海建设战略石油储备。这些储备地点设在浙江镇海、浙江岱山、山东黄岛和辽宁大连。[28]镇海的储备设施建设始于2003年12月2日，也是第一个被选定灌充石油的储备基地。这也是最大的储备基地，2008年建成后将能够储备1千万立方米的石油。[29]不过，一位中国的研究人员警告说，中国应当在中国的中西部建设石油储备，因为沿海地区容易遭受攻击。[30]应当注意的是，上文提及的作为中国四个战略石油储备基地之一的宁波在媒体上一直没有被提及。从中国媒体报道看，没有任何迹象表明这些新近出现的油罐区中，任何一家部分或全部为外资拥有或控制，至于这些设施是由中国国家拥有和控制，还是由中国商业化产权拥有和控制，也没有真正明确区分。的确，中国国营石油公司所具有的主动地位（中石化公司、中石油公司和中海油公司）以及中国经济的中央集权性质，可能使得这样的区分与我们的讨论不相干，并且任何将战略资产与商业资产相混合的做法都被故意弄得模糊不清。

四、能源与国防动员

战争危机发生时，在中国国防动员计划中能源供应是一个重要部分。

中国一位消息提供者说，汽油占战时所有供应的65%。[31]还有一位消息提供者透露，中国人民解放军有两种类型的战略石油储备：战备油料储备和周转油料储备。战时的油料储备分为战略油料储备、战役油料储备和战术油料储备。这些油料储备由总参谋部、军区、军种和战术部队负责。周转油料储备由战术级的支持部队负责供应。油料储备由当地政府和军队管理。普通原油、部分精炼的石油以及军民通用的石油产品由当地的石油储备部门管理。仅用于军事的石油由部队管理。[32]这类储备的准确数量尚不知道。

即使中国已经储存了足够的石油，用以支持大规模的军事行动，美国对中国实施封锁和对其战略石油储备进行打击的预期，也有可能鼓励中国政府通过入侵前的几个月增加石油进口的方式来确保其石油供应不受损害。事实上，在过去其供应面临潜在破坏的时期，中国可能已经遵循了这一行动路线。2003年1月，在伊拉克战争爆发前期，中国增加了其石油进口，被认为是对战争造成的破坏的一种防范。如果中国在伊战之前增加了石油进口，那么有理由相信它在对台战争之前也会增加石油进口。这种储备工作能够成为最好的指示器之一，成为中国人民解放军为冲突做准备的警报。

但是，一旦出现能源封锁，这样的储备对于中国人民解放军来说，或者对于整个国家来说足够了吗？对于这个问题的回答，部分取决于封锁本身的性质。如果一旦美国海军在中国的周边宣布了一个封锁区，封锁包括悬挂中国国旗和外国国旗的船只，但是并没有对陆上的储备实施动态打击，那么中国的储备在危机发生时可能提供有限的缓解作用。当这一封锁的可信度在后勤和经济方面本身就成问题时，这一封锁也可能落实起来就会有名无实并将依赖美国外交和贸易关系的整体实力。然而，如果矛盾不断升级且美国突破了底线，对大陆的油料目标实施选择性打击，那么对中国对国外石油的依赖所造成的冲击将很快就会被感觉到，随之而来的资本逃离和经济压力也将加剧。虽然石油仅约占中国国家能源总量的1/5，中国的进口石油却占了石油总量的一半以上，并且基本上没有什么性价比好的替代物用于空中和地面运输。中国对国外石油的依赖在十年左右的时间内将从目前的40%上升到60%～80%，那么中国容易受到伤害的程度将随着时间的流逝而变得更糟，而不是更轻。[33]

五、结语

中国对国外石油资源的依赖不断加重，这对作战形成潜在制约，并给中国外交和安全利益造成了战略短板，中国军队显然对此感到关切。具有讽刺意味的是，这种形势是中国经济成功和作为一个正在崛起的世界强国所造成的，并且它凸显了中国不断增长的干预国际事务的资源，在多大程度上受到一套潜在的令人痛苦的代价的制衡，尤其是如果它削弱了中国在追求使台湾地区与内陆统一这一国家最高利益上的选择的话。在今后几十年中中国突出的石油需求之大，简直无法通过任何政策与战略储备相结合的形势得到满足。对中国人民解放军规划人员来说，这可能使其进一步确信军事计划与采购的需求集中在对台湾问题迅速而果断的决断上，从而防止外国列强图谋通过打"能源牌"来挫败这一努力。

与此同时，中国在能源领域越来越严重的相互依赖可能使得在这一体制中那些赞成用非军事手段来解决台湾问题的人受到鼓舞，并可能在事实上减少中美在西太平洋发生军事冲突的几率。最令人担忧的是，中国对国外能源资源的依赖日益加重，有可能使得中国铤而走险，并愿意接受与台湾发生冲突的危险不断加剧的做法，非常像日本人在 1941 年 12 月先发制人地攻击珍珠港时所感到的那种压力。

注释：

1. 最引人注目的例外情况是 Enica Strecker Downs's 所写的出色的论文，"China's Energy Security"，2004 年 1 月交给普林斯顿大学。

2. 这一总结的一个主要的例外是运输，其对石油的依赖与其自身的作用不相称。

3. 中国其实有一个阐述清晰的能源战略，关于这一点，如果考虑到其中牵扯的纷繁复杂的官僚和商业利益情形，人们尚不清楚。但是文章中所描述的规划文件与北京的指导原则最为接近并成为解释具体决策的基础。

4. 参阅 Erik Nilsson 和 Selina Lo 的 "Forum Tackles 'Balancing Act'"，发表于 China Daily，2006 年 11 月 7 日。

5. 参阅 Downs 所著的 "China's Energy Security"。

6. 参阅 Downs 所著的 "China's Energy Security"，这些争论的更多的细节参阅 Erica Downs 所著的 "The Chinese Energy Security Debate"，发表于 The China Quarterly，2004 年 3 月，第 177 期，第 21–41 页。

7. 参阅《解放军提升军需物资和油料保障能力》，发表于《解放军报》，2004 年 2 月 12 日。

8. 参阅刘道国的《让'战争血液'更易得到—军区单位为提高油料供应标准化管理做出巨大努力纪实》，发表于《战旗报》，2005 年 11 月 1 日，第 1 版。

9. 同上。

10. 这些保守做法的重要性已经得到增加，部分是因为人民解放军空军在过去增加了训练节奏。关于这一点，尤其要参阅人民解放军空军报纸《空军报》2006 年 6 月 24 日刊发的多篇不同的文章。

11. 参阅梁庆伟和张荣的《更高的训练质量，更低的燃油消耗——基地使用模拟训练器带来双倍效益》，发表于《火箭兵报》，2006 年 7 月 25 日，第 1 版。

12. 参阅王凯兵的《突出重点保障区域，减少"跑、冒、滴、漏"，二炮采用有效措施确保为训练提供充足的高质量燃油》，发表于《火箭兵报》，2006 年 4 月 22 日，第 1 版。

13. 这一数据在 2006 年 12 月中国政府发布的白皮书中得以证实。参阅《2006 年中国国防白皮书》（北京：国务院新闻办，2006 年 12 月），第 9 章，http：//english. people. com. cn/whitepaper/defense2006/defense2006. html.

14. 参阅 P. Parameswaran 的 "U. S. Asks China to Help Maintain Global Maritime Security"，发表于 Agence France - Presse，2007 年 4 月 10 日。

15. 关于商级和晋级舰艇的信息，参阅 Richard D. Fisher Jr. 的 "Trouble Below：China's Submarines Pose Regional, Strategic Challenges"，发表于 Armed Forces Journal，2006 年 3 月。

16. 若想获得更多的信息，请参阅 http：//www. sinodefence. com/navy/.

17. 例如，人民解放军海军编队首次对美国本土进行港口访问，编队由旅沪级导弹驱逐舰"哈尔滨"号（DDG112）、"珠海"号（DDG166）和补给船"南昌"号（AO953）组成。编队在行进的途中，一艘舰的燃油管路破损，美太总部不得不派直升机对破损的燃油管进行更换。

18. 参阅 Kenneth Lieberthal 和 Mikkal Herberg 的 "China's Search for Energy Security：Implications for U. S. Policy" （Seattle, Wash. ：National Bureau of Asian Research, 2006 年），第 23 - 24 页。

19. 有关中国能源需求增长的根源以及规模，参阅 Lieberthal 和 Herberg 的 "China's Search for Energy Security"；Philip Andrews - Speed, Xuanli Liao, 和 Ronald Dannreuther 的 "The Strategic Implications of China's Energy Needs," Institute for International Strategic Studies, Adelphi Papers no. 346, 2002；Erica Strecker Downs, China's Quest for Energy Security (Santa Monica, Calif. ：RAND, 2000)；Downs, "China's Energy Security"；Joe Barnes, "Slaying the Dragon：The New China Threat School," in China and Long-Range Asia Energy Security：An Analysis of the Political, Economic and Technological Factors Shaping Asian Energy Markets (Baker Institute for Public Policy, April 1999)；International Energy Agency (IEA), "China's Worldwide Quest for Energy Security" (Paris：IEA, 2000)；U. S. - China Economic and Security Review Commission, "China's Energy Needs and Strategies," Washington, D. C. ：U. S. Government Printing Office, 2003 年，http：//www. uscc. gov/hearings/2003hearings/transcripts/031030tran. pdf；and Ross H. Munro, "Chinese Energy Strategy"，发表于 Energy Strategies and Military Strategies in

Asia, report for the Office of Net Assessment, Department of Defense（McLean, Va.: Hicks & Associates, Inc., 1999 年）。

20. 作为警告，应当注意到，在能源效益方面中国远落后与美国。

21. 参阅 Lieberthal 和 Herberg 的 "China's Search for Energy Security"，第 12 页。

22. 参阅 Bernard D. Cole 的 "Oil for the Lamps of China": Beijing's 21st Century Search for Energy（Washington, D. C.: National Defense University, 2003 年），第 52 – 53 页。

23. 这一部分主要引自 Kevin Pollpeter 和 Keith Crane 所写的文章 "The Economic Indicators of People's War"（Santa Monica, Calif.: RAND, DRR – 3621 – DIA, 2005 年 3 月）。

24. 参阅《中国政府建立石油储备基地》，发表于《中国在线》，2001 年 3 月 31 日。

25. 参阅《中国将建设 4 个主要的石油储备基地》，发表于《人民日报》，2004 年 10 月 10 日。

26. 参阅 "Strategic Oil Reserves to Be Filled Next Year"，发表于 China Daily，2005 年 1 月 7 日。

27. Asia Pacific Energy Research Centre, Energy in China: Transportation, Electric Power and Fuel Markets（Tokyo: Asia Pacific Research Centre, 2004 年），第 50 页。

28. 参阅《中国将建设 4 个主要的石油储备基地》，发表于《人民日报》，2004 年 10 月 10 日。

29. 参阅 "China Starts Building New Oil Reserve Bases"，发表于 Business Daily Update，2004 年 6 月 29 日和 Li Juanqiong 的《中国将把战略石油储备建在哪里？圈定四大储备基地》，新华社，2003 年 12 月 2 日。

30. 参阅李松林的《关于建立我国战略石油储备体系的思考》，发表于《军事经济研究》2003 年 9 月，第 18 页。

31. 参阅李志云，杜丽红和张文婧的《高技术战争后勤保障政治工作（Beijing: Military Sciences Press, 2004 年），第 147 期第 27 页。

32. 参阅 Lu Linwen 的《油料储备》《中国战争动员百科全书》，钱淑根.（北京：军事科学出版社，2003 年），第 150 页。

33. 中国目前约 50% 的石油依赖进口。在未来数年中，中国国内石油生产似乎有可能稍稍增长，然后稳定在一个水平上。考虑到与此同时，石油需求可能年增长率在 3% ~ 6% 之间（因而每年需求增加超过 200 万亿桶），中国对石油进口的依赖注定要上升并在 2010—2012 年可能超过 60% 的石油依赖进口。然而，许多不同因素将影响进口的实际增长，因此本书中其他章节所列举的估测数据有些差别。关于更多支撑本章预测的数据信息，参阅 "China's 2006 Oil Import Dependency at 47 pct, Up 4.1 pct Points from 2005"，Forbes，2007 年 2 月 12 日，http://www.forbes.com/business/feeds/afx/2007/02/12/afx3420562.html.

能源——中国的致命弱点

■小查斯·W. 弗里曼[①]

本章探讨了中国能源供应的安全。在某种可怕的情况下，认为美国可能实际上在威胁中国能源安全，也许这样说是公正的。还可以假设，在那些相同的情况下，中国将对美国构成这样的威胁。这样，就产生了一个至关重要的问题：在这样一种比拼中，谁将拥有优势？

美国海军可以轻而易举地拦截中国通过海运进口的石油。这些海运石油主要通过印度尼西亚的马六甲海峡、龙目岛和孟加锡，在这些地方美国海军有能力封锁驶往中国的邮轮。中国海军还没有打造出保卫这些贸易通道不受更小国家海军袭扰的能力，更不要说针对美国这样规模的海军了。美国海军还能够轻而易举地封锁中国的港口。因此，切断中国海上的石油供应，美国对此基本没有问题。

中国担忧这些软肋并且正试图弥补——这一问题在本章后续段落将会予以探讨。但是，就现在而言，让我们就能源贸易方面可能发生的对抗这一主题继续进行探讨。

美国现在每天进口 1 200 万桶石油，或者说进口量几乎占我们石油消耗

---

① 小查斯·W. 弗里曼（Chas W. Freeman）大使是国际项目公司董事长。国际项目公司是一家具有 30 年历史的商贸开发公司，其商贸活动和客户遍及六大洲。他还担任中东政策理事会会长、美国中国政策基金会联席会长、大西洋理事会副会长、防务分析学院托管人、美国外交学会理事以及其他一些董事会的会员。在 1990—1991 年的海湾战争期间，他担任驻沙特阿拉伯的大使。在危机形势下，他设法做出了历史上最大程度的外交努力并与此同时使得美国对该国的非军事出口翻了一番。担任助理国防部长期间，他负责与 1993—1994 年间从苏联独立出来的国家之外的所有国家之间的防务关系，成功制订了北约扩展计划，恢复了与中国人民解放军的军事接触，并为重起美洲国家间的防务对话奠定了基础。在从事公共服务的 30 年间，小查斯·W. 弗里曼代表美国与非洲、东亚和南亚、欧洲、中东以及拉丁美洲的一百多个外国政府进行谈判。1972 年尼克松总统访华期间，他担任了美方主译。他还因国际谈判和政策创新获得许多高级别的荣誉和奖项。他曾就读于墨西哥国立自治大学、耶鲁大学、哈佛法学院以及美国外交学院，撰写了《外交人员词典》（美国国防大学出版社，1995）、《权力的艺术：治国与外交》（美国和平研究所出版社，1997）以及多篇有关当前政策的议题及事件的演讲稿和文章。

的70%，对这一事实，美国人在很大程度上予以否认。中国每天只进口380万桶石油，或者说从某种程度上讲，不到其需求量的一半。如若正确地看待这一问题，那么与中国对国产石油的依赖相比，中国对进口石油的依赖程度仅仅略大于美国在1973年阿拉伯石油禁运时对进口石油的依赖程度。的确，相对来说，中国目前从波斯湾国家获取的石油比美国获取的要多，但是石油在中国经济中所发挥的作用，远远小于石油曾在美国的能源经济中所发挥的作用，即使多年以前也是如此。今天进口石油仅仅占中国能源供应量的1/3，与美国的情况一样。中国可能现在正通过沉溺于进口石油和天然气这种做法，来粗略地重现我们的历史，但是事实始终是，你必须回溯到久已遗忘的过去的日子，去寻找那样一段时光。在那段时光里，对于整个能源供应来说，美国对进口石油依赖性很低，就像今天的中国一样。

　　在此，这一点的确非常简单。对于分析来说，镜像思维总是一个潜在的问题；这对于分析对能源的依赖性来说可能是一个致命的问题。在美国，"能源"意味着石油和天然气，主要是进口石油和不断增加的进口天然气。在中国，"能源"意味着化石燃料，尤其是煤。煤占中国每年主要能源消耗的65%以上。然而，从"能源安全"方面看，研讨集中在石油消耗和天然气，进口石油必定几乎占石油消耗的一半，而天然气则以液化天然气的形式进口。阻断石油进口，对于美国经济来说将是灾难性的；对于中国来说也是破坏性的，但远没有致命。

　　因此，如果我们干扰中国的能源进口的话，那么中国会采取报复措施来破坏美国的能源进口吗？我可不愿成为他们的靶标——不管是常规的还是非常规的。上次美国海军认真为油轮护航还是在美国是世界上最大的石油出口国而不是进口国的时候，只要提醒一下读者这一点就足矣。与《海上胜利》一书中所编录的那些光荣的日子相比，现在情况不一样了，并且中国也不是日本。美国现在石油进口量几乎占世界石油贸易量的27%（日本的进口量占另一个10%，而且日本完全依赖这些进口）。中国所占比例小于6%，美国面临的安全利益比中国面临的安全利益要高得多。

　　美国海军能够摧毁别国的石油贸易，并能够保护本国的石油贸易吗？将我们自己置身于一个别无选择的境地，这符合美国的利益吗？那些正在为美国修建的舰船适应这一任务吗？华盛顿应当冒险营造一种美国军队不得不履行这一困难使命的形势吗？从艾克橡皮艇上、单桅三角帆船上、舢板上或者从有舷外支架的木舟上发射火箭推进式榴弹，现在就能够拿下超级油轮，这要紧吗？

对于通过霍尔木兹海峡、马六甲海峡、龙目岛—孟加锡水道、巴拿马运河、苏伊士运河或者好望角的邮轮来说，它们哪些地方易受人攻击，人们可以自行做出判断。但是，如果真有一些危险，那么从这些危险产生之时起，伦敦的劳埃德公司以及保险业的其他公司都会进行风险评估，这一点是绝对毋庸置疑的。可以依赖保险业来增强安全性，但是如果任何人——无论其拥有多么正当的理由——开始炸毁液化天然气油轮或击沉油轮，无论这些油轮开往何方，那么航运成本就会达到空前水平，从而极大地增加了人们所分摊的石油和液化气的成本。

再者，不仅仅对原油，美国对进口产品的依赖也不断增强。我们国内的炼油能力既有限又高度集中。如果横冲直撞的卡特琳娜飓风都能够使炼油能力受损百分之十，那么在战时一个决心进行针锋相对破坏行动的外敌将造成什么样的破坏呢？

幸运的是，人们头脑中的中美之间发生大规模冲突的原因是尚未解决的台湾与中国大陆之间关系的问题，并且台海冲突的危险正迅速减退。不过，值得注意的是，一旦这场冲突爆发，可能除日本之外，美国没有公开的盟友。即使澳大利亚人，他们在过去的一百多年里，每一场战争都与我们并肩作战，在台湾问题上也将袖手旁观。在这样一场战争中，我们的盟友将保持中立，他们不愿也没有义务终止与中国的贸易。

中国正在编织一个分布广泛的外国能源供应网络，从这方面看，并非事不关己。这个网络中只有少数是伊朗和苏丹这样的国家，美国已经选择不从这些国家进口石油和天然气，但是绝大多数是安哥拉、尼日利亚、沙特阿拉伯和委内瑞拉这样的国家，美国也严重依赖从这些国家进口石油。这些国家非常有可能抓住华盛顿破坏它们与北京之间贸易行动的失误，中断向美国出口石油。最后，中国正与沙特阿拉伯谈判，容许沙特王国拥有并经营中国部分战略石油储备以及炼油厂和石化厂，中国在今后与其他国家合作中有可能复制这一做法。攻击这些外资拥有并经营的设施将既是对中国的战争行为，也是对这些国家的战争行为。与中国相比，这样的攻击将对攻击者造成更为严重的多边损害。

有关当地利益的一个形象比喻则更能够说明问题：中国海洋研究学会在我的家乡罗德岛举行年会，这是一个在国际上以爱国主义游行和有组织犯罪著称的地方。每当我想回味豆蔻年华并听一听原汁原味的英语时，我就回到这里。在这里，任何一位罗德岛人都会告诉你，那些不在车库储存汽油就过不下去的人应该好好想想将纵火作为乐趣的现象——特别是黑社会近在咫尺——或者说，此地有一些不友好的家伙。

似乎中国人同意，他们并不是将能源安全作为一个首要的军事问题，他们似乎是将其作为一整套复杂的议题来看待，其中军事成分只是一部分，或许是最不重要的一部分。

中国对其能源政策上呈现的杂乱无章现象的关切以及对影响着国内外能源的政策之间的协调水平的不满，最终汇聚成中国需要设立能源部这一呼声。相比之下，对于设立国家安全委员会来协调中国对外关系这一议题，各方面的呼声则不那么高。

与此同时，美国尽管在能源独立方面高谈阔论，并且美国能源部的存在是个不争的事实，但是，美国依然没有连贯的方案用以促进能源公司对综合性和可再生性能源的研究，对新能源产能和基础设施提供资金，或者阻止我们对石油和天然气进口依赖的增长。反观中国，即使没有能源部，它已经在上述三个方面取得了扎实的进步。

中国重视煤炭、煤炭转化、水力、太阳能、风力、生物能以及核能，其目的部分是为了降低对来自海上的石油和天然气的进口。近来，中国重视对加拿大油砂的开发，其尚未开采的能源储量仅次于沙特阿拉伯。这一重视也突出地表明了中国在能源多样化方面的努力。[1]中国因受到运输业方面对石油和其他液体燃料的限制而更加依赖关键性的煤炭和可再生能源，它已经并且计划拥有比美国更为多样化的能源选择。

在某种程度上，就能源安全而言，石油和天然气并未受到重视。它们都是通过船只或管道运达市场。天然气现在正越来越多地以液化的形式通过海上进行运送。尽管中国才开始进口液化天然气，但是，美国和中国都在从像卡塔尔、澳大利亚、印度尼西亚以及——就中国而言，还有伊朗这样的供应商那里，迅速增加或者计划增加海上进口。中国可能修建一条代价昂贵的通往土库曼斯坦的管道，作为阻止单纯依赖从海上贸易获得天然气的努力的一部分，以补充计划中通往俄罗斯西伯利亚气田的管道。中国也正在增加其战略储备能力。目前，虽然它仅有 30 天的石油储备，但是考虑到 2006 年年末石油跌价时，它已经开始给其石油储备设施充油，这些设施在石油价格走高时曾处于空置状态。

在储存能源方面，中国甚至比美国更有潜力。这么做是其获取能源安全战略的关键部分。尽管中国人均能源消耗量非常低（大约只是美国人均消耗量的 40%），但是，中国国内生产总值中一美元的能源耗费量，是日本的 7~11.5 倍。如果中国提高能源利用率，这会使得其更易于节能并因此减少其不断增长的对进口石油和天然气的需求——在能源消耗方面更是如此，因为中国消费者还没有习惯像美国那样大量消耗能源。

目前，中国政府对能源需求进行严肃管理的前景的认识和意愿似乎迟缓，而美国政治中是不允许这种事情发生的。中国当前的经济在浪费能源，而中国主要以市场为动力来提高这种经济效益的努力为其能源效益的大幅提高提供了机遇。中国现在的目标是在未来几年中将每年每单位国内生产总值中的能源耗费削减约4%，重点是石油和天然气的消耗。另外，即使中国进口石油和天然气的增长幅度大大低于其经济增长，但是，考虑到该国经济的增长，它们将不可避免地快速增长。

因此，即使中国能源政策的主干是多样化、改进、节约和限制石油和天然气在中国经济中的作用，中国也不得不关切其石油和天然气进口易遭受的破坏性，无论这种破坏是天灾还是人祸。到目前为止，中国似乎继续主要依赖政治和经济方式而不是重点依赖中国海军来解决这一问题。中国现在是非洲最大的外来投资者，中国与非洲建立亲密关系就是一个最好的例证，最近在北京召开的中非峰会充分展示了这一点。中国在与有时难对付的国外伙伴打交道时，愿意将巩固能源采购关系放在首位也证明了这一点。中国重视吸引外国供应商参与其国内炼油厂的股权和营运，以便加重它们对中国市场的依赖并给予它们即使在困难时也向中国继续供应的刺激，也说明了这一点。

至少现在在军事方面，中国像其他国家一样，如果不是心满意足的话，也是似乎准备让美国海军及其姊妹军种为了全世界能源生产商和消费者的利益，继续无私地承担保护世界能源供应并确保航行自由这一重任。美国人最可爱的品质之一就是，为了保护其获得取之不尽的天然气的自由，并保障加入到我们团队的外国人获得所有的自由权利——这一最为神圣的权利，美国人显而易见地愿意承担任何重担并付出任何代价。不过，从长远看，既难以相信美国将愿意继续向盟友、朋友以及竞争者们提供这样的免费护航，也难以相信中国将不愿意发展一支独立的力量以保障其海外能源和贸易路线的安全。能源安全是我们现在应当与中国人探讨的一项议题。

事实是中国不信任美国的海洋政策。华盛顿所做出的诸如《防扩散安全倡议》这样的革新举措似乎被认为是对主权和国际法的传统原则的蔑视，并被视为是不详的和潜在的不安定因素，不单单中国持这样的看法。如果国际法不再成为保护，像中国这样的国家冒险出国时，就不得不"别着一支枪"。没有相互信任，所提议的在马六甲海峡进行反海盗巡航，尽管大家都希望这样，但是也会引起中国的担忧。像那些沿海国一样，中国不知道这样的巡航真是为了保护全球大众的利益，还是在能源咽喉处获得实质性控制。

除了断断续续的相对高层的并常常与舰艇访问相关的往来，美中两国海军中断了近20年的友好交往，这已经造成了相互猜疑。如果在国际关系中这一偏差不能得到纠正，它将使得中国对于继续依赖美国海军保护中国的能源贸易和安全瓶颈所带来的影响，滋生忧虑。这也使得中国更不愿意在保障航行自由和世界能源贸易安全方面考虑与美国合作并分担代价，这反过来还会刺激中国获得独立的海军力量投送能力以独自保卫其供应线。这样，尽管共同的利益十分明显，但是美中海军间目前缺乏合作破坏了未来合作前景，并且缺乏互动也增添了未来竞争的可能性。

这样的竞争会给两国造成非常大的伤害，美国尤甚，这在本章开始时已经阐述过。就可预见的将来而言，将是美国市场而非中国市场更依赖于进口，尽管中国的依赖程度将会增长。尽管有这样一些流行的看法，但是在所有一切因素中，仍然是美国市场而非中国市场驱动着能源价格，尽管中国在未来将对价格施加更大的影响。同时，价格的攀升或供应的中断对我们比对中国造成的影响要大，并且在可预见的未来仍将继续如此。

作为两个最大的能源消费国，美国和中国有许多共同的问题。齐心协力而不是相互掣肘，我们将取得很大进步。一个以通过与中国合作来增强双方以及世界能源安全为目的的战略，将有几个要素。它将尽可能快地使中国融入七国集团全球经济管理体系中。它将把中国带入国际能源机构，从而协调战略石油储备体系，并为中国对减少能源突发事件的发生而做出的努力提供便利，而不是像目前这样让中国从包括美国在内的其他国家的石油储备中获得免费的航行保障。它将鼓励而不是寻求排斥中国获得中亚和俄罗斯的油气田。对于这些油气田来说，中国是最有可能的市场（也是消费比最高的市场），这样就减少中国与美国针对地理位置更利于美国市场的石油供应而进行竞争的压力。这样的合作战略将在提高国内能源来源的利用方法上与中国合作（比如，以环境友好方式使用煤炭或者开发可再生能源渠道以便使得中国能够消除前所未有的更多的石油和天然气的进口之需）。并且，对于美国海军来说，更为重要的是，这一措施将需要持久努力，其目的是将中国纳入其他石油消费者保障航海安全、打击海盗巡逻和保护战略交通线的行列中。

中国愿意与美国进行这样的合作吗？中国海军愿意直接与美国海军合

作，或者至少在支持美国海军保障全球能源共同利益的使命方面制定出协作分工吗？我认为对于这些问题的答案几乎是"肯定的"，尽管如果我们不问一问的话，就永远都不会知道答案。我们会问吗？对于冷战后缺少对手综合征，同样地为了给诸如建造更多的核潜艇之类的举措提供便利的理由，中国是非常有用的借口。因此，毫无疑问，我们国家中的一些人是不会问的。但是我认为，为了美国自身的利益，我们应当问一问。

总之，虽然中国担忧其对能源进口的依赖，但是与美国相比，其担忧的理由要少许多。愿意威胁中国能源安全的信号会对美国造成许多不利的影响并且难以从中发现多少好处。几乎可以肯定，我们最好认识到，作为世界上两个最大的能源消费国，美国和中国具有共同的利益，这一利益应当使我们团结在一起，而不是将我们彼此拉得更远。如果我们在能源舞台上能够找到与中国合作而非对抗的道路，几乎可以肯定，双方日子都会更好过。

注释:

1. 中国对加拿大油砂的关注不会持久。正如本书所披露的那样，中国石油天然气集团公司正削减其在加拿大的经营活动，以便扩大在委内瑞拉的重油经营活动。参阅 "CNPC Shifts Oil Focus Away from Canada—Reports"，路透社，2007 年 7 月 13 日，http://uk. reuters. com/article/venezuelaMktRpt/idUKN1337819120070713.

中国经济态势

■ 荣大聂[①]　特雷弗·豪泽[②]

一、引言

中国未来的能源足迹将主要由未来岁月中有关其宏观经济增长这一更为重要的问题所决定。根据其宏观态势而做出的政策方面的抉择，其变化性是从属的。因此，从审视中国现在的经济形势、其推动力和局限性以及今后几

① 荣大聂（Daniel H. Rosen）先生是一名专门研究中国商贸发展的经济顾问，他就美－中经济关系问题著述颇丰并广泛阐释。他是中国战略咨询公司的负责人，专门从事帮助在公共和私营领域的决策者们分析并理解大中华圈的商贸、经济和政治趋势工作。荣大聂先生是哥伦比亚大学兼职副教授，也是华盛顿哥伦比亚特区国际经济研究所客座研究员。他所撰写的第四本书于 2004 年 7 月由国际经济研究所出版，该书以中国的农业综合企业变化为主题。他的第五本书以美－台贸易动力为主题，于2004 年 12 月出版。1999 年以前，他一直是国际经济研究所常任研究员。2001 至 2002 年，荣大聂先生指导一项研究工作，该项研究是为分析在北京和上海的投资风险而开展，主要研究美国跨国公司价值链上的合作伙伴。从 2000 到 2001 年，他是白宫国家经济委员会国际经济政策方面的高级顾问。以此身份，他在完成中国加入世贸组织工作、陪同比尔·克林顿总统出席亚洲峰会、参加内阁级会议以及参加外国元首的会见等方面都起到了管理协调作用。1999 年以前，荣大聂先生一直在国际经济研究所担任研究员。当时其著作《在门户开放的背后：中国市场中的外国企业》由国际经济研究所与外交关系委员会共同出版。他一直在国际商用机器公司政府关系部、美国国际贸易管理局以及伍德罗·威尔逊国际学者中心等单位工作。他曾就读于乔治城大学外交研究生院和位于奥斯丁的德克萨斯大学亚洲研究系。他是外交关系委员会成员以及美中关系国家委员会成员。他与其妻子安娜居住在纽约市。

② 特雷弗·豪泽（Trevor Houser）先生是荣中战略咨询公司一名总监，专门从事帮助公共部门和私营业的决策者们分析和理解大中华圈商贸、经济以及政策趋势。他担任荣中战略咨询公司能源部门的领导，在纽约与中国两地间办公，其活动包括定期与政府官员、商贸领袖、学术界人士以及非政府机构会晤，交流能源领域的开发。此外，他还负责举办以中国整体宏观经济发展为主题的研讨会和介绍会，并定期就中国经济增长问题为美国的决策制定者们建言献策。特雷弗·豪泽先生还是纽约城市学院科林·鲍威尔政策研究中心的客座研究员，其研究重点是分析中国能源领域趋势及其对国际市场、全球环境以及对美关系的影响。其近期发表的著述包括：《中国能源：解惑指南》（CSIS/IIE 中国项目资产负债情况，2007 年 5 月）；《查韦斯－中国石油交易可能产生的出乎意料的赢家》（耶鲁全球，2006 年 9 月）；《中国能源幽灵：感受与展望》（浦东美国经济研究所，2006 年5 月）；《中国经济发展的其他解决方案》（埃斯皮尼亚，2006 年 2 月）。特雷弗·豪泽先生与彼得森国际经济研究所的荣大聂先生目前正合作编写一本针对政策制定者们的指导手册，该手册阐述中国的崛起对能源与环境的影响。特雷弗·豪泽先生与其夫人詹妮弗居住在纽约市。

年经济增长态势着手,有助于讨论中国的能源战略。本章将进行这样的审视,尽管只是走马观花。针对这一宏观经济增长所产生的能源足迹的意义,包括在已经进入权衡之中的关键政策的抉择的探讨,下面将简述我们的观点。

二、目前的经济形势

2006 年年末,中国的经济总量约为 2.7 万亿美元,扣除物价上涨因素,与 2005 年的 2.3 万亿美元相比,增加了 10.7%。[1]如果不是因为人民币缓慢而显著的升值的话,以美元计,这一总量将减少 600 亿美元。

中国高于 10% 的增长率是独一无二的,仅仅在六年时间里就增长了一倍,这是非常了不起的。不过,还要考虑到整个中国的经济仅占全世界国内生产总值 44.4 万亿美元的 5%。加利福尼亚州的经济总量相当于中国经济总量的 3/4。美国和欧盟的总量相当于中国的十倍,日本也超过了一倍以上。图 1 将国内生产总值的情况进行了对比。

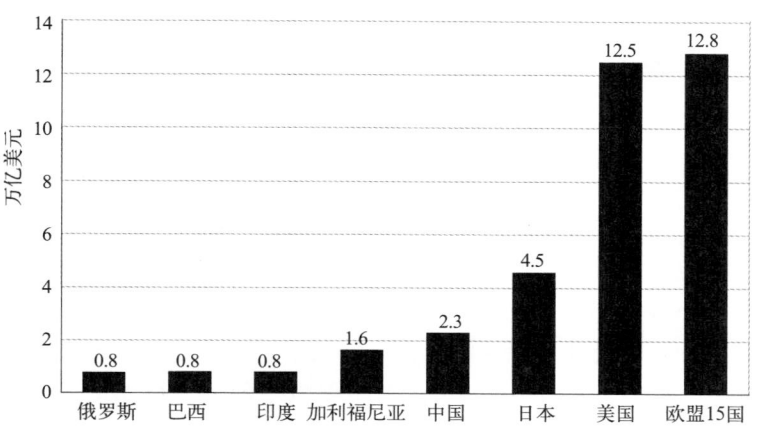

图 1 2005 年国内生产总值情况对比

来源:英国经济学人智库和美国经济分析局。

经济学家们将经济活动分为两种不同的方式,有助于理解中国贸易发展动力的本质。第一种方式是按产业划分:主要的产业是农业;第二产业是工业,其中包括制造业;第三产业是服务业。虽然在 2005 年中国 7.58 亿劳动力总量中的 3.4 亿从事某种形式的农业生产,但是今天中国经济的产值中,工业产值已经占了很大一部分。2006 年第三季度,国内生产总值的 49.8% 来自工业活动,大部分来自制造业。服务业在过去的十年中已经起飞,现在占国内生产总值的 39.2%。重要的是,今年以来含金量低的服务

（例如，用手推车运砖块等）在减少，而含金量高的服务在增加。这使得农业仅占国内生产总值的11%，对于这个古老的经济体来说，这是空前得低。不过，中国总体上粮食仍然自给自足，并且事实上已准备好在具有更高附加值和劳动密集型的作物领域里，成为一个主要的竞争者。

总体上看，中国经济活动集中于制造业，它将中国与收入相近的经济体区别开来。图2显示了这些产业所占的份额。

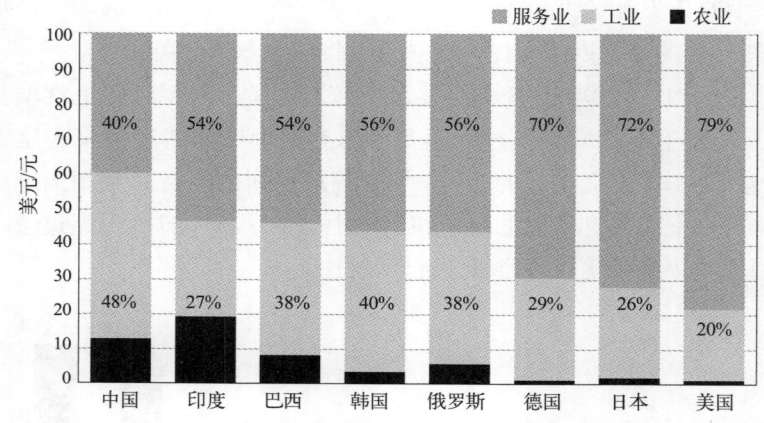

图2　2005年国内生产总值中产业构成

来源：英国经济学人智库。

在第二种方式中通过开销类别对国内生产总值进行划分：也就是说，消费（以家庭为单位）、投资（以企业为单位）、政府开销以及出口额与进口额的差。虽然中国的统计是成问题的，而且基于开支数据的国内生产总值的统计尤为如此，但是，它们是重要的，至少提供了经济的总体情况。许多人认为，在过去25年，中国经济的增长是以出口贸易为导向的，就如同日本和韩国在相应的发展阶段那样。情况并非总是这样，因为中国在其绝大部分改革时期，并未获得体制性的贸易顺差。在这一方面，过去两年的情况与众不同，尤为引人注目，这是因为中国现在正在获得大量经常账户盈余。截至2006年6月，该项盈余已经超过国内生产总值的8%，因而中国的增长部分是以出口为导向的。

目前，投资也占中国国内生产总值相当大的份额，2005年达到42.6%。一些人认为，这一份额不会持续走高，因为企业投资为了证明是恰当的，它必须最终服务于满足顾客需求这一目的。面对这样大量的投资支出，许多人简单地断定，这些投资中，大部分都不会有回报，并将变成坏账（因为这些投资的一大部分，大约35%，是通过借贷实现的）。还有些人则认为，中国的投资份额虽然高，但是如果考虑到在建的基础设施以及全国范围内进行的结构调整，这一份额多少是合理的。

2005年，消费占国内生产总值的38%，这被认为有点低。的确，它从1981年的52.5%跌落至此[2]。尽管消费以每年13%～14%的幅度强劲增长，但是仍不能让许多观察家满意。他们认为，消费必须或者应当在中国的增长中占有更大的份额，这既是出于合理之故（例如，以便使得中国在其发展中减少对外国需求即出口的依赖），也是出于良好的国内政策之故（例如，对投资和出口的严重依赖给这一增长模式带来了主要的和不可避免的危险）。中国建立在外国需求基础上的繁荣，会因美国需求的下降而遭受严重的挫伤。但是，有些人指出，官方的数据低估了消费在中国经济中的分量，支出在收支平衡中并不像所显示的那样失衡。[3]

政府的开支以名义上占国内生产总值的13.9%进入这一统计，按照国际标准这一份额是低的。在中国，政府真实的开支水平要高于这一份额，因为国有银行对国有公司的借贷所占份额较大，这显示出将投资看成是政府的开支，可能更为合适。尽管有这样的异常现象，但是政府开支的总体水平在未来几年中几乎肯定要大幅飙升，因为在至关重要的大量服务领域中，公共投资无法再拖延。随着政府开支转向教育、卫生、其他转移性支付以及环境治理，以前由政府提供财政支持的领域（尤其是基本建设）向更多的私人投资开放，刻不容缓地进行这些投资，事实上将使中国宏观经济结构加速进入一个新时代。图3显示了按照支出划分的中国国内生产总值的构成情况。

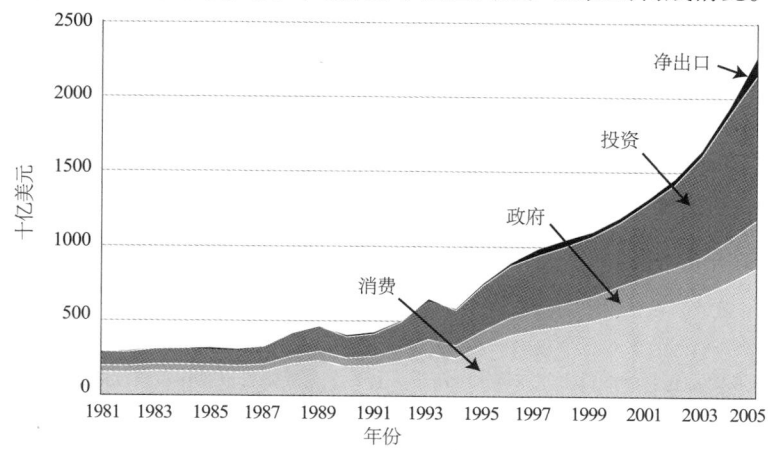

图3 1981至2005年按支出划分的国内生产总值
来源：环亚经济数据库。

　　中国经济活动的地理区域分布以及城市/农村的分布，显示出中国当前的发展严重不平衡。当20世纪70年代末开始进行改革开放时，中国相对来说基本没有收入的不平等：人人都是一样的贫穷。图4显示了代表着现在中国经济特点的收入的差距：上海人均国内生产总值超过了6 000美元，仅仅相当于15年前经济合作与发展组织观察记录的韩国的水平！而与此同时，在贫困的内陆省份，收入要低一个数量级。尽管直到最近我们可以说，每一个中国人以及每一个阶层的收入都在增加，虽然增长幅度不同，但是现在所讨论的调查数据则显示一些团体在2001至2003年间，实际收入是下降的。尽管水涨很有可能再一次导致船高（特别是因为农产品价格在2003年之后显著增长），中国收入区域性的不均衡以及与之休戚相关的社会不稳定倾向不应当被忽视，尽管我们毫不费力就可以认识到，在改革阶段、在消除贫困方面，中国已经取得了创纪录的成绩，但是人们的第一反应是，虽然事实如此，但这仍不足以确保未来岁月的稳定。

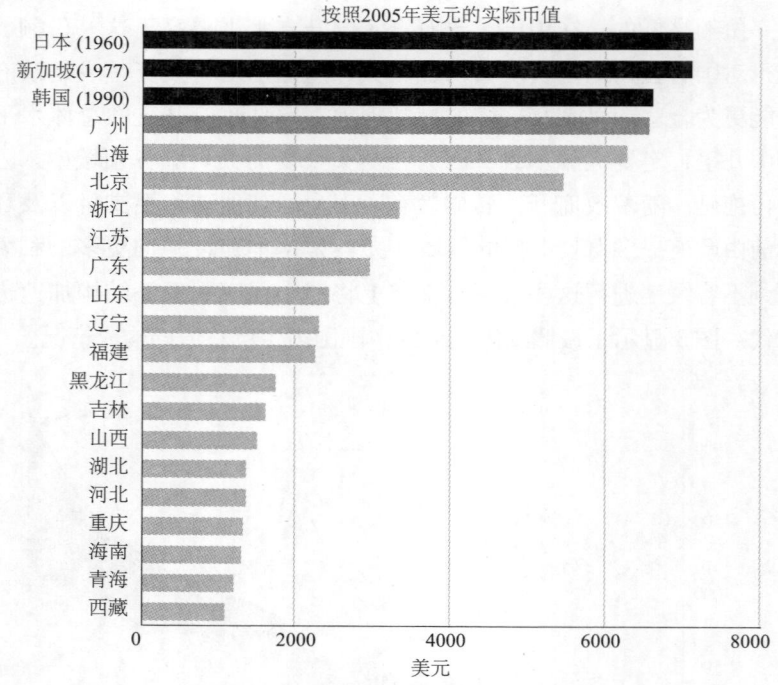

图4　省/市人均国内生产总值
来源：环亚经济数据库、英国经济学人智库、世界银行以及作者自己的估算。

　　城乡活力仍然是中国现在经济条件的基本的和重要的特征。中国现在基本上仍是城市人口占40%，农村人口占60%。城市经济自然产生更大的收入流动，同时也带来了社会挑战。中国正以令人头晕目眩的速度进行城市化，地图上标出的超过 100 万人口的城市有 170 多个，而且还有另外 100 个或更多的城市正在接近这一水平。[4]但是，因为约 60% 的人口仍是农村人口，因此事实上还将有大量的人口流动，这将构成中国今后几十年持续增长的核心动力。这与那些拥有大量农村人口但无法应对城市化所带来的政治经济挑战的其他新兴经济体（印度），以及已经转变为大量城市化人口的经济体（拉美）形成对比。图 5 在这一方面将中国与其他类似的国家进行了对比。

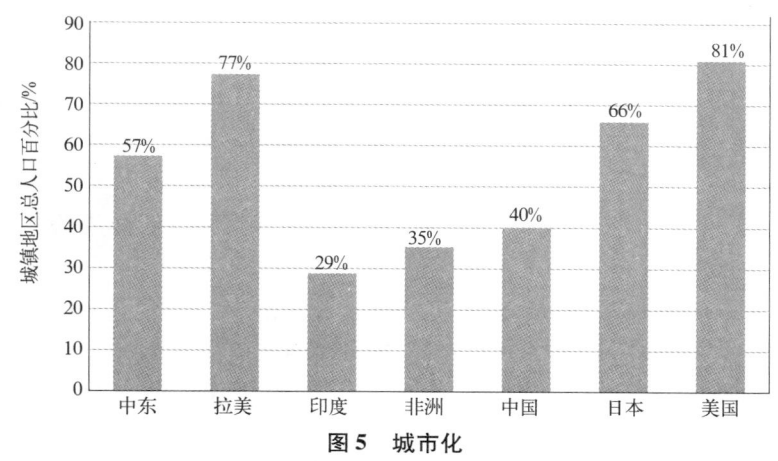

图 5　城市化

来源：世界银行、世界发展指标数据库。

幕后的作用力

迄今为止，我们或多或少地以静态的方式总结了中国今天的经济状况。为实现我们对未来中国经济轨迹提供可靠的预想，并因此弄清楚从中得出的能源的轨迹。为此我们必须辨明到目前为止支撑和推动经济增长的关键力量，并最终回答它们是否与未来保持经济增长的力量相同，这些力量能否持续。

（1）生产力与要素积累　使得经济增加产出的一个简单方法就是加大投入。这被称为要素积累，并且显然这将最终产生虚幻的增长，前苏联就是这样。一个更为健康的产生繁荣的途径是生产力驱动的增长。如果产出在不改变投入量（包括劳动、资源、能源和资本）的情况下得以增长，那么生产力增长的一种或多种形式混合在一起，这些增益被认为更加可持续和可取。对生产力在中国经济增长中所起的作用的描述数量众多且莫衷一是。毫无疑问，20 世纪 80 年代，将投入调整到更为需要的产业而产生的增益，以及个体公司生产力的提高所产生的增益发挥了主导的作用。20 世

90 年代在这一方面是一个混合的故事，并且考虑到近年中国非同一般的投资水平（这在前面已经讨论过），在给生产力鼓掌之前，一定要三思而行。中国本土公司总利润的增长给众多观察家留下深刻印象，然而，近来对其分析表明，生产力的增长立了头功。[5]我们相信，生产力增长在过去已经在许多公司（虽然不是所有的公司）和部门发挥了重要的作用，并且在未来几年中，在促进基于生产力提高的增长方面尚有相当大的机遇。

（2）调整刺激　在社会主义制度下，"剩余"利润并不一定由设法创造这一利润的公司或个人所拥有，大部分由国家获得（或再获得，因为国家首先是工作资本的主要提供者）。社会主义的意识形态主张，经济体在没有个人利润的动机下也可以是高产的，并且一种普遍接受的集体所有的观念能够激发创新和干劲。现实中，事情并非如此：市场经济为导向的经济体倡导私有财产和个人利益，与这些经济体的表现相比，改革、增长和效益较为逊色。自 1980 年以来，中国的经济增长一直受到重新恢复的利益刺激的驱动。早先的时候，包产到户促进了生产力，因为人们被允许保留部分他们的劳动成果并因此产生了效益的增长。20 世纪 90 年代初，中国政府决定让其国营公司保留它们大部分"剩余"利润，这使这些公司有足够的理由提高创利能力。与此同时，"国营企业"的"所有权"问题则留待以后考虑。这就导致了目前关于是否应当给予国家这一股东更多"分红"的争论。如果应当的话，那么应当给政府的哪个部门呢？从 20 世纪 90 年代至今，对居住以及工作的管控不断放开，刺激了个人和公司为增加收入而调整过去的做法和抉择。这毫无疑问促进了城市化的迅速发展。

虽然在过去的 25 年中恢复了多种激励措施，具有重大意义，但是保障私有财产不容侵犯的基础性法律的主要框架尚未形成。农民最容易受到对其土地进行重新分配的伤害，因而他们进行资本改良的动力受到破坏。各级国有企业依然因所有制定义上的模糊不清而受到伤害。对公民社会的限制以及对"共同"所有权的相关认识的欠缺——包括显而易见的环境问题——导致了在工业化成本内在化问题上以及在将污染者赔偿其造成的破坏作为一项强制性的法制建设原则的问题上都遭遇了空前的失败。这些以及其他许多激励方面的问题仍有待解决。

（3）鼓励竞争　中国在 1979 年后进行的改革的一个重要方面就是进行权力竞争。在其内部，中国慢慢地消除了许多横向和纵向的垄断，建立新的公司与现有的公司进行竞争，打破省际间的贸易壁垒，反对有违竞争的作法，重塑竞争激励。在其外部，对外贸易与投资的壁垒逐渐被消除，以至于在绝大多数行业，国外的竞争者们被引入国内市场。尽管几乎在所有的情况下，还有许多工作有待去做并且开倒车的情况也时有发生，但是总体上看，中国已经对竞争表现出热情，这在发展中国家的经济体中还较为罕见。我们甚至已经将中国描述为在过去实现了以竞争为先导的增长，而且我们继续在这样解读中国。[6]如果中国在未来不再鼓励竞争，这将损害未来经济增长的前景。今天，在中国，包括那些有时被称为"新左派"的一些组织，阻碍着这一进程。我认为，这种情况在中国的政策里将不会占主导地位。

（4）人口统计　虽然调整刺激以及鼓励竞争是中国促进增长的正确的政策立场，但是他们获得的成功的绝对规模是受其潜在人口影响的。多达13亿的数量巨大的人口是中国在劳动密集型的经济活动以及现有的和潜在的国内需求方面，取得巨大竞争优势的基础。然而，如果不是成功的"独生子女"政策稳定了人口增长，绝对的增益将被不断增长的人口稀释，并且在消除贫穷方面也将无法取得这么大的成绩。中国人口基数变化较小，这在低收入发展中国家中是独一无二的。这也是支撑中国例外论的主要论据。与此同时，从过去的农村转变为未来的城市是中国经济扩张的强大动力，并且在今后几十年中仍将充分释放出来。不过，与此同时，在未来几年中，人口政策已经正在使得中国的劳动力人口迅速老龄化。[7]

（5）政策的延续性和简化了的意识形态上的争论　最后，我们认为中国对于改革所持的务实的政策立场，在过去、现在和将来对经济增长做出了重要贡献。中国已经绕过了对于增长模式进行的令人精疲力竭的意识形态方面的争论，这种争论使得其他许多发展中国家放慢了政治经济改革的步伐。与先批准一个官方同意的特别的增长战略，然后进行贯彻落实的做法不同，中国的做法恰恰相反：社会主义意识形态方面的说辞已经流于官方语言形式，而一整套完全不同的思想政策已经运用于实践之中。虽然表面上的正统与管理中的变通造成了中国在管理上自身的困难，但是来自外资公司、主权债信评级机构、国际金融机构以及其他领域的研究人员大都认为，政策不稳定所带来的风险在许多其他地方是新兴市场危机的主要成因，而在中国这种风险则较低。也许他们还同意：这种情况不可能永远地持续下去，有证据表明在政策方向上的更为明显的派系斗争在不断加剧。不过，在未来一段时间里，正如我们看到的那样，我们仍将继续看到中国模式中利于增长的这一方面。

三、从这里走向何方

根据我们对当前经济表现所掌握的情况以及对长期以来推动经济增长的动力的研判，现在我们应当来分析一下中国未来经济情况的态势。10 年以前，我们设想的情况是大约有 10 年 7% ~ 8% 的增长，且存在上线有可能被突破的危险（意思是说，增长可能会超过预期）。在 20 世纪 90 年代的绝大多数时期，中国经济观察者们对中国增长的基础持怀疑态度，他们怀疑增长能否持续。我们认为"牛市论者"是少数派，数量众多的则是"熊市论者"，他们预测中国即将崩溃，或者认为中国的增长是一个"梦幻"。今天，我们对下一个十年的预期是 10% ~ 11% 的增长，且存在底线可能不保的危险。我们将详细解释原因。

让我们以过去一年中的经济表现作为基线，看一看在下一个 10 年中有可能出现什么样的调整。在下一个十年中，消费有可能每年以 13% 的幅度稳定增长或者超过这一幅度。为什么呢？在无资金准备的负债背景下的可自由支配的储蓄将下降，推动消费。对此，至少有 3 条理由。第一，对于中国绝大多数城市居民来说，工资和收入在不断上涨，而正是中国的城市居民带动了消费。（流动到城市的农村人口增强了这一现象，与工业品价格相关的农产品价格也在不断上涨，这是一种利于农业的消费。）第二，政府正在建立或者将更大力度地建立资金安全网络体系，用以减少对大规模预防性储蓄的刺激。再次，中国城市中的年轻一代比他们的前辈更开放，将收入中的大部分径直用于消费，储蓄较少。

投资作为国内生产总值的一分子，持续高涨并一直集中于房地产和基本建设。大部分投资来自银行，在国有银行和国有企业之间进行，可能作为政府开支来看待则更为妥帖。公司将利润中的大部分进行再投入，有时投入到令人生疑的扩张中，这反映了一种混乱现象，其中既有公司管理的笨拙（这减少了作为红利分给股东们的利润额，包括政府部门的股东），也有即使有盈余但基本上也是负回报率的乱象（简言之，就是金融业不成熟的结果）。国有全资公司的企业资本投入增值率最低，大部分资金为国有的公司紧随其后，然后是国有股份低的公司，而私营和外资公司则增值率高。这一模式今天一样显而易见。

这些特点中的绝大多数特征正在发生变化或者在不远的未来将会发生变化，并因而改变中国经济通道中的投资成分的态势。2006 年年中投资将达到 1.4 万亿美元左右，超过国内生产总值的 50%，并以年均 20% ~ 30% 的幅度增长（只是最近放缓到 20% 以下）。如此高的投资已经产生问题，我们希望中国只需要"承认"其中的一部分投资表面上是投资，实际上是消费即可，诸如公司（投资）购车，实际上是管理者们个人使用（消费）。尽管中国政府不太可能反驳这一观点：相当数量的"投资"实际上是政府开支，但是高层领导们对此也许不会恼怒，只要它有助于缓解外国人对过度投资的不安。正如服务业活动占国内生产总值份额在 2005 年 12 月重编的财务报表中得到了增加那样，我们预计所公布的投资量将很快低于预计的趋势。[8]

但是，那将不会改变发生的实际投资。然而其他一些措施将导致实际投资的改变：房地产和土地转换方面的调控做法现在正使得每年大约 3 000 亿的房地产投资的增长放缓；停止批复和突发性审核已经削弱了在水泥、钢铁、发电、制铝以及其他基础性工业中的投资能力；虽然只是银行停贷所造成的压力将不能完全控制住投资态势，但是，截至 2006 年 10 月全部固定资产的投资中仅有 21% 是来自银行借贷，大部分投资来自收入结余和其他内部资源。其他政策被认为是吸光了其余的流动资金，这些政策包括国有企业向国家支付分红以及在非国有企业中更好地维护少数股东的利益。在中国上市公司的股份结构已经改善，更有助于帮助改进公司的管理。在物质刺激方面，既然股票市场在攀升（尽管攀升过快有可能引起调控），那么公司的财富可以找到比新建无数的工厂这样做法更好的替代方式。

我们看到的投资态势最有可能呈下述情形：政府由直接和间接地资助国家级的、省级的和市级的硬件设施建设项目，转向价值万亿美元的没有资金的保健、教育、环境以及其他公共产品，这些产品在目前为止还没有收益回报。由此来看，我们看到的是在未来几十年中在中国一个由政府开支引领的增长个案。虽然投资并未枯竭，但是国内外在基础设施建设和其他通过深化债券市场而获得的长期增长方面的机构投资非常挑剔。目前政府正将大批机构投资者驱离这样的投资，这些机构投资者包括那些拥有盆满钵满公司金库的企业，而对于那些职业投资经理人来说，一旦有机会，他们会很乐意在这种投资上比试一番的。于是，我们看到了投资被重组，增长的步伐里泡沫更少，这种步伐与更长期的债务市场而不是与短期的固定资产投资步调一致。虽然投资结构产生了变化，但是它应当至少仍然是今后 10 ~ 20 年增长的强有力的正能量。

我们已经在投资大环境的背景下分析了政府的开支行为，我们再来分析一下净出口方面的情况。在 2006 年，中国的贸易盈余为 1 770 亿美元，达到国内生产总值的 7%，这种不平衡非常引人注目。但是，中国传统上没有大量出口盈余，现在已经为管理数额如此巨大的美元外汇储备而感到头痛。我们看到由于方方面面的原因，在未来的五年中（大概需要这么长时间）净出口量趋于平衡。首先，人民币对美元小幅升值，使得以美元标价的货物在中国变得便宜而中国货物在国外则稍许贵一些（然而，实际上人民币与美元一起对欧元在贬值）。其次，中国主要出于政治动机，愿意进口。再次，中国在劳动密集型制造业方面的出口竞争力受到了来自低成本国家（如越南）的包围，而中国将其价值链升级到更为成熟经济体所占据的太空领域的能力暂时还有限。最后，中国没有掌握对解决其国内环境危机至关重要的加工和生产产品的方法，当环境危机成为痼疾，中国将必然看到贸易的竞争力又偏向经济合作与发展组织成员国的生产公司。在这些方面，重要的是维护保养实操、评判制造业困难与低效的探查工具以及消除污染系统。（我们将此看成为中期现象，而不是远景。）

四、下行的危险与观点归纳

我们预期，中国将极有可能保持国内生产总值增长 10% ~11% 的上行线，同时对能源、商品以及其他经济输入的需求也保持增长。近来中国经济增长产生了本质上的变化，对此我们在给彼得森国际经济研究所的报告中进行了全面的探讨。这些变化意味着能源需求增长有可能与经济整体上发展一样迅速，这与中国传统的趋势有很大的不同。[9]但是，在 20 世纪 90 年代，有可能令人惊喜的是增长比预期要快，而与此不同的是，我们认为对于未来的 10 ~20 年，风险来自于经济的下行。原因为中国所拥有的微观经济比较优势，主要表现为向更好地使用劳动力资源这一方向转型工作到目前为止已经得到了充分的开展，推动经济继续增长所面临的挑战要求政府具有管理技巧和领导能力，而这种技巧和能力迄今为止并未表现出来。事实上，我们认为中国受许多比较劣势之害，为了获得 10% 或更高的增长，这些劣势必须消除。

表 1 对这些比较劣势进行了归纳。这里，我们只举几个例子。首先，中国在全球劳动密集型制造业方面已经举足轻重。但是，这种制造业表现为商品化，并且由于进入门槛低以及因急于要在有利可图的领域创造就业机会，中国国内（内陆）和国外（越南、印度等地）其他地方也跃跃欲试等原因，这种制造业差别很小并且在萎缩，而且这样的就业岗位即使在诸如上海、天津或深圳等相对发展较好的地区也难以持续下去。同时，中国在体制上存在"逆流"扩张的问题——因为中国的公司缺乏在正常法制和管理体系中运作的经验，在这些体系中创造价值的基础是与服务业的顾客进

行紧密的互动，并且在国外那些地方，分销和零售利润更高，因而中国的商业活动扩张更贴近居住在国外的消费者。

表1　中国公司的比较劣势

中国公司的比较劣势	西方公司的优势
生产要素	
资本市场效益低下	资本密集领域表现突出
劳动者不满	技术密集型公司具有更大的灵活性
创新不足	创新带来了高回报
环境效益低下	环境/资源高效费比产品机会多
法律/政治体制	
管理技术	标准与政策循环更快
竞争政策	更重视对顾客需求的反应
法制弱	法制密集型行业（如金融）
具有政治改革风险	战略规划具有更高的确定性
商务事宜	
制造业受到利润压力	创造性带来更高的回报
国际化慢	全球品牌管理方面技高一筹
规避税收/互联网技术	互联网技术带来更高的回报
无形资产受到低估	规模经济更好

　　另外，除了微观经济问题之外，中国经济发展不在内部消化制造业所带来的环境成本的模式已经得到预测。这种成本在指挥和控制方面，或者与此相矛盾的在市场输入的自由主义管理方面，对于低成本经营者来说是巨大的负担。在中国环境条件方面，今天已经有了实实在在的危机。内部消化环境成本已经不仅仅是一种选择，而正成为在飓风来临之前修补防洪堤的必需步骤：如果不能这样做，那么现有的经济活动将被摧毁。在从事非劳动密集型模式的工作方面，缺少经验和技术方面的实际知识使得中国公司向环境友好型加工和生产方式转变的边际成本比经合组织国家的公司要大得多，后者已经适应了更为严格的工作环境。即使排除上述情况，在可获得的清洁水源、因空气污染而导致的作物减产、因污染而无力从事高附加值产品生产以及食品与产品安全问题等方面，环境成本很快将令人不堪重负。

　　在管理方面，中国允许地方政府在无适当的程序和社会公正的情况下，重新划分工业用途或商业用途的资产，并正通过这一做法为更快速的增长提供便利：追求国内生产总值最大化成为唯一的动力。在这个方面，一党独管的政治体制能够采取管理和控制措施，在近期加快增长的步伐。与之相矛盾的是，中国自 1979 年以来，产量增长的大部分是通过政府放权并仅仅是让个人欲望找寻增长的途径来实现的。这样做没错，除非一种情况，那就是在收入的更高层面上，政府所扮演的角色这一寻求产生更大增值效应的经济活动的关键要素是否合适：政府不能既是管理者，又是诚实的中间商，还是共同利益的落实者。中国在提供这些政府输入方面没有经验。从人均 200 美元到今天享有的 1 800 美元，这期间所表现出的中国政府的模式与此后要达到人均 10 000 美元的模式迥然不同。但是，改变政治体制没有路线图，的确更高收入则要求政府体制具有竞争性并承担责任，而这一要求似乎无法与现有的体制共存。

所有这些原因使我们认为，中国在下一个阶段努力保持最大增长的过程中，面临经济下行的风险。

注释：

1. 绝对数为四舍五入后的数值。

2. 参阅 Nicholas R. Lardy 的 "China：Toward a Consumption – Driven Growth Path"，发表于 Policy Briefs in International Economics，Institute for International Economics，2006 年 10 月，［number PB06 – 6］for a concise discussion of the state of consumption. 刊载网址：http：//www. iie. com/publications/pb/pb06 – 6. pdf.

3. 参阅 Kroeber 等的 "China Retail：A Nation of Shoppers?"，发表于 China Insight，Dragonomics Advisory，2006 年 11 月 27 日。

4. 参阅 James Jao 的 "Healthy Growth of Cities"，发表于 China Daily，2006 年 4 月 24 日。

5. 参阅 Ha Jiming 和 Xing Ziqiang 的 "Growing Productivity Drives Up Profit Margins"，发表于 CICC Macroeconomics Research，2006 年 11 月 22 日。

6. 例如，参阅 http：//www. asiasource. org/news/at_mp_02. cfm? newsid = 17651.

7. 《中国面对老龄化人口》，新华社，2005 年 1 月 7 日，www. china. org. cn/english/2005/Jan/117070. htm.

8. "低于预计的趋势" 意思是所公布的投资量将少于原先的预测。

9. 参阅 Daniel H. Rosen 和 Trevor Houser 的 "China Energy：A Guide for the Perplexed"（Washington，D. C.：Peterson Institute for International Economics，2007 年），http：//www. iie. com/publications/papers/rosen0507. pdf. Collins_ChinaEnergyStrat_P1. indd 353/27/0810：18：03 AMNaval Institute.

中国能源产业的过去、现在与将来

■ 戴维·皮尔兹[①]

一、引言

自从 1978 年开始改革以来，中国一直在不断扩展其全球足迹。科学、技术、人口、文化、经济，事实上中国几乎与国际交流的每一个领域都利益攸关。但是，这不是简单的单方面关系。的确，当这些方方面面组成的网络高效顺利地发挥作用并对中国持续的改革进程已经至关重要时，它们也同样需要中国的积极参与与支持。毫无疑问，这一相互依存关系最明显的体现是经济全球化。虽然打"中国牌"对于党派政治来说颇有吸引力，但是也有一些理性的分析表明中国已经与经济全球化难解难分。简言之，中国所发生的事情影响着世界上其他国家的经济。中国与全球经济融合的一个重要方面是中国不断增长的对国际市场特别是国际石油市场的依赖，在海洋方面所产生的影响。

到 20 世纪 90 年代中期，中国巨大的经济增长使得中国与全球经济的融合超越了国际交往的藩篱，也就是说，超越了吸引其注意的国际资本与出口市场领域。早在 1993 年，中国国内的能源供应源已经满足不了需求。为了给迅速增长的经济提供持久的能源，中国被迫进入国际能源市场。中国涉足能源网络这一做法的本质使中国国内政治与经济界的精英们感到困惑并引起争执。有关中国获取能源以及能源使用制度方面的论述因中国的能源产业，尤其是石油和天然气部门在国家与市场之间占据了并将继续占据

① 戴维·皮尔兹（David Pietz）博士是华盛顿州立大学现代中国史副教授和该校亚洲项目主任，其研究重点是 20 世纪中国的自然资源政策对经济与国家建设的影响。目前他潜心研究中国在 1949 年之后对华北平原实行的水资源管理。除了 2003 年在英格兰剑桥获得中国科技与医学史尼达姆中心的梅隆研究基金外，他还获得过下列单位的资助：国家科学基金会、国家人文科学捐赠基金、美国哲学学会以及美国学术团体理事会。其目前在华盛顿州立大学任教，此前，戴维·皮尔兹博士曾是波士顿能源安全分析公司亚洲石油和天然气市场分析员。2001 年他为能源安全分析公司撰写了《给中国加油：至 2010 年中国石油与天然气需求》报告，这是一份基于多名客户研究的报告。

着一定的空间而变得复杂。正是这种相当模糊的地位使得国外的一些观察家们认为，中国为确保获得外国的能源资源而采取的"走出去"战略在很大程度上是由政府主导的，但是也有一些人认为在国际能源投资方面几乎不存在政府主导的做法。

本章的一个具体目的是建立一个分析天平，用以解析中国能源产业中的部分复杂特性。如上文所述，中国主要的能源角色使其所处的环境日益受到国际能源市场变化的影响。相反，那些认为中国政治精英间没有共识或者认为能源角色不受这种共识影响的观点，低估了政治中心所依然具有的相当大的能量。也许有人会在这一乱象中对能源依赖现象反戈一击。虽然国内能源依赖观的反对者们的政治解说似乎受到了能源独立梦想的影响，但是仍让人记忆犹新的中国近代史在这一情绪之上又添加了一笔。这种对历史的记忆则带有悲情观色彩，这种悲情观常常认为外部世界对其是充满敌意的。

本章力争达到的目标是为后续文章的分析提供分析背景，也就是说，其目的是提供中国能源产业广阔的总体画卷（重点突出石油和天然气）。本章将讨论下列问题：

（1）石油与天然气在中国能源结构中的地位，能源替代物的前景如何？

（2）如果中国的石油和天然气生产商们全都是国家政策的左膀右臂，那么他们到底发挥多大的作用？中国石油和天然气生产商们的主要动力是什么？谁来协调中国的能源政策？

（3）一旦中国卷入大规模的海洋冲突，将对世界石油市场造成多大的影响？与其他进口商相比，中国将遭受多大的损失？中国的战略石油储备处于何种地位并最终将如何使用？

这些问题引出了本章重点强调的两个重要结论：①在今后的30年里，尽管水电、核能以及其他的可再生资源不断地壮大，但是石油和煤炭将继续填充中国越来越大的能源胃口；②虽然在未来几十年中，中国在国际能源市场上确实将大幅增加曝光率，但是其能源结构中来自国内市场的煤炭资源将继续占据主导地位，这将降低因海上能源运输中断而带来的损伤。

二、中国的能源结构

中国能源领域的增长与自1978年以来快速增长的国内生产总值同步增长。虽然有些观察家们认为，中国的统计部门统计出的增长率含有水分，但是在世界主要的经济体中，中国的增值率显然最快。[1]1980至2004年期间，官方的年均增长率一直保持在9%～10%，如表1所示。在整个改革期间，国家采取了各种管理方法使得经济每年至少增长 8%，因为这一增长率已经被认为是消化国有企业下岗职工所必须达到的增长率。到 2015 年规划的经济增长率稍稍降为 7% 左右，此后到 2030 年增长率约为 4.5%。经济增长率与能源之间的重要关系通过能源消耗数据（单位国内生产总值的能耗）显示出来，后面的章节将对能源消耗数据进行探讨。

表 1 世界国内生产总值增长［年均增长率（%）］

	1980—1990	1990—2004	2004—2015	2015—2030	2004—2030
美国	3.1	3.0	2.9	2.0	2.4
欧洲	2.5	2.2	2.3	1.8	2.0
太平洋	4.2	2.2	2.3	1.6	1.9
俄罗斯	—	-0.9	4.2	2.9	3.4
中国	9.1	10.1	7.3	4.3	5.5
印度	6.0	5.7	6.4	4.2	5.1
世界	2.9	3.4	4.0	2.9	3.4

来源：《国际能源署年度报告 2006》（巴黎：国际能源署，2006），第 59 页。

能谱表（参见表 2）已经显示出中国能源供应的增长具有广泛的基础。除了石油和天然气，主要的能源资源来自国内。中国富饶的煤炭矿藏将继续满足所有的需求。中国能源供应谱中最大的潜在增长将来自水电、核能和天然气领域。在今后 20～30 年中，中国将大力开发水利发电能力，尤其在中国的西部和西南部，在那里中国拥有尚未开发的水利资源。与世界上其他主要的经济体相比，中国在这一点上基本是独一无二的。虽然在过去 10 年中，中国出现了主要是因担忧三峡大坝而引发的环保运动，但是国家似乎决心要在这些地区开发水电能力。

表 2 基础能源供应总量（相当于以百万吨为单位的石油量）

	份额（%）				份额（%）			年增长率（%）	
	1990	2004	2015	2030	2004	2015	2030	2004—2015	2004—2030
煤炭	534	999	1 604	2 065	61	64	61	4	2.9
石油	116	319	497	758	20	20	22	4.1	3.4
天然气	16	44	89	157	3	4	5	6.7	5.1
核能	0	13	32	67	1	1	2	8.5	6.4
水能	11	30	56	81	2	2	2	5.7	3.8

续表

	份额（%）				份额（%）			年增长率（%）	
	1990	2004	2015	2030	2004	2015	2030	2004—2015	2004—2030
生物质与 废弃物	200	221	222	239	14	9	7	0.1	0.3
其他可再 生资源	0	0	8	29	0	0	1	*	*

注：＊为无数据。

来源：《世界能源署年度报告2006》（巴黎：国际能源署，2006），第59页。

中国核领域也许是最具潜力超过国际能源署以及其他预测机构目前所预测的增长的领域。在过去几年中，人们对全球能源的关切使得核能发电经历了一个变革。这一变革以卷土重来的呼声为标志，这些呼声具有各种不同国际背景，要求建设核电设施。这些呼声恰逢中国国内日益关切化石燃料所带来的环保方面的影响，而且也有可能使得今后几十年里核电产业的投资得到增加。虽然今后30年里极有可能看到中国核电产业资本投资的增长，但是核电所占的总体份额将依然相对较少。

尽管大约十年前政府花了许多口舌要开发天然气，但是中国的天然气产业一直发展缓慢。一个突出的成就就是西气东输工程。2004年晚些时候所完成的长达4 000千米的管道将新疆的天然气输送到以上海为中心的中国东部地区（设计能力为每年120亿立方米）。作为《国家经济与社会发展第十一个五年发展计划（2006—2010）》的一部分，第二条西气东输管道已经在探讨之中。在国际上，中国与哈萨克斯坦、土库曼斯坦以及乌兹别克斯坦等国探讨了各种不同的天然气供应的设想。据报道，中国国家石油公司（中石油）已经着手研究与哈萨克斯坦国家石油天然气公司合作铺设一条天然气管道的可行性。此外，在过去几年里，有报道透露中石油在与俄罗斯官员商谈将西伯利亚的天然气网接入中国。虽然这样的管道项目仍属于未来规划，但是大力开发四川盆地的天然气资源并且修建国内高效的输油系统方面的投资仍然困扰着中国的天然气产业。不过，中国在今后的几十年中将加大投资，这些投资将最终使得天然气供应年均增长5%～7%。

尽管中国在水电、核能和天然气供应方面每年增长相对强劲，但是毫无疑问中国经济仍将以煤炭为基础。如果有人预测今后20～30年里某种燃料在能谱中所占的份额的话，煤炭和石油将继续在能源供应中占主导地位。虽然从能源种类上看，煤炭的供应所占份额将稍许下降，但是仍将继续占有中国一次能耗总量的 60% ~ 65%。与此同时，虽然石油也将再次稍许下降，但是它仍将占据 20% ~ 22% 的份额。

中国继续位列全球五大石油生产商之列（表 3），这一现状被近来有关中国的需求对世界原油市场产生的影响的探讨蒙上了阴影。虽然他们的产量远远落后于沙特阿拉伯、俄罗斯和美国，但是中国的石油公司已经在逐渐开发近海资源并且为了在东部和东北部的成熟油田（例如，大庆油田和胜利油田）提高产量，接连成功掌握了二次开采和三次开采技术。不过，国内和国际上都有舆论认为，在未来几十年里仅仅继续依靠这些成功做法，中国就能够使得原油产量保持在每天 350 万 ~ 380 万桶。

表 3 前 20 名石油生产国（2005 年，百万桶/天）

国家	石油生产量
沙特阿拉伯	9.48
俄罗斯	9.40
美国	7.61
伊朗	3.98
中国	3.63
墨西哥	3.42
挪威	3.22
加拿大	3.14
欧盟	3.12
委内瑞拉	3.08
阿联酋	2.54
尼日利亚	2.45
科威特	2.42
伊拉克	2.13
英国	2.08
利比亚	1.72
安哥拉	1.60
巴西	1.59
阿尔及利亚	1.37

来源：《中情局世界各国概况 2005》，刊载网址：https://www.cia.gov/cia/publications/factbook/rankorder/2173rank.html.

虽然人们一直希望中国的西部有一天也将成为主要的产油区，但是远离市场以及复杂的地质结构使得在该地区进行石油生产从经济上看没有吸引力。如果不考虑西部油田罕见的储油量，中国已探明的石油储量表明中国将越来越依赖石油进口产品（图1）。根据数据，自 2005 年晚期以来，中国已探明的石油储量合计为 180 亿桶（图2）[2]。虽然这一数据可能令人印象深刻（这里可能还有政府统计的水分），但是这一储量按照储量产量比率来算，也仅仅等于 14 年的产量。

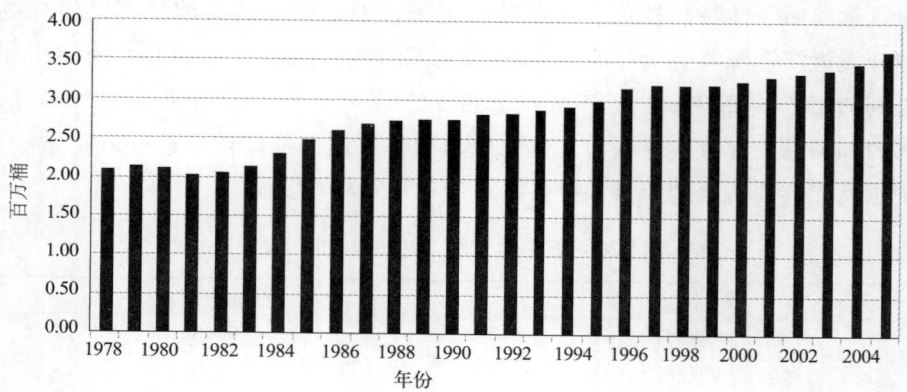

图1 中国的石油产量（百万桶/天）

来源：《英国石油公司 2006 年世界能源统计评估》，http：//www. bp. com.

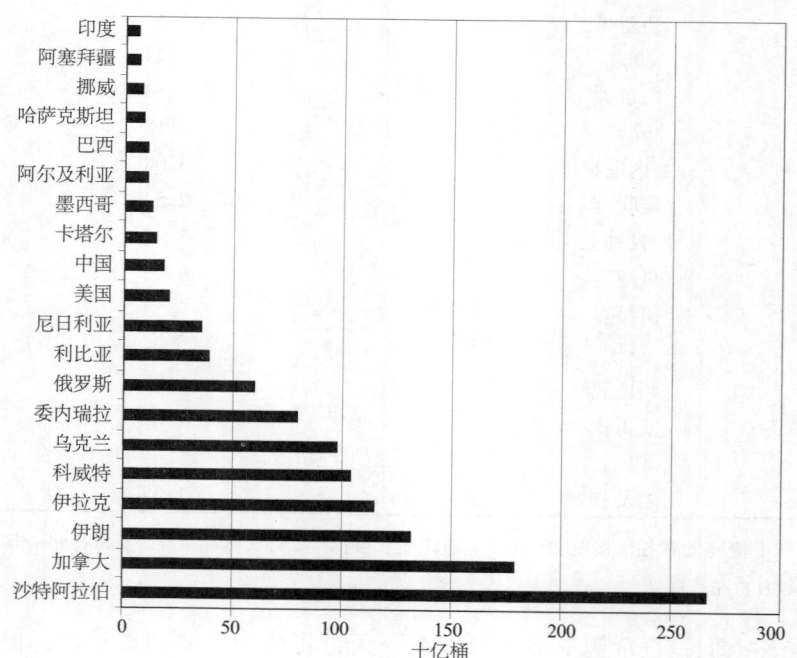

图2 全球已探明的石油储量

来源：《美国中央情报局世界各国概况 2005》，http：//www. cia. gov/cia/publications/factbook/rankorder/2173rank. html.

　　根据国际能源署的预测，中国一次能源需求到 2030 年年均将增加 2.6%（表4）。今后 20 年需求的轮廓表明天然气、核能和水电消耗将呈现健康增长。不过，煤炭和石油的年均增长将产生压倒性的影响，尽管在需求总体系中它们没有其他燃料那样大的增长幅度。的确，虽然预计煤炭需求的增长相对较小，每年为 2.3%。但是由于它占据一次能源需求量的 50% 以上（图3），因此它将继续在中国的能源家族中占据举足轻重的地位。同样的，虽然每年耗油量的增长幅度将不如天然气、核能或水电，但是它将在中国的一次能源需求量中占有大约 1/4 的份额（图4）。因此，虽然中国的核能、天然气和水电的年增长率将令人印象深刻，并且可能的确大幅超过目前的预测，但是在今后 30 多年里中国在为其经济提供的能源过程中，将不会大幅降低对煤炭和石油的依赖。

表4　中国一次能源需求（相当于百万吨石油）

	1971 年	2002 年	2010 年	2030 年	2002—2030 年
煤炭	192	713	904	1 354	2.3%
石油	43	247	375	636	3.4%
天然气	3	36	375	636	5.4%
核能	0	7	21	73	9.0%
水能	3	25	33	63	3.4%
生物质与废弃物	164	216	227	236	0.3%
其他可再生能源	0	0	5	20	0%
合计	405	1 244	1 940	3 018	2.60%

来源：《国际能源署年度报告2004》（巴黎：国际能源署，2005），第264页。

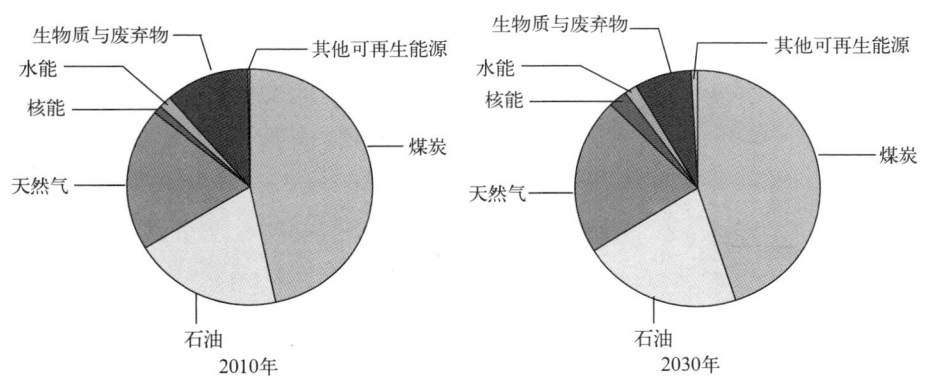

图3　2010 年和 2030 年燃料一次能源需求

来源：《国际能源署年度报告2004》（巴黎：国际能源署，2005）。

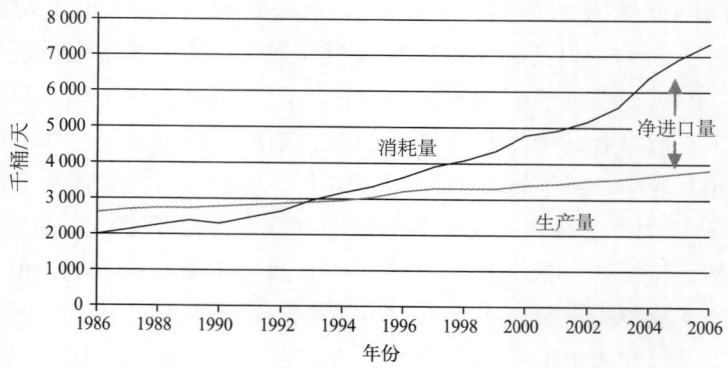

图 4   1986 至 2006* 中国的石油生产和消耗

注：2006 年只统计了 1 至 8 月的数据。

来源：《各国分析简报》，美国能源信息管理局，2005 年 8 月 http：//www. eia. doe. gov/emeu/cabs/
China/Full. html。

　　中国能源供需的变化，将意味着中国将会对世界能源市场的影响越来越大。由于石油和天然气的生产将严重滞后于所预测的需求量，中国将没有其他选择，只能进口这些供应品（图 5）。中国在 1993 年成为石油净进口国并且对国外石油的依赖在稳步增长。截至 2005 年，石油的产量是每天 360 万桶，而需求为将近每天 700 万桶。[3]这一生产与需求比率预计将持续下去，到 2030 年中国石油进口总量将达到其消耗总量的 80% 左右。[4]

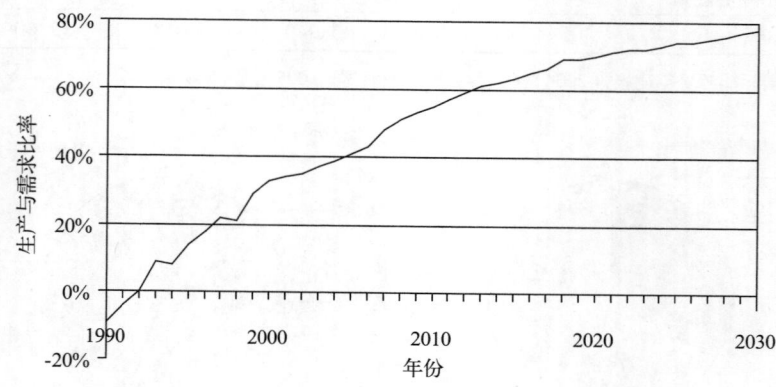

图 5   中国的石油进口与需求百分比

来源：《中国对石油需求的增长及其对美国石油市场的影响》，国会预算办公室，2006 年 4 月，
网址：http：//www. cho. gov/ftpdocs/71xx/doc7128/04 - 07 - ChinaOil. PDF 版，第 49 页。

　　虽然中国的天然气情形还谈不上对进口的极度依赖，但是天然气的进口约占需求量的 30%～40%。[5]印度也将继续影响全球天然气市场的这一事实，使得亚洲成为世界天然气市场的一个重要的推动力（图6）。

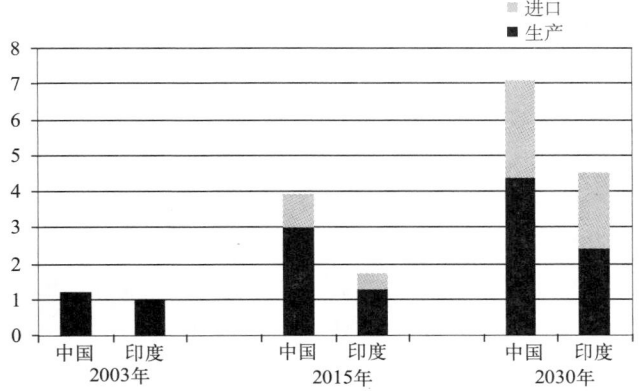

图6　2003、2015 和 2030 年按照来源显示的中国和
印度的天然气供应（万亿立方英尺）（1 英尺 = 0.304 8 米，全书同）

　　中国将从何处进口这些石油与天然气呢？虽然中国坚持不懈地使其获得国际石油和天然气的来源地多样化（表5），但是只要看一下全球的储备就可以清楚地表明今后几十年里中国主要的能源进口来源地，并且这些来源地与每一个主要的石油和天然气进口国的来源地并没有什么不同。

表5　2005 年中国进口的石油

来源	千桶/天	占总量的百分比/%
美国	8.4	0.2
加拿大	—	0
墨西哥	—	0
南美和中美	107.3	3.2
欧洲	12.1	0.4
苏联	398.1	11.8
中东	1 359.7	40.2
北非	64.3	1.9
西非	574.4	17.0
非洲东部和南部	134.6	4.0
澳大利亚	24.9	0.7
日本	69.0	2.0
亚太其他地区	625.7	18.5
没标明的地区	6.0	0.2

来源：《英国石油公司世界石油统计评估 2006》，网址：http：//www.bp.com/liveassets/bp_internet/globalbp/globalbp_uk_english/reports_and_publications/statistical_energy_review_2006/staging/local－assets/downloads/spreadsheets/statistical_review_full_report_workbook_2006.xls#'Oil－Trade movements！A₁

迄今为止中东是世界上已探明石油储量遥遥领先的地区，它将继续成为中国石油主要的来源地。到 2015 年以及其后的岁月，中国 70% 的进口石油将来源于中东。此外，西非和俄罗斯将是第二来源地。虽然中东还将继续成为中国天然气进口的主要来源地，但是东南亚和大洋洲也将是其重要的供应商。

中国的能源简图中的一个重要成分是单位面积能耗，或者说，是中国每生产一个单位的国内生产总值所消耗的能源。在 20 世纪 80 年代开始的中国的经济改革的前夜，中国经济已经是单位面积能耗高的经济，这是因为在毛泽东时代，经济的重心在重工业生产上。与其他那些从农业经济向轻工业经济明显转型（单位能耗量更高）的发展中经济体明显不同的是，中国正从一个低效重工业型经济向以轻工产品为生产目标的经济转型。结果，在 20 世纪 80 年代，中国的单位能耗降低了 30%。从另一方面看，从 1980 至 1990 年中国的总体能耗增长率是国内生产总值增长率的 50% ~ 60%。从重工业向轻工业转型的过程中，中国一直在努力提高生产力，全面升级生产技术。中国几乎在经济的每一个领域，能耗的增长比生产产量增长要慢。中国在包括石油领域在内的所有的能源领域中都在提高能源使用率。20 世纪 80 年代，单位国内生产总值所消耗的石油量降低超过 30%。[6]

在改革开放时期，2002 至 2003 年间，由于与国内生产总值增长息息相关的能源需求出现了相当大的转变，因此，单位能耗下降的趋势出现逆转。在这一时期，能源需求的增长率比国内生产总值增长率高出了 30%。其原因似乎与中国改变其经济结构有关，因为像水泥、化工生产等单位能耗更高的产业占经济产量的份额相对增加。目前，中国消耗的水泥为世界水泥产量的 2/5，与此同时还消耗相当于世界铝产量 1/4 的铝和世界钢产量 1/5 的钢。近来单位能耗的增加表明，无节制的需求可能危及长期的经济增长。中国近年的能力可以实现到 2020 年国内生产总值翻两番这一目标，而这一能力将取决于其单位能耗的降低。毋庸置疑，中国当然还有降低单位能耗的空间。每生产 1 美元国内生产总值的产值，中国所用能耗是世界平均能耗的 3 倍，是美国的 4.7 倍，是日本的 11.5 倍。[7]虽然大幅提高中国能源效益的投资将是巨大的，但是为了实现政府规划的经济增长率这一目标，这样的投资也是必需的。不过，考虑到重工业生产在中国经济中继续占有的重要性，在今后的几十年中，中国的单位能耗将可能无法达到北美或欧洲有可能达到的低能耗水准。

三、在市场与国家之间

自 1978 年以来，市场对各组织机构以及相关的国有公司的影响在不断增长，这也成为中国能源产业演变的标志。这些公司负责生产精炼油与天然气，或者负责这些终端产品与中国消费者之间的运输和流通。虽然这一过程一直起起伏伏，但是这一演变产生了 3 家主要的国有石油和天然气公司，它们所处的地位可以被最佳地描述为介于国家和市场之间。

1978 年之前，许多部委管理着高度条块化分割的石油和天然气产业。不过，在 20 世纪 80 年代，这一产业的上游部分和下游部分由几家国有公司主导。首先，1982 年，中国海洋石油总公司（中海油）成立并被授权管理所有近海石油和天然气的开发。1983 年，中国石油化工集团总公司（中石化）成立并被授权管理中国炼油行业中的绝大多数企业。1989 年，石油工业部被撤销，中国石油总公司（中石油）宣告成立并被授权管理陆地石油天然气的勘探与开发。成立这些国有公司的思路是将这些公司从多个高度政治化的部委分离出来以促进该产业的专业化管理。这与目前减少共产党对整个经济管理决策控制的大局是一致的。不过，中石化和中石油依然牢牢地控制在国家管理者手中。

1998 年中国重组了石油产业。这次重组产生了两个垂直整合的巨人：中石油和中石化。在 1998 年早期，经常有人建议参照韩国集团公司的方式组建中石油和中石化。表面上，其目的是通过在这两个公司间引入有限的竞争来提高效益。实际上，其目的是将国内市场的控制集中到中石油与中石化手中。这一改革的基石是先前主导着生产的中石油与主导炼油的中石化之间的资产交换。这两家公司在地理上分割了中国的市场。中石油控制着北部与西部地区，而中石化集中于中国的东部、中部和南部。对这些新公司的控制是一个三级结构。国家发展计划委员会处于顶层，负责远期项目的开发与审批，国家经贸委控制的属下各局，诸如国家石油和化学工业局等，则负责制定总体石油政策并协调中石油和中石化。

为巩固国内的石油市场并为未来的生产以及炼油投资提供资金，1999 年中央政府宣布这几家国家石油公司将通过在香港和纽约上市的方法，将债务转化为股权。为了吸引投资者，政府宣布首次出台一些主要的重组措施，促使每家公司降低生产成本，提高劳动生产率。作为这一计划的一部分，中石油成为了控股公司并将其核心勘探、炼油和市场拓展公司"中国石油"在香港和纽约股市上市。随着中海油的上市，这一发展使得中国几家石油公司向着市场方向迈出关键性步伐，因为它们的收支状况在股东们的仔细监督之下。使得中国国家石油公司向市场更为开放的另一个发展是中国加入了世界贸易组织。最初的条件中就包括在 3～5 年内，将中国的石油流通和零售市场向国际市场开放这样的条款。这些条款满足了许多国际石油公司的诉求，这成为中国上下波动的石油产业中的国内零售网络获得额外投资的关键条件。

2005 年增加了一套改革措施，目的是优化国家能源政策的制定和机构的建立。这一改革的中心任务是成立隶属国家资源和发展委员会的国家能源办公室。该办公室向总理温家宝领导的能源领导小组负责。石油供需对整体经济表现发挥着重要影响，这一认识，特别是中国势力强大的政治精英们认识到中国到 2020 年国内生产总值翻一番的雄心勃勃的经济增长目标，将要求对中国能源使用进行重要的机构性重组，促使这个新的中央集权的能源政策机构的建立。因此，中国能源管理的两个重要目标将是加大需求方面的政策力度，进一步提高能源使用的效益。

贯穿于中国能源产业管理变化始终的是基于成本的能源价格大致保持正常状态。1998 年，作为石油工业重组计划的一部分，政府宣布了国内原油及产品价格体系的变动。虽然所宣布的目标是将价格与国际市场流行的价格接轨，但是结果却比目标逊色。虽然国内原油价格与国际价格保持一致，但是产品的价格继续由国家制定，以保护国内炼油业。

中国似乎更愿意进口原油，而不是进口石油产品。国内的炼油业对于国家以及国内经济来说至关重要。虽然无法广泛获取近期的数据，但是在 20 世纪 90 年代晚期，该国所有收入的大约 40% 来自炼油业。[8]该国近来再一次表决心支持炼油业是在 20 世纪晚期和 21 世纪初期东亚经济危机之后。当时，新加坡石油市场充斥着过剩的廉价精炼油产品（如：柴油和汽油）。考虑到国内炼油业相对效益低下，人们一般会认为中国将要进口大量廉价产品，但是中国没有这么做。它（依据其颁布的"反走私"条款）采取了管理控制措施，用以限制进口廉价石油产品，因为这些产品将会打击国家物价管理机构制定的人为抬高的国内产品价格。

强调原油进口以及国内炼油的一个后果是，国家以及国家石油公司对国际原油市场更加开放，并且与连接这些市场的海上交通线更为休戚相关。因此，国家以及国家石油公司付出了巨大的努力，以确保所依赖的海外原油资源的安全。

中国为获得可靠的海外原油资源而采取的"走出去"战略引起了极大

的关注。的确，中国国家石油公司在全球扩张性地增加投资活动，尤其在中东、非洲、中亚和东南亚等地（表6）。随着中国预测对石油和天然气进口的依赖将不断增加，转向国外以确保稳定的供应源的举动不应使人惊诧。让许多研究人员最感兴趣的是这些投资的本质。中国让人揣测的更青睐于股份石油利益（也许人们还可以加上长期供货合同）的做法，被一些人看成为（被国家牢牢控制的）中国石油公司从国际市场获得石油生产资源的一种努力。

表6   中国石油公司在海外的投资

地区	成交量	所占成交量的百分比	主要国家
欧亚	21	15	俄罗斯、哈萨克斯坦、乌兹别克斯坦
中东	25	18	沙特阿拉伯、阿曼、伊朗
非洲	37	27	苏丹、安哥拉、阿尔及利亚、尼日利亚
东北亚	3	2	蒙古
东南亚	31	22	印度尼西亚、澳大利亚、巴布亚新几内亚
拉丁美洲	16	11	委内瑞拉、巴西、厄瓜多尔、秘鲁
北美洲	6	4	加拿大
合计	139	99	

来源：改编自《国家亚洲研究局分析报告》中所刊载的李侃如和米克尔·赫伯格所写的《中国探求能源安全：对美国政策的影响》一文，2006年4月，17，no.1：15。

虽然中国的确似乎热衷于获得海外油田股份，但是这么做的理由并非中国石油公司独有。国际石油公司也热衷于获得上游股份，因为这些股份经常能够起到"预订"石油储备的作用并改善他们的财务状况。虽然中国主要的石油生产商迄今仅仅销售少量这种向私人投资者出售的股票，但是中石油计划在上海追加60亿美元的股票销售，这一举动将可能增加中石油对股东们的影响力。[9]中石化和中海油在中石油的这一举动后，可能选择跟进。此外，无论私人持有的股份达到何种水平，所有中国公司管理层都想讨好真正的大老板：中国共产党。党的干部们经常帮助决定石油业管理人员离职后的命运。

中国国际石油股权份额所得到的回报在不断增加，并且在今后几十年里随着中国对进口能源的依赖不断增长，中国国际股权份额所得到的回报将可能继续增加。虽然中国持有的进口石油股份数据依然难以捉摸，但是最近的2005年的数据表明这样的股权进口石油约占中国全部进口石油的10%～15%。[10]对于许多人来说，特别是对于美国一些国际安全研究人员来说，他们所担忧的其他的来源是中国的国家石油公司与美国所认为的"无赖国家"[11]进行交易的倾向。

所有这三家国有石油公司都已经获得在国外的勘探和生产权益。据报道，中石油在四个不同大洲的 21 个国家拥有生产权益。[12]毫无疑问，中石油最显而易见的投资是在苏丹，中石油在该国花了近 200 亿美元。近期其他的投资包括购买哈萨克斯坦石油公司（拥有 11 个油田和 7 个勘探区），在厄瓜多尔购买恩刹那（Enchana）石油和天然气资产，以及购买加拿大石油公司在叙利亚的石油与天然气资产。中石化在 2006 年 6 月购买了乌德穆特（Udmurtneft）控股权（英国石油公司在俄罗斯的油田）。据报道，乌德穆特已探明的储藏量为十亿桶原油。[13]除了已报道的中国对加拿大的油砂资源感兴趣外，中石化还寻求获得伊朗的石油和液化天然气。2004 年，中石化与伊朗签订了一份合同，以获得亚达瓦兰油田的控股权（据报道，日产量达30 万桶）。[14]中海油也在大力寻求海外的石油与勘探资产。除了在尼日利亚、赤道几内亚和肯尼亚购置资产外，中海油在 2005 年购买了雷普索尔在印度尼西亚的油田股份，使得中海油成为印尼近海石油最大的股东。[15]

也许最明显的购置国际资产的努力发生在 2005 年，当时中海油试图以185 亿美元的价格收购优尼科公司。这一努力最终失败了，其部分原因是美国政界对这一悬而未决的交易爆发了激烈的批评，但是中海油投标的结果则表明中国的石油公司在市场上的表现与中国政府对其控制程度是一致的。为了给中海油更大的机动权以便悄悄地达成交易而不引起资本市场的怀疑以及其他公众评论（如，政府），中海油管理层向其股东建议，母公司将被授权可自由进行海外投资。值得注意的是，股东们拒绝了这一提议。这一提议能够在很大程度上使得公司的投资避开股东们的监管以及其他一些外部关注，这是因为虽然母公司是国有全资公司，但是试图购买优尼科公司的中海油有限公司旗下的这家子公司 29.36% 为私人控股，70.64% 为国家控股。[16]这次投票强烈表明，股东们对中海油现行的按其要求进行的通报做法表示满意，这一做法强制性地要求对资本投资情况进行全面的公布。

考虑到中国能源体制结构以及投资活动的演变，特别是石油与天然气部门的情况，人们可能将其能源产业冠以"具有中国特色的唯利是图者"之名。在过去的十年里，国家官员的评论也清楚地表露出中国对能源所持的不安全感这一情绪。这些评论表现出对全球能源市场的不信任，特别是这些市场被看做受到国际大型石油公司的支配并受美国地缘政治的影响。此外，人们普遍认为中国国有石油公司处于弱势地位，因为他们相对来说是国际市场上的新兵。显而易见，中国正在实行一种"资源外交"，世界上如果不能说是绝大多数国家，那也可以说是许多国家都在追寻类似的外交。相反，中国国有石油公司虽然领会国家的目标，并毫不含糊地按照这些目标的要求经营着企业（人们能够称其"坚持国家目标"），但是中国国有石油公司还必须在竞争的国际市场背景下，在商业成功的苛求下进行经营，因为它们许多固定资产都接受股东们监督。

中国三大主要的石油天然气公司所表现出的做法体现了国家和市场同时施加的压力这一现实。中石油显然更听命于国家的指导，这可以从在其权限范围内许多更有争议的国际石油和天然气投资行为中体现出来。这一领域的另一端是中海油，它在国际市场的举动显然受到商业考量的规范。两者之间是中石化。尽管要给目前的中国能源政策贴上标签还有困难（例如，"具有中国特色的唯利是图者"），但是人们也许能够更为准确地说，这一行业"在杂乱无章地应付"。本质上，中国能源政策受国家目标指导，但是这些"政策"由重点不同的公司落实，导致能源行业有时似乎是中央集权式管理，有时看起来乱七八糟（很大程度上体现了市场行为）。

四、国际石油供应受到破坏所产生的影响以及中国的战略储备

中国的石油进口受到破坏的影响无疑将是巨大的。正如前面所谈到的那样，到2030年中国对进口石油的依赖将大约占其需求的70%。这些石油绝大部分将从中东和非洲进口。除了霍尔木兹海峡，另一个至关重要的"咽喉"之处是马六甲海峡。根据国际能源署资料，2003年经过马六甲海峡的石油量为每天1 100万桶原油，占世界石油需求的14%。到2020年，相当于世界需求量20%的原油将流经这一"咽喉"要地。[17]这些石油中的大部分将成为中国、台湾地区、韩国和日本等经济体的燃料。这一供应一旦受到破坏，与对本地区其他国家所造成的影响相比，对中国所造成的相对影响值得关注。正如前所述，中国似乎已经做出的战略选择，即与进口成品相比更愿意进口原油，将加重其不断增长的对国外石油供应的依赖。不过，危机来临时，例如中东陷入危机时，中国能够以相对容易并以较快速度接近新加坡成品市场（假定其有足够的储存设备）。

考虑到中国对这些市场的依赖不断增长，任何一种情况下，中国卷入的海上冲突对世界石油市场的影响无疑将是巨大的。不过，对于中国与东亚其他经济体之间因原油供应遭受破坏而产生的相对影响，有人可能会提出另外一种告诫。虽然在今后的几十年中，中国对进口石油的需求的确将

大幅增长，但是人们不应忘记对于中国经济来说，煤炭一如既往所具有的重要性。到 2030 年煤炭将继续为中国提供一半以上的能源供应。因此，当人们预测并比较石油供应一旦中断，该地区国家所受到的潜在的影响时，人们应当注意到中国并不像其他国家那样依赖于进口能源。防御规划者们所面临的一个关键性问题是，能源供应一旦遭受破坏，比如在马六甲海峡这样的瓶颈地区受到破坏，中国经济在多大程度上能够继续运营。这个问题显然难以准确评估，但是考虑到对进口石油的依赖程度，对于该问题的回复有可能能够以月为单位而不是以年为单位进行评估。

中国正在寻求的一个尽量减少对海上交通线依赖的方法是大力发展从中亚和俄罗斯的远东铺设的跨陆地管线。2006 年年初，一条从哈萨克斯坦到中国西北地区的管道开始首次使用，日输送量为 20 万桶原油。目前正从哈萨克斯坦和俄罗斯输入原油。中国的能源官员还努力与俄罗斯官员谈判，试图接入目前正在建设中的长达 2 500 英里（1 英里≈1.609 千米，全书同）的管线。虽然俄罗斯尚未明确该条管线的终点可能会在哪儿，但是它一直表示中国和日本都可能最终获得该管线的石油。还有报道称，中国已经与缅甸政府谈判，建设一条连接两国的管道。因为缅甸不大量生产石油，人们认为中方建设该管线的目的是不通过马六甲海峡而获得来自非洲和中东的原油。[18]

自第二次伊拉克战争开始以来，中国已经加快了其建设战略石油储备的计划。中国第十个五年计划（2000—2005 年）呼吁建立石油储备。首个将完成的设施位于镇海，可储备 3 300 万桶石油（表 7）。其后五年内将完工的另外 3 处设施将储备总量达 1 亿桶左右的石油，大约相当于 20 天的进口量。中国最终的战略储备量尚不得知。尽管最终的战略石油储备量可能还未全部确定下来，但是目前的报道表明该储备量初始目标为 30 天的进口量，到 2015 年最终储备量为 90 天的进口量。[19]

表 7　中国战略石油储备的第一阶段

地点	完成日期	储备量（万桶）
镇海（浙江省）	2006 年 10 月	3 300
舟山（浙江省）	2008 年年末	3 150
黄岛（山东省）	？	1 900
大连（辽宁省）	？	1 900

在政治精英们就储备所带来的利益进行了数年的辩论后，中国最终做出了建立战略石油储备的决定。总体上看，争论的主要问题集中在成本与效益上。许多人感到，考虑到必须在中国建立社会保障体系以消除国有产业私有化所造成的后果，建设战略石油储备的成本是不可行的。此外，那些反对建立战略石油储备的人争辩道，这样的储备简直丧失了效益并且成为过去石油市场状况的翻版。他们认为，新千年中的石油市场与 20 世纪 70 年代和 80 年代的石油市场不同。新市场成为一个所有主要消费国都能够合作来对抗全球危机，并在供应受到破坏时能够与高价能源抗衡一段时间的地方。虽然重要的官僚们的反对主导了中国战略石油储备的讨论，但是普遍存在的对资源遭到破坏的警觉加上中国对石油依赖程度不断增加的预测，使得政府下决心寻求战略石油储备。

有关中国战略储备的关键议题现在集中在政府如何管理这些储备。[20]因为中国不是经合组织的成员，所以中国在管理石油储备方面与国际能源署合作或许没有什么动力。来自经合组织国家的代表还担心，中国将用其储备作为抑制国内市场油价上涨的机制。石油储备这种以调节市场价格为目的的用途与国际能源署所阐明的战略储备的目的相左。在中国就战略石油储备设施以及削减战略石油储备政策而言，人们普遍担忧对国际合作协议所作出的承诺将带来的政治影响。历史上中国对双边关系一直心存偏好。中国赞同这类协议，因为它觉得它会有足够的回旋余地和更大的机会来确保其利益。中国参与涉及战略石油储备管理和削减政策的多边合作协议的可能举措将受到维护自由的外交主动权这样一种普遍愿望的制衡。这种愿望尤其体现在涉及中东的事务上，中国在该地区可能会感到，由于积极地置身于国际能源署成员国的议程和政策之中，中国的外交主动权受到了过度的限制。

五、中国能源产业久拖未决的议题

前面审视了中国过去和未来的能源供需变化以及能源产业体制性和政策性动因，本部分试图通过审视几个关键议题来得出结论，这些议题可能继续决定着中国能源状况。

第一个议题是能源与经济增长之间处于困境的关系。如图 7 所示，在过去 25 年中，中国的国内生产总值和能源消费增长率已经经历了相当剧烈的涨落。这些变化可能让一个快速发展的经济体感到神秘莫测。在任何情况下，关键是在整个这一阶段，中国缺乏高效地管理经济的金融体系，中国政府依靠控制能源供应来管理其经济。两个例子可以证明这一点，1994 年政府面临严重的通货膨胀以及 1998 至 1999 年间的通货紧缩的旋涡。在这两个例子中，作为治理宏观经济问题的一个手段（无论是通胀还是通缩），政府规划人员对石油业采取了强制性的管理措施。最终结果是限制了石油消费。

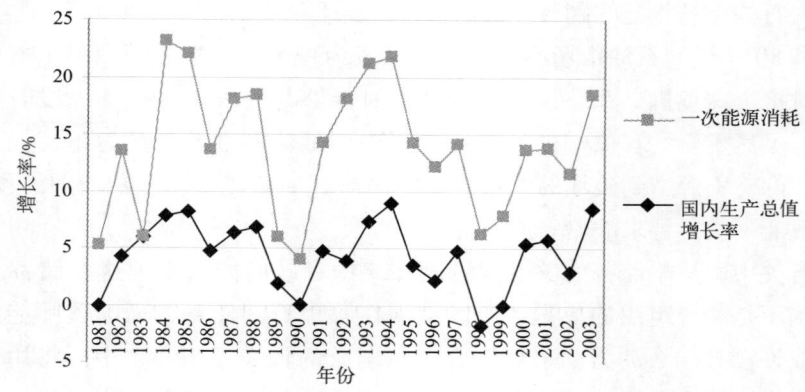

图 7　中国的国内生产总值与能源需求的增长

来源：《中国统计年鉴 2005》，第 3、7 章，http：//www. stats. gov. cn/tjsj/ndsj/2005/indexeh. htm.

　　1994 年以前，中国放开了石油工业两个最重要的要素：进口许可证和价格控制。中国在经历 1989 年开始的经济滑坡之后，经济增长强劲回升，中国立刻做出了放开的决定。强劲的经济增长向国家保持这一增长所需的能源的供应力提出了挑战。这样，管理上放权被认为是满足经济增长需要的必需举措。怀着减少通胀压力以解决城市中潜在的社会不安定因素这一意图，政府迅速废止了进一步开放石油市场的做法并重新掌控对这一工业的管控。石油进口受到了限制，价格控制重新复原。其目的是通过对石油进口采用配给的方式来放慢经济增长的步伐。

　　面对 1997—1998 年中东金融危机所造成的沉重压力，中国一再承诺，经济增长将达到官方制定的 8% 的目标。虽然 1998 年年末，官方公布的增长是 7.7%，接近 8%，但是该地区明显感到了难以捉摸的通缩的压力。中国政府试图采取一系列措施来给经济打气，这些措施的目的是刺激内需并保护国内工业不受廉价进口品，特别是来自将货币贬值的国家的进口品的冲击。政府还采取保护国内工业不受国际竞争冲击的政策。1998 年 8 月禁止柴油进口的规定出台，从而保护国内炼油厂商免遭廉价的国际产品的冲击。虽然人们能够辩称，廉价的能源输入能够有益于走下坡路的经济，但是中国石油政策还受到了其他方面考虑因素的引导。它选择了保持对国内生产的高价产品的支持，同时禁止进口品。换句话说，它对供应实行了配给。

这些小心翼翼的故事旨在表明，北京可能会再次因宏观经济的需要而管理供需变化。这种进－退模式告诉我们，认清中国能源数据短期的变化时需要理解隐藏其中的缘由。

中国能源产业第二个久拖未决的议题是中国的能源产业与持续合法执政的共产党之间的关系。共产党最重要的合法性在于其处理两件事的能力：①捍卫了领土完整（台湾问题）；②持续的经济增长。将维护经济增长当成是硬道理的做法使得国家在保持积极的能源政策以及尽可能保持对国有石油公司影响力过程中扩展了国家利益。这一方面的关注还继承了20世纪60年代和70年代能源自给自足的一些想法（人们也许在能源之外还会加上食物）。中国政府的这种关注因中国感到必须在一个被其认为是敌对的世界中站稳脚跟的想法而得以强化。中国对其在全球中的地位一直抱有不安全感，加之强烈的历史屈辱感，可能会进一步促使国家对能源产业紧抓不放。因此，尽管向国际市场开放对中国的能源产业带来了无可争议的变革，但是就此下结论说国家的影响将随时彻底消除还为时尚早。

注释：

1. 参阅阿格纳斯·麦迪逊（Agnus Maddison）数据库，经合组织，发展中心。

2. World Energy Outlook 2006（Paris：International Energy Agency，2006年），第86页。

3. 能源信息管理局，《国家分析简报》，http：//www. eia. doe. gov/emeu/cabs/China/Full. html.

4. 同上。

5. 同上。

6. 参阅 David Pietz 的 "Fueling China：Oil and Gas Demand to 2010"（multiclient study for Energy Security Analysis, Inc. , 2000年）。

7. 参阅 Wenran Jiang 的 "China's Quest for Energy Security"，发表于 China Brief 4，2004年10月14日，第20页。

8. 同上，第21页。

9. "PetroChina Plans US ＄6B A－share Offer," China Daily，2007年6月21日，参阅网址：http：//www. china. org. cn/english/BAT/214592. htm.

10. 能源信息署说是8.5%，而布鲁金斯学会的 Erica Downs 说是15%。参阅网址：http：//www. eia. doe. gov/emeu/cabs/China/Full. html；同时参阅 Erica Downs 的 "The Brookings Foreign Policy Studies Energy Security Series：China"（Washington, D. C.：

Brookings Institution，2006 年），www. brookings. edu/fp/research/energy/2006china. pdf，第43 页。

11. 有关这些问题绝佳的分析，参阅 Erica S. Downs 的 "The Chinese Energy Security Debate"，The China Quarterly，2004 年3 月，第21 – 41 页。

12. http：//www. eia. doe. gov/emeu/cabs/China/Full. html.

13. 同上。

14. 同上。

15. 同上。

16. 关于更多的内容，参阅 Kenneth Lieberthal 和 Mikkal Herberg 所写的文章 "China's Search for Energy Security：Implications for U. S. Policy"，NBR Analysis17，2006 年第1 期，第23 页。

17. World Energy Outlook 2004（Paris：International Energy Agency，2004 年）。

18. http：//www. eia. doe. gov/emeu/cabs/China/Full. html.

19. "China's SPR：Massive Buildup，Policy Imperatives," University of Alberta China Institute，Reuters，2007 年4 月2 日，http：//www. uofaweb. ualberta. ca/chinainstitute/nav03. cfm? nav03 = 58765&nav02 = 57484&nav01 = 57272.

20. 关于中国战略石油储备更多相关信息，参阅 Gabriel Collins 的 "China Fills First SPR Site，Faces Oil，Pipeline Issues"，发表于 Oil & Gas Journal，2007 年8 月第20 期，第20 – 29 页。

中国液化天然气开发中的地缘政治

■ 米克尔·赫伯格①

一、引言

随着能源需求迅速增长，而国内的能源供应依然有限并且日益吃紧，国家出面寻求能源安全对于东南亚的主要国家来说已经成为至关重要的战略问题。确保并维护未来能源供应安全，维持可靠的能源运输，确保合理的能源成本，这些战略考虑触及整个燃料领域，从石油到天然气，到煤炭，到电力供应。不过，由于国际市场和贸易结构差别迥异，加上影响着每一种燃料的供应与运输的地缘政治动机也不尽相同，因此国家对不同能源的关注程度差异悬殊。因此，天然气和液化天然气市场的地缘政治与全球石油市场的地缘政治有很大差别。

中国不断增长的能源需求以及对进口供应的日益依赖已经使得能源安全成为政府领导人战略关注的中心。既然中国进口的石油占其石油总消费量的40%并且有可能在十年内进口量占其需求量的2/3，那么这种关注大部

---

① 米克尔·赫伯格（Mikkal Herberg）先生担任位于华盛顿州西雅图市的全美亚洲研究所能源安全项目研究主管。全美亚洲研究所是一家无党派的独立研究机构，致力于美国对亚洲政策的高级研究。他还是 PFC 能源咨询公司的高级顾问，该公司位于华盛顿哥伦比亚特区，是一家国际能源咨询公司。此外，他还被加州大学圣迭戈分校的国际关系与太平洋研究研究生院聘为客座教师。此前，他在石油行业工作了 20 年，在阿科（ARCO）公司从事战略规划工作。在该公司，1997 至 2000 年他担任全球能源与经济总监，负责全球能源、经济与政策分析。他还负责国家风险分析，在阿科公司主要投资的国家和地区的风险状况以及投资战略等方面为行政管理层建言献策。他早期在阿科公司担任的职务包括证券投资搭配风险管理总监以及新兴市场总监。赫伯格先生就亚洲能源问题给包括美国、中国和日本在内的亚太地区的能源业界和政府写了大量文章并向他们进行了广泛的阐释。他的论点经常被媒体引用，包括《华尔街日报》《华盛顿邮报》、美国国内公用无线电台、《朝日新闻》、路透社、《日经新闻》以及《财经》。他近期的著述包括：《中国寻求能源安全：对美国政策的影响》（2006），这是一篇全美亚洲研究所进行的专题研究报告，与肯尼思利伯索尔合写；论文《中国寻求能源安全：对东南亚的影响》，该文收录在近期将由劳特利奇出版社出版的《中国、美国和东南亚：经济、政治与安全的竞争前景》一书中；以及《中国、印度与美国战略能源三角关系：美方前景》一书，近期将由位于阿布扎比的阿联酋战略研究中心出版。

分集中在石油上。为了应对这一问题，中国领导人和中国的国有石油公司开始大力在全球广泛地寻求未来获得石油供应的安全通道。然而，天然气在中国的使用还很缓慢，进口也仅仅在近期刚刚开始。因此，对未来天然气供应的战略关切远为悄无声息。但是，中国可能变成一个通过远距离管道进口液化天然气的主要进口国。因此，天然气供应与运输安全将不可避免地迅速跃升为领导人安全议程上的突出议题。

本章分析了中国不断增长的天然气和液化天然气消耗的地缘政治以及这一消耗如何有可能成为中国更为广泛的能源安全和战略议程所考虑的因素。分析表明，天然气和液化天然气供应安全将成为领导层日益重要的议题，并且根据石油成为战略关注的许多雷同的理由，天然气和液化天然气供应安全也将成为中国外交和战略政策的要素。然而，由于中国未来能源消费模式的特殊性以及远期全球石油和天然气市场及供应条件的差异，这一问题远不像石油那样突出，因而它上升为中国战略行为的一个要素也将晚得多。

本章由四部分组成。第一部分审视了天然气在中国未来能源中日益重要的作用，勾勒出中国扩大液化天然气和管道天然气进口以及基础设施的早期计划。第二部分简单分析了该行业以及天然气和液化天然气国际贸易的变化动因，这些动因将其与石油区分开来并推动了不同于石油的地缘政治模式的形成以及能源安全考量。第三部分考察了中国目前的液化天然气战略、稍微有点令人琢磨不定的液化天然气政策的演变、存在着冲突与相互交织的市场及政治对中国液化天然气计划的影响。第四部分分析了中国液化天然气开发所产生的一系列地缘政治影响和地区影响，并针对液化天然气安全问题中体现的突出问题、与石油安全问题之间的关系以及有可能影响中国能源战略和能源外交行为的途径，得出了一系列结论。

二、天然气与液化天然气的开发

中国政府对当前天然气和液化天然气供应安全的关注相对来说还不突出，这首先表明天然气在中国的使用还非常少这一事实。天然气目前约占整体能源消耗量的2%，而与之相比，煤炭占总能源消耗量的2/3。相比较而言，天然气平均占全球能源总消耗量的23%。尽管随着2006年年中首批液化天然气到达中国，中国的天然气需求中的一小部分现在通过进口得到满足，但是事实上，中国数量较小的天然气需求几乎都能从国内生产中得到满足。

不过，中国政府已经开始采取一系列政策来快速增加天然气的使用，用以减少不断增长的发电所需的煤炭，使得能源使用整体呈现多样化并因考虑环境之故而提供更为清洁的燃料。目前的计划是天然气使用年增长率达到两位数并且到 2020 年，天然气占能源需求的 8%。[1]

为了增加天然气的使用，北京正加速国内天然气的勘探和开发，扩展国内天然气管道系统用以从华北、华中和华西的天然气田向东北沿海地区的主要城市运送更多的天然气。传统上，华东所用的数量不大的天然气中的绝大部分一直用于肥料生产以及迅速增长的化工业，天然气主要由石油心脏之地中国东北地区大型老化的油气田供应。但是在中国西部近期开发出新的天然气田之后，中国已经建造了一条主要的长达 2 500 英里的管道，将天然气从人烟稀少的新疆维吾尔自治区输送到上海。虽然四川省传统上也已经是颇具规模的天然气产区，但是政府直到最近才在四川加速天然气的开发并在该地区修建了管道，通往华东生机勃勃的城市。在中国中北部的鄂尔多斯盆地新近发现了一些大型气田，该地区已经与新的区域管道相连，并入西气东输干线，将天然气输送到中国东部沿海地区。最后，在中国近海水域进行的天然气勘探得到鼓励（南海、珠江口海域、东海和渤海）。在这些地区所发现的天然气历史性地超越了所发现的石油。它们靠近迅速发展的沿海地区，在满足这些地区天然气需求方面具有优势。政府注意到管理制度和价格政策影响着需求，因此政府正在通过建立更为高效的管理结构，提高燃气价格，改进运送的灵活性以及鼓励更多地使用天然气发电等手段，扩大天然气的需求和市场。

根据当前的计划，2010 年后天然气的需求可能开始大大超过国内生产，天然气需求的份额不断增加，将通过进口液化天然气以及通过远距离管道运输予以满足。美国能源部和劳伦斯伯克利国家实验室预测，到 2020 年进口天然气将占到中国天然气总需求的 40%。[2]这一需求的绝大部分将来自东部沿海，那里的经济和工业增长非常活跃。

与石油情况不同，未来石油进口供应主要来自亚洲以外地区，而液化天然气和管道天然气的进口将来自亚太地区。东南亚是许多液化天然气主要生产商的家园，包括澳大利亚、印度尼西亚、马来西亚以及未来还将包括东帝汶。管道天然气的供应同样也可以从东南亚获得。中国目前正在研究建立一条主要的天然气管道的可行性，该管道穿越缅甸，将缅甸的近海石油向北输送到中国的南部。在东北亚管道天然气和液化天然气都可以获得。俄罗斯每年 960 万吨的库页岛 2 号项目由壳牌公司领头开发，现在主要由俄罗斯天然气工业股份公司控股，正签订销售合同，很快就开始向日本和韩国供应天然气。埃克森美孚国际公司和俄罗斯石油公司经营库页岛 1 号项目，俄罗斯天然气工业股份公司也有可能成为其中一个新伙伴，该项目正计划将管道天然气向中国出口。俄罗斯总统普京在近期对北京的国事访问中承诺修建两条大型管道：一条将西伯利亚西部和东部的天然气输往中国，另一条接入西气东输干线，将天然气送往中国东部沿海地区。不幸的是，克里姆林宫落实这些承诺的进展非常缓慢。[3] 例如，计划从东西伯利亚的伊尔库茨克地区往中国的东北修建一条主要的天然气管道并通往朝鲜，该计划因克里姆林宫的政治变化以及俄罗斯石油和天然气工业重组和重新进行中央集权化管理等原因，已经拖延了好几年了。在中亚地区，中国正商讨未来可能修建远距离管道，将天然气从土库曼斯坦和哈萨克斯坦引入，从更长远来看，这两家都有可能具有巨大的供应能力。

虽然大量的天然气可以从亚太地区和欧亚地区获得，但是液化天然气的供应也有可能从波斯湾地区主要的液化天然气供应商处获得。在 2004 至 2005 年，卡塔尔是中国广东首个液化天然气再气化项目的最后三家竞标商之一，合同最终落入澳大利亚的西北大陆架财团之手。中国的中石化已经与伊朗签署了有关一个大型液化天然气项目的初步谅解备忘录，该项目将从幅员辽阔的近海南帕尔斯油田向中国提供远期的液化天然气供应。就在最近，中国海洋石油总公司（中海油）已经就另一个潜在的大型液化天然气项目签署了谅解备忘录，该项目触及北帕尔斯油田。[4] 阿曼和也门是中国在中东地区远期另外两个相当重要的潜在的液化天然气供应商。

考虑到中国迅速扩大的天然气使用计划，加上亚洲和全球正在开发的液化天然气供应量不断增长，预计中国将成为未来亚洲和全球天然气以及液化天然气市场的一支主要的力量。如表 1 所示，近期的预测表明中国的天然气进口到 2020 年可能占其天然气供应量的 40%。

表 1　中国天然气生产与进口（10 亿立方米）

年份	国内生产	进口
2004	42	0
2020	120	90

在今后 10～15 年中，中国有可能成为继韩国之后，亚洲进口液化天然气增长幅度第二大的进口商。中国原先的开发计划包括到 2020 年每年达到

5 000 万吨的液化天然气生产量，不足量由管道进口天然气弥补，这一生产量将占中国天然气消耗总量的 25% 左右和进口天然气量的 60%。但是，由于近来液化天然气开发变缓，美国能源部预测中国液化天然气进口将从 2006 年进口刚刚起步时的每年 1 百万吨上升到 2015 年的 2 100 万 ~ 2 600 万吨。[5]如果所有正在提议中的新的液化天然气进口气田都在兴建，那么进口量最早在 2015 年就能够上升到每年 5 000 万吨以上。[6]因此，液化天然气可能相对来说较大地影响中国能源的未来，虽然就数量来说还存在着很大的不确定性。一个关键的问题是中国的消费者是否将能够买得起进口天然气，因为进口天然气的价格目前超过了煤炭和中国国内天然气的价格。在过去的一年里，由于居高不下的国际液化天然气价格，中石化和其他的公司已经放慢了天然气进口计划。

三、液化天然气对石油的地缘战略考虑

分析中国未来的液化天然气计划和地缘政治必须基于与使用石油相比，清楚地理解使用天然气和液化天然气的市场和行业的特点。人们不可避免地断定，对天然气和液化天然气进口的依赖所形成的能源安全特点，很大程度上与对石油所持的深深的安全担忧雷同，对液化天然气的关注对于中国未来战略行为也将产生类似的影响。然而，这两个产业之间具有相当大的不同，并且断定两者在能源安全关切方面具有等量齐观的地位则是误导大家。

首现，中国对石油进口的依赖程度比目前对天然气进口依赖程度高并且从长远来看将继续如此。中国总的石油需求中已经有 40% 依赖于进口石油，到 2020 年对进口石油的依赖将上升到 75% ~ 80%。相比之下，天然气进口的始于 2006 年并且只是在 2010 年之后对天然气进口的依赖程度才开始变得可以测量。人们断定天然气需求将有相对强劲的增长，到 2020 年对进口的依赖程度将上升到 30% ~ 40%，不过有可能低于这个预测。因此，虽然中国从能源安全关切层面已经对天然气的依赖程度进行了政策上的探讨，但是它也只是主要在 2010 年之后才可能成为领导层十分重要的能源安全关切，并且将依然仅次于石油安全之后。

天然气使用上的其他一些特点也易于削弱其作为能源安全推手所具有的突出作用。最为重要的是，在天然气主要的用途中，许多用途都可以被其他几种能源所替代，尤其在发电方面，可以使用煤炭、水力、核能甚至石油。在中国尤其如此，因为在中国煤炭充裕并且是可用于发电的一种廉

价燃料。石油的主要用途是用于运输和工业，在这两个领域还没有适宜的经济型替代物。此外，直到最近液化天然气供应一直是充足的且价格便宜。这一点在过去的几年中，因石油价格的上涨而产生相当大的变化。再者，就全球市场结构而言，还没有天然气卡特尔（同业联盟，也称卡特尔，是垄断组织形式之———译者注）在市场上造成人为的政治性供应限制。虽然近来出现了关于这样的天然气卡特尔的一些讨论，但是由于在全球供应结构中，地区市场而非全球市场在起支配作用，因此产生这样的卡特尔可能性很小。

不过，天然气工业以及全球液化天然气贸易和市场所具有的一些特点表明，它们的的确确在将重要的战略考量引入液化天然气市场与投资。有种观点认为液化天然气贸易比石油贸易要"垂直"得多（即，液化天然气贸易价值链条的所有环节在大型综合性项目中都是紧密相连的，需要有政府的强力支持）。与石油不同，液化天然气与天然气相比运输成本相对来说非常高，这大大增加了液化天然气资本投资的风险，并且成为国家介入以及国与国之间进行交易的强大动力。即使用资本高度密集型的全球能源工业的标准来衡量，液化天然气项目上的投资是巨大的，并且要求下列各项行动同步进行：投资、进行巨额跨国融资、向多国借贷机构贷款以及签订通常长达25年的期限非常长的合同。从生产阶段的气门驱动链条，到油轮运送至再气化的工厂，再到天然气终端消费者，液化天然气的每一个环节都紧密相连。这就要求政府战略性地参与到生产者和消费者之中。绝大多数合同包括繁多的"照付不议"条款，因此无论液化天然气买家们是否需要天然气，他们都被要求承诺在灵活处理购买量方面的苛刻的限制条件。在一个阶段受到削减的采购被要求在后续的阶段以更大的采购量来弥补。此外，天然气终端消费者市场的发展以及处于上游的项目所在国政府的介入使得液化天然气生意非常"受制于政治"（例如，严重地依赖一个可靠的、延续性的和透明的政府在终端用户市场中改进天然气需求的政策）。所有这些特点汇合在一起就给液化天然气行业增添了强有力的政治和政府因素，这个行业使得中国从长远来看不断增长的对液化天然气的依赖不仅仅限于市场这一个因素。

四、中国液化天然气战略：至关重要的政策方面的考虑

从广义上讲，虽然中国正努力推进天然气使用和液化天然气开发，但是许多关键性的有关能源和安全方面的政策考虑已经影响了中国朝着扩大

液化天然气使用方向迈出的步伐。首先，尽管对液化天然气严重依赖是很长一段时间之后的事，但是由于对进口天然气和液化天然气的依赖增长过快且程度过大，中国对石油进口依赖方面所产生的急迫的能源安全担忧，已经成为因对进口天然气和液化天然气的依赖而产生的担忧的部分原因。虽然这种担忧较为模糊，但却能够感觉到。在美国已经形成了一个类似的辩论，在美国不断增长的液化天然气进口将最终使得美国像依赖进口石油那样依赖进口天然气（目前美国对石油的依赖大约是60%）。结果，中国在中—北部、西部、四川省以及近海地区继续进一步提高已经增加了的天然气产量。换句话说，中国对于能源自给自足的本能促成了以国内天然气供应为主、以用来填补差额的进口天然气为辅的理念。因此，未来对天然气进口的依赖将取决于国内天然气需求增长的步伐，这一步伐在很大程度上取决于卓有成效的政府能源政策以及成功找到新的国内天然气田的速度。[7]反过来说，液化天然气进口的最终规模将取决于中国能在多大程度上提高天然气需求以及中国能在多大程度上容忍不断增长的对天然气进口的依赖。

液化天然气消费还将取决于中国在液化天然气和管道天然气进口气源方面的战略权衡，以及明智地推行在进口天然气供应国之间尽可能地将风险多样化的力度。此外，它还在很大程度上取决于未来液化天然气和管道天然气在亚洲的价格以及进口天然气价格与国内天然气开发和运送方面的竞争优势。中国已经表现出对近来世界液化天然气价格飙升大为敏感，这已经使得早前对液化天然气所持的热情有所下降。液化天然气的价格还将受到进口管道天然气谈判报价的影响，这些天然气可能来自俄罗斯（库页岛1号项目，西西伯利亚以及东西伯利亚/伊尔库茨克）、缅甸和中亚。最后，需求以及消费者的支付能力也是驱动液化天然气增长的重要因素。这反过来又取决于国家发改委的管控与价格决策。因此，液化天然气增长除将受到这三家国有石油公司之间在开发新的液化天然气资源方面不断加剧的竞争所产生的强有力的影响外，还将受到国内天然气不断增多的商业机遇的强有力的影响。中国这三家国有石油公司将天然气进口项目和针对处于上游的国外液化天然气项目的投资看成为主要的新的有利可图的商业机遇。这已经导致新的进口项目动议书如雪崩般地涌现。中海油已经抢先把持了对液化天然气开发与进口的垄断并已经控制了目前正在开发的进口设施。它目前拥有设在印度尼西亚和澳大利亚的两家亚洲液化天然气财团的股份投资。但是，另外两家主要的公司，支配着产业链上游的最大公司中石油和支配着产业链下游炼油公司的中石化，已经得到政府的批准，加大对它们自己在东部沿海地区液化天然气再气化项目的开发力度。

这些各种相互交织的因素意味着中国的液化天然气战略、液化天然气进口的最终规模以及能源考量,不可避免地反映出能源战略、市场和竞争交织在一起而造成的复杂的影响。这也有助于解释一直以来并有可能继续保持的有点混乱的液化天然气战略,这一战略经历了早期的激情高涨到兴趣明显下降,再到最近小心翼翼地重返液化天然气市场这一全过程。

早期对液化天然气激情高涨的阶段一直持续到 2004 年,最近完工的广东省深圳附近的中国首家液化天然气再气化工厂便是其产物。该工厂产量可能最终达到每年 600 万公吨的水平。2006 年中期,该厂接受了首批海运原料。现在正在福建建第二家进口原料处理工厂,计划 2008 年建成,将达到每年 300 万吨的水平。这两个项目都由中海油开发。主要的液化天然气出口商向首批的这两家工厂供货的竞标竞争得十分激烈。政府和中海油最终选择了澳大利亚西北大陆架公司为广东厂供货,印度尼西亚的东固项目为福建厂供货。据报道,广东项目中的液化天然气价格为近期市场历史上新低,每 1 000 立方英尺天然气不到 3 美元。

中海油液化天然气战略的一个关键因素一直是要求在上游液化天然气生产项目中拥有股份利益,以此作为供应商们获得进入中国潜在的巨大的未来液化天然气和天然气市场机遇所付出的代价的一部分。实际上,中海油坚持将落后的上游融入生产过程,以获得未来液化天然气市场方面的专门技术和影响力。液化天然气项目上游端还容易成为液化天然气产业链利益最大的部分。对股份利益的要求在某种程度上也反映出对股份利益和实地控制的重视,这两者已经成为中国针对石油供应而采取的能源安全战略的特点。中海油在西北大陆架的上游财团已经获得了相当大的股份利益,该财团以伍德塞德公司和壳牌公司为首。中海油还获得了以英国石油公司为首的印度尼西亚东固财团的股份利益。中海油还投资上海一家新工厂,该工厂已经破土动工,2009 年完工。在激情高涨的早期阶段并且由于国有石油公司竞争的本性之故,还产生了另外 8 ~ 10 份动议书,这些动议书提议在未来十年里,在中国的沿海建设液化天然气再气化工厂。这些工厂大多为中石油和中石化所有。

2005 年开始,由于在世界石油价格上涨的背景下液化天然气价格大幅攀升以及在与澳大利亚高更财团谈判中受挫并最终谈判破裂,中国对液化天然气的热情开始急剧下降。政府一度说,它将等到液化天然气价格回落后,再启动新的大宗采购合同事项。[8]与此同时,中国遭受国际上的广泛批评之痛，批评认定中国 2004 年进口数量巨大的石油，推升了世界石油价格。中国政府一直不断地扭转这一批评，这一批评在许多方面对中国都是不公正的。与此同时，它担忧如果在世界不断紧缩的液化天然气市场继续急切地购进新的产品，它可能因高企的液化天然气价格而受到指责。最终，俄罗斯开始更为积极主动地推进其动议，想要修建从西伯利亚到中国的大型天然气管道。这一动议将提供一个可替代的选择，那就是潜在的低成本天然气进口。作为回应，政府开始放慢审批新的液化天然气进口交易和项目的进度。目前，仅有两家未来工厂得到批准，这两家厂将位于宁波和青岛。与中国其他地方相比，这两个城市相对富裕的工业和居民消费者能够消费得起价格更高的天然气。

然而，随着俄罗斯似乎仍旧不愿意启动其反复承诺的修建通往中国的新的天然气通道，以及与俄罗斯的价格谈判陷于僵局，随着中国越来越接受高企的液化天然气价格近期不会随时下降这一观点，去年中国开始考虑新的液化天然气交易，尽管步子还有点小。[9]近期签署的一个新的大型液化天然气供应交易中，马来西亚将给刚刚开始建设的上海厂供气。正如前文所述，2004 年 10 月中石化与伊朗就一个主要的液化天然气项目签署了谅解备忘录，在该项目中中石化将拥有相当大的股份利益。中海油也在 2006 年年末签署了谅解备忘录，旨在获得开发潜力巨大的北法尔斯天然气田这一液化天然气项目的股份权益。中石油与挪威国家石油公司已经签署了一份进行战略合作的谅解备忘录，它可能包括参与到挪威国家石油公司计划的南法尔斯气田液化天然气第 6～8 阶段的开发工作。[10]2006 年 10 月，中海油还与壳牌公司和马来西亚签署了一份液化天然气"现货"交易，这表明中海油以新的更为成熟的方式进入液化天然气市场。[11]在管道天然气方面也有新动向。虽然俄罗斯在建设始于西伯利亚的天然气管道问题上始终速度奇慢，但是似乎更有可能启动埃克森美孚公司与中国之间的临时交易，建设一条管道，将俄罗斯太平洋沿岸的库页岛 1 号项目所产的天然气送到中国东北。一条潜在的来自缅甸的天然气管道现在已经进入可行性研究阶段。

五、地缘政治和区域影响

虽然液化天然气和天然气的全球和地区地缘政治与石油的地缘政治有所不同，但是在寻求能源安全方面，两者使得中国和美国都遇到了一系列类似的能源安全困境和影响。首先，人们必须记住一些相当大的差别。如同前文所述的那样，对液化天然气进口的依赖程度几乎肯定要小得多，国内可获得的天然气以及替代燃料要多得多。因此，与政府对未来石油安全方面主要的战略担忧和反应相比，北京对能源安全的反应可能不是那么自信。此外，北京对液化天然气进口依赖的反应将主要在 2010 年之后才会发生，而对石油进口依赖的担忧则是紧迫的并且迫在眉睫。因此，北京对于已经过分依赖进口天然气抱有潜在的战略不安，这种依赖在今后十年可能会逐渐增加，与此同时缓慢前行的步伐中绝大部分内容与市场和贸易问题有关，而不是与战略担忧相关，诸如高企的价格，紧缩的全球液化天然气市场或者国内市场天然气需求发展缓慢等。未来管道天然气进口的战略形势基本上与此相同。中国一直在寻找新的管道天然气供应，但是一直很缓慢，这是由于所选的绝大多数管道昂贵的输送成本以及俄罗斯对中国的建议反应迟缓，甚至停止做出反应。

然而，中国因石油供应安全而寻求国际资源，从而推动了这一地缘政治趋势的发展，增长的液化天然气的进口将趋于强化这一地缘政治趋势的许多表现并将加剧领导层对未来安全的能源供应的担忧，这种供应为中国不断增长的经济提供动力。对于美国来说，这意味着液化天然气有可能使得中美在全球能源市场和能源外交上的紧张领域的许多方面进一步加剧。

将相关的全球市场议题与地缘政治议题分开讨论，这是一件值得做的事。就市场议题而言，中国不断增长的液化天然气使用规模以及不断增长的对液化天然气价格和紧张的全球液化天然气供应的影响似乎可能推动并强化不断增强的针对能源资源和石油供应而展开的地缘经济竞争意识。这种竞争是在美国、中国、日本、印度、韩国和欧洲之间进行的。由于似乎世界液化天然气市场其他主要的新来者将是美国，其未来液化天然气的需求可能大到足以改变全球液化天然气的需求与价格状况，因而美中能源竞争的紧张关系似乎可能因此受到深重的影响。这些紧张关系将进一步加剧，这是因为在可预见的未来，液化天然气供应似乎有可能非常紧张并且液化天然气价格似乎有可能持续高涨。这也是对今天全球石油市场供应紧张现象的反映。

不断增长的天然气供应方面的全球性和区域性竞争的倾向，还有可能使得能源市场为天然气管道供应的竞争埋下种子，特别是考虑到俄罗斯未来巨大潜在的天然气出口的方向而言，尤为如此。特别是在谁将获得俄罗斯管道天然气出口问题上，以中国和亚洲其他国家为一方，以欧洲为另一方的竞争气氛正不断加剧。欧洲已经严重依赖俄罗斯的天然气供应，它占据了欧洲天然气供应的 1/4，而这一依赖未来注定要增加。与此同时，俄罗

斯正与中国和其他东北亚国家就未来向亚洲出口天然气进行谈判。俄罗斯
和俄罗斯天然气工业股份公司如果要完成与欧洲签订的远期的天然气出口
量并同时向亚洲和中国兜售天然气，那么俄罗斯天然气工业股份公司将需
要进行大量的新的投资，用以开发西西伯利亚新气田，并弥补其老气田长
期以来不断下降的产量。与此同时，俄罗斯也被自己长期以来不断满足国
内日益增长的天然气需求的承诺压得喘不过气来。有一种担忧普遍认为，
俄罗斯天然气工业股份公司和俄罗斯目前并没有投资足够的天然气供应，
以满足其对欧洲、亚洲的出口承诺以及满足其国内需求的承诺。尤其是国
际能源署也这么说之后，这种担忧普遍存在。[12]

俄罗斯正在显现的战略一直是不断增加对中亚的依赖程度，特别是对
土库曼斯坦和哈萨克斯坦的依赖，以提供可以满足国内需要和某些出口需
要的天然气。这将有助于让西西伯利亚更多的天然气专门用于满足欧洲未
来的需要。俄罗斯一直在中亚与欧洲之间巧妙地利用其地理位置、缺乏备
用的向西方输送天然气管道这一现状以及在该地区所处的决定性地位的这
一长期的政治杠杆等因素，来迫使土库曼斯坦、哈萨克斯坦和乌兹别克斯
坦同意接受新的天然气管道交易，并将它们未来的天然气向北和向西出口
到俄罗斯。[13]这就给亚洲和中国从欧亚地区获得天然气造成了两个困难。首
先，即使中亚的天然气供应量得以增加，但是尚不清楚俄罗斯是否在西西
伯利亚和东西伯利亚正进行足够的投资，也用以满足亚洲的需求。另外，
虽然中国和日本一直与土库曼斯坦和哈萨克斯坦就可能的天然气管道进行
谈判，以便将其未来的天然气向东出口到中国和亚洲其他国家，但是俄罗
斯的交易量占据了向欧亚和俄罗斯出口天然气量的大部分份额，这表明可
能因无法得到足够的天然气而造成没有理由修建从中亚到亚洲的漫长而又
昂贵的管道。[14]再加上俄罗斯一直将天然气粗暴地作为外交和经济杠杆以增
加其在欧洲和亚洲的政治经济影响，这正使得亚洲特别是中国与欧洲之间
未来天然气供应方面的零和竞争意识日益深入人心。

另一套市场议题是关于全球能源市场管理的，并与天然气作为一种全
球性燃料其未来的重要性不断增加息息相关。随着今后二十多年里中国石
油需求的日渐增大，中国不断增长的液化天然气的影响将使得中国在全球
石油市场所发挥的作用不断增大。全球的天然气消费以及区域间贸易额预
计将在未来强劲攀升。天然气和液化天然气在全球能源市场管理等领域中
正成为至关重要的议题，这些领域包括对未来所能获得供应、液化天然气
海上长途运输的可靠性以及跨境管道天然气合同不可轻慢对待等方面的严

重担忧。随着中国不断增加远距离进口液化天然气和管道天然气，中国在全球体系中拥有一席之地则变得愈发重要。这一体系将处理对全球石油和天然气供应安全的关切等问题。这就更有必要想办法使得中国在紧急石油供应和市场管理方面参与到与国际能源署以及其他重要国际团体的合作之中，这些团体包括像八国集团这样在最高层次探讨全球能源安全问题的组织。

就地缘政治而言，中国不断增长的对液化天然气的依赖可能对美国一些重要的战略利益造成影响。正如前面论述的那样，中国对液化天然气供应安全的忧虑与其近期对石油供应的关切将不在一个层次上。不过，尽管液化天然气的影响还处于边缘地位，但是它将加重中国对能源安全的关切并将强化其对美国的部分战略关切。首先，不断增加的液化天然气消费与进口将使得中国更加关注海上交通线，中国液化天然气中的相当大一部分将通过这些交通线运送。中国研究人员已经将控制东南亚海上交通线看成是石油进口问题的重要一环，特别是未来石油进口中相当大一部分将来自马六甲海峡以西（比如，来自波斯湾和非洲，通过印度洋、马六甲海峡以及南海和东海）。

液化天然气的情况稍许有些不同，因为大部分的中国液化天然气需求可能通过从东南亚国家的海上供应而得以满足，这包括澳大利亚、印度尼西亚和马来西亚；此外还有少量天然气来自海湾和非洲国家。因此，在中国对控制东南亚海道和控制南海及东海问题上所表现出的关切中，液化天然气发挥的影响没有石油大。这样，在 2010 年之后的时期里，液化天然气进口可能刺激中国将海上力量投送至东南亚，并且以更弱的力度刺激其将海上力量投送至马六甲海峡和印度洋。这与中国人民解放军海军近期努力增强其在南海和东海的海军能力以及在印度洋的港口进入能力是一致的。就这一情况而言，随着中国发展其蓝水海上力量投送能力，对液化天然气的依赖将加剧其海军与印度、日本、印度尼西亚等国海军之间的竞争，最为重要的是将加剧其海军与美国海军之间的竞争。

这进一步提出了问题，一旦与美国产生地区性冲突，那么对液化天然气的依赖有可能成为严重的战略弱点。广而言之，即使在一个未来可能与美国产生冲突以及冒着美国海军对液化天然气禁运危险的极端情况下，液化天然气似乎可能对于中国来说仍然是一个远为边缘性的导致战略关切的诱因。基于目前的预测（不可否认有很大程度的不确定性），到 2020 年，中国约 40% 的天然气需求可能靠进口满足，其中一半来自海上天然气，一半来自陆上管道。[15]在陆上管道供应中，最大的份额可能来自俄罗斯的东西伯利亚，一些可能来自中亚，相对少量天然气经过缅甸来自南方。在海上天然气中，超过一半以上可能来自澳大利亚、印度尼西亚和马来西亚，一小部分可能来自俄罗斯的库页岛液化天然气。除来自马六甲海峡以东外，其余的来自波斯湾（伊朗、卡塔尔、阿曼和也门）以及西非。

因此，对海上液化天然气实行禁运将影响中国所消耗的天然气总量的约20%。虽然这可能会给中国经济造成困难，但是稍稍减少一下电力供应、石油生产以及居民和商业天然气供应将似乎不会在短期内给经济或发动战争造成困难。考虑到在电力生产过程中煤炭和水利继续占主导地位，天然气在电力供应中可能只占很小的份额。国际能源署规划的是到2020年天然气仅占电力生产的5%，与此相比，煤炭占75%。[16]来自俄罗斯和中亚国家的跨地区的管道天然气供应有可能兴旺一段时间。但是考虑到其他燃料（煤炭、水力、核能和可再生性燃料）对煤炭的可替代性以及中国总体能源需求中天然气相对所占的份额要小得多（最多占8%～10%），天然气的缺乏将似乎有理由得到控制。[17]在天然气供应方面进行商业储备或可能进行的战略储备也能够有助于减轻或延缓任何严重的影响。对这一分析的一个警钟将是跨境的管道天然气供应是否还受到天然气管道基础设施的阻碍，这些设施从俄罗斯、中亚和缅甸引来天然气。在这种情况下，天然气短期的影响将要大得多。切断石油供应的潜在损害将可能超过切断天然气供应所造成的损害。这是因为在任何一个现代经济体中，石油主要用作运输燃料（在这个方面目前尚无替代物）。值得回味的是，到2020年，中国预计进口多达其石油需求的60%，绝大部分通过海上油轮运送，从马六甲海峡以西地区进口，石油约占中国能源总需求的25%～30%。

扩展与东南亚之间的液化天然气供应与投资的关系还将增强中国与东南亚之间不断增长的经济、贸易与外交关系，并且中国在该地区的影响也将增加。事实上，液化天然气和天然气在中国与东南亚之间的能源地缘政治方面，有可能成为比石油还重要得多的因素。然而，在扩大中国影响力方面，液化天然气在多大程度上成为一个主要因素尚不太清楚。从经济上看，这一关系是正由巨额贸易和资金流驱动。随着中国采取行动并力图到2010年巩固与东盟之间全面的自由贸易协定，这一贸易和资金流使得能源和天然气贸易相形见绌。[18]中国经济所具有的巨大的重力是这一关系更为广泛的驱动因素，因此将中国与东南亚繁花似锦的关系大部分归因于液化天然气和能源关系则是言过其实了。

伴着这样的告诫，中国的影响以及尤其是中国与印度尼西亚和澳大利亚的关系将因液化天然气贸易加入到经济与贸易关系中而得以加强。[19]中国的中海油已经拥有了澳大利亚西北大陆架液化天然气财团和印度尼西亚东固液化天然气项目的投资股份。它没能成功购置澳大利亚高更项目以及印度尼西亚在加里曼丹的邦唐项目的股份。2006年中期，位于广东的中国首家液化天然气终端接收了从澳大利亚西北大陆架项目运出的第一批液化天然气。位于福建的第二家终端计划于2008年开张并将从印度尼西亚的邦唐进口天然气。中海油和中石油都将购置印度尼西亚近海石油和天然气生产的相当数量的股份，而当国际上其他主要成员因印度尼西亚不稳定且没有吸引力的投资环境开始从印度尼西亚缩减投资规模时，印度尼西亚也视中国为新的勘探与开发所需投资的重要的潜在来源。[20]中国与这两个国家签订了某种形式的战略能源联盟协约。

液化天然气无疑将在中澳关系中非常重要，但是中国的影响还将受到来自煤炭、铁矿和最近的铀矿等其他方面资源贸易的驱动。有些人已经开始认为，澳大利亚这个美国在该地区的坚强同盟将倾向于一个更以中国为中心的地区战略。澳大利亚最近的声明体现出的对未来中美在台湾问题上潜在冲突的某些犹豫则成为先兆。如果情况果真如此，液化天然气和天然气将是至关重要的动因，但就笔者看来，也只是许多动因之一。就液化天然气和天然气对中国—印度尼西亚关系影响而言，情况大体也是这样。同样值得记住的是，亚太地区液化天然气市场和全球液化天然气市场似乎有可能依旧保持供应非常吃紧的态势，因为就可预见的未来而言，对液化天然气的需求超过了能够获得的供应量。这也意味着澳大利亚和印度尼西亚的液化天然气有许多备选市场。换句话说，这是卖方市场，它降低了液化天然气的购置对中国的战略杠杆作用程度。

中国对东南亚关系中的另外一个重要方面将是液化天然气和天然气运输问题对中国与该地区之间在海洋领土方面久已存在的紧张关系的影响程度以及中国与该地区能否在海上交通线问题和中国的"马六甲困境"问题上进行合作。这是另外一个问题，这一问题或许在很大程度上正在受到因经济交融而使得中国—东盟关系全面强化的影响，而非受到能源和液化天然气关系的影响。

相反，中国在拥挤的南海地区维护未来获得潜在的能源和天然气资源通道的明确的意图以及在东南亚和马六甲海峡的海上交通线上发挥某种未来影响的意图都表明，中国在该地区寻求其海洋领土和在液化天然气过境利益方面可能变得更为武断。这也将表明这些与液化天然气相关的能源动因将容易加剧北京与该地区间在这些问题上迅速萌发的紧张关系。然而，能源和天然气贸易以及更为重要的全面开花的中国与东盟间的经济关系也促使中国采取更为合作的姿态，这一姿态反映了其在该地区利益的不断扩大与多样化。迄今为止，中国已经似乎在能源、领土诉求和过境等相关问题上采取了一个更为合作的姿态。例如，近来中国已经与东盟就领土与合作问题签署了内容广泛的两个协议。其一是 2002 年 11 月签署的《南海各方行为宣言》，这一宣言承诺签约国"和平解决"领土争端。其二是 2003 年 10 月签署的《友好合作条约》，该条约宣布放弃使用武力并呼吁加强经济与政治合作。另一个充满希望的迹象是中国、菲律宾和越南最近签署协议，在南海进行联合石油与天然气勘探。所有这些迹象表明，中国政府想要避免让能源和海洋边界争端破坏其更为广泛的努力，这种努力旨在争取与东南亚国家建立更为建设性的贸易、金融与能源关系。[21]

中国与东南亚能源关系中对美国具有战略意义的最后一个问题涉及缅甸。缅甸军政府最近做出的决定使得修建一条天然气管道的可能性增大，这条管道将把缅甸新近发现的近海气田的天然气送往中国南方。虽然印度已经在争取将这些天然气供应管道向西修往印度而不是中国，但是似乎中国对缅甸军政府的引力要比印度强得多。对于华盛顿来说，这表明天然气的销售将为北京继续成为缅甸的主要保护人增添刺激砝码，阻碍美国孤立缅甸政权的工作。

中国继续打造与伊朗之间的大型液化天然气买卖关系，这将有助于强化其不断发展的战略关系并对美国孤立伊朗的努力产生影响。由于不断增长的地缘政治危险和不确定性，其他国家的大石油公司不断推迟它们对伊朗石油和天然气项目的投资，而中国的国有石油公司明显愿意染指大型液化天然气和石油开发项目，这使得中国对于伊朗未来石油和天然气出口前景具有举足轻重的地位。[22]中国决定从伊朗而不是卡塔尔获取液化天然气也是特别有意思的。卡塔尔已经是一个被认可的迅速增长的大型液化天然气出口商，它给予中国极具竞争力的竞标，寻求为中国在广东的第一个液化天然气终端供气。中国却将其前两份合同给予了澳大利亚和印度尼西亚。另一方面，尽管经过多年的谈判，但是伊朗还没有完成其首个液化天然气项目合同。这说明几个问题。首先，中国将其战略保险投于其附近的东南亚液化天然气供应而不是波斯湾地区的供应。其次，中国视卡塔尔为美国亲密的战略与经济同盟，而伊朗则显然受美国影响要小得多。这使得选择伊朗更具吸引力，尽管伊朗还不是一个被认可的出口商。伊朗还拥有仅次于俄罗斯的世界第二大天然气储备。

中国进口液化天然气和管道天然气，从长远来看可能有助于中－俄能源与外交关系，这一关系受到不断增加的从俄罗斯到中国的石油出口以及中国公司不断增加的对俄罗斯能源供应的投资的形势的驱动。然而，这一进程不太可能是一帆风顺的，这是因为俄罗斯担忧为中国这样一个不断强大的区域霸权的竞争对手提供能源，还因为俄罗斯与中国在中亚未来天然气出口问题上以前曾产生过的竞争。东西伯利亚和太平洋沿岸的俄罗斯地区这两个过于潜在的天然气进口区域间的关系已经有点扭曲，这是由于俄罗斯向一般亚洲国家以及特别是向中国能源出口政策的多变性之故，还由于因克里姆林宫不断努力获得对主要天然气项目的彻底控制权而造成的决策瘫痪之故。这些项目包括库页岛 1 号和 2 号项目以及计划在伊尔库茨克地区开发的科维克塔天然气管道项目。中国已经对从壳牌公司的库页岛 2 号项目进口液化天然气表露出某些兴趣，近来已经就来自埃克森美孚库页岛 1 号项目管道天然气意向书进行谈判。俄罗斯能源与环境当局已经强抢壳牌库页岛 2 号项目的主要份额，现在正不断对埃克斯美孚公司及其日本合伙人施加压力，逼迫其放弃对库页岛 1 号油气项目的所有权和控股权。随着俄罗斯天然气工业股份公司最终控制了库页岛 1 号和 2 号项目，这两个项目越来越有可能合二为一，成为液化天然气的出口源流。这将能够缓解对中国出口供应的部分压力。[23]当俄罗斯天然气工业股份公司和英国石油/俄罗斯石油公司最终设计出一份协议，使得俄罗斯能够控制从科维克塔通往中国的天然气管道项目时，该项目将更有可能成为现实。[24]总而言之，在今后的几年中，当对东西伯利亚和库页岛的天然气供应和出口的控制权以对俄罗斯天然气工业股份公司和克里姆林宫有利的方式得以解决时，这将使得库页岛液化天然气和科维克塔管道天然气打开其门并最终使得相当规模的天然气流往中国。不断扩大的液化天然气和管道天然气将使得不断增加的向中国出口的石油所推动的关系纽带得以加强并使得更为强化的中俄关系中能源因素得以强化。

这样推论的一个结果将有可能进一步加剧已经紧张的中日能源关系。日本正在开展工作，试图寻求强势地位以控制库页岛天然气供应的分配。这种分配受到了损害，这是因为克里姆林宫有效地接管了这些项目并且有可能对这些未来供应中的部分天然气进行再分配，输往中国而不是日本。日本一直是库页岛 1 号和 2 号项目的主要股份合作伙伴。但是，随着俄罗斯天然气工业股份公司的蚕食，日本在库页岛 2 号项目中所持有的 45% 的股份已经削减为 10%，这最终将减少流往日本的液化天然气量。当俄罗斯天然气工业股份公司同样侵入库页岛 1 号项目并有可能使得相当数量的天然气从该项目出口到中国而不是日本时，日本还要面对大幅削减其在库页岛 1 号项目中所持有的股份这一前景。这有可能使得俄日关系进一步紧张，这一关系已经受到一系列导致严重的关系紧张行为的拖累，还受到日益增长的日本对俄罗斯因推延对日油气出口项目而产生的不满的拖累。

六、结语

从广义上讲，中国在天然气进口方面未来的增长将使得相同的能源安全问题的许多方面进一步加深，这种问题因对石油进口的依赖不断增加而产生。对于北京领导人来说，液化天然气将成为更广泛的天然气进口供应安全问题的一部分。液化天然气可能强化中国海军在东南亚地区扩张的速度与规模，并因而加剧了美国对中国海军建设长远意图的担忧。液化天然气还将强化中国对伊朗的渗透，这将加剧美国对中国在支持伊朗外交利益问题上的担忧。因此，美国开始更积极地与中国接触以便找寻途径，确保能源在东南亚海道上进行安全的运输。美国还需要针对中国在诸如海湾、俄罗斯和中亚等重要的天然气出口地区不断增加的影响开始进行规划，并在这些地区规划开发项目方面寻求与中国共同的立场，这对于美国能源与战略利益是至关重要的。

注释：

1. 有关中国天然气工业及规划的透彻的研讨，参阅 David Fridley，"Natural Gas in China" in Natural Gas in Asia：The Challenges of Growth in China，India，Japan and Korea，ed. Ian Wybrew-Bond and Jonathan Stern（Oxford：Oxford University Press，2002 年），第 5 – 64 页；同时参阅 Jonathan Sinton 等，Evaluation of China's Energy Strategy Options（Berkeley，CA：Lawrence Berkeley National Laboratory，China Energy Group，2005 年 5 月）。

2. 有关中国液化天然气需求与加工地计划，参阅 International Energy Outlook 2006，Energy Information Administration（Washington，D. C.：U. S. Department of Energy，GPO，2006），第 44 – 47 页。

3. 关于近期的困难，参阅 "Russia，China Plot Thickens，" World Gas Intelligence，Energy Intelligence Group，2007 年 4 月 4 日，第 1 页。

4. 《伊朗和中国同意开发北帕尔斯天然气田》，发表于《新华经济新闻》，2007 年 5 月 22 日。

5. 参阅 "Natural Gas" in International Energy Outlook 2006（Washington, D. C.：U. S. Department of Energy, Energy Information Agency, 2006 年），第 46 页，刊载于 http：//www. eia. doe. gov/oiaf/ieo/pdf/nat_gas. pdf.

6. 同上。

7. 例如，参阅 "China's Sinopec Shelves LNG, Shifts to Local Output, Pipelines" 发表于 International Oil Daily, 2006 年 12 月 14 日。

8. "Low Domestic Gas Prices May Dampen China's LNG Imports：CNOOC," Asia Pulse, 2005 年 12 月 2 日；"Beijing Moves to Control Construction Pace of New LNG Terminals" International Oil Daily, Energy Intelligence Group, 2005 年 9 月 19 日。

9. 关于近期的逆流对中国液化天然气增长影响的讨论，参阅 "Natural Gas：Putting the Cart before the Horse", Petroleum Economist, 2006 年 12 月 1 日，第 12 页。

10. 参阅 Song Yen Ling 的 "CNPC, Statoil Ink Upstream, LNG Deal" 发表于 International Oil Daily, 2007 年 3 月 5 日。Collins_ChinaEnergyStrat_P1. indd 79 3/27/08 10：18：09 AM Naval Institute Press 80 dAvId PIETz.

11. 有关不断接受更高的液化天然气价格的迹象，参阅 Richard McGregor 的 "China LNG Deal Hints at Easing of Price Limits"，发表于 Financial Times, 2007 年 5 月 9 日；同时参阅 "China's CNOOC to Import 25m Tonnes of Natural Gas by 2010"，发表于 BBC Monitoring Asia Pacific, 2006 年 11 月 10 日。

12. 有关国际能源署的观点，参阅 Claude Mandil 的 "Russia Must Act to Avert Gas Supply Crisis" 发表于 Financial Times, 2006 年 3 月 21 日。

13. 参阅 "Russia's Central Asian Score"，发表于 Petroleum Intelligence Weekly, 2007 年 5 月 16 日，p. 1；同时参阅 Sergei Blagov 的 "Russia Celebrates Its Central Asian Energy Coup"，发表于 Eurasianet, Eurasianet. org, 2007 年 5 月 16 日。

14. 参阅 Stephen Blank 的 "Turkmenbashi in Beijing：A Pipeline Dream", Eurasianet, Eurasianet. org, 2006 年 4 月 10 日。

15. World Energy Outlook 2004（Paris：International Energy Agency, 2004 年），第 143 页。

16. World Energy Outlook 2004, IEA, 第 268 页。

17. World Energy Outlook 2004, IEA, 第 264 页。

18. 《访谈：中国 - 东盟自由贸易区将有助于形成亚洲经济一体化》，《人民日报》在线，2004 年 10 月 31 日，参阅网址：http：//english. people. com. cn/200410/31/eng2004 1031_162255. html.

19. 关于这些问题的更为全面的探讨，参阅 Mikkal Herberg, "China's Search for Energy Security and Implications for Southeast Asia", in China, the United States, and Southeast Asia：Contending Perspectives on Economics, Politics, and Security, Chapter 5, Rout-

ledge Press（forthcoming）。

20. Petroleum Report Indonesia，2005—2006，U. S. Embassy，Jakarta，第 12 – 14 页。

21. 参阅 Herberg 的 "China's Search"，第 76 – 79 页。

22. 例如，参阅 "China Holds Key to Iran's Stalled Development"，发表于 Petroleum Intelligence Weekly，Energy Intelligence Group，2007 年 5 月 21 日，第 1 页。

23. "Gazprom's Arrival Changes Outlook for Sakhalin Gas"，发表于 Petroleum Intelligence Weekly，Energy Intelligence Group，2007 年 4 月 23 日，第 1 页。

24. "Let the Kovykta Battle Begin," World Gas Intelligence，Energy Intelligence Group，2007 年 1 月 31 日，第 4 页；同时参阅 Anne – Sylvaine Chassany，"Russia Oil Minister：Undecided on How to Develop Kovykta Gas Field," Dow Jones Newswire，2007 年 5 月 31 日。

中国创建国家油船队的努力

■ 加布里埃尔·B. 柯林斯[①]　安德鲁·S. 埃里克森[②]

中国航运企业正强势扩张其油船队。尽管国有能源企业都表态支持国家的能源安全目标，国有造船企业也在奋力争拔全球产量头筹，但几乎可以肯定，这些船只的运用模式最终还是要由商业力量来决定。中国国内能源政治错综复杂，国家、地方和商业层面上的行为体常常各行其是、各逐其利，而这有时是以牺牲全局利益为代价的。而且，考虑到中国僵化的官僚体制以及没有能源部的具体情况，其宏观目标到底能在多大程度上得到明确界定和顺畅执行还很难说。不过，对能源安全的考虑或许会在确定中国海军兵力结构的过程中发挥一定的作用。目前，中国海军保护能源运输通道的能力至多也就是处于萌芽状态。现阶段中国海军建设的重点似乎仍聚焦于台湾地区和其他声称的主权地区，而中国油船队的发展壮大则更多的是在追求商业收益。不过，中国航运企业新建的油船绝大部分将悬挂中国国旗，这或许有助于为动用军事力量保护这些船只提供法理依据。随着中国海军力量的增强和对进口石油依赖程度的提高，中国领导层中的安全主导派可能会以国家资源需求为口实，进一步追求蓝水海军能力。在海军发展建设这一至关重要的十字路口，中国领导人将会深刻认识到，中国海

① 加布里埃尔·B. 柯林斯（Gabriel B. Collins）先生是美国海军军事学院中国海洋研究学会的研究员。他是普林斯顿大学优等生（2005，政治学学士学位）并且精通中文普通话和俄语。他主要的研究领域是中国和俄罗斯的能源政策、海上能源安全、中国造船业以及中国海军现代化。柯林斯先生所撰写的与能源有关的论述刊登在《石油与天然气期刊》《能源地缘政治》《国家利益》《哈氏石油与天然气投资人》《液化天然气观察家》《太平洋焦点》以及《世界事物期刊》等刊物上。

② 安德鲁·S. 埃里克森（Andrew S. Erickson）美国海军军事学院战略研究系助理教授。本书编辑出版前不久刚刚完成普林斯顿大学关于中国空间发展的博士论文。曾在科学应用国际公司从事汉语翻译和技术分析，还曾在美国驻华使馆、驻香港领馆、国会参议院和白宫工作过。精通汉语普通话和日语，经常在亚洲做翻译工作。阿默斯特学院优等生、历史与政治学学士，普林斯顿大学国际关系与比较政治硕士。主要研究领域为东亚国防、外交政策和技术问题，研究成果分别发表于《比较战略》《中国军事更新》《空间政策》《海军军事学院评论》《水下作战》和《战略研究杂志》等。

上石油运输安全赖以立足的基础是任何企图施以破坏的力量都会面临无法回避的困难，而不是任何其他某种因素。

一、中国能源形势之演变

全球石油运输体系把石油从世界上最不安定的地区运出。无论是战争、风暴还是禁运、运河关闭，都没能让这一体系停止运行。然而，在商业油轮无视政治因素忙于追逐利润之时，美国海军为之维持航行自由的行动却饱受复杂地缘政治因素的掣肘。随着中国在过去 30 年中崛起成为一个商业和军事大国，一个长期为各国政府和私营消费者所熟视无睹的体系正在重新受到关注。

对中国而言，海上石油运输在未来几十年中将变得愈加重要。中国从 1993 年起成为石油净进口国，十年之后又成了世界第二大石油消费国和第三大石油进口国。[1]2006 年中国进口了国内石油需求总量的 40%，即 290 万桶/天。目前中国石油进口约占其供应总量的 45%。到 2016 年，汽车拥有量的不断增长、公路网的翻番规划以及国内企业对钢铁、石化和其他能源密集型基础工业项目的大规模固定资产投资可能推动进口石油增至需求总量的 60%。中国注定会在 2015 年成为世界第二大石油净进口国。国际能源署预测，到 2020 年中国原油进口量可能会达到 700 万桶/天，为目前进口量的两倍。[2]未来 15 年，中国在世界石油消耗中所占的份额将会翻一番还多。到 2025 年，其石油进口将增至需求总量的 80%。[3]尽管有新建的国内油田、高调宣传的哈萨克斯坦输油管线和规划之中的俄罗斯输油管线，陆地石油供应的增长很可能还是赶不上中国石油需求的增长。因此，新的需求在很大程度上要靠海运来满足。

受对石油安全关注程度不断加深的影响，中国一些相关部门主张建设一支悬挂本国国旗、到 2020 年能够承运中国 3/4 石油进口的油船队，而且大部分船只在国内建造。[4]尽管中国现有油船只能运输其石油进口的不到 20%，但是，受商业和政治考虑的共同驱动，中国造船企业和航运公司正在打造一支悬挂中国国旗的巨型油船队，以期到 2016 年能够承运中国石油进口的 50% 以上。[5]具体来说，这就意味着十年内将会有超过 50 艘悬挂中国国旗的巨型油船投入海上运营。

二、政府之忧

1993 年以后中国石油进口的激增震动了研究界和官员们。因为中国政府 1993 年裁撤能源部的举动确实是出于领导层对中国能源仍将维持自给自足局面的预判。[6]到了 2003 年，在伊拉克战争、国内石油需求激增以及领导层对依赖美国主导的国际经济体系愈发担心等因素的共同作用下，石油安全成了中国能源问题研究的核心问题。

在胡锦涛主席领导下，中国正采取多种措施巩固其石油供应。中国继续奉行"走出去"的政策，放手国有石油公司强势搜寻海外油田。中国政府鼓励国有石油公司在国内为来自沙特阿拉伯和科威特的原油供应建立定点合资炼油企业，这样一来，由于供油国不大可能切断自有炼油企业的油源，原油供应就有了保证。与此同时，中国还通过建立战略石油储备、扩展内外输油管网、提高炼油企业的产能和处理更多品级原油的能力等措施，来提升能源链下游端的能源安全。

中国的航运公司和造船企业正在建设一支能够运载更大份额进口石油的船队。虽然海外力量投送能力缺失使得中国无法通过保护海外油田来确保能源链上游端的安全，但更大规模的油船队将有助于中国发展它（以及其他许多国家）所认为的至关重要的战略工业，并可能有助于提高其海上石油进口的安全。

一支大规模的、悬挂中国国旗的油船队可能有助于确保石油进口安全，因为这样的船队能够慑止未来之敌通过拦截驶往中国的油船向中国领导人施压的企图，在非实战危机情形中尤其如此。在油船上悬挂国旗可以构成军事保护的法理前提，使潜在封锁者的赌注加大，否则它们还真有可能把远程封锁视为在危机形势下向中国施压的可行之策。不过，也存在这样的可能，即中国的油船运营企业实际上是在利用能源不安全因素谋取商业利益。在这里，关键的变量是中国政府与国家石油公司之间的关系，而如果公司可以按照自己的意愿行事的话，往往会重利轻义。

一些研究者把中国油船队的扩张定性为集中决策的结果，但这一论点尚存争议。一些熟悉中央政府现行能源政策的中国学者与笔者交流时透露出来的信息让人感到，眼下北京并没有一个创建国家油船队的清晰计划。不过，国家发改委综合运输研究所的罗萍曾在官方的新华通讯社和《中国日报》发文，呼吁中国石油进口的至少 60% 以上应当由国内航运公司承运，而这些航运公司的船队规模正在快速扩张。[7]据《中国日报》报道，交通部水运司资深官员彭翠红曾经指出，中国将建造更多油船以减少对外国油船的依赖。[8]

对彭翠红观点最有意味的呼应或许是《中国日报》的一篇社论（如果

没有上级某种形式的认可，这样的文章恐怕不会见诸报端）：

> 　　作为世界第二大石油进口国，我国的海外石油供应十分脆
> 弱。远洋运力不足是我们的致命软肋。我国石油进口总量的约
> 85% 是由外籍船舶承运的，这不能不让人担忧。仅从商业层面而
> 论，这本无可厚非。但我们所处的世界并不完美。充分做好准
> 备，以应不时之需，是化解风险的最佳途径。如果确保石油安全
> 需要，我们完全能够做到进口量的 60% 以上由悬挂中国国旗的油
> 船承运。在这个关乎国家战略利益的问题上，政府不能只算经济
> 账。我们有实现这一目标的财力。随之而来的造船订单对国内
> 造船企业也是一个巨大的促进。主管部门让更多国内航运企业
> 进入远洋运输领域的设想很好……我们也有这个技术能力。一
> 些国内造船企业已经生产大型油轮多年。我们欢迎交通部提升
> 远洋运输自主能力的决定。这一富有远见的决定将有助于我们
> 在特殊时期处于有利地位，尽管我们希望永远也不要有这样的
> 特殊时期。[9]

　　尽管中国在全世界富油地区的经济影响力和存在与日俱增，但由于没有能源部，以及由此带来的集中决策程序模糊问题，使得外界很难了解中国能源政策的形成过程和具体内容。在涉及既关乎经济又关乎军事的海上能源运输安全问题时，这一点表现得尤为突出。一些中国学者称，中国的能源政策主要由国务院的国家发改委制定。据称，作为国务院能源领导小组组长，温家宝总理的很大一部分精力都用在了能源问题上，但领导小组的工作离不开国家发改委。[10]然而，国家发改委的文件主要阐述国家能源消费和保护的一般性问题，并不涉及海上问题和军事问题。中国人民解放军海军有许多机构[11]研究中国能源安全问题并可能对海军的能源战略有所影响，但国外学者很难接触得到。[12]

　　通过对中国能源运输部门的研究分析，可以了解到北京寻求可靠能源供应的宏观考虑，这些考虑有时是相互矛盾的。目前中国油船队的扩张似乎主要是受商业因素驱动。但是，由于中国海上贸易和石油需求增长对地缘政治的影响，使得我们有必要小心审视中国努力扩大其在世界油船市场所占份额背后的实际推手。[13]中国海军的一位研究人员称，到 2020 年，中国的海上物流将超过 1 万亿美元，几乎是 2006 年的 2 700 亿美元的 4 倍。（中国国内生产总值的 10%）。[14]中国石油需求增长中的绝大部分要由海运石油进

口来弥补，因此其石油运输方式的演变可能会对东亚乃至更大范围内的海上商业和安全形势带来重大影响。

三、台湾之外

一旦中国把保护石油和其他资源运输作为主要优先任务，其未来的油船队就会显现出重大的地缘政治效应。为维持经济增长，中国需要保护海上石油进口的安全。与此同时，至少有一些中国官员担心美国可能会在未来冲突中设法阻断中国的石油进口。[15]2006 年 12 月 27 日，胡锦涛主席在对参加党的会议的中国海军军官发表讲话时直言不讳地称，中国需要一支"时刻"准备维护国家利益的"强大的……蓝水"海军。[16]这其中可能就蕴含了要打造远洋海上运输线保护能力的意思。

2006 年中国国防白皮书重申了胡锦涛主席的论断。作为对中国战略环境的官方评估和基本对策文件，该白皮书指出："经济全球化的影响从经济领域向政治、安全和社会领域扩展……能源资源、金融、信息和运输通道等方面的安全问题上升。"[17]许多中国海军研究人员纷纷撰文呼应保护远离中国海岸的商业利益的观点。[18]直到今天，中国海军现代化建设还几乎一直是以保卫中国周边海域和解决"台湾问题"为唯一目的。保护海上资源供应线将会成为解放军海军发展应对"台湾之外"突发事件的关键动因。

一些中国学者主张提升解放军海军的力量，使之能在诸如马六甲海峡那样的麻烦地区实施干预。[19]中国知名能源学者、上海外国语大学的吴磊指出，"中国海军和空军现代化建设的主要动因是担心美国会在两国关系因台湾问题恶化时切断中国的能源运输航线。"[20]厘清并分析中国油船队扩张背后的战略思考，有助于勾勒出中国的海洋发展战略。

四、为什么要扩张油船队？

尽管经由陆路运输的石油进口也会增加，但中国不断增长的石油进口中的绝大部分仍不得不继续依赖海上运输。这部分是由于地理因素所致：2006 年，中国石油进口的 76% 来自中东和非洲。[21]新建的哈萨克斯坦管线输油量明年可能达到 20 万桶/天，2011 年则可能达到 40 万桶/天。来自俄罗斯的输油量为 20 万桶/天的相似管线将于 2009 至 2010 年间完全建成，这样就为中国新增了约 50 万桶/天的陆路供应量。[22]中国石油天然气股份有限公司在渤海湾新近发现的大型油田三年内产油量可能达到 20 万桶/天。综上所述，到 2010 年总共可为中国新增约 70 万桶/天的非海运石油供应量。[23]然而，即使保守地假设年均需求增幅为 8%（要知道 2006 年为 14.5%），在这三年内中国的石油需求增长也将超过 100 万桶/天。此外，从表 1 可以看出，海运是中国石油进口效费比最佳的选择。因此，在可预见到的将来，中国海运进口石油仍将持续增长，并占据石油进口总量的绝大部分。2006 年，中国石油进口的 85% 以上是经由海路运输的。

表 1　中国石油运输价格示例

方式	路线	距离（千米）	总价（桶）	单价（桶/1 000 千米）
油船*	拉斯坦努拉—宁波	7 000	1.14 美元	0.163 美元
管线**	安加尔斯克—斯科沃罗第诺	2 700	2.14 美元	0.793 美元
火车***	安加尔斯克—满洲里	1 000	7.19 美元	7.19 美元

注：* 巨型油船，6.5 万美元/天，装载量 200 万桶。

** 根据俄罗斯石油运输公司价目表，58 美分/吨/100 千米。

*** 根据俄罗斯铁路油运价目表，以扎拜卡尔斯克和纳乌施基为目的地加权平均计算。

或许是害怕主要海军大国可能阻断中国的海上石油供应线，越来越多的中国研究人员和政策制定者主张推进大型油船队建设。尽管至少有一位知名中国学者对此观点有不同看法，[24]但有消息称 2003 年 8 月中国政府成立了一个"油船工作小组"。[25]有报道称，北京打算到 2010 年时由悬挂中国国旗的油船承运其 40% ~ 50% 的进口石油，并希望到 2020 年时能承运 60% ~ 70%。[26]中国研究人员预计，为达到这一目标，到 2010 年，中国将需要超过 40 艘载油量 150 万桶以上的巨型油船。[27]表 2 给出了按运载能力区分的不同油船类别。

表 2　油船分类指南

船型	载重
巴拿马型油船	50 000 ~ 80 000 载重吨
阿芙拉型油船	80 000 ~ 120 000 载重吨
苏伊士型油船	120 000 ~ 180 000 载重吨
巨型油船	200 000 ~ 300 000 载重吨
超大型油船	300 000 ~ 550 000 载重吨

注：1 吨 = 7.33 桶。

北京把造船工业视为战略部门。[28]尽管中国油船队的扩张在某种程度上系由安全问题所驱动，但其最大的近期效应却可能是商业性的。尤其是日本和韩国，要面临来自中国油船建造企业的巨大竞争。按照中国船舶工业集团公司的规划，到 2015 年，中国将超越日本和韩国成为世界最大造船国。[29]图 1 给出了订单超过 200 万载重吨的造船企业名单，并给出了企业所在国家在全球新建远途油船中所占的份额。中国握有全球近 30% 的油船订单，已经取代日本成为世界排名第二的远途油船建造国。

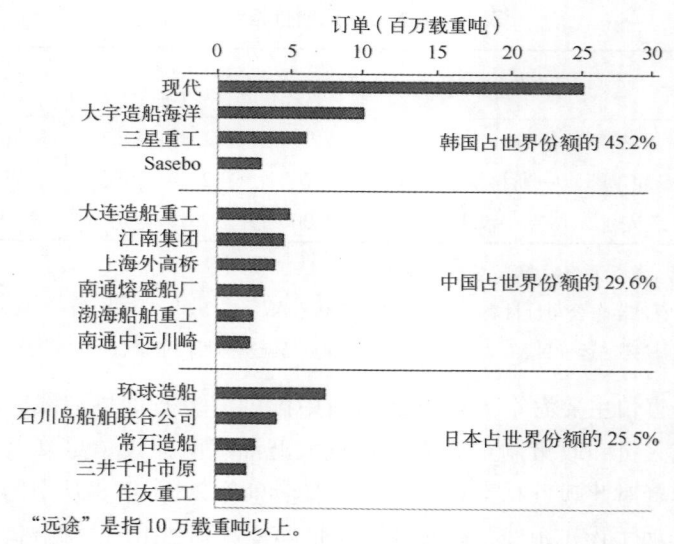

订单（百万载重吨）

"远途"是指 10 万载重吨以上。

图 1 世界主要的远途油船建造企业

来源：劳埃德《海洋网》。

五、马六甲困局

中国石油和石油产品进口的 85% 以上要经由马六甲海峡运输。[30]一些中国学者担心，马六甲海峡以及包括霍尔木兹海峡在内的其他一些瓶颈地段既很容易被恐怖主义和海盗阻断，也很容易在台湾冲突或中美之间爆发严重危机时被美国和地区大国海军阻断。他们撰文指出，谁控制了马六甲海峡，谁就控制了中国的石油安全；中国若无力保护马六甲海峡，就会给国家安全带来"灾难性"后果。[31]

有些中国学者认为，美国海军并非中国海上能源供应线的唯一威胁。他们担心迅速实现现代化的印度海军会利用其在印度洋较中国海军更为有利的位置获取战略优势。[32] 出于历史积怨，中国既对日本缺乏信任，也对日本海上自卫队充满警觉，更何况日本还与俄罗斯和东海与中国在海上争夺能源资源、是美国的主要盟友并在许多战略问题上与印度密切合作。

中国将继续依赖海上石油运输，道理很简单，就是因为没有经济可行的替代手段能把石油从遥远的产地运送到中国的炼油厂。对海外产地而言，油船是唯一的选项。而且，在可预见的将来，这些海上运输可能还是要经过马六甲海峡。尽管存有地形狭窄以及恐怖分子和海盗活动带来的一些风险等不利因素，但由于改道龙目海峡甚或绕行澳大利亚这样的替代航路成本过高（更多的时间、燃料消耗及使用更多的船只），马六甲海峡仍将是主要的油运航道。[33] 面对这样的现实，中国必须找出破解之策。

六、商业因素

把中国与油船运营者之间的关系描述为"政府搭台，企业唱戏"是再恰当不过的了。政府制定基本规则，但企业在可以接受的范围内享有充分的自由去追求自己的商业目标。这样的关系和谅解或许也会延伸到打造国家石油运输能力之中。

航运公司的经理们似乎都乐于让中央政府在政策层面推进造船和航运业的发展。实际上一位中国能源专家曾对本文作者之一说过，尽管中国国家油船队的概念在各种各样的研讨会上被广泛谈及，但那都是"造船工业吸引中央政府更多关注的手段"。[34] 然而，与国有石油公司一样，中国的航运公司也可能抵制政府对其日常运行的干预。如果在世界范围内把船只分散转租给国有和私营航运公司与按照统一政策法规效力于中国国家石油公司相比更有效益，船东们就会偏向更有效益的途径。同样的，如果国家能源公司发现使用外籍船舶运油效费比更高，它们也可能反对与中国航运公司的强制性联姻。2007年年末到2008年年初，中国远洋运输（集团）总公司等国有航运企业或许会开始大量接受巨型油船，届时研究者们对这样的关系就会有更多的了解。要更好地理解中国航运公司与石油公司之间的互动关系，研究人员需要参考至少一年的租赁数据。

据估计，目前有90%的中国油船运力在为外国客户服务。[35] 让这些船只重新回归本国公司也无助于改善中国的远途石油运输形势。根据劳埃德《海洋网》（Sea－Web）的统计，这些船只中仅有18艘是适合于从中东、非洲及其他遥远油源向中国经济地运送原油的巨型油船。中国现有油船队的主体是较小的阿芙拉型、巴拿马型和灵便型油船，只适合短途石油贸易。中国需要 40 艘以上巨型油船才能实现到 2010 年由本国油船承运 50% 进口石油的目标。

试图控制海上石油运输可能会比外包给私营航运企业成本更高。有"七姐妹"之称的西方石油巨头在 20 世纪 60 年代主宰全球石油市场时，都由自营海运部门的油船承运自己的产品，而且大部分公司的运力都与其炼油厂的产量相当。石油输出国组织在中东的主要企业被重新收归国有之后，石油公司纷纷裁减了自己的油船队。租用私营油船运输进口石油可能要比建立和维持一支大规模的油船队要经济得多。尽管过去几年油船价格一直坚挺，但油运行业的周期性很强，当运费下跌时，在船价高企时付出大价钱的公司就会赔钱。中国国有石油公司与其他现代石油公司一样，主要依靠独立油船运营公司为其运油。中国石油化工集团公司 2006 年的巨型油船现货运输租用量为埃克森美孚公司的 2/3（103∶149）。2007 年有可能会超过埃克森美孚。[36]

如果中国有意培育国内油运企业与国有石油公司（它们中有些是世界排名领先的巨型油船租用大户）之间的长期战略合作，恐怕必须给予减税和其他财政激励。否则，航运企业可能就会完全按照"无视国籍"的商业准则来运营其船只。

七、融资

如表 3 所示，2005 年以来，一些专司能源运输或在业内占有重要位置的中国航运公司已经进行首次公开募股。[37]这从另一方面显示了中国公司能源运输活动的基本商业属性。由于中国公司（尤其是国有企业）都是用工和纳税大户，因此中国政府不大可能允许它们出售控股股份。不过，由于中国能源部门其他的投资机会受限，再加上中国政府擅长于把投资与技术转让和市场准入捆绑在一起，因此国内外的投资者们仍有可能追求这些有限的股权。一位中国高级能源官员曾对本文笔者之一谈称，中国当下的油船建设并非中央政府基于安全考虑的决策，而是出于经济利益，特别是通过降低油船的融资利率获利。[38]

表3　中国能源运输企业首次公开募股情况

公司	数量	占资本 总额比例	目的	日期	交易所
招商局能源运输 股份有限公司	7.27亿美元	35%	扩张船队	2006年11月	上海
中远控股	122亿美元	29%	提升国际 形象筹资	2005年6月	香港

来源：《劳埃德船舶日报》《国际先驱论坛报》和纳尔逊上市公司文档。

八、航运部门与石油公司同中央政府的关系相似

中国国家能源公司与中央政府的关系或许预示着油船运营公司与中央政府之间未来关系的走向。中国主要的石油生产和进口公司为中国石油天然气集团公司（CNPC）、中国海洋石油总公司（CNOOC），中国石油化工集团公司（Sinopec）以及中国中化集团公司（Sinochem）。2000到2002年间，中国石油天然气集团公司、中国石油化工集团公司和中国海洋石油总公司全都向外部投资者出售了少数股权。中国石油天然气集团公司和中国海洋石油总公司将其公众持股部分改建成子公司，即中国石油天然气公分股份有限公司（PetroChina）和中国海洋石油有限公司（CNOOC Limited）。这些股权出售（典型比例为20%左右）使得公司既筹到了营运现金，也提升了国际形象，同时还维持了明确的政府掌控。图2展示了中国石油公司与中央政府之间的联系。

尽管中国能源公司都是由国家掌控的，但公司利益常常会影响到高层的能源政策制定。[39]例如，中国石油天然气集团公司就被普遍认为是中国最初"走出去"收购油田行动的背后推手。[40]

过去十年，中国国家石油公司采取了不同于西方企业的经营模式。它们在国有银行软贷款和其他优惠措施的支持下，用"一揽子交易"手段搅乱了市场，因此饱受抨击。中国国有公司愿意"多付"，而且常常接受低于私有公司的回报率。出现这样的情况是由许多原因造成的，包括国际能源交易经验相对不足、国有银行融资补贴、对股东不够负责以及高层主管党、企双重角色带来的非经营性动因等。

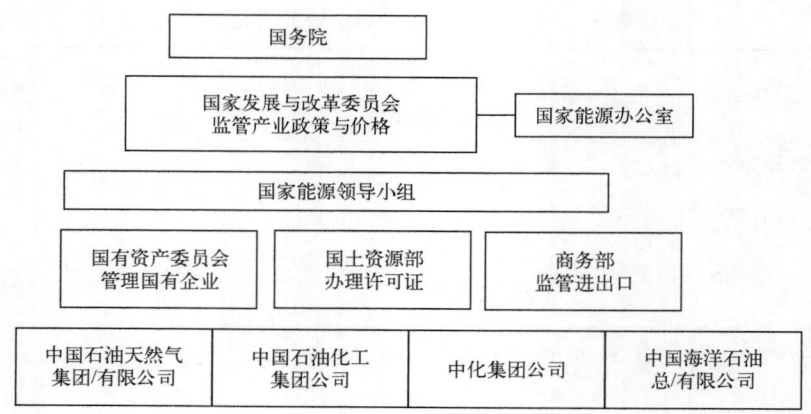

图2　中国石油机构的金字塔

即便如此，中国石油公司似乎还是越来越强调收益的。例如，中国石油天然气有限公司石油市场营销人员就曾宣称，把在遥远产地出产的原油运回中国太过昂贵。[41]他们更倾向于在产地附近售出产品，而在距离中国较近的地方获取运往中国使用的原油，这符合普遍适用的商业原则。

假使2005年夏中国海洋石油总公司得以成功收购美国石油生产企业加州联合石油公司（UNOCAL，优尼科），其很可能会继续在美国市场上销售优尼科在墨西哥湾出产的石油，因为这么做才更为经济。同样的，中国石油天然气集团公司通常会在世界市场上销售其在苏丹出产的很大一部分原油，而不是将这些原油运回中国。[42]这表明，尽管"走出去"政策有政治上的考虑，但中国产油企业的运油决策更多地还是由经济而不是战略因素所驱动。

航运产业扩张的动因似乎与油气产业相似。"国油国运"概念与"走出去"获取油源的政策并行不悖。二者都有在提升国家能源安全的口号下追求利润的商业动机。

积极寻求海外交易使得中国石油公司在实现产业扩张的同时还能通过税赋和提升进口石油中的中国生产份额来扮演"国家公仆"的角色。国有能源公司的税赋占到全部国有企业税赋总额的20%以上。[43]这样的贡献能够取悦共产党，进而影响到油企高管们的前程。很多油企顶层领导已经，并将在某种程度上继续充任与其业务角色相关的高级政治职位。例如，中国石油天然气集团公司总经理蒋洁敏曾任青海省长，中化集团公司副总裁张志银是第十届全国人大代表。而且，实际上存在着一个"旋转门"，业绩出色的石油公司领导人经由该门即可官运亨通。卫留成就因2001年成功主持了中国海洋石油有限公司的首次公开募股工作而获升迁，于 2003 年调离公司任海南省省长。[44]

一些航运企业领导人也有政治职业。招商局集团董事长秦晓博士是第十届中国人民政治协商会议委员和第九届全国人民代表大会代表。[45]但总起来看，目前成功的航运界管理者所享有的高位似乎并不像石油界的同事们那样多。不过，中国航运企业正逐渐聚集起支撑其问鼎重要政治职位的巨大财力。随着其进一步成长，其所处的人口稠密且政治影响力大的东部沿海省份地理位置、日益壮大的员工队伍以及对国家和地方财政所作的贡献，都可能会使其拥有更大的政治影响力。因此，只要中国航运企业产生出足够的利润和税赋，其经理人就会获得眼下成功的石油高管们所享有的政治回报。

总体而言，中国国有造船和航运公司似乎正按照国有油气公司的路子阔步前行。中国研究人员在其著述中表达了这样的观点，和平时期，国家掌控的石油承运者出于自身利益会尝试着去影响政府的政策，但当政府有所要求时，他们还是会把利润置于政治之上。在危机情形下，国有船只要做好被征用的准备。[46]但拥有一支国家油船队未必是解决石油安全的灵丹妙药，下面就简要讨论一下中国现行途径中存在的隐患。

九、中国的造船工业

中国有着强大的经济动机去支持其造船工业。造船工业能够强化包括钢铁、冶金、机床以及其他门类在内的整个产业链条。中国船厂最近建造的巨型油船总共需要大约 88.4 万个工时。[47]根据中国有关资料的计算，一般而言，每建造 1 万载重吨，就能产生 10 万 ~ 20 万个工时的用工需求。[48]因此，船厂直接用工仅占建造一艘船舶所产生的用工总量的约 15% ~ 20%。目前，中国造船工业直接雇佣的员工就超过 27.5 万人。[49]因此，仅就创造工作岗位一项而论，中国政府就有充分的理由支持其造船企业。

如前所述，目前中国船东和船运公司拥有 18 艘巨型油船。中国油船队运力的约半数（艘数而非吨位）为陈旧的小型油船，仅适于沿岸和短途贸易，而不适于国际运输业务。大连远洋运输公司高管孟庆林估计，按照国际规范衡量，中国油船的陈旧程度要高出 30%。[50]中国油船的平均运载能力也更适合中程运输，而不是始自非洲或波斯湾那样的长途运输（中国原油油船的平均运力为 11.6 万载重吨，相比之下，日本油船队的平均运力接近 20 万载重吨/艘）。图 3 给出了中国现有巨型油船与其他主要石油进口国之间的比较。

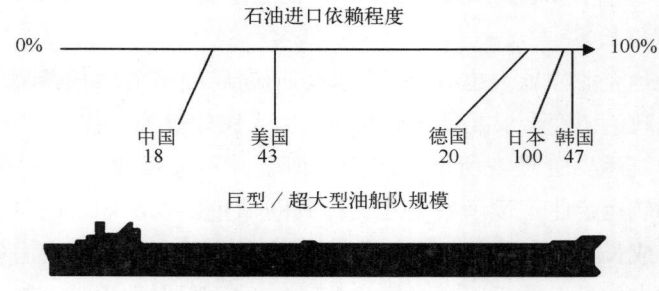

图3　石油进口依赖与油船队规模对比

注：油船数字基于集体船东、注册船东、运营者、管理者和文件持有者。

来源：劳埃德《海洋网》（Sea‑Web）、BBC。

　　尽管中国巨型油船队的规模小于那些石油依赖程度更高的国家，但在政府政策、国内商业利益以及建造油船大潮巨大的经济收益带动中国船厂增加油船产量等因素的共同作用下，这一局面正在迅速改变。如图4所示，油船目前并将继续在中国船厂产品中占据主要份额。应当注意的是，中国船厂中建造的大多数远途油船是由国外买家订购的。

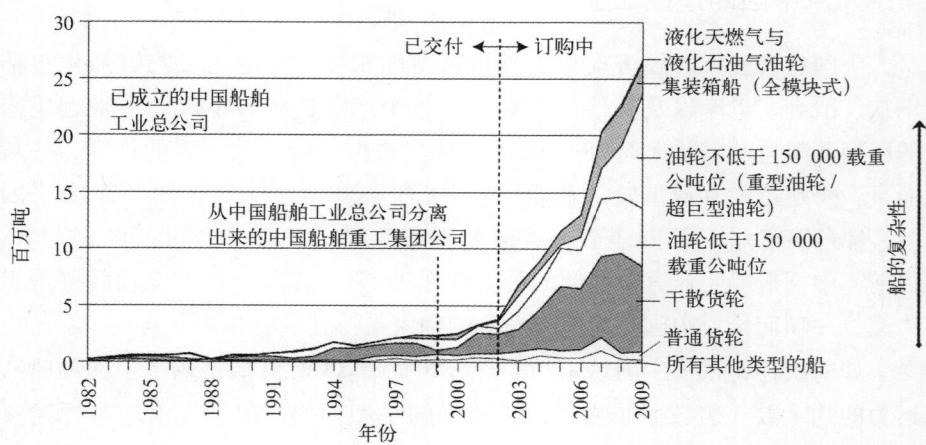

图4　1989—2009年间的中国造船产量（载重吨）

来源：劳埃德《海洋网》、BBC。

　　图4显示了中国企业在赢取新油船订单方面所取得的成功。劳埃德的

《海洋网》（Sea Web）称，目前中国船厂承接或在建的苏伊士型和巨型油船共有 2 100 万载重吨，其中约 1 300 万载重吨是国外订购的。尽管中国在技术和船厂管理实践方面落后于日本和韩国，但大量的国外油船订单似乎是在认可中国船厂在无可比拟的价格优势下，质量也在提升。接受笔者采访的西方船东称，中国船厂的低价格以及与快速增长的中国造船企业建立良好关系的愿望是目前促使他们下单的动因。[51]中国船舶的质量近来仍受质疑，但正迅速提升，尽管尚未达到韩国和日本那样的高水准。国外买家看到了中国造船质量的进步，除了迄今为止一直占据其订单主体的油船和散货船外，正在考虑订购化学品运输船和更复杂的船舶。[52]

尽管中国的两家国有大型船厂（上海外高桥造船有限公司和大连船舶重工）被认为进入了世界十强，但其他船厂仍存在经常性的拖期和质量控制问题。中国的整个船舶配件产业依旧薄弱，这就形成了整体制造能力很强的中国船厂不得不进口关键配件的局面。甚至连韩国的造船企业都开始在中国建造船体结构，再驳运回国进行总装。为推动国内配件产业，中国造船厂经常强制要求船舶买家先在中国找好主机和其他配件来源后再签单。笔者在采访这些买家时了解到，如果不这么做，那么不论是造船厂本身还是船舶运营者就都会倾向于使用韩国和日本的主机和其他配件。[53]简而言之，中国船厂劳动力成本低、扩张用地大，这使得它们在建造散货船、油船和其他不那么复杂的"货物"运输船方面拥有明显的优势。中国船厂的订单记录显示，它们未来 2～3 年仍将以建造油船和散货船为主。表 4 概要给出了中国造船厂与其主要竞争对手的优劣对比。

表4　中国造船工业与主要竞争对手比较

中国	日本/韩国
大量建造低复杂程度船舶	更精于建造高价值船舶
价格低	价格高
技术水平正在提高，但仍落后于业界最高水准	主要船厂代表业界最高水准
国内创新能力相对较低	国内创新能力很高
愿意按客户要求订制	强调系列化生产，较少接受订制
劳动力成本低	劳动力成本高，但部分被技术水平因素抵消

续表

中国	日本/韩国
有大片的土地用于厂区扩张	几乎没有扩张空间， 必须海外建厂或外包业务
商船和军船大量同址建造	商船和军船分址建造， 目前很少建造军船
质量控制存在问题	质量控制极为出色
按时交付存在问题	能够按时交付
船用设备产业薄弱 国内产品仅占 40%	船用设备产业实力雄厚 日本国内产品占 95% 韩国国内产品占 85%
造船工业与支持工业（如钢铁和船用设备） 一体化水平低	得益于早期产业组合产生的大企业集团，一体化程度较高

造船业在这三个国家都被视为"支柱产业"，意思是说其能促进更广泛的产业发展。

十、对油船市场更为广泛的影响

一些中国研究人员担心，在油船租金和利润达到创纪录的高水平时期，中国追赶式的油船建造计划会导致供过于求，进而压低油船价格。[54] 一些人主张采购二手油船作为解救之道。然而，建造油船时不深入考虑船舶市场的吸纳能力可能会压低运费，形成中国船厂盈利但航运公司受损的局面。目前在建的许多油船将在 2008 至 2009 年间进入市场。发展中地区（尤其是亚洲）持续强劲的石油需求增长将不得不主要依靠从中东长途跋涉进口原油加以解决，这或许会对巨型油船市场起到支撑作用。俄罗斯迟迟未能把东西伯利亚原油投放到亚洲市场，也可能助长巨型油船运载中东和非洲原油的需求。未来若干年中东石油产品出口的远途运输也会带动巨型油船的需求增长。

新船市场的变化可能也会增加中国造船工业的市场份额，同时又不过分压低运费。例如，笔者采访的航运企业人士就指出，日本重工企业正在考虑逐步退出造船领域。这将向中国船厂敞开市场份额，可能会使它们既能够加速生产，又不至供过于求。

十一、石油进口基础设施的收益

2005 年时，中国仅有青岛、舟山和水东三港能直接接卸 20 万载重吨以上的油船，比如从非洲和中东运油来华的那些巨型油船。为此，中国正加紧在东南沿海的宁波、泉州和茂名建设能够接卸 20 万～25 万载重吨油船的专用设施。[55]

把油港与遍布全国的用户连接起来已成当务之急。中国研究人员建议加快升级中国的油运体系（即石油运输管道、港口、船舶、修造船基地和石油运输通道），以及相关的法律法规。[56]改善中国国内的输油管网尤其能够提升能源安全。能在主要需求地区和进口地区之间迅速调整石油供应，就能在一处或多处巨型油船接卸大港意外关闭时基本上应付裕如。改进后的输油管网还可在危机爆发时迅速向一体化的市场注入石油供应，这对中国成长中的战略石油储备的效能也是一种支持。中国公司计划到 2010 年将国内的油、气和其他产品输送管网从 4 万千米拓展到 6.5 万千米。[57]

十二、更大规模的油船队能保证石油安全吗?

中国研究人员担心，在台湾问题摊牌或出现其他危机之际，美国海军甚至盟国海军会封锁中国的海上能源运输。[58]张文木等中国"鹰派"人物认为，中国海军保护海上交通线和本国进口航运安全的能力严重滞后于中国进口需求的增长，必须加快现代化建设。[59]在他们看来，只有海军部队具备了在危机中护卫油船的能力，国家油船队才能成为国家石油供应安全的支撑因素。

中国或许还担心域外大国会向主要油船运营者所在国家（如希腊、巴哈马）施以金融和外交压力，迫使它们停止向中国运油。中国研究人员强调，美国尤其表现出了向敌方综合施以金融、军事和外交压力的强大能力。只要中国国有和私营航运公司具备承运中国大部分进口石油的能力，就能确保对手在非战争情形中无法使用此种手段向中国施压。

一些中国研究人员宣称，使用悬挂中国国旗以及中国运营的油船，还有助于从非洲和中东那样的不稳定地区运油的安全。[60]当然，国家油船队也无法保护石油进口国免受许多石油输出国特有的内部安全问题之困。内战、恐怖主义以及其他许多因素都可能阻碍石油最终装载到中国油船上。但即使是石油供应国内乱难免，拥有自有船队和蓝水海军的进口国还是能在石油从出口国起运之后，享有更可靠的能源安全保障。保护油船和下游基础设施（如炼油厂和分发网络）通常要比试图在主权戒心很强的遥远国度保护油田来得简单。保护远在千万里之外的"上游"油气田需要进行大规模的快速联合军事部署，但除了美国之外，其他几乎所有石油进口国都不具备这样的实力。而且，即使有些进口国自认为拥有军事保护能力，其反应速度通常也不足以阻止供应中断情况的发生。不知道中国某些更为强硬、更为重商主义的研究人员在多大程度上考虑到了这些现实问题。

十三、油船保护方式

油船可以通过组建护航运输队的方式加以保护，但船东们反对护航运输队方式，因为这么做限制了他们的灵活性，也提高了成本。海军官员们同样不喜欢执行护航任务，因为这意味着几乎把主动权全部拱手让给了敌人。护航运输队还意味着资产高度密集，在遇有空中、水面和水下威胁时这一问题尤为突出。即使假设中国的石油需求只需日均两艘巨型油船运输便可满足，实施护航运输队制度所要求的后勤保障也已超出了今日中国海军之力。每周一组 14 艘巨型油船编队从波斯湾到中国的往返航时为 33 天，此外还需加上两天的补给与装载。这样的 35 天周期，每周重复一次，将需要不少于 25 艘护航水面舰艇和支援舰船。往返航路上都需要后勤舰船为护航舰艇实施补给（因为在中国卸载后穿越印度洋的巨型油船很容易受到攻击）。此外，可能还需要负责在护航中提供保养维修的舰船。[61]

这一粗略计算给出了一个基本的概念，即组建护航运输队需要数量巨大的水面战舰。即使中国海军在未来几年获得足以遂行持久护航行动的水面战舰，中国领导人仍将被迫在为油船护航，还是在主要冲突战区保持足够兵力以赢得因封锁而引发的战斗之间做出抉择。一些中国研究人员认识到了这一现实问题，他们认为中国还需要相当时间才能真正保卫遥远的海上能源运输线。[62]

保护航运的第二种策略是把战斗引向敌方，打击其基地，将其逐出相关海域。一本中国军事理论教科书指出，为避免在敌人选定的时间和地点连续作战，保护兵力必须采取攻势，"锁定敌人后立刻发起攻击"。作者还强调，"掩护兵力应先敌进攻，力争将敌摧毁于展开或使用武器之前"。[63]为达成上述目的，中国军队需要在相应的时间和地点取得制海权和制空权（也就是说，护航行动所在海域的任何特定时刻），然而在远离本国海岸之处，中国尚未展现出这样的能力。

十四、未来中国海军发展的影响

近年来，中国海军的采购模式表明，北京并未寻求直接为油轮护航，至少现在不是。诚然，中国拥有一支不断现代化的潜艇部队（包括约 5/8

的攻击型潜艇，尽管它们战备水平参差不齐）、新对地攻击巡航导弹、远距离攻击机以及一支可怕的弹道导弹部队，凭借上述力量，中国可以攻击任何对其封锁或为对其封锁提供支持的国家的基地。中国海军还有约 72 艘主要的水面战斗舰艇、50 艘中型和两栖起重吊船以及 41 艘海岸导弹巡逻艇。[64]目前，中国正在同时建造两型攻击潜艇（元级和 093 型）并正在从俄罗斯购置 1 艘（基洛级）潜艇。这些潜艇最终能够发射对岸攻击巡航导弹，如俄罗斯射程为 300 千米的克拉布导弹或中国的东海 – 10 型导弹，后者据报道已经进行了试射，用以打击 1 500 千米以外的目标。[65]这些导弹或许承担海上打击使命。[66]最后，中国人民解放军第二炮兵部队是一支拥有超过 900 枚中程和短程弹道导弹的部队。[67]

不过，中国目前正在开发的绝大多数海军平台除 094 型战略导弹核潜艇以及 071 型船坞登陆舰之外，似乎都已经猎装，其目的明确，以防台湾发生突发事件，而不是为油轮进行远距离护航。中国一些更为现代的舰艇和飞机的确具有将兵力投送到距离稍远一些的南海以及在一个有限的范围里投送到西太平洋部分海域所必备的续航力和武器。不过，中国人民解放军海军数量有限的油轮、小艇以及其他补给船严重制约了中国远距离作战的能力。中国正在兴起的造船业拥有建造更多这类船只的资金和手段，但是造船厂迄今一直着力建造商船。

但是，中国快速增长的国防预算（官方 2007 年的数字是 450 亿美元，但是同年美国国防情报局估计高达 850 亿 ~ 1 250 亿美元[69]）可以允许进行一项雄心勃勃的建造计划。15 ~ 20 年后，中国能够获得遂行远距离海上交通线保护任务的能力。例如，中国新的歼 – 10、苏 27、歼 – 11 以及苏 – 30 飞机及其携带的武器已经表明比其上一代武器有了重大改进。当然，中国军队仍然必须掌握空中加油技术，以便使得这些飞机能够参与防卫海上交通线的战斗。中国的研究人员对"黄金峡谷行动"（美国 1986 年对利比亚进行的打击）以及美军其他的空中作战战例进行了研究，他们注意到空中加油能够为战术飞机（诸如苏 – 30 或歼 – 10）提供战略打击的航程。[70]

中国还在开发能够用于海上交通线保卫战中的巨大的导弹能力。中国令人生畏的 SS – N – 22 "日炙"超声波反舰巡航导弹能够在其从俄罗斯购置的四艘现代级巡洋舰上发射。在过去十年中，中国每艘下水的水面舰艇（可能新的船坞登陆舰除外）都携带可与国外系统匹敌的尖端的远程鹰击系列反舰巡航导弹。重要的是让我们回想一下 2006 年夏季以色列与真主党的战争。战争中，仅仅一枚中国制造的 C – 802 型导弹就几乎击沉了以色列汉尼特级护卫舰，而这种导弹还有可能逊色于中国更新式的反舰导弹。[71]中国还被认为在为其弹道导弹开发反舰寻的弹头，这种弹头极难防御。[72]

水面舰艇远离母港活动还需要很强的有组织的空中防御能力。显而易见，中国人民解放军海军三种最新级别的水面战斗舰艇已经迅速改进了空防与水面作战能力，它们都装载了尖端的空中搜索与导弹制导雷达以及远程垂直发射舰对空导弹。中国旅阳－Ⅱ级驱逐舰（舷号170和171）携带海红旗－9舰空导弹，其两艘旅州级驱逐舰装备了海军版SA－20导弹，其4~5艘2007年年初开始建造的江凯－Ⅱ级护卫舰所具有的垂直发射管和相控阵制导雷达也表明了类似的能力。

这些举措将逐渐使得中国在兵力投送方面有更多的选择。"（旅州和旅阳－Ⅱ级驱逐舰）具有的远程舰空导弹系统，将使得中国的水面作战舰艇在远离海岸并脱离陆基防空武备保护时具有区域防空能力，"美国海军情报局负责中国方向的高级情报副官斯科特·布瑞说道。"在这些具有先进的防空能力并配备了远程防空巡航导弹的驱逐舰的保护下，中国海军能够操作像最近购置的现代Ⅱ级（驱逐舰）这样的战斗舰艇。中国海军正在登场的这些远程作战与防空能力极大地改进了中国的远海作战能力，这种远海作战能力旨在为保护海上交通线提供支持。"[73]

然而，改进了的驱逐舰和空防能力并不能单独给予中国保护海上交通线的能力。中国海军现在缺少强有力的反潜战能力。因此，中国人民解放军海军舰艇遂行远距离海上交通线保护任务时，非常容易受到敌人攻击型潜艇和水雷的攻击。[74]虽然中国人民解放军海军更新型的大型水面战斗舰艇能够携带反潜战直升机，但是绝大多数舰艇似乎缺少现代化的舰壳声呐和拖曳式声呐。[75]此外，几乎没有证据显示中国正在购置真正的远程海上巡逻机，这对于反潜来说至关重要。

中国不断增长的反击能力将有助于使其免受除战争以外的压力的胁迫。当敌对的情况发生时，中国或许能够使得外部势力无法进入其海域，或者在离中国最近的海上交通线区域对敌对势力进行反击。但是，随着中国在过去的十年中在质量建军方面取得了长足的进步，因此避免了一些平台封锁能力的退化，但是他们现在还是没有配置全面的兵力结构，这种兵力结构为在相互倾轧的海上交通线上执行多重防卫任务提供支持。"目前"，美国国防部在2007年判断，"中国既不能保卫其国外能源供应源，也不能保卫其驶过的包括马六甲海峡在内的路径。"[76]

如果中国在未来数年中发展相当强大的海上交通线保卫能力，那么将会有明显的几个迹象呈现于外国研究人员面前。首先，中国将不得不购置或生产相当数量的远洋油轮、小艇以及其他供应船。这种以海军建设为重的做法可能需要建船厂，用于制造舰艇。第二，中国将不得不获得可靠的海外基地（例如，在印度洋）。正如毛文杰在前面的章节中强调的那样，这将似乎表明中国明显背离其 1949 年之后所奉行的外交政策，该政策的中心要义是放弃在其他国家拥有永久的军事基地。[77]第三，为了获得多种致命的反潜战能力，中国人民解放军海军需将其一支相当规模的核攻击潜艇部队进行频繁的远距离部署。维系这样一支部队对于苏联来说已经证明是非常困难和昂贵的，即使美国要做到这样，也是如此。为了增强其兵力投送能力，中国可能还要开发某种形式的甲板飞行装备（例如，一艘或更多的航母或直升机航母），或者甚至医疗船。最后，为了获得高水平的存在和战备，中国海军将不得不在全部时间里部署其相对数量的部队。为了对这种增加的作战节奏提供支持，中国海军将需要发展舰船的远程精密维修能力——通过小艇或通过海外修理设施进行这种维修。这还将要求其具备成熟的先进理论、训练和人员素质，而这些中国海军显然目前都不具备，但是中国有能力满足这些要求。[78]

十五、让对手摊牌

除非中国海军在特定海域能够获得全面的海空优势，否则悬挂中国旗帜的油轮在战时可能使得中国的能源供应更容易遭受拦截，因为至少在理论上，外国海军很容易判断哪些油轮驶往中国。那样的话，似乎就可能出现这种情况，因为缺少实质性的蓝水海军能力，中国要获得这种能力还需要几十年的时间，因此，中国因建造一支挂有中国旗帜的国家控制的油轮船队而使自己成为了靶子。

如果这样的话，中国的最佳选择可能是依赖于私营的第三方油轮运营商，只有当中国的港口受到严密封锁时，运输才有可能被有效地阻断，而这又反过来将实施封锁的国家的海军部队暴露于大范围的军事威胁面前，几乎肯定会擦出火花，引起更大规模的冲突，其负面影响可想而知，将会超过该国所获得的任何政治上的好处。另一种做法是将中国所拥有的油轮的船旗国改为利比亚、巴拿马或另一个易于注册的国家，这将迫使拦截的海军部队做多得多的工作来辨明油轮的所有者和最终目的地。

不过，由于国际法惯例，允许悬挂中国船旗的油轮船队为中国政府进口石油可能确实有助于在除战争以外的危机时期确保中国的能源安全。因为禁运和其他形式的经济胁迫是大国用于向其敌人施压的一个主要的非直接发生冲突的工具，如果这么做，中国可能也不会损失什么。根据国际法，执行公务的悬挂中华人民共和国船旗的油轮将享受中国的实质性的保护。如果外部力量拦截这样一艘船，中国将有理由声明其主权受到侵害，足以威胁到其国民的福祉，因而可进行正当的武力回应。将悬挂船旗的船只用于公务不仅增强了反拦截的保护，而且还将阻止敌方拦截中华人民共和国的石油运输品，除非敌对行为要么迫在眉睫，要么已经发生。虽然法律规范有时还有争议，被回避，甚至在战时被忽略，但是难以想象，在没有战争的情况下有敌对方愿意冒着北京加倍报复的危险，去如此行事。

悬挂中国国旗的油轮为任何一家受国家控制的中国生产商运送石油，可能被一些国家认为已经满足了主权豁免状态的条件。另外，在一场危机中，悬挂中国国旗的油轮已经不以中国国有石油公司的名义行驶，其所运送的石油能够在海上迅速再转手给中国政府的一些实体，这样就为该油轮寻求主权豁免状态创造了合法条件。[79] 根据劳埃德的《海洋网》数据，在中国船厂为中国运输公司订制的 42 艘巨型油轮中，有 31 艘预定悬挂中华人民共和国的国旗（另外 11 艘中，五艘将悬挂巴拿马国旗；六艘将悬挂香港特别行政区区旗）。图 5 揭示了中国不断增长的让巨型油轮悬挂中国国旗的倾向，这些巨型油轮将主要是些石油运输船，往来于印度洋上以及其他潜在的易受攻击的海上交通线上。

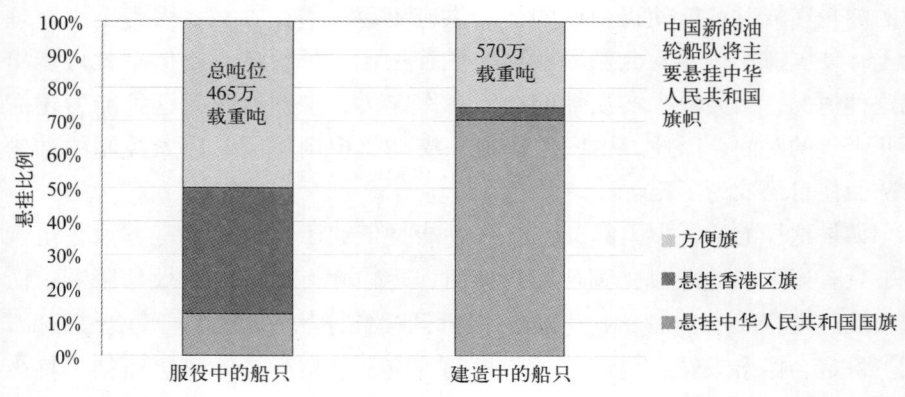

图 5　中华人民共和国油轮悬挂的国旗

来源：劳埃德船级社。

即使没有悬挂船旗国国旗的事，通常的商业因素将使得对中国进行远距离的石油封锁实施起来极为困难，即使在全面敌对的情况下也是如此。

一些因素使得在海上拦截私营的油轮难以实施。石油运输产业高度全球化（例如，一艘油轮或许所有者为在巴哈马注册的挪威的一家公司，由荷兰船长指挥，悬挂巴拿马国旗，船员来自巴基斯坦和菲律宾，运输的石油产自沙特阿拉伯，运往日本的买主）。这样复杂的国籍成分使得判断一艘油轮的最终目的地极为困难。

在任何一个特定的时候，一份油轮的提货单可能无法准确地反映出其所运送货物的真实的目的地。石油市场也具有很强的流动性，允许石油货物在海上买卖。在正常的商业中，货物在海上就可能被买卖几十次；一些货物从波斯湾或西非上货到最终运抵东亚或欧洲，期间可能被倒手 30 次。此外，超大型油轮经常携带"分装"的货物（即：50 万桶原油可能运往新加坡，50 万桶运往韩国，100 万桶运往日本和中国）。提货单还能够轻易被伪造，用以通过在马六甲海峡或远离中国海岸的另外一处咽喉要塞实施的远距离封锁，而这也是走私贩们惯用的伎俩。[80]最后，除非封锁实施者愿意冒给环境造成灾难的危险来破坏或击沉不合作的油轮，否则采取登船和控制措施时就会缺乏足够的军事资源，因为仅马六甲海峡每天就有 52 艘油轮通过。[81]就其他因素而言，由于中国在全球经济中所具有的至关重要的地位，实施封锁者们还将面对主要的外交压力以缩减行动规模并允许正常的贸易得以恢复。

对于国有的油轮船队来说，寻求更低的保险费率可能是另一个原因。在通常的运营情况下，一艘油轮的船体保险费为该油轮年均价值的 2.5% ~ 3.75%。这样，一艘价值为 1.3 亿美元的巨型油轮预计每天支付的保费为 8 900 ~ 13 300 美元。然而，如果保险公司宣布某地区为战争禁航区（如，波斯湾地区），那么保费可以增加至船舶日价的 7.5% ~ 10%。也就是说，当船舶航行在更危险区域时，相同船舶的运营商现在不得不每天支付 890 万 ~ 1 330 万美元，为该船投保。假设在海湾三天，每次该船都装载石油，那么该船的运营商每次航行都不得不支付 2 670 万 ~ 3 999 万美元。即使市场行情处于最佳时期，巨型油轮每天所挣也不超过 10 万美元。但是，扣除预计的战争险保费，一艘巨型油轮从海湾到东亚行程 33 天时，该船将不得不每天挣超过 100 万美元——这是一个非常不现实的数目。

只有当外部需求方要么支付这样的费用，或者要么提供保险并保证其获得要求的利润作为石油运输合同的一部分，商船的运营商们才愿意承运。为了给自己的国家提供不间断的石油运输服务，国有船只可以被认为采取了自保行为并不需要支付保险金。由于所有这些原因，至少从中国以安全为中心的观念来看，一支悬挂自己国家旗帜的油轮船队具有战略意义。

十六、安全意义

并非所有威胁到中国能源安全的偶发事件都牵扯到武装冲突。例如，对沙特出口地的一次恐怖袭击会导致世界石油市场供应紧张，就有可能足以引发政府"呼吁"建设国有油轮。[82]然而，让中国强迫悬挂中华人民共和国船旗的油轮在危机时期为国家服务，这可能会被证明是困难的。假设中华人民共和国的油轮运营商们遵守和平时期的运营规范，那么他们的巨型油轮就能够被租借给遥远地区的船东们，如尼日利亚、委内瑞拉或西北欧的船东们。考虑到涉及的距离，这些船只可能要花上至少 30 天的时间才能到达中国的港口，即便他们立刻撕毁合同，驶往中国。

如果他们事先得到警告，中国的中央政府可能会提前通知油轮运营商们，支付违约罚金并为了在危机期间进行石油运输而预置国有油轮。然而，许多贸易观察者们会细心跟踪油轮行踪，也就是说，即使中国进行秘密的准备行动也将会被立刻发觉。其他主要国家将迅速意识到中国正在调配资源并将此行为解读为北京试图采取敌对行动的迹象。因此，在严峻紧张时期，将悬挂中华人民共和国船旗的油轮召集起来的决定不仅无助于确保国家安全，反而还会引起其他相关方判断最危险的情况将至——因而使得一个更加严重的危机加速到来。

就中国海上石油运输安全而言，任何试图搞破坏的势力都将面对着天然的困难。拦截驶往中国港口的私营油轮是非常困难的。全球的石油市场具有高度的可替代性；由于货物在海上经常被转手，船只的目的地不清；石油可以通过该地区第三地港口转运至中国。此外，通过主要要塞的油轮数量可能远远超过潜在实施封锁的任何一支海军实际掌控非合作船只的能力，除非其愿意承担开火重创油轮所造成的外交、环境和军事后果。[83]这些因素，加上前文所述的法律方面的考量，解释了中国为什么要专注于获得悬挂国旗的油轮，还解释了在和平时期北京为什么能够允许中国运输公司遵照通常的贸易原则运营这些油轮。

十七、结语

随着兴致勃勃的参与方推动中国发展一支大型的油轮船队，随着中国考虑建设一支蓝水海军，对海上石油供应安全的焦虑成为决定决策走向的一个因素。在可预见的将来，特别是在和平时期，中国油轮运营商们将几乎在现有的全球油轮市场的框架下独自工作。通过不惜一切代价强迫中国的船东们为中国的石油生产商们服务的方式来规避这一市场框架的做法，从经济上看是不理智的。能源补贴就是一个恰到好处的例子，中国已经每年支付数十亿美元补贴给其国有石油公司，用以补偿其以市场价格购置石油，又以政府限价将这些石油的制成品在国内出售之间的差价。中国减少这些以及其他能源补贴的压力已经在增加，这在近来已经导致了供应的短缺。[84]

以经济上的机会成本驱动的油轮的运营可能比以国家指导为动力的运营利润更高。此外，与外国油轮运营商签订的贸易合同将倾向于使得中国的海运和造船公司进一步融合到全球石油海运业中。中国国家能源公司采取的以前的模式也利于主要从贸易角度来经营油轮船队，这个模式就是只要有可能就突出利润而非政治（例如，将石油股份销售推向国际市场而非中国市场）。虽然中国已经花费了数十亿美元购置海外的石油股份，国家旗舰公司中石油公司在国际市场上销售了其相当大一部分的石油股份。[85]

考虑到中国领导人目前对国家领导的石油安全政策的偏重，中国可能希望中国的船东们将最终能够运输大部分中国的进口石油。然而，最终结果将可能更多地取决于海运经济学而非政治。在本质上，如果一艘为中国的石油公司工作的中国的巨型油轮每天挣 50 000 美金，但是如果在不同的航线上为一家国际石油公司服务每天能挣 60 000 美金的话，那么它将选择更赚钱的线路。在总体协调能源政策方面中国的中央政府需要付出艰苦的努力，更不用说石油运输政策方面了。的确，在最近的研讨中，一位身居高位的中国能源政策专家表明，设立能源部的工作是艰巨的且该计划可能失败。[86]

中国国有和私营公司在和平时期从造船和油轮运营中寻求利润，而与此同时，政府可能相信通过支持大规模建造油轮的做法正是为了预防未来石油海运方面的威胁而未雨绸缪。出于安全方面的考虑，可能正决定着中国实现让其油轮运输自产原油这一想法的决心和努力。迄今为止，中国一直"免费享用"由美国海军提供安全保障的全球海上交通线。但是，中国不断增长的海上能源利益以及海军实力能够促使其在海上交通线安全方面发挥更为积极的作用。稳定又安全的石油供应以及其他进口资源为经济增长提供了动力，这种经济增长有助于中国共产党继续掌权。因此，任何破坏这种流动的事情都将对现政权的生存构成严峻威胁，中国可能会对此作出强烈回应。展望更远的未来，随着中国拥有更大的国际利益，国家综合实力不断增强，对台湾局势的把握更为自信，这些最终会让中国海军将其战略目光投向蓝水并发展足以保护中国油轮继续向更远地区航行的兵力投送能力。

因此，在未来的岁月里，中国不断增长的石油和天然气需求，连同中国为保卫这些供应的安全而采取的行动，有可能成为严肃的国际海上安全问题。随着中国人民解放军海军继续其现代化步伐，外界的观察者们应当记住，一个国家的意图与欲望常常随着能力的增强而增长。能源和资源供应安全可能因而成为"台湾问题之外"另一个推动中国蓝水海军发展的动力。

随着下一个五年规划的成形，中国领导人将作出重要的决策，这一决策与中国海军应当将其兵力投送能力发展到多大规模相关，这也是与中国能源战略密切相关的一个因素。这些决策反过来又会决定下一个十到二十年的战略构想、理论体系和兵力结构。中国显而易见想要扩建一支国家主导的油轮船队，辨明并分析这一意图背后的战略考量能够有助于为美国制定有关中国的战略和政策提供信息，尤其是为华盛顿阐明并贯彻其自身的海上战略时提供信息方面的帮助。

华盛顿应当利用这一契机作为窗口向中国表明，在能源安全方面世界石油市场暂时远比受蓝水海军保护的国有油轮船队的作用要大得多。显然，这些是敏感的话题，它们涉及双方的战略利益，与此同时明智地利用美中海军间的交流和双边磋商可能有助于世界上这两个最大的能源消费国即使在竞争中也能持续共存。

注释：

本文之前所发表的版本为安德鲁·S. 埃里克森和加布里埃尔·B. 柯林斯所写的文章《北京的能源安全战略：中国国有油轮船队的意义》，刊登于《世界事务期刊》总 51 期，2007 年第 4 期，第 665－684 页。

1. 本节数据主要来自美国能源部的能源信息管理局，网址为 http：//www. eia. doe. gov/ emeu/cabs/China/Background. html；以及中国石油化工公司编写的 2006 年度中国石油进出口形势分析。

2. 美国目前每日进口 1 000 万～1 200 万桶石油及产品。

3. 国防部长办公室，《中华人民共和国军力报告（2007 年）》，国会年度报告，第 8 页。

4. 参阅乔恩言的《石油企业在国家石油安全战略中的作用》，发表于《现代化工》，2005 年第 1 期，第 9 - 12 页。

5. 相比之下，日本的油轮能够运输 90％以上其所消耗的能源。

6. 参阅 Erica Downs 的 "Brookings Foreign Policy Studies Energy Security Series：China"（Washington，D. C.：Brookings Institution，2006 年），第 6 页。

7. 《中国必须让本国船运商承运 60％的海上进口石油》，新华金融网络新闻，2007 年 6 月 14 日；参阅 "More Oil Tankers Taking to the Sea"，发表于 China Daily，2007 年 6 月 14 日，http：//www. chinadaily. com. cn.

8. "More Oil Tankers Taking to the Sea".

9. 参阅 "Oil Security at Sea"，发表于 China Daily，Opinion/Commentary，2007 年 6 月 14 日，第 10 页，刊载于 www. chinadaily. com. cn/opinion/2007 - 06/14/content_894050. htm.

10. 在北京所做的访谈，2006 年 12 月；NDRC website，www. eri. org. cn.

11. 这些包括北京的海军学术所、南京的海军指挥学院、青岛的潜艇学院。

12. 2007 年作者采访了中国学者。

13. 日本与越南也似乎对建造悬挂该国国旗的油轮并用以保护石油运输非常感兴趣。

14. 参阅徐起的《21 世纪初海上地缘战略与中国海军的发展》，发表于《中国军事科学》2004 年第 4 期：第 75 - 81 页。2006 年秋天，由 Andrew Erickson 和 Lyle Goldstein 翻译，由海军军事学院审查后出版，第 4 期：第 46 - 67 页。

15. 2007 年 4 月作者与中国能源专家研讨。

16. "World Briefing/Asia：China：Hu Calls For Strong Navy"，New York Times，2006 年 12 月 29 日；David Lague，"China Airs Ambitions to Beef Up Naval Power"，International Herald Tribune，2006 年 12 月 28 日，http：//www. iht. com/bin/print. php？id = 4038159.

17. 《2006 年中国的国防》，中华人民共和国国务院新闻办公室，2006 年 12 月 29 日，http：//www. fas. org/nuke/guide/china/doctrine/wp2006. html.

18. 参阅张文木的 "Sea Power and China's Strategic Choices"，发表于 China Security（2006 年夏）：第 17 - 31 页；Xu Qi 的 "Maritime Geostrategy".

19. 参阅李杰的《石油，中国需求与海道安全》，发表于《舰船知识》，2004 年 9 月，第 10 - 13 页。

20. 参阅 Wu Lei 和 Shen Qinyu 的 "Will China Go to War over Oil?"，发表于 Far Eastern Economic Review，2006 年 4 月第 3 期，第 38 页。

21. 数据来自于 LexisNexis. org.

22. Li Fangchao 的 "Russia - China Oil Link Nears Completion"，发表于 China Daily，2007 年 6 月 15 日，http：//www. chinadaily. com. cn/china/2007 - 06/15/content_894794. htm.

23. 《中国新发现油田储量达 73.5 亿桶》，新华社，2007 年 5 月 3 日，www. chinaview. cn.

24. 杨明杰，《海上通道安全与国际合作》，北京：时事出版社，第 123 页。

25. 2007 年 6 月在北京进行了采访。

26. 罗萍,《国油国运：中国能源的安全保障线》，中国远洋航务公告，2005 年 2 月，第 38 − 40 页。

27. 同上。

28. "Shanghai Shipbuilding Reaches for New Heights"，发表于 *China Daily*，2003 年 9 月 6 日。

29.《中国造船业兴起》，新华经济新闻通讯社，2006 年 6 月 13 日。

30. 2007 年 3 月电话采访了国防部官员。

31. 李小军的《论海权对中国石油安全的影响》，国际论坛，2004 年 7 月第 4 期，第 16 − 20 页。

32. 陈安刚，武明的《马六甲海峡：美国觊觎的战略前哨》，发表于《现代舰船》，2004 年 9 月，第 11 − 14 页。

33. 杨明杰《海上通道安全》，第 106 页。

34. 2007 年 6 月在北京进行了采访。

35. "China Urged to Beef Up Ocean Oil Shipping"，Asia Pulse，2006 年 3 月 15 日，刊载于 http：//www. lexisnexis. com.

36. Katherine Espina，"Sinopec Trawls for More Supertankers"，International Herald Tribune，2007 年 4 月 30 日。

37. 虽然在过去的两年中，大部分全球首次公开募股活动发生在干散货领域，但是呈牛市状态的油轮市场还促使许多能源海运募股在亚洲之外进行。

38. 2007 年 6 月在北京进行了采访。

39. Downs 的 "The Chinese Energy Security Debate"，发表于 China Quarterly，2004 年 3 月，第 21 − 41 页。

40. Downs，"Brookings Foreign Policy Studies"，第 38 − 39 页。

41. 任晓宇，《对中石油如何将其股份市场化的分析及看法》，发表于《中国石油与天然气》，2002 年第 4 期，第 50 − 52 页。

42. Downs，"Brookings Foreign Policy Studies"，第 44 页。

43. Steven Lewis，Baker Institute for Public Policy，Rice University，"Reform in Chinese Energy Policy：The NOCs at Home and Abroad"（由美国海军军事学院提交 2007 年 2 月 12 日）

44. Joseph Kahn，"Profit or Politics? Chief of CNOOC Faces a Delicate Balancing Act"，发表于 New York Times，2005 年 7 月 7 日。

45. 中国招商集团网站，http：//www. cmhk. com/en/management/default. htm.

46. 杨明杰，《海上通道安全》，第 123 页。

47. 郑长兴，《2005 年中国船舶工业发展特点》，发表于《机电设备》，2006 年第 2 期，第 33 − 34 页。

48. 秦晓，"Energy Transportation Issues in China's Energy Security Strategy"，发表于《中国

《能源》，2004 年 7 月第 7 期，第 4 – 7 页。

49. 张凯，《江苏船舶工业的盛会》，发表于《机电设备》，2006 年第 3 期，第 16 页；同时参阅 "Current Capacity, Future Outlook for Japanese, Chinese Shipbuilding Industries"，发表于 Sekai no Kansen，2006 年 3 月 9 日，OSC# FEA2006030902654.

50. "Major Chinese Operator Calls for Maritime Oil Transport Development"，BBC，2006 年 3 月 10 日，http://www.lexisnexis.com.

51. 2007 年 3 月，作者采访了正在中国船厂建造油轮的西方船东代表。

52. 同上。

53. 同上。如果韩国或日本产的部件更为可靠的话，船只买家愿意选择这些部件。中国的船厂想要出售他们自己的部件而不管这些部件的质量如何。

54. 由于利润丰厚（很少或没有运力过剩）时，导致了大量造船，从而迅速导致运力过剩、产业调整和银行倒闭，油轮产业遭受了利润剧烈起伏的伤害。

55. 杨明杰，《海上通道安全》，第 124 页。

56. 同上。第 123 页。

57. "By Year End 2010, the Length of China's Oil Pipeline Network Will Grow by 25 000 km"，Oil & Capital，2007 年 2 月 26 日，www.oilcapital.ru/print/news/2007/02/261024_105757.shtml.

58. 例如，参阅，查道炯，《三问中国未来石油安全》，发表于《中国石油企业》，2006 年第 6 期，第116 – 119 页。

59. 张文木，《中国的能源安全与可行战略》，发表于《税务研究》，2005 年第 10 期，第 11 – 16 页。

60. 秦晓，《中国能源安全战略中的能源运输问题》，发表于《中国能源》总 26 期，2004 年第 7 期：第 5 页。

61. 更多信息，参阅本书第 3 部分 Collins 和 Murray 所写的文章。

62. 杨明杰，《海上通道安全》，第 119 页。

63. 王后勤和张兴业编，《战役学》（北京：国防大学出版社，2000 年），第 304 页。

64. Office of the Secretary of Defense, Military Power，第 3 页。

65. Robert Hewson, "Chinese Air – Launched Cruise Missile Emerges from Shadows"，Jane's Defence Weekly，2007 年 1 月 31 日，http://www8.janes.com；Wendell Minnick, "China Tests New Land – Attack Cruise Missile"，Jane's Missiles & Rockets，2004 年 9 月 21 日，http://www.janes.com/defence/news/jmr/jmr040921_1_n.shtml.

66. 参阅，例如，王伟的《战术弹道导弹对中国海洋战略体系的影响》，发表于《舰载武器》，2006 年 8 月第 84 期，第 12 – 15 页。

67. 本部分主要引自 Erickson 在 "中国军队现代化及其对美国和亚太的影响" 听证会上面对 "解放军在传统战能力中进行的现代化" 听证小组所做的证词，美 – 中经济与安全审核委员会，华盛顿哥伦比亚特区，2007 年 3 月 29 日，http://www.uscc.gov/

hearings/2007hearings/transcripts/mar_29_30/mar_29_30_07_trans. pdf，第 72 – 78 页。
William Murray 为本证词做了大量准备。

68. 《公正地阐述中国国防预算（观念）》，发表于《人民日报》，2007 年 3 月 6 日。ht-tp：//english. people. com. cn/200703/06/eng20070306_354817. html.

69. Office of the Secretary of Defense，Military Power，第 25 页。

70. 凌朝，《伊尔 –78 飞向中国》，发表于《兵工科技》，2005 年第 10 期，第 19 – 23 页。

71. 参阅 Matt Hilburn，"Hezbollah's Missile Surprise"，Seapower 总 49 期，2006 年 9 月第 9 期，第 10 – 12 页。

72. Eric A. McVadon 的 "China's Maturing Navy" 海军军事学院审查，2006 年春，第 2 期，第 90 – 107 页，http：//www. nwc. navy. mil/press/review/documents/NWCRSP06. pdf. 同时参阅，王慧，《攻击航母的武器装备》，发表于《当代海军》，2004 年 10 月，第 35 页。

73. Scott Bray，"Seapower Questions on the Chinese Submarine Force"，U. S. Navy，Office of Naval Intelligence，2006 年 12 月 20 日，http：//www. fas. org/nuke/guide/china/ONI2006. pdf.

74. Andrew Erickson，Lyle Goldstein 和 William Murray 的 "China's 'Undersea Sentries'：Sea Mines Constitute Lead Element of PLA Navy's ASW"，Undersea Warfare 总 9 期（2007 年冬）：第 10 – 15 页。

75. 中国的江凯 – Ⅱ 型护卫舰在舰尾有钟形口，可能用以部署拖曳式声呐。

76. "Office of the Secretary of Defense"，Military Power，第 8 页。

77. 例如，参阅 Sun Shangwu，"PLA 'Not Involved in Arms Race'"，China Daily，2007 年 2 月 27 日，http：//www. chinadaily. cn/china/2007 – 02/02/content_799222. htm；" 'PLA Making Great Efforts to be More Open'，" interview of Lieutenant – General Zhang Qinsheng，deputy chief of the General Staff of the People's Liberation Army（PLA）by Sun Shangwu，China Daily，2007 年 2 月 2 日，第 12 页，http：//www. chinadaily. cn/cndy/2007 – 02/02/content_799207. htm.

78. 作者感谢 William S. Mrray 为本节文字所提供的帮助。

79. 参阅《公海公约（1958）》第 8 款；《联合国海洋法公约（1982）》第三十二、五十八（2）、九十五、二三六款；A. Ralph Thomas 和 James C. Duncan 的 "Annotated Supplement to the Commander's Handbook on the Law of Naval Operations" U. S. Naval War College International Law Studies 73（1999），第 110，221，259，390 页；参联会主席 3121. 01B 号指令（2005 年 1 月）；Joel Doolin，"The Proliferation Security Initiative：Cornerstone of a New International Norm，" 发表于《海军军事学院评论》总 59 期，（2006 年春）第 2 期，第 29 – 57 页。作者感谢 Peter Dutton 教授在海洋法方面给予的广泛指导。

80. 有关进一步的详情，参阅本书默里与柯林斯所写的文章。

81. 参阅岳来群的《突破马六甲困局》，发表于《中国石油企业》，2006 年 4 月，第 6 页。

82. 如果中东爆发大的危机以及随后引发的对剩余的石油供应品的竞标而导致全球石油

供应突然吃紧，那么不难预料中国将希望悬挂中华人民共和国国旗的油轮来运输其石油供应品。

83. 有关进一步的解释，参阅 Murray 与 Collins 所写的文章。

84. Shai Oster 和 Patrick Barta，"China Raises Price of Fuel Amid Shortage"，Asian Wall Street Journal，2007 年 11 月 1 日，第 1，32 页。

85. 参阅 Gary Dirks，"Energy Security：China and the World"，（在《〈能源安全：中国与世界〉国际研讨会上的发言》，中国北京，2006 年 5 月 24 日）。

86. 2007 年 4 月进行的采访。

第二部分

中国的全球能源获取

中国在印度洋的海上雄心

■ 詹姆斯·R. 霍尔姆斯① 古原俊井②

目前，中国的海上强国意识越来越强。本章的论点是中国既不会被动地躲在沿海水域，也不会主动与美国在太平洋进行竞争。相反，中国会将主要精力放在南亚和东南亚地区，因为那里是对中国经济发展至关重要的石油、天然气和其他商品的运输通道。然而，在南亚和东南亚，中国会遇到同样具有海上强国意识且具有明显地缘战略优势的印度。目前，中国可能只会在这些地区开展"软实力"外交，待台湾问题解决后，再调动所有海洋力量和资源，走向深海。

一、中国将成为什么样的海上强国

中国已将注意力和精力转向了海洋，这一点已成为西方评论东亚国际关系的一项主要内容。事实上，如按马汉理论中的商务、基地和舰艇指数

---

① 詹姆斯·R. 霍尔姆斯（James R. Holmes）先生是范德比尔特大学优等生，并先后获得沙尔瓦·瑞金纳大学、普罗维登斯学院、塔夫茨大学弗莱彻法律与外交学院的学位。他于2003年在塔夫茨大学获得博士学位。1994年他以最高荣誉学位的成绩毕业于海军军事学院，并作为班上最优秀学员获得海军军事学院基金会奖。在2007年春季任教于海军军事学院之前，他是位于佐治亚州阿森斯市的佐治亚大学国际贸易与安全中心资深副研究员，任麻省剑桥外交政策研究所副研究员。他还曾在美国海军担任过水面战军官，在"威斯康星"号舰的机电与武备部门服役，在水面战军官学校总部负责机电课程，并在海军军事学院的远程教育学院讲授战略与政策。他的论著有：《西奥多·罗斯福与世界秩序：国际关系中的警察力量》（波托马可河丛书，2005），合著《中国21世纪海军战略：转向马汉》（劳特利奇，2007），合著《亚洲向海上看：强权与海洋战略》（普雷格，2008）。

② 古原俊井（Toshi Yoshihara）先生是罗德岛新港海军军事学院战略与政策系讲师。此前，他是阿拉巴马州蒙哥马利空军战争学院战略系客座教授。古原俊井博士还在马萨诸塞州剑桥外交政策分析研究所担任高级研究员。他的研究兴趣包括美国在亚太地区的盟友、中国军事现代化、朝鲜半岛安全动态、日本的防务政策以及中国内陆与台湾地区关系。古原俊井博士目前的研究议题主要是亚洲地缘政治的影响、中国海军战略以及日本海洋战略。在过去的两年中，他与其他学者合著了有关中国海洋战略方面的论文，刊登在《比较战略》《海军军事学院评论》《问题与研究》以及《奥比斯》等杂志上。古原俊井博士在塔夫茨大学弗莱彻法律与外交学院获得国际关系博士学位，并在约翰霍普金斯大学高级国际研究学院获得国际关系方向硕士学位。他在乔治城大学外交学院获得国际关系学士学位。

测算，中国正追求海上强国地位，并正迅速建立一支强大的海军。中国将成为什么样的海上强国？中国是否会如许多预测那样仅追求纯粹的防御性海上战略，并局限于自己的沿海水域？或如其他分析人士所预测的那样，中国的大规模海军建设将在广阔的太平洋上引起霸权竞赛？答案是"不会"。中国一旦确保了东海、黄海和南海的安全，它会将海上力量投向南部海域和西南海域，而不是东部海域，因为前者与它的能源安全和经济发展密切相关。就软实力外交方面，中国官员已在重要海上交通线的毗连地区齐心协力，并取得了一定的成功。

这些利益可能会促使中国在这些地区加快海上硬实力的集结，但需要指出的是：①中国的海上实力将很快无法满足其海上强国的雄心；②中国在印度洋地区的海上雄心将与离印度洋很近的另一发展中大国印度发生冲突；③理论上来说，无论有何倾向，中国在调动资源以建立起一支足以在印度洋地区争夺霸权的海军之前，必须先处理好东亚事宜。

二、中国在印度洋的战略利益

能源安全是中国在印度洋的最高利益所在，这已在媒体和学术研究中被广泛谈及。在过去的 20 年里，中国的能源消耗量增加了一倍以上，能源对外依存度进一步提高。[1] 2003 年，中国的石油消耗量超过日本，仅列美国之后。[2] 同年，中国的石油进口量占其石油总消耗量的 30%。这引起了中国的担忧。中国政府担心能源运输的任何动荡都会影响其经济发展。[3] 有关媒体预测，未来几十年中国的电力和石油供应将严重短缺，这使得人们担心中国的经济是否能顺利转型。[4]

远期预测表明中国的能源危机将持续。美国政府分析人士预测，在未来的 20 年里，中国的石油需求至少翻 1 倍。[5] 尽管非政府分析人士的预测结果大相径庭，但多数人认为，到 2020 年，中国的石油需求量将是 2000 年的 2 倍。[6] 此外，2003 年，美国能源信息管理局预测，到 2020 年时中国石油需求量的 75% 需从国外进口。[7] 美国国家情报委员会预测，如果中国想在 2020 年前保持良好的经济扩张速度，其石油消耗将不得不增长 150%。如果此预测准确，2020 年中国的石油需求量将接近美国的预测需求量。[8]

要想满足这越来越大的能源需求，就必须确保源源不断的能源供应，这给中国政府带来了巨大的国内政治压力。中国官员已从更远的地区（如波斯湾和非洲好望角）寻求石油和天然气来源。能源事宜迫使中国密切关注重要的海上交通线。为此，从中国沿海延伸到印度洋的航道安全对中国具有特殊的政策意义。

地缘政治也在起作用。自 20 世纪 90 年代以来,中印关系已稳步改善,其中地缘政治因素发挥了长期作用。印度是印度洋地区的主要强国。如果考虑到其潜能,它有可能会崛起,成为中国未来长期的竞争对手。[9]如果考虑到这些动态因素,中国控制印度洋海域的任何企图都无疑会遇到印度的反制。中国已意识到,印度有与中国类似的能源需求,并可能会被迫与中国进行海上博弈。[10]

此外,中国对印度逾越印度洋之外的地缘政治野心十分担忧。按照中国学者侯松岭的说法,印度向东盟的"东向政策"带有明显的海上企图,别看它现在仍在关注经济合作,它的下一步就是与其东边国家建立政治和安全合作机制。此外,他还预言印度和东盟在反恐、海上安全和打击跨国犯罪方面的合作是印度控制印度洋(特别是马六甲海峡)的"全球战略"的一部分。[11]

另一位中国观察人士朱凤岚假设印度海上战略大胆设想了从沿海地区向深海地区的扩张。按他的说法,印度的战略目标按升序包括:①国土防御、沿海防御和海洋经济区控制;②对毗邻沿海国家的水域控制;③和平时期对从霍尔木兹海峡到马六甲海峡的广袤水域不受约束的控制,以便在战争时期对这些咽喉要地进行有效封锁;④建立一支平衡的远洋舰队,以通过好望角向大西洋以及通过南海向太平洋投送兵力。[12]如果真是如此,那么总的来说,印度海军在后期的发展阶段将侵犯中国传统的影响区域,尤其是会威胁到中国的能源安全。

美国海军主宰着自波斯湾到印度洋以及中国南海的广袤公海海域,这令中国十分关注由此带来的安全困境。中国担心,在出现危机时,美国的海军力量会扼制中国赖以海洋的经济发展。中国对马六甲海峡尤其关注,因为中国从波斯湾进口的所有石油都由此海峡通过。[13]按照石洪涛的观点,"从国际战略考虑,马六甲海峡无疑是重要的海上通道。控制了马六甲海峡,美国就会占据地缘政治优势,遏制主要强国的崛起,并控制世界能源的流动……毫不夸张地说,谁控制了马六甲海峡,谁就掐住了中国的能源通道。对此海峡的过分依赖将给中国的能源安全带来很大的潜在威胁"。[14]

张运成也阐述了类似观点,他说:"中国石油对马六甲海峡的过度依赖意味着中国的能源安全正面临'马六甲困境'。也就是说,如果发生一事件或马六甲海峡被外国强国封锁,中国将面临严重的能源安全问题。"[15]毋庸置疑,他想到了美国届时极有可能封锁马六甲海峡内部以及周边的海上运输。

朱凤岚明确提醒，美国和日本会联合封锁马六甲海峡，以此作为压制中国的一种策略。[16]

印度洋显然是美国设想截断中国石油供应的一个海上扩张地。《明报》的一篇社论将最近美国对印度的示好看做是美国外交策略的一部分，因为有一种说法是"谁控制了印度洋，谁就控制了东亚"。[17]正如编辑们所观察到的："石油是通过印度洋和马六甲海峡运输到中国、韩国和日本的。如果另一个国家控制了此生命线，这三个石油进口国将遭受致命打击。美国的战略是控制石油运输线，因此美国近些年十分关注印度、越南和新加坡，而这些国家正位于那条线上。"[18]

中国有些战略家认为印度洋是美国极力遏制中国更大雄心的一个竞技场。他们完全从地缘政治的角度分析了美国在亚太地区的军事调整。按照美国国务卿迪恩·艾奇逊在冷战早期阐述的"太平洋地区防御"逻辑，他们发现了中国已被同心的多层岛链包围。美国和它的盟国可通过由其强大的海军远征军控制的岛屿来"包围"中国，"挤压中国的战略空间"或"封锁亚洲大陆（尤其是中国）"。[19]

分析人士从不同角度设想了这些岛链。令人惊讶的是，有些分析人士将美国在印度洋的关键军事基地迪戈加西亚岛看成是构成中国沿海地缘战略带的岛屿之一。中国的第一岛链通常被认为从其北部日本开始，向南至菲律宾或东南亚结束，但蒋红和魏岳江在《中国国防报》上发表的文章里，认为它应一路穿过印度尼西亚群岛直至迪戈加西亚岛。[20]按他们的观点，第二岛链应穿过美军的另一个前沿阵地关岛，并在澳大利亚结束。另一个观察家何一剑明确地将位于关岛的战略轰炸机与西太平洋的潜在突发事件（尤其是与台湾有关的突发事件）联系在了一起。[21]另一个评论员李宣良将关岛和迪戈加西亚岛看成是互动的两个基地，可使美国五角大楼敏捷地将兵力从东北亚调至遥远的非洲战区。[22]

基于此，很显然，中国在印度洋上正面临令人生畏的一系列潜在挑战。然而，在此，有必要强调这些困境在很大程度上仍然基于抽象的推断。首先，中国人意识到稳定的能源流动对全球来说是一件好事，如果这种好事被扰乱，全球的每个人都会遭殃。只有在出现极端情况时，如发生针对台湾的战争，美国才会采取海上封锁；[23]其次，在国力的诸多方面，中国优于印度，这样中国可对印度的海上野心施压。此外，最近中印显现睦邻友好，并承诺要缓和两个新兴国家的军备竞赛；最后，尽管中国评论员不断谴责美国观察家提出的"中国威胁论"，但这种威胁到底有多大，仍待观望。

三、对印度洋作出软实力反应的必要性

无论中国对其能源脆弱性以及它在印度洋对印度和美国这两个大国关系的反应是真实的，还是夸张的，这都表明中国在一定程度上正为保持其海洋地位精心设计一个复杂的长期战略。

首先，中国认真设计了它在该地区的外交，以支持领导层的意图。有趣的是，从中国海上历史看，中国在印度洋以及周边地区的外交已给全球（尤其是西方国家）留下了初始印象。明朝的郑和率领船队对东南亚和南亚水域进行了七次贸易远航和探险（1405—1433 年）。郑和的船队携载着大量的丝绸、瓷器和其他贵重物品与外国公民进行交易，因此被称为"宝船舰队"。中国认为郑和和他的"宝船舰队"的远征是一项复杂的外交活动，昭示着中国海上力量的崛起，并认为自己早在六个世纪之前就已成为一个温和的地区主宰国。中国一直对东南亚和南亚的海上国家采取一种魅力攻势，因为在这些地区，中国的商船仍需经过明朝"宝船舰队"曾经航行的水道。

郑和在很大程度上使中国外交官了解了中国是如何进行海上事务的，因而帮助了中国将软实力应用于海上。这缓解了亚洲海洋国家联合对抗中国海上活动的倾向。有几个主题贯穿着中国的海洋外交。首先，中国官员和评论家想借助"宝船舰队"的远航来建立地缘政治点，提醒他们的国民和外国政府，尽管中国在传统上以陆地为中心，但中国具有远航的光荣传统。在朝贡制度下，东南亚和印度洋沿岸的外国主权国家都曾承认中国的宗主地位。中国充分利用了这种朝贡制度的有利特点，宣告中国将不可避免地沿着明朝的路线成为海上主宰国，尽管它自己并不承认。

中国古代的水手帮中国抢尽了西方的风头，推进了其区域优势这一目标。在最近一次访欧时，温家宝总理提醒听众，中国水手"出访海外的年代要比克里斯托弗·哥伦布早"，所乘坐的船要比 15 世纪欧洲的船更大，技术也更先进。[24]2003 年，胡锦涛主席对澳大利亚进行了历史性的访问。与稍早前乔治·布什受到的不冷不热的接待相比，胡锦涛的访问赢得了媒体的喝彩。中国领导人将郑和远航看成是中澳关系的历史基础。在向议会发表演讲时，他说："中国人一直珍惜与澳大利亚人民的友好感情。早在 15 世纪 20 年代，中国明朝的远洋船队就抵达了澳大利亚海岸。几个世纪以来，中国人穿越广袤的海域，并在南岛即今天的澳大利亚定居。他们把中国文化带到这片土地，并与当地人和谐相处，为澳大利亚的经济、社会和其蓬勃发展的多元文化作出了令人自豪的贡献。"[25]

胡锦涛利用中国水手在明代曾抵达澳大利亚一事所传递的综合信息是无可争辩的，那就是中国在亚洲的海上实力和存在远早于欧洲人。他的发言也间接地证明了中国的航海努力已远远超出了中国的海岸，从而也满足了中国老百姓的民族自豪感，这正是中国政府要加强国家凝聚力所期望的。

其次，为了支持中国所奉行的"和平崛起"的大国地位，中国的发言人不断重申郑和下西洋的明显的和平性质。[26]这将有助于缓和亚洲各国对中国海军建设的担忧，因为这种海军建设会迅速提升中国的作战能力。中国交通运输部副部长徐祖远曾说道："郑和下西洋的本质并不是显耀中国海上力量如何强大，而是要表明作为一个大国的中国仍坚持和平外交……郑和的七次下西洋解释了为什么和平崛起是中国历史发展的必然产物。"[27]中国官员暗示如果明朝在郑和最后一次远航之后没有放弃其海上追求，那么亚洲将在中国主宰下，亚洲历史将会被改写。[28]

最后，中国官员将郑和的商务和探险远航与"西方地缘战略理论"进行比较。他们认为，西方地缘战略理论"基于侵略和扩张目的"，并表现为帝国征服和剥削。[29]他们认为中国的实力为这些地区的所有人带去了福祉。温家宝总理在访问美国时说，郑和"将丝绸、茶和中国文化"带给了外国国民，"但没有占领他们的一寸土地"[30]。中国驻肯尼亚大使郭崇立称："郑和的舰队在规模上很庞大，但他的远航不是为了掠夺资源，而是为了建立友谊。在外贸中，他付出的要比得到的多，并使中国元朝与东南亚、西亚和东非国家之间培养了理解、友谊和贸易关系。"[31]

这给那些对中国雄心感到不安的国家提供了公开的信息，即尽管中国在亚洲占据着支配地位，但这些国家可以依靠中国来避免领土征服或军事统治。潜在的信息是中国掌控海洋要比自认为是亚洲海上通道保护神的美国控制好。

总之，中国已利用郑和来规划一种海洋外交。此外交赋予了中国在东南亚和南亚的海上抱负的合法性，缓解了沿海国家对中国的怀疑，削弱了美国对此地区水域统治的主张，满足了中国民族主义的热忱，从而也有助于其政权稳定。这种软实力的使用给人留下了深刻印象。

如果中国以果断的态度进入此竞技场，这种类型的外交会产生什么有形好处和回报呢？这一点尚不明确。对中国外交战略影响的初步评价也只能为未来提供有益的分析指导。到目前为止，大部分的研究著作仍在注重中国如何通过双边和多边外交以及经济诱惑来发展软实力。[32]换句话说，分析人士已将他们的注意力放在了中国软实力的发展，而较少注意到有关国家对这种扩张的反应。只有为数不多的几项研究曾按地区对中国魅力攻势的有形反应进行了评估。这些研究的初步结果表明中国在东南亚和南亚的文明和历史吸引力确实是一种复兴。[33]

然而，我们仍然有足够的理由在某种程度上怀疑这些研究成果。首先，将软实力的效果与实际政策的结果相联系本身就是一种冒险的方法。软实力对行为的影响能力在很大程度上基于具有影响作用的直觉和印象，而这些直觉和印象本身就是模糊和短暂的，而且很难评估它对一个国家的吸引力或对其魅力的感受。例如，现有的研究都依赖于短暂的或间接的基准，将民意调查的结果、汉语在外国人中的流行程度以及中国教育机构的扩展作为中国行为和身份被大受欢迎的证据。[34]

其次，即使上述指标确认了中国的名望，它们也不能准确表达东南亚和南亚较弱成员国的战略考虑。事实上，当前学术界已暗示中国的邻国已采取了复杂的外交和军事策略，这种策略对本地区主要玩家（特别是中国、美国和印度）逐步建立地缘政治联盟的意图构成了挑战。例如，东盟各国已巧妙地采取了战略柔性，避免过于亲近任何一方，以削弱大国在本地区的博弈和竞争影响。[35]

在这个更广泛的地缘战略背景下，人们尚不清楚中国对郑和下西洋故事的叙述在东南亚或更广阔的地区会产生什么长期影响。至少，尚需进一步研究，以准确评估中国外交在该地区的影响以及该地区对中国这些外交活动的反应。

四、中国试图在印度洋立足

中国正积极推进此进程，而不是等待经验证据来证明其软实力战略是否正在起作用。确保印度洋盆地中的桥头堡，就预示着未来中国可在该区域实施更有力的策略。中国与那些似乎看好或不太反对中国在它们附近出现的临海国家培养了密切的关系。中国与有关国家就基地使用权进行的谈判使得中国在美国赢得了"珍珠串"的绰号。[36]一般情况下，"珍珠串"是指沿着连接中东和中国沿海的海上航线而散布的基地和港口，并通过与这些地区重要国家的外交关系来巩固。有趣的是，"珍珠串"的概念被迅速罩上了合法的光环。无论是在美国还是在其他国家，分析人士和官员都将它纳入了日常谈论中。[37]例如，在那些印度海上实力分析人士嘴里，它已成为普通用语。[38]尽管如此，该词更多的是基于美国观察家对中国在该地区活动而得到的推论，而不是基于根据中国学说、战略评论或官方声明而整理出来的条理清晰的国家战略。

无论如何，"珍珠串"这一概念都不能帮助解释中国在印度洋地区的行为模式。缅甸和巴基斯坦给予了中国基地使用权，中国可能会利用其与这两个国家的非正式战略联盟来抗衡美国势力，抑制印度的崛起，并监视这些海上竞争对手的海上活动。[39]有些国家还为中国提供了绕过马六甲瓶颈的替代航道。中国的战略家还敦促政府铺设经过缅甸和巴基斯坦的石油管路，甚至建议在泰国克拉地峡挖掘一条运河。

虽然这些建议的政治优点、技术可行性和费效比仍不确定，但对它们的感兴趣程度表明中国政府对国家能源安全困境十分敏感。简而言之，中国正逐步奠定战略性海上基础设施的基础，以提高其经济愿景，并加强对印度洋的军事介入。

如想评估这些努力的近期效用，有必要研究中国最著名的"珍珠"之一。中国已投入巨资在巴基斯坦西部瓜德尔港建造港口设施。巴基斯坦极力宣扬此项目的地缘战略意义。温家宝总理亲自参加了此项目第一阶段的完工庆祝仪式，仅此就足以表明中国政府对此项目的重视程度。新海港位于霍尔木兹海峡附近，具有战略意义，对中国来说它代表着一新的经济渠道和军事机遇：

（1）能源安全方面　如果出现台海危机或其他中美冲突，且美国封锁了马六甲海峡，那么瓜德尔可作为一战略对冲手段。波斯湾石油可以被卸在此港口，并通过陆路（如果管路计划得以完成，也可通过输油管路）运输到中国。[41]此备用方法虽然成本昂贵，但如果考虑到美国禁运给中国能源供给安全带来的影响，中国政府也许会觉得这钱花得值。

（2）军事角度　瓜德尔已经为监控通过霍尔木兹海峡关键咽喉点的商业和军事运输提供了一个永久性军事设施。从长远看，如果中国建立了一支足以向印度洋投送可靠兵力的强大海军，那么此港口绝对能使中国第一次在波斯湾地区直接有所作为。

尽管如此，有了瓜德尔，绝不表明中国在能源安全或军事方面有了一张王牌，因为还要考虑海港的战略属性，即马汉所描述的位置、强度（或防卫性）和资源。[42]瓜德尔靠近霍尔木兹海峡的地理位置显然引起了中国的注意，但是地理条件并不能代表一切：

首先，在战时，如果中国从陆路侧翼包围美国海军作战部队，中国有可能被反侧翼包围。如果美国政府指令美国海军拦截中国的石油运输，那么美国可能会在波斯湾地区实施拦截，因为对美国军舰和飞机来说，跟踪和拦截前往霍尔木兹海峡的运输船只简直是小菜一碟。如果真是这样，那么前往瓜德尔和转运到中国的货物也许就压根儿到不了巴基斯坦港口。这会大大降低此港口对中国的战略价值。

其次，此港口不易防御。码头位于一个小半岛上，而此小半岛是通过最窄处大约半英里宽的狭窄水道与大陆相连的。对一支强大的海上力量来说，阻缓或阻止石油或其他货物从此港口输出几乎不成任何问题。美国和印度海军战略家不会看不到此港口的这一弱点的。除非中国海军能够防御来自于海上的巡航导弹或海军航空兵的空袭，否则对中国来说，此港口的战略价值也许要打些折扣。

最后，在危机时期，从政治方面权衡，巴基斯坦也许会反对中国使用此基地。尽管中国试图说服巴基斯坦同意中国从伊斯兰堡进入瓜德尔，但很难设想巴基斯坦官员会在战争中眼睁睁地看着这些对未来国家经济发展起着关键作用的港口新设施被美国飞机狂轰滥炸，而且，很显然，巴基斯坦政府也不会仅仅因与中国的能源合作而危及其与美国的关系。总之，巴基斯坦可能会设法避免自己被卷入中美冲突。

无论瓜德尔港这个资源在和平时期如何有用，但战时条件可能会削弱它的战略价值，除非中国海军能在此地域集结足够的军事力量来对抗附近的美国军队。

当意识到中国在印度洋的地位仍然脆弱时，有些中国分析人士积极拥护建立一支更强大的外向型海军。这支海军要能对其他强国试图阻止中国通过地区性海上生命线进行能源资源运输具有威慑作用，甚至要击败它们。基于历史教训，中国海上强国的强力支持者张文木坚持认为贸易总是与海上优势分不开的，而且这两个因素是大国崛起的基础。张文木承认中国尚未制定出能足以保护其能源安全的军事措施，并劝说中国领导层要效仿西方海上强国的崛起。[43]张文木警告说："我们必须尽早做好准备，否则，中国可能会被战败，并因此失去它在正常国际经济活动中获得的一切，包括其能源利益。"[44]

同样，也有学者得出结论，即经济活力和军事力量之间的关系迫使中国要建立一支强大的海军。他们认为："海洋力量对沿海国家的贸易具有永久性的意义，而一个国家海上力量的后盾是其海军。因此，确保畅通无阻的海上航线和潜在的海洋资源的长期办法是发展现代远洋海军。"[45]

也许，在中国海上力量方面，最有思想深度的发言人应该是华东理工大学战争文化研究所的倪乐雄教授，正如倪教授所说"中国有必要建立一支强大的海上力量",以防备"某些国家对我们'外向型经济'构成的威胁",[46]表明他清楚地意识到了"中国易受美国扰乱海上航线的影响"。倪教授讨论说:"如果中国在台湾事宜上被美国遏制,如果我们的海上生命线再被美国掌控,那么等于我们在台湾事宜上送给了美国另一个谈判筹码。"[47]

至于中国如何保护其在东南亚的海上能源运输,一项研究对"珍珠串"策略进行了诋毁,声称中国必须建立一支强大的海军,并将其部署至该地区,以支持海上能源运输:

> 克拉地峡运河、中缅石油管路和中巴石油管道无法从根本上避免大国海军的影响。如果这些大国舰队在波斯湾、阿拉伯海或苏伊士运河直接拦截我们的油轮……上述三项计划都会变得毫无意义。因此,只有等到中国海军的远洋舰队能在印度洋上与大国海军力量势均力敌,中国石油运输航线的安全问题才能得以解决。[48]

以上叙述中隐含的假设,即中国决定或已经启动可使中国海军与大国海军对抗的海军现代化方案,大量谈及了中国战略家的各种态度。更令人吃惊的是,张文木和倪乐雄这两位学者呼吁中国政府制定一个全面的海洋战略,力求进入印度洋,"以便为中华民族的崛起和海洋复兴打破包围,开辟一条通向胜利的全新海洋航线"。[49]且不说这些美丽的辞藻,这些分析家已明显着眼将中国的海上力量伸延至大大超出东亚临海之外。

如果有人假设这些步骤正被较好地协调成一个条理清晰的国家政策的一部分,那么可预见的结果是中国可从印度洋地区的利用和存在方面得到更多的收益。以下三个战略可被视为一系列协调良好的连续动作,即①外交工作;②推进谈判,以得到海军基地的合法租赁权;③在印度洋盆地存在一支强大的中国海军。然而,即使是这样,此战略在很大程度上也是一个在建工程,只能证明是中国的远期愿望。在未来的一段时间内,中国政府仍将缺乏在印度洋地区进行公开海上竞争的能力,并且它在印度洋的活动步伐和范围会受到国土临近区活动优先的限制。

五、中国将遭遇同样有海上强国想法的印度

随着中国在印度洋扩展其利益,发动强劲的软实力外交,并利用物质力量来支持其海上目标,中国将遇到另一个新兴力量,即同样怀用海上雄心的印度。与中国一样,印度也在印度洋发现了无法抗拒的真正利益,并

且它也有令人尊重的航海传统，而这种传统为软实力提供了主要储备。位于新德里的战略家用很专业的地缘政治术语阐述了他们的观点，这些术语令那些习惯于"经济全球化已使武装冲突成为过去"这一概念的西方人士听着十分刺耳。

尽管速度没有中国那么快，但印度的经济也在快速增长，使得印度政府越来越有信心。他们有信心将以舰船、飞机和武器系统为评估因子的硬实力与旨在在印度洋地区建立首要地位的外交政策相结合。[50]事实上，印度思想家以及外部观察家经常将印度人与门罗主义相提并论，即本地区事务不允许外部政治军事干预。[51]印度领导人暗示，如果干预是必要的，那么印度应主动干预，而不要将此留作外国干预的借口。

这一学说将不可避免地需要一支强大的海上力量。2004 年，印度政府第一次公开评估其国家海洋环境以及应对措施。这份被直接命名为《印度海洋学说》的文件（很像中国政府的最新国防白皮书）在很大程度上将印度的海上战略描述为具有经济发展和繁荣的功能。其中写道："印度的首要海上利益是确保国家安全。这不仅仅局限于保卫海岸线和岛屿领土，还被延伸至保护我们在专属经济区的权益以及贸易。这要为国家的快速经济发展提供良好的环境。贸易是印度的命脉，因此在和平时期、紧张时期以及战争时期保持我们的海上生命线畅通无阻是首要的国家海洋利益。"[52]

在《印度海洋学说》撰写者辨别出的"战略现实"中，经由印度洋航道运输的贸易货物最多。每天大约有 40 艘商船通过印度的"感兴趣水域"。每年大约有价值 2 000 亿美元的货物通过霍尔木兹海峡，大约有 600 亿美元的货物通过马六甲海峡，被运往中国、日本以及其他依赖于能源进口的东亚国家。[53]

在印度的战略现实分层中，印度的地理位置和构造列第二层。请注意《印度海洋学说》中的"印度横跨纵横交错于印度洋地区的主要商业航线和能源生命线"。散布在遥远大海的印度岛屿（如安达曼和尼科巴群岛等）横跨在通往马六甲海峡的航道上，而波斯湾又临近印度西海岸，这样就对来往于印度洋的重要海上交通线会产生一定的影响。虽然地理位置可能不是命运的决定因素，但此文件直言不讳地说道："只要我们有足够的海洋实力，我们就可以凭借我们的地理优势，极大地影响在印度洋区域海上生命线上的运输动态和安全。对咽喉点的控制可在国际权利博弈中被用作一个讨价还价的筹码，而军事力量的经费保障仍是一个棘手的问题。"[54]

《印度海洋学说》预告，随着世界能源的消耗殆尽，外国对印度国土周边的军事干预会越来越严重。现代经济对海湾地区和中亚地区的依赖性，"已吸引了域外强国的介入，这些强国在这些地区布置了大量指挥、控制、侦察和情报网络。对我们来说，安全的内涵太明显了"。在印度洋临海周围贮藏有大量的其他资源，如铀、锡、黄金和钻石等，这只能更加吸引域外海上强国对印度周边的干预。[55]

印度领导人对国际安全环境的观点比较悲观。在印度政府认为已经成型的"以政策为中心的世界秩序"中，经济是"国家实力的主要决定性因素"。尽管印度因其国土面积、地理位置和经济头脑"具有远大前程"，但它"崛起为一个经济强国必然会遭到现有经济强国的抵制，并导致基于经济因素的冲突"。竞争者之间可能会相互"封锁技术和其他产业输入"，而且"全球军事焦点从大西洋—太平洋地区转移到太平洋—印度洋地区"将更加提高主要强国对海洋的注意力。[56]增强印度的海洋实力是对从经济角度立即会变得喜忧参半的战略形势的谨慎反应。

很显然，印度政府不会允许中国海上力量肆无忌惮地集结在印度洋上。印度官员心里也有一个"门罗主义"，内容与美国格罗弗·克利夫兰政府于19世纪90年代所制定的内容完全一样。当时，美国国务卿理查德·奥尔尼对当时拥有最强大的海上力量的英国的索尔斯伯利勋爵说，在美洲，美国是"事实上的主人"，因此美国的决定是针对美洲所有公民的，是法律，其他国家无权提出异议。提出此主义的背景主要是美国的"资源无限"但"处境孤立"。此主义真的使"美国成为了形势的主宰国，而且无可匹敌"[57]，这令人怀疑。事实上，美国仅仅是简单地坚持了奥尔尼的"门罗主义"想法，也意识到美国从来没有那么大的财力和必要来充当整个半球的警察。只要美国能够控制住对美国经济和安全利益至关重要的海上生命线经由的加勒比海盆地，这就足矣。[58]

尽管发布了此学说，但印度政府仍表明它不允许任何外来强国在印度洋盆地得到领土或充当此地区的警察，这也许是在为自己的领土扩张寻找借口。印度明显知道，如想实现自己在该地区的主宰地位，就必须有大量投入，因此印度海军官员公开宣称需要一支远洋海军，以遂行印度海洋学说中设定的任务。[59]

六、中国在印度洋海上雄心的战略性决定因素

中国在印度洋盆地的扩张性海洋战略，尤其是一个被硬实力即中国海军支撑的战略，必然会遇到日益强大的印度所部署的软硬实力的抗衡。在

诸多因素中，至少有三个因素对中国在印度洋地区的海上雄心起着决定性作用：

（1）第一个决定性因素　台湾和中国海域。中国是否能将其影响力扩展到印度洋地区，将取决于它保护本土附近水域的能力。对于中国政府来说，夺取台湾的控制权是首要的战略议程，因为台湾位于第一岛链的中间点，并且是外国势力影响中国商船运输的潜在基地。中国在宣布控制穿越印度洋地区的海上生命线的措施之前，必须先解决最重要的台湾问题。借用巴里·波森的说法，要想解决台湾问题，中国政府必须首先向海上投送大量部队，以对抗试图干预台海冲突的美军以及可能的联军。正如波森所说，"美军离敌占区域越近，敌方的竞争能力越强"，这个结论是从政治、实际和技术事实得出的。这些事实的综合就构成了一个"争议区"，即常规战争区。在此区域，相对较弱的对手却有较好的机会真正挫伤美国军队。[60]

总之，如在自己的地域范围内作战，与绝对强势的对手相比，这个国家会拥有更多的优势。临近可能的冲突战区，飞机和导弹的陆上基地就在附近，强大的潜艇部队就驻扎在可能的冲突区附近，这些仅仅是中国最初冲突区的几个因素，但是只有等到中国在此地区拥有或建立了足以抵抗美军入侵的能力，中国领导人才会将目光转向其他次要的问题，如在印度洋对中国航运的威胁。就目前而言，仅在该地区集结力量，以在与美国和其亚洲盟国的军事对抗中赢得优势地位，这对中国人民解放军来说就已经是一项十分棘手的任务了。

（2）第二个决定性因素　印度洋其他软实力竞争者。中国在印度洋地区令人印象深刻的软实力外交（如郑和下西洋）总会遇到印度软实力的对抗。正如印度海洋历史之父潘尼迦在 60 年前说的，印度海军历史已明确告诉印度政府，印度当时的对手是明朝"宝船舰队"。事实也是这样。在莫卧儿王朝的很长时间里，印度忙于处理自己的国内事务，但在这之前的若干世纪，印度水手就已经在印度洋水域往来航行了。如同建造了郑和"宝船舰队"的中国造船人员一样，印度的造船人员建造了"有隔舱的"船只，这些船在遇到恶劣天气或在战斗中可避免沉没。[61]那些航海家宣传说印度的文化和政治影响遍及了印度洋盆地地区，更不用说向东扩展至南海了。印度海洋霸权直到 13 世纪才衰落。借用亨利·斯逖尔·康马格的话，这个国家的"可用的过去"为印度的海上软实力提供了足够的基础。[62]灵巧的印度外交可能会阻止中国在此领域的步伐。

尽管中国政府对海上力量的增长不像以前那么担忧了，但它会发现很难使印度洋周边的沿海国家确信中国海军将是此地区海洋安全的主要保护者。如果中国花费了若干年来精心打造软实力，但却未能处理好台湾问题，这个问题会更严重。想一想，如果大陆用武力解决台湾问题，而台湾百姓表示强烈反对，那会出现什么结果？即使台湾军队战败了，如果台湾民众起义反对大陆的占领，那又会出现什么结果？

正如美国在伊拉克战争中发现的，未经联合国许可就从事的长期残酷的冲突会削弱一个大国通过外交途径联合其他国家的能力。在此情况下，如果印度进一步重视海上外交、人道主义援助和其他和平时期使命，印度极有可能趁机在印度洋地区占据支配地位。

令那些软实力倡议者（如约瑟夫·奈）懊恼的是，美国并没有在南亚认真建立海洋软实力。至于美国是否能通过与印度的密切关系来增强其在南亚的影响，目前尚不明了。美国也许会发现印度是其在该地区的自然合作伙伴或朋友，但正如那些强调两个说英语的民主国家具有相同意识形态的分析人士说的，美印两国很难成为自然盟友。[63]有些印度观察家指出，即使英美之间也是在极其困难的情况下才产生"特殊关系"，而考虑到中国在印度洋地区实力有限，这种状况很难再在印度洋重现。[64]没有此威胁，美国也许会发现很难动用印度的软实力，除非中国在印度洋地区对印度利益真正构成了巨大的挑战。

（3）第三个决定性因素　其他有争议的争夺区。中国并不是波森的争夺区概念的唯一受益者。如果中国试图通过将中国海军远征军部署在"珍珠串"上来在印度洋地区集结硬实力，它将不可避免地会遇到印度的对抗，因为印度已习惯于对印度洋周边起着主宰作用，且决心保持其主宰地位，抗击任何挑战者。如果中国希望建立一个用以抗击美国海军的争夺区，那么印度也会在不久的将来建立一个用以抗击中国海军的争夺区。如果真是这样，考虑到中国海军仍然绝对劣势于美国海军，那么中国海域的压力就大了。尽管印度会面临很多困难，如大炮和黄油的困境、国外供应的军事硬件的多样性以及由此带来的兼容性问题，但在与未来竞争对手中国海军的竞争中，印度海军极有可能在未来的相当长时间内继续享有本地优势。

七、有关作战和力量结构的决定性因素

有了以上分析，那么中国海军的能力如何在印度洋地区实现中国目标呢？中国是否正有效地通过各种方法来实现其最终目的？现在让我们从中国角度考虑一个最好的场景：如果大陆通过和平方式或通过使中国人民解

放军遭受了微不足道的人员和物质损失的军事行动方式夺回了台湾的控制权，随后会出现什么情况？从硬实力角度评估，中国是否就能因此而成为南海和印度洋的主要强国？

这恐怕在一段时间内还无法实现。为了维持其对来往于南亚和东南亚海上生命线的控制，中国海军需要为它的战争秩序添加一些平台，且数量要超过在东亚临海建立争夺区所需要的数量。对中国政府来说更加复杂的是，在解决台湾危机中可用的某些能力与海上生命线的防御几乎没有任何关系。按现在的配置，那些先进的军事资源，如岸基战术性飞机、陆基近程弹道导弹以及陆基地对空导弹在临海防御之外的任务中使用有限。原设计特别用于海峡两岸冲突的能力被打折，这也表明所装备的中国海军还不足以向印度洋投送令人信服的力量。实际上，中国海军现在只拥有足量的水面舰艇和常规潜艇，并且将它们作为装备有适量巡航导弹的海军的核心，而这样海军最多拥有三到四个联合打击群。

那么，如果假设中国决定在台湾危机解决之后建立硬实力，那么中国人民解放军需要什么来完成海上生命线防御任务呢？它不需要可与以宽甲板航母为中心的美国海军比拟的一支力量。中等的、成本不太昂贵的平台就足以担负海上生命线防御功能。中国海军武器库中需要的一些能力包括：

（1）更多的现代驱逐舰和护卫舰　正如原苏联海军上将谢尔盖·戈尔什科夫喜欢说的，数量只不过是数量。柏纳德·柯尔指出，尽管中国海军取得了令人瞩目的进步，但中国海军的现代水面舰艇还不到20艘，而现代水面舰艇对航线巡逻最为有用。[65]中国非常需要具有综合监测能力的战舰。即使假设中国海军已经完善了被安装在最新导弹驱逐舰上的类似宙斯盾系统的作战系统，中国也需要一段时间才能为南海和印度洋巡航任务建造额外的战舰。如果中国海军开始建造比现在使用的三至四个级别舰艇更大的舰艇，它也将表明中国对其技术进步感到满意，现在可以将注意力放在力量集结上了。过去十年，中国一直采取零星装备采购模式，这表明中国在舰队试验方面十分谨慎。只有打破这种零星采购模式，中国才能纵深部署一支海上力量，以应付摩擦和深海作战的强大压力。换句话说，系列生产巡洋舰和驱逐舰将表明中国对其海军硬件的信任，表明中国领导想把其海军部队部署到更远的水域。

（2）更加有机结合的海军航空兵力量　中国海军在三个相互联系的方面存在弱点，而这些弱点可以通过强大的海军航空兵来逆转。这三个弱点为：①"海域感知"，这个词是美国海军对海洋监视的专业术语，也是对海上生命线进行有效防御的关键。对中国海军来说，即便是在部署有昂贵的陆基传感器和飞机的国内水域，超视距监视和瞄准对中国海军仍然是个弱项。②尽管中国海军最近在防空和反潜战方面取得了进步，但中国海军的水面作战舰艇仍极易受到现在潜艇和飞机的攻击。③武备库中最明显的不足是缺乏可持续的远程作战力量。因此，如果中国希望控制中国大陆相邻水域之外的海上生命线，它就必须为海洋监视、巡逻和反潜战任务建造和得到大量的远程飞机和舰载直升机。

当中国的航母雄心对西方观察家来说仍是一个谜时，这些浮动的机场无疑会给一系列攻防任务带来作战上的好处。因而，对中国政府来说，尽管为海上生命线防御而设计的航母不是必需的，但也许是个有吸引力的选择。正如一项研究所表明的，中国不需要建造极其昂贵的如同美国航母的宽甲板航母。作为一个权宜之计，在未来拥有较大平台之前，一条中等大小的直升机航母也许足以满足中国海军的近期和中期需求。[66]

（3）更多用于作战后勤的平台　海上持续能力，即途中加油、装备补给和备件供应能力，是中国海军长期的弱项。如果中国想成为印度洋盆地的主要强国，那么配备一个由前沿部署的加油船、弹药船以及冷藏船组成的舰艇编队至关重要。如果有人怀疑中国海军的中途补给技能，那就大可不必了。事实上，中国海军部队已经在环球港口访问期间小规模地演练了这种能力。然而，要想有效地进行谨慎的横向补给操作，尚需一定的时间。而且，即使补给船被部署在所有"珍珠串"港口，中国的指挥官也会在此广大区域面临距离障碍。瓜德尔岛也许能帮助中国海军，但它可能不是灵丹妙药。

因此，在一段时间内，与国土附近的安全利益相比，中国在印度洋上的海上雄心还是第二位的。将统一台湾作为第一步，并在中国近海建立一个争夺区，仍将是中国海上力量思想家要记住的首要问题。然而，在此识别出的三个广义上的作战要求为决策者提供了有形的基准。这些基准可被用来评估中国在为长期政治目标而调整策略和军事措施方面所取得的进步。

只有中国满意地解决了这些紧急问题，中国领导层才能将注意力转移到连接非洲之角和中东的海上生命线。这将遇到巨大障碍，而且尚不清楚中国能否将其扩张性的印度洋外交与同样扩张性的海上措施相匹配。中国知道自己的不足。现在软实力为中国提供了一种不太昂贵的向新地理区域投送影响的方法，而且还不需用大量军队来支撑其外交。现有的中国海军已可使中国在南亚和东南亚执行中等规模的使命。

正是中国在海上航线上的长期重大弱点才使得美国和印度与中国建立了短期的海上合作伙伴关系。在救灾、海域感知和反恐方面的合作可以在海洋亚洲为更加久远的合作关系奠定基础，以便缓解中国对海上航线安全的担忧，因为这种担忧会促使中国朝不利的方向发展。考虑到利益方面，美国和印度领导人会扩大这种合作关系。

注释：

詹姆斯·霍尔姆斯和古原俊井是美国海军军事战争学院战略和政策系教授。此文表达的观点仅是他们个人的观点。此文最早于2008年首次发表于《战略研究杂志》（Journal of Strategic Studies）。

1. Asia Pacific Research Center，"Energy in China：Transportation，Electric Power and Fuel Markets"（Tokyo：Asian Pacific Research Center，2004年），第5页。

2. 参阅 U. S. Energy Information Administration，"China"，EIA Country Analysis Briefs，2004年7月，http：//www. eia. doe. gov/emeu/cabs/china. html。

3. 在对中国经济脆弱性进行一项研究时，兰德公司假定：如果全球石油供应量萎缩25%，那将导致石油价格在2005到2015年的十年间持续上涨三倍。这项研究得出结论，即这种状况可能会使中国的年经济增长率下降1.2%～1.4%。在此研究中，经济危机的后果是最大的经济发展障碍。请参阅 Charles Wolf Jr. 等所著的 "Fault in China's Economic Terrain"（Santa Monica，Calif. ：RAND，2003年），第105－116页。

4. 例如，请参阅《中国到2020年也许会面临严重的石油短缺》，该文载于《南华晨报》，2004年7月26日。

5. U. S. Energy Information Administration，"China"。

6. 参阅 Philip Andrews－Speed 等，"The Strategic Implications of China's Energy Needs"（London：International Institute of Strategic Studies，2002年7月），第25页。

7. 参阅 Guy Caruso，EIA Administrator，"Testimony to U. S. －China Economic and Security Review Commission"，108th Congress，2003年10月30日，第8页。

8. U. S. National Intelligence Council，"Report of the National Intelligence Council's 2020 Project：Mapping the Global Future"（Washington，D. C. ：Government Printing Office，2004年12月），第50，62页。

9. 参阅 David Walgreen，"China in the Indian Ocean Region：Lessons in PRC Grand Strategy"，Comparative Strategy 25（2006），第59页。关于中国人对印度崛起的看法，请参阅郑瑞祥的《透析印度崛起问题》，刊载于《国际问题研究》，2006年第1期，第37－42页。

10. 参阅张利军的《试析印度能源战略》，刊载于《国际问题研究》，2006年第5期，第65－66页。

11. 参阅侯松岭的《印度"东向"政策与印度—东盟关系的发展》，刊载于《当代亚太》，2006 年第 5 期，第 42 页。

12. 参阅朱凤岚的《亚太国家的海洋政策及影响》，刊载于《当代亚太》，2006 年第 5 期，第 30 页。

13. 中国 80% 的石油进口量（占中国能源总消耗量的 40%）经由马六甲海峡，这使得中国产生了如胡锦涛主席所说的"马六甲困境"。美国国防部办公室，《2005 年中国军力年度报告》（华盛顿特区，政府印刷办公室，2005 年），第 33 页。关于中国对石油的需求，请参阅 David Hale 的 "China's Growing Appetites"（《中国日益增长的胃口》），刊载于《国家利益》杂志，第 76 期（2004 年夏），第 137 – 147 页。

14. 参阅石洪涛的《中国能源安全的潜在威胁：过度依赖马六甲海峡》，刊载于《中国青年报》，2004 年 6 月 15 日，（美国中央情报局）对外广播情报处（FBIS），FBIS – CPP2004061500 0042。

15. 参阅张运成的《马六甲海峡与世界石油安全》，刊载于《环球时报》，2003 年 12 月 5 日，FBIS – CPP 20031217000202。

16. 参阅朱凤岚的《亚太国家的海洋政策及影响》，第 36 页。

17. 参阅社论《美印联手抗衡中国，南亚局势不利中国》，刊载于《明报》，2005 年 8 月 17 日，FBIS – CPP20050817000043。

18. 同上。

19. 参阅 Qing Tong， 《2002：聚焦关岛》，发表于《广角镜》，2002 年 10 月 16 日，FBIS – CPP200210 18000075；王缉思、倪峰、张立平的《美国全球战略调整对我国的影响》，刊载于《中国社会科学院院报》，2004 年 1 月 7 日，FBIS – CPP200401210 00126；Dan Jie 和 Ju Lang 的《俄罗斯战略轰炸机将飞往中国》，刊载于《舰载武器》，2005 年 3 月 1 日，FBIS – CPP20050328000206。

20. 参阅蒋红和魏岳江的《亚太十万美军找新家》，刊载于《中国国防报》，2003 年 6 月 1 日，第一版，FBIS – CPP20030611000068。

21. 参阅何一剑的《美国在亚洲布兵忙》，刊载于《瞭望》，2002 年 5 月 13 日，第 54 – 55 页，FBIS – CPP20020521000054。

22. 李宣良，《美军的"新关岛战略"》，刊载于《瞭望东方周刊》，2006 年 6 月 18 日，FBIS – CPP20060619718001。

23. 2006 年 12 月 6 至 7 日，在位于罗得岛州新港的海军军事学院举行的"中国能源战略的海洋解读"大会上，与会人员普遍怀疑美国海军持续性有效封锁中国能源供应的能力。

24. 《温总理访欧期间的几次讲话》，新华社，2004 年 5 月 16 日，FBIS – CPP20040516000069。温家宝总理在 2005 年春季访问南亚时就相似的主题发表了看法。请参阅肖强《温总理南亚之行成果丰硕》，刊载于《人民日报》，2005 年 4 月 12 日，FBIS – CHN – 200504131477。在报道组织纪念郑和下西洋活动的官员姚明德的辛勤工作时，新华社官方新闻服务处评述道："无论是在规模、复杂性和技术上，还是在组织技能上，七次下西洋的郑和舰队都超过了当时所有的其他舰队，这也是世界航海史上的一个重大事件。"《郑和下西洋六百周年纪念活动拉开帷幕》，新华社，2003 年 9 月 29 日，FBIS – CPP20030928000052。

25. 参阅胡锦涛的《不断增加共同点——胡锦涛主席在澳大利亚联邦议会上的讲话》，2003 年 10 月 24 日，http：//www. australianpolitics. com/news/2003/10/03 – 10 – 4b. shtml.

26. 参阅郑必坚的《中国在大国地位上和平崛起》，发表于（美国）《外交》（Foreign Affairs）杂志，第 5 期（2005 年 9—10 月），第 18 – 24 页。

27. 如参阅《中国纪念古代航海家以展示和平崛起》，新华社，2004 年 7 月 7 日，FBIS – PP2004070700 0169。

28. 徐起的《21 世纪初海上地缘战略和中国海军的发展》，由 Andrew S. Erickson 和 Lyle J. Goldstein 翻译，（美国）《海军军事学院评论》，总第 59 期，第 4 期（2006 年夏），第 53 – 54 页。此文最初出现在中国最前沿的军事杂志《中国军事科学》上。

29. 同上。

30. 陈建、赵海燕，《温家宝与华侨华人谈中美关系：以和为贵和而不同》，中国新闻社，2003 年 12 月 8 日，FBIS – CPP20031208000052。

31.《非洲的"中国女孩"夏瑞福将有幸到中国上大学》，新华社，2005 年 3 月 20 日，FBIS – CHN – 200503201477。

32. Matthew Wheeler，"China Expands Its Southern Sphere of Influence"，Janes Intelligence Review，2005 年 6 月 1 日，http：//www. janes. com/security/international_security/news/jir/jir050 523_1_n. shtml.

33. Bates Gill 和 Yanzhong Huang 的 "Sources and Limites of Chinese 'Soft Power'"，Survival 48，（2006 年夏第 2 期）：第 24 – 25 页；Andrew Erickson 和 Lyle Goldstein 的 "Hoping for the Best，Preparing for the Worst：China's Response to US Hegemony"，Journal of Strategic Studies 总 29 期，2006 年 12 月，第 6 期，第 965 – 966 页。

34. Sheng Ding 和 Robert A. Saunders 的 "Talking Up China：An Analysis of China's Rising Cultural Power and Global Promotion of the Chinese Language"，East Asia 总 23 期，2006 年夏，第 2 期，第 3 – 33 页。

35. 参阅 Shannon Tow，的 "Southeast Asia in the Sino – U. S. Strategic Balance" Comtemporary Southeast Aisa 总 26 期，2004 年第 3 期，第 434 – 459 页；Denny Roy，"Southeast Asia and China：Balanceing or Bandwagoning？" Contemporary Southeast Asia，总 27 期，2005 年第 2 期；同时参阅 Evelyn Goh 的 "Great Powers and Southeast Asian Regional Security Strategies"，Military Technology，2006 年 1 月，第 321 – 323 页。

36. 此词源于博思艾伦咨询公司按照国防部网络评估办公室的要求起草的一份研究报告，在公共媒体上首次出现于《华盛顿时报》。参阅 Bill Gertz 的 "China Builds Up Strategic Sea Lanes"（《中国建立战略海上航道》），发表于《华盛顿时报》，2005 年 1 月

18 日，http：//www. washtimes. com/national/20050117 – 11550 – 1929r. htm.

37. 如参阅 Christopher J. Pehrson 的 "String of Pearls：Meeting the Challenge of China's Ris-ing Power Across the Asian Littoral "（Carlisle，PA：Strategic Studies Institute，U. S. Army War College，2006 年 7 月；Lawrence Spinetta，"Cutting China's 'String of Pearls'"，U. S. Naval Institute Proceedings 总 132 期，2006 年 10 月第 10 期；第 40 – 42 页；Sudha Ramachandra 的 "China's Pearl in Pakistan's Waters" 发表于 Asia Times，2005 年 3 月 4 日，http：//www. atimes. com/atimes/South _ Asia /GC04Df06. html；Hideaki Kaneda 的 "The Rise of Chinese 'Sea Power'"，Philippine Daily Inquirer，2005 年 9 月 22 日，第 11 页。

38. 作者于 2006 年 11 月 6 至 16 日与印度新德里国防研究与分析研究所（Institute for De-fence Studies & Analysis）的分析人士的交谈。

39. Lee Jae – Hyung 的 "China's Expanding Maritime Ambitions in the Western Pacific and the Indian Ocean" Contemporary Southeast Asia 总 24 期，2002 年 12 月第 3 期，第 553 – 554 页。

40. 瓜德尔港目前拥有或计划拥有 12 个码头，能够接纳吃水很深的商船。其港口设施完全可以停泊中国的战舰。请参阅巴基斯坦政府港口和航运部对瓜德尔港口项目的介绍，网址为 http：//siteresources. worldbank. org/PAKISTANEXTN/Resources/293051_1U442464 8263/Session – VII – Fazal – Ur – Rehman. pdf；巴基斯坦政府投资委员会，《瓜德尔》，网址为 http：//www. pakboi. pk/News _ Event/Gwadar. html；《关于瓜德尔》，瓜德尔港口网址为 http：//www. gawadarport. com/main/Content. aspx? ID = 1；Tarique Niazi 的 "Gwadar：China's Naval Outpost on the Indian Ocean" China Brief 5，2005 年 2 月 25 日，第 4 期，http：//www. jamestown. org/news_details. php? news_id =93.

41. 巴基斯坦和中国正在共同研究连接瓜德尔和中国新疆自治区的输油管路项目。参阅 "Gwadar – China Oil Pipeline Study Underway"，Pakistan Observer，2006 年 9 月 4 日，http：//pakobserver. net/200609/04/news/topstories12. asp? txt = Gwadar – China% 200il % 20pipeline% 20study% 20underway.

42. Alfred Thayer Mahan，"The Strategic Features of the Gulf of Mexico and the Caribbean Sea"，in "The Interest of America in Sea Power，Present and Future"，ed. Alfred Thay-er Mahan（Boston：Little，Brown，and Company，1897；reprint，Freeport，NY：Books for Libraries Press，1970 年），第 283 – 292 页。

43. 如想了解一个类似的讨论，请参阅阎学通的《中国崛起的实力地位》，刊载于《国际政治科学》，2006 年第 1 期，第 5 – 33 页。

44. 参阅张文木的《中国能源安全与政策选择》，刊载于《世界经济与政治》，第 5 期，2003 年 5 月 14 日，第 11 – 16 页，FBIS – CPP20030528000169。

45. 参阅刘新华、秦仪的《中国的石油安全极其战略选择》，刊载于《现代国际关系》，第 12 期，2002 年 12 月 20 日，第 35 - 46 页，FBIS - CPP20030525000288。

46. 参阅倪乐雄的《海权与中国的发展》，刊载于《解放日报》，2005 年 4 月 17 日，第四版。美中经济与安全评估委员会网址为 http：//www. uscc. gov/researchpapers/translated_articles/2005/07_07 _18_Sea_Power_and_Chinas _Development. pdf.

47. 同上。

48. 参阅刘江平、冯先辉的《走出去：跨越 600 年的对话》，刊载于《瞭望》，第 5 期，2005 年 7 月 1 日，第 14 - 19 页，FBIS - CPP2005507190000107。

49. 同上。

50. 如想较好地概览近期情况，请参阅 Donald I. Berlin，《印度洋中的印度》"India in the Indian Ocean"，刊载于《海军军事学院评论》，总 59 期，第 2 期（2006 年夏），第 58 - 89 页，http：//www. nwc. navy. mil/press/review/documents /NWCRSP06. pdf.

51. 如参阅 Devin T. Hagerty，"India's Regional Security Doctrine"，Asian Survey 31，1991 年 4 月，第 4 期，第 351 - 363 页；John W. Garver，Protracted Contest：Sino - Indian Rivalry in the Twentieth Century（Seattle：University of Washington Press，2001），第 31 页；C. Raja Mohan，"Border Crossings"，South Asia Monitor，2006 年 5 月，http：//www. southasiamonitor. org/2006/may/news/17view2. shtml.

52. 印度政府，INBR - 8，《印度海洋学说》［新德里：联合司令部，国防部（海军），2004 年 4 月 25 日］，第 63 页。

53. 同上，第 63 - 64 页。

54. 同上，第 64 页。

55. 同上，第 64 - 65 页。

56. 同上，第 65 - 67 页。

57. Richard Olney to Thomas F. Bayard，1985 年 7 月 20 日，in "The Record of American Diplomacy：Documents and Readings in the History of American Foreign Relations"，4th ed.，ed. Ruhl J. Bartlett（New York：Knopf，1964），第 341 - 345 页。The classic account of the Monroe Doctrine is Dexter Perkins，"A History of the Monroe Doctrine"（Boston：Little，Brown and Company，1963），第 228 - 275 页。

58. James R. Holmes，"Roosevelt's Pursuit of a Temperate Caribbean Policy"，*Naval History* 20，2006 年 8 月第 4 期，第 48 - 53 页。

59. 如参阅 Rajat Pandit 的 "India's Chief of Naval Statf - - Blue - water Navy Is the Aim"，Times of India，2006 年 11 月 1 日，http：//timesofindia. indiatimes. com/Blue - water_Navy_is_the_aim/articleshow/262611. cms；Ranjit B. Rai，"India's Aircraft Carriers Programme：A Steady Sail Towards Blue Water Capability"，India Strategic，2006 年 10 月，第 42 - 44 页；"Extending the Navy's Reach：Navy Chief Speaks to India Strategic"，India Strategic 2006 年 10 月，第 23 - 33 页。

60. Barry R. Posen，"Command of the Commons：The Military Foundation of U. S. Hegemo-

ny", International Security 总 28 期，2003 年夏第 1 期，第 22 页。

61. 潘尼迦（Panikkar）在敬仰郑和下西洋的同时，也高度赞扬了印度水手的成就。K. M. Panikkar, "India and the Indian Ocean: An Esstay on the Influence of Sea Power on Indian History"（New York: Macmillan, 1945），第 28 - 36 页；K. M. Panikkar, "Asia and Western Dominance: A Survey of the Vasco Da Gama Epoch of Asian History, 1498— 1945"（New York: John Day, n. d. ［1954?］），第 35 - 36 页，49，68，71 页。

62. Henry Steele Commager, "The Search for a Usable Past and Other Essays in Historiography"（New York: Knopt, 1967），第 3 - 27 页。Commager 探讨了刚建国不久的美国人为增强这个新国家的凝聚力而对共同历史、传统和传说的渴求。

63. 如想了解人们如何评论印度和美国的关系，请参阅 Stephen J. Blank, "Natural Allies? Regional Security in Asia and Prospects for Indo - American Strategic Cooperation"（Carlisle, PA: Strategic Studies Institute. U. S. Army War College, 2005 年 9 月；C. Raja Mohan, "India and the Balance of Power", Foreign Affairs 85, 2006 年 7 至 8 月，第 4 期，第 17 - 32 页；Ashton B. Carter, "America's New Strategic Partner?" Foreign Affairs 85, 第 33 - 44 页。

64. 2006 年 9 月 19 日，作者与位于罗得岛新港的萨乌瑞吉纳大学的印度学者交谈。

65. Bernard D. Cole, "The Energy Factor in Chinese Maritime Strategy"（paper presented at conference on "Maritime Implications of China's Energy Strategy"），《海军军事学院评论》，Newport, Rhode Island, 2006 年 12 月 6 日。

66. Andrew Erickson and Andrew Wilson, "China's Aircraft Carrier Dilemma",《海军军事学院评论》，总 59 期，2006 年秋第 4 期，第 30 - 37 页。

中国对中东的能源战略：沙特阿拉伯

■ 萨阿德·拉希姆[①]

　　1993 年，中国成为石油的净进口国。这对中国自给自足的经济模式产生了极大影响。为了得到最重要的战略物资，中国不得不将目光转向世界上最大的油气拥有国，如中东海湾国家，但很快就迎面遇到了这样一个困境，即此地区对美国一直有着战略利益，且在海湾战争之后，美国就在此地区部署了大量军队。除了美国的存在外，中国也担心此地区总是全球最不稳定的地区之一，尤其是在 20 世纪。考虑到这些因素，中国人起初在别处寻找石油来源，首先是苏丹和东南亚。然而，不久，进口量的增大迫使中国又回到了中东，且在可预见的未来，中国石油需求量的增加将迫使中国（当然全球都是如此）更加依赖海湾石油生产国。当中国与伊朗的交易被曝光后，中国与沙特的长期关系变得十分重要。中国和沙特的战略利益有交集部分，因而明显改变了它们对能源的相互依赖程度，并且将在可预见的未来保持这种格局。最近的一些动作包括中国对沙特能源基础设施的大量投资以及沙特对中国炼油厂的大规模投资，也许还包括沙特部分拥有中国的战略储备，且到 2010 年时，沙特确保向中国日供油 100 万桶（为2006 年的两倍），中国将参与沙特天然气领域的有限开放。

　　中沙两国正开展这种新的合作，以作为刚开始成形的新能源格局的一部分。"二战"后的能源格局以美国为主要市场，美国是海上航运安全的保

　　① 萨阿德·拉希姆（Saad Rahim）先生是 PFC 能源公司所属的国家战略集团的一名经理，他主要负责 PFC 能源公司的国家石油公司服务部的管理工作。该服务部为遍布世界各地的国家石油公司分析战略、目标和远景展望。他还负责地区政治分析，尤其是具体集中于中东、南亚和东亚地区。萨阿德·拉希姆先生所关注的其他内容还有全球与地区经济分析，他还负责协调 PFC 能源公司的经济状况与增长预测。萨阿德·拉希姆先生毕业于斯坦福大学，并获得该校经济与政治学科的学位。他还频繁出任下列媒体的嘉宾分析员：美国全国广播公司财经频道、彭博社、路透社、《华尔街日报》《金融时报》、美国国内公用无线电台等并且在《石油经济学家》《中东报告》以及其他主要出版物上发表作品。其擅长的领域包括国家石油公司、中东与亚洲的政治经济以及石油业的风险与市场分析。

护者。欧洲和日本参与了其中，并使得它们的经济得到了发展。然而，现在出现了一个新格局。在此新格局中，供需中心正向东转移。在未来十年乃至几十年里，中东将被要求生产更多的石油，其石油产量占世界石油产量的比例将大幅增加，因为经合组织国家的成熟含油气盆地的产量已开始快速下降，再加上西非和其他地方不断发现了新油田，它们的衰败已不可避免。同时，中国和印度将成为三个最重要的能源需求驱动者的两个（另一个是美国）。这种趋势已于 2004 年初显，当时中国自身需求的年增长量就占全球的 40%。这些趋势的结果越来越表现为协调计划、政治关系和市场机制的结果，使得未来的主要生产国和消费者正在建立物理（基础设施）、政治（外交联盟）和商业（长期合同和交叉投资）关系。中国和沙特是各自一方的重要驱动者，因而这种关系的进程和热度对新能源格局的成败十分关键。这种关系演变的方式以及他方（尤其是美国）对此接受的程度将决定新型的格局是促进还是威胁了全球能源安全。然而，现在中沙两国已经步入了加深商务合作的初始阶段。它们的努力还远远称不上战略合作，更谈不上对美国的利益构成了潜在威胁。

一、大事记

尽管世界发展最快的能源市场与世界最大的资源拥有者之间的匹配是自然的，但要真正建立起这种关系还需要很长时间，而且仍在不断演变。然而，有些趋势和格局正越来越明显。经过多年对中东的忽视之后，中国最终接受了这样的事实，即战略合作可能使双方受益。最近一些年，中国在该地区的一系列重要事件中十分活跃，在两条线上进行价值定位，一是进入迅速增长的中国市场需求，二是可能会建立某种战略伙伴关系。第二种可能性在"9·11"事件之后变得更加重要，对某些石油生产国（如伊朗和沙特）有很大的吸引力，因为它们需寻求对美国的战略制衡。中国介入中东能源领域的明显特点是中方愿意忽略意识形态的局限性，而这种局限性已限制了美国和其他西方国家的活动。

令人有些惊讶的是，假定从中沙关系设计的范围考虑，仅能说这两个国家刚建立了类似对话的关系。尽管两国从 20 世纪 80 年代就开始了贸易接触，但直到 1990 年才正式建立外交关系，而起初的关系主要是靠贸易会谈推进的。第一次海湾战争后，考虑到中东是美国最具战略意义的地区，且美国还在中东保持着大量的驻军，中国不太愿意继续向这一地区销售军火，导致中沙两国关系暂停。其实，直到 1998 年，当时的王储（现在的国王）

阿卜杜拉访问中国时，两国才开始下一轮高层接触。此访问正与亚洲金融危机同步。尽管原因不同，但这次金融危机严重影响了双方。中国那时正处理其他事宜。而对沙特来说，很明显，与一个关键需求区和新型消费国建立关系和相互理解应是其能源管理战略的一个关键成分。

　　阿卜杜拉伸出的友谊之手得到了回报。第二年，时任中国国家主席的江泽民访问了利雅得。在访问期间，双方为"战略石油伙伴关系"奠定了基础。当时，双方都不太明了这到底意味着什么，然而双方签署了协议。协议规定，除上游石油开采和生产外，沙特将向中国开放其国内石油和天然气市场。[1]从协议的细节里，人们似乎领悟到了一些东西，作为回报，中方同意向沙特石油公司开放其下游领域。[2]

　　此后不久，到2002年时，沙特已成为中国的主要原油供应国。正如图1和图2所展示的，尽管该国每月供应量都在波动，但它仍是中国原油的主要供应国之一。[3]假如考虑到中国已与波斯湾一系列其他国家（如阿曼和阿联酋）建立了供给关系，这应算是能源工业标准向前迈了一大步。2005年举行了中阿合作论坛，中国与海湾阿拉伯国家合作委员会签署了框架协议，这应该算是第二步。这一步也是更广泛的地区努力的一部分。这两个活动勾勒出了中国与阿拉伯国家未来经济合作的参数。

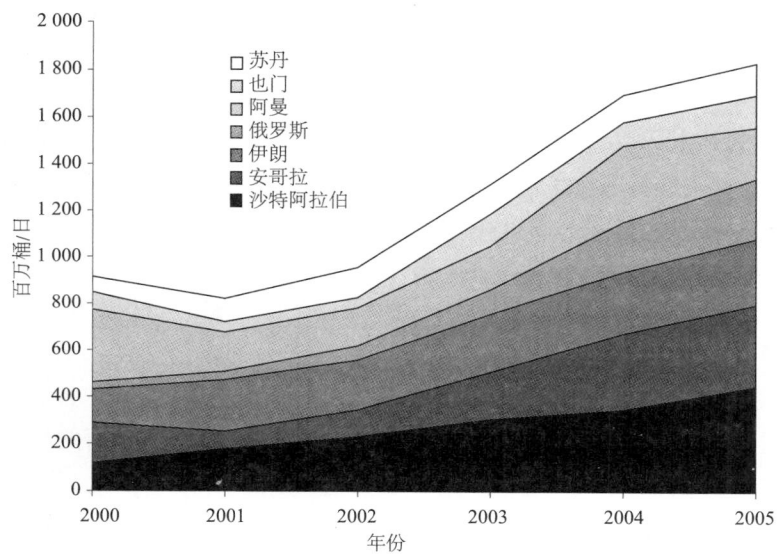

图1　中国原油进口的主要供应国（2002—2005年）

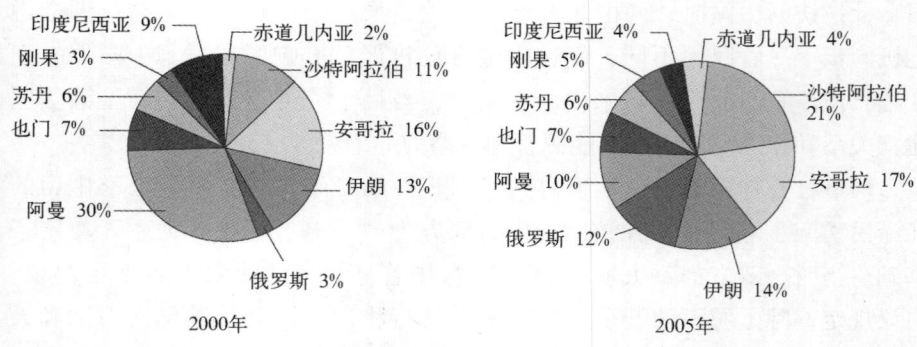

图 2   中国原油进口主要供应国的变化（2000 年与 2005 年的比较）

直到今年，中沙关系尽管已经启动，但仍很低调。然而，自 2006 年初起，两国关系似乎又向前迈了一大步。2006 年 1 月，阿卜杜拉国王访问中国。这也是他于 2005 年 8 月担任国王后访问中东之外国家的第一站，因而也成为自 1990 年两国建交以来第一位访问中国的在任沙特君主。双方签署了一份涉及内容很广的协议，内容包括双方"在石油、天然气和矿石方面的合作"，但像以前一样，具体内容不详。据报道，双方还举行了其他会谈，如修建一条从沙特经巴基斯坦到中国的原油管路，但前景并不乐观。

几个月之后，即在 2006 年 4 月，胡锦涛主席回访利雅得，并与沙特签署了谅解备忘录。此备忘录确定了促进双方关系的第一个具体措施，即发表声明，称到 2010 年时，沙特每天将向中国石油化工股份有限公司（以下简称中石化）和其子公司提供至少 100 万桶石油（比当前供应量增加了 39%）。[4] 尽管不能说闻所未闻，但对沙特阿拉伯石油公司来说，与一个特定的国家签订这种供应量合同相对来说很少。以前，沙特阿拉伯石油公司一般按照市场化机制签署定期合同和现货合同。

尽管是间歇性的，中国打的另一张牌是加强与穆斯林的联系。在中国，大约有 2 000 万名伊斯兰教信徒，每年有成千上万的人前往沙特的麦加进行朝圣。麦加朝圣是一种强制性的宗教朝圣。伊斯兰教要求每一名伊斯兰教信徒一生至少前往麦加朝圣一次。中国政府明显意识到了中国的穆斯林人是中国与中东关系的一条纽带。这个意识过程始于伊朗革命之后，当时中国意识到了"有必要以一种不伤害与伊朗关系的方式对待自己国内的穆斯林人"。[5] 中国越来越利用麦加朝圣作为非官方使者，而且"这种方式使中国第一次赢得了沙特阿拉伯宗教和政治领导人的好感。"[6]

中国已意识到，如想与一国保持长期友好关系，仅靠与该国建立贸易关系还远远不够，而需要采用多层面且有细微差异的策略，以走到最前沿，争取到好项目。实际上，到目前为止，几乎所有的海湾国家都与中国签署了类似的多层双边协议。

二、军事安全历史

自 20 世纪中期以来，波斯湾一直是美国管理的区域，而且一般也不存在所谓"战略性"的或对美国利益有威胁的行动。中国第一次真正涉足海湾地区（尤其是沙特）主要是军事贸易。

为了规避美国与沙特的"特殊关系"，中国选择了另一条路径，即向沙特提供美国不能或不愿提供的东西，即导弹技术。然而，2001 年"9·11"事件后，沙特与美国关系恶化。这使得沙特再度认真审视与美国关系的成本、好处和最终未来。沙特当时考虑如果沙美关系得不到改进（而实际上，2005 年后得到了改进），沙特也许会转向中国，期望中国扮演起海湾地区扩展的安全和战略角色。至于中国是否愿意或是否有能力担负此角色尚无法确定，但这个举动表明了与以前政策的巨大偏离。

考虑到中国在可预见的将来无论以何种方式都无法替代美国在海湾的角色，沙美关系的任何进一步紧张也许会立即导致中沙关系的进一步加强，尤其是面对伊朗和伊拉克周边的地区性趋势时。

海湾地区如何应对正瓦解的伊拉克和正兴起的伊朗仍很不确定。中国在这两个国家都有战略和商业利益，因而中国的角色选择将会产生更广泛的反响，尤其是它与沙特的关系，更不用说它与美国的关系了。

在 1990 年萨达姆入侵科威特后，联合国安理会授权对伊拉克动武，中国投了弃权票。中国早在 1994 年就和法国开始呼吁停止制裁，并使科威特要求的损失赔偿被搁置，理由是需要更多的证据和时间来确定合理的应赔偿额。作为回报，伊拉克答应当联合国制裁被解除后，以 13 亿美元的价格给予中石化以开采艾哈代布油田的权力。中国和伊拉克还就哈发亚油田签署了初步协议，但没有完成最终条款。伊拉克是经确认的世界第二大石油储藏国，为中国提供了良好机会，中国可以在此地开始第一次大规模海外投资，以确保未来的能源来源。

与伊拉克的这些协议似乎是 2003 年中国坚决反对美国入侵伊拉克的一个主要原因。事实上，对所有被提交到联合国安理会要求安理会授权使用武力的决议，中国都威胁要投否决票，这也是美国未在联合国授权下动用武力的原因之一。考虑到在可遇见的未来，不太可能就安全或油气立法事宜进行决议，中国将可能不得不暂时寻求它处。伊拉克重建的一个重要议题将是签署石油资源和产品的开发合同。人们密切关注伊拉克新政府是要兑现老合同，还是要与其他国家的公司签署新合同。

如果安全形势继续恶化，而且正在瓦解的伊拉克因难民潮、边界地区冲突的扩大以及地区强国因自身利益而进行的武装干预将其邻国拖进了漩涡，海湾地区也许指望中国来帮助处理此状况。然而，中国处理此状况的方法也是有限的。2003 年中国曾拒绝出兵伊拉克，而且现在也不会出兵，因此，它的其他反应能力也是有限的。因为伊拉克还没有完全瓦解，与国际上大多数石油公司相比，中国公司更能承受安全风险，而且如果合同能被恢复执行，它们甚至愿意在不确定的环境中开始石油项目运作。虽然何时启动是中央政府和地方机构决定的，但如果真是这样，部分资金就可以流动起来了。几年前，对沙特来说，它还无法接受别国帮助伊拉克生产更多的石油以投向市场，因为伊拉克多产石油就意味着沙特要消减海湾战争之后赢得的市场份额，但考虑到目前市场比较紧张，石油输出国组织可以以更小的痛苦消化伊拉克石油产量的增长，这样中沙关系就不会被影响。

然而，伊朗的情况可能会不一样。除了 20 世纪 90 年代，沙特一直把伊朗当做自己在海湾地区的战略竞争者。在两伊战争期间，沙特首先为伊拉克寻找资金来源，向伊拉克投入了数以亿计的资金，以帮助伊拉克对付伊朗。伊朗极力获得核武器令沙特决策者十分震惊，因为这势必会打破该地区的力量平衡。最起码，这会迫使沙特修复和加强与美国的关系，尽管从国内政治观点来看，这是一个具有潜在风险的决策。无论是宗教领域还是非宗教领域，沙特国内都反对与美国过多接触，而且此反对声日益高涨。为此，沙特更愿意通过别的渠道对付伊朗，这也为中国的介入创造了良好的机遇。伊朗坚持自己做法的原因之一是它觉得自己受到了中国和俄罗斯的"保护"，因为伊朗相信没有哪个国家允许安理会授权对它动用武力。到目前为止，伊朗的这种判断还是对的，并使沙特很苦恼，尽管沙特自身也不愿意看到在离国土很近的地方出现另一次军事冲突。中国也在以另一种方式帮助伊朗，如对其能源领域进行投资。中国国家石油公司和伊朗签署了一系列合同，内容包括油气开采和液化天然气的供应等。这样，伊朗的资金压力也就大大减小了。

尽管沙特内心并不希望中国与伊朗建立这种关系，但这种关系还没有上升到对中沙关系有很大影响的程度。然而，如果这些状况自此急转而下，那结果就很难说了。

三、石油交易

尽管中国在国际石油舞台还是个新手，但从企业角度看，它已经在获得油田和生产权方面迈开了一大步，而且正在执行更多、更大的复杂项目。在不到十年的时间里，中国公司已在苏丹、伊朗、沙特、伊拉克和哈萨克斯坦获得了油田。在此要提及的关键一点是，尽管中国在石油开采领域缺乏世界领先的技术特长，但它还是通过下列两种主要方式的组合获得了这些交易。这两种方式为提供极其优惠的合同条款和利用"软实力"外交。

如前所述，自2000年以来，中国一直寻求与沙特建立长期务实的关系。事实上，中国在成为石油净进口国后，立即就开始从战略角度意识到了沙特的重要性以及美国对石油的近似垄断，并探索涉足中东的途径。1995年后，随着沙特逐步脱离美国，中国发现了自己替代美国的绝佳时机。中国之前的努力终于得到了回报！

沙特也意识到了不受限制地接触到世界上最大石油消耗国之一所带来的好处。毋庸置疑，在未来若干年里，中国的石油进口量，尤其是从中东进口的石油量，将快速增长。然而，在中沙两国关系迅速发展的初期阶段就出现了一个问题，即中国需要的大多是轻质油，而不是沙特出产的重质含硫原油。沙特开始意识到，要想使自己的石油对中国有吸引力，它自己也必须为中国提供一些帮助。基于以上考虑，中国和沙特签署了上述1999年协议。按照协议，沙特公司将对中国的下游炼油厂进行投资，而中国公司将积极参与沙特的上游石油活动。

此协议的第一部分是在福建泉州兴建一座大型炼油和石化厂。此厂每日可处理24万桶高硫沙特原油，计划于2005年7月动工，2008年上半年竣工。石化产品包括乙烯、聚乙烯和聚丙烯等。总投资为30亿美元，沙特出资7.5亿。参与此项目的公司为中石化（50%）、沙特阿拉伯石油公司（25%）和埃克森美孚（25%），但此项目因埃克森美孚对产品销售的争议而暂停了一段时间。尽管争议最近已被解决，但有一点很重要，即沙特和中国执行的后续项目不再包括任何国际石油公司。

例如，中沙两国于2006年达成的合作项目是一个乙烯项目。协议规定沙特阿拉伯石油公司和中石化要成立一合资企业，即福建乙烯合资公司，配备一套年处理能力为80万吨的乙烯蒸汽裂化装置、一套年处理能力为100万吨的芳烃装置和一套年处理能力为65万吨的聚乙烯装置，[7]同时还要建造一座30万吨的原油码头以及相关设施。此项目计划于2009年初投产。

　　然而，有必要指出，在中沙合作道路上偶尔也会出现坎坷。在福建泉州项目的产品销售方面，中石化只同意成立一个零售合资公司，下含600个服务站，而不愿意与福建省内批发领域的其他合作伙伴合作。沙特阿拉伯石油公司拥有福建市场营销合资公司的22.5%股权，而中石化和埃克森美孚分别占55%和22.5%。此外，贸易公司的合作也很复杂，因为中国政府严格规定了零售价格，据报道说不想与沙特方共担金融风险。

　　尽管如此，沙特阿拉伯石油公司最近还是在泉州项目之后就另外一个项目与中国签署了谅解备忘录，获得了在山东青岛新开发的炼油厂的25%股权。中石化、山东省国际信托投资公司和青岛国际投资信托公司拥有剩余股份。此项目总投资预计为97亿元人民币（约合12亿美元）。沙特阿拉伯石油公司和中石化又达成了一后续协议。此协议是让沙特阿拉伯石油公司为日处理20.08万桶（每年1 000万吨）的一个炼油厂提供原油。此厂的炼油能力将被提高至每日40万桶的处理能力，于2007年底竣工。第一期投资为12亿元人民币（约合1.5亿美元）。双方明确表示此项目很快就会被批准。

　　从战略角度来说，青岛炼油厂对中石化是一个十分重要的项目，因为这个项目可以使这个国有企业与其国内竞争对手中国石油天然气股份有限公司（以下简称中石油）进行挑战。沙特阿拉伯石油公司已经对石油产品在山东省的销售感兴趣，但是中石化似乎不太愿意扩大沙特阿拉伯石油公司在中国的影响。中石化可能会将沙特原油储存于离炼油厂不远的黄岛油库（1 800.4万桶），并将它作为主要原料。

　　通过这些项目，沙特正表明自己正努力巩固其在中国市场的地位，并为项目的完成提供更多的经济和技术支持。泉州炼油厂对中国和沙特来说是一个重要的示范，因为它的成功验证了未来这种合作逻辑。尤其是，此项目将证明沙特有必要在其目标市场建立它的"市场劫取能力"。通过建造其规格要按沙特原油进行调整的炼油厂，使得此炼油厂更难处理别的供应商提供的原油。目前，中国的炼油能力还不太适合更重的沙特原油，但据说，沙特已将原供应给某些具有更先进的炼油基础设施的客户的轻原油的一部分挪至中国市场。另外一个动力也许是"亚洲溢价"，每桶沙特原油的溢价大约为1美元。[8]

　　在另一方面，中石化和沙特阿拉伯石油公司的石油交易使得后者成为其原油产量的接受者，而且后者借此机会进入了中国批发和零售产品市场。然而，有人怀疑沙特阿拉伯石油公司也许正以低于市场的价格向这些炼油厂销售其原油，以补偿中国市场被提炼产品的低限价。这种交易对沙特阿拉伯石油公司也有利，因为它需要外国投资来为其项目提供资金。此外，这些交易确保了炼油厂原油的稳定供应，并使石油价格更加稳定。沙特愿意暂时承担其损失的基本理由是中国的批发市场可能会于 2007 年年底至 2008 年对外国投资开放，而沙特阿拉伯石油公司的举措是为了预先参与这种开放，以抢占中国市场的更大份额。此外，由于这是沙特对中国下游领域的直接投资，向中国炼油厂提供的原油量不受石油输出国组织的出口额限制。这也是其另一种动力。

四、中国对沙特能源基础设施的投资

通过进入沙特的上游领域，中国公司赢得了许多其他公司未曾获得的成功。最近，沙特天然气项目竞标的胜出者都是非美国公司，这被看成是沙特石油政策影响最大的变革之一。这对中国来说尤其重要，因为它能确保获得指定区域的石油勘探权，以在沙特上游产业站稳脚跟。[9]中石化赢得了鲁布哈利气田（38 800 平方千米）B 标段的勘探和开发项目的 80% 股份。

中石化同意尽可能少地收购免除了矿物开采费的凝析油（3 000 万桶，第二位的投标量为 1.5 亿桶），并进行大量的成本高昂的地震勘测工作，以使此交易落地。[10]中石化说它将在勘探的第一阶段、钻井和地震勘测方面投资 3 亿美元。勘探分为三个阶段，历时十年，可选第二和第三阶段。此项目生产期为 25 年，整个合同的最大期限被设为 40 年。这个交易似乎不会给中石化带来多大的商业回报，国际石油公司没有赢得任何期招标的实际原因之一是它不愿意接受如中石化那么低的回报率。然而，对中石化来说，确保了此项目的权利也就实现了一系列目的。首先，通过此项目，中国公司实现了在全球最重要的油气生产国的立足；其次，它使中石化积累了其在上游天然气勘探和生产活动的经验。对中石化来说，此方面的经验是驱动其发展的一个关键因素，因为这使得它更加企业化和商业多样化。中石化在国内燃气方面积累了一些经验，这种项目可使得它在探勘和生产业务领域取得很大的进步。

此项目的 B 标段预计拥有 8 000 亿立方米天然气的储量，其中 3 000 亿立方米为可开采量，每年可产气 150 亿立方米。按照沙特的看法，就此项目，向西方国际石油公司做出让步也许能带来一些商业好处，如技术转让，而向中国国家石油公司让步却不然。除了明显的可推动商业发展外，此交易可以推进的原因是沙特想把它当做一种标志，表明沙特想通过长期战略考虑而不是短期商业目的与中国建立更加牢固的战略关系，以对付美国。

这种举措对沙特的未来发展具有重要意义，同时也为中国提供了资金、经验和从事后续项目的动力。对沙特来说，尽管从历史上看，它的重点一直是石油，但天然气开发也变得越来越重要。沙特人口正大量增长，电力需求量也将巨大，气和电对海水淡化极其重要。没有它们，沙特就会缺乏可饮用水。气也是石化业扩张的一个重要成分，因为人们指望石化业能提供大量的工作岗位。中国之所以能够获得这个重要项目，是因为它再一次采取了牺牲短期收益来换取成果更多的长期战略构想的精明策略。

两国交叉投资的远景仍保持良好的势头，尤其是在下游领域。沙特在石化产业的策略方面十分激进，因为它想到 2020 年时占据全球塑料市场 15% 的份额，到 2010 年时将乙烯出口量增加到 1 400 万吨（目前是 700 万吨）。沙特投资总局局长达巴赫说道："中国眼看着其全球市场份额在逐渐萎缩，所以他愿意参与这些行动"。他还说，考虑到沙特拥有大量价格便宜的能源和原料，与其将它们运回中国处理，还不如让中国工厂在沙特加工这些石化产品。这一点具有经济意义。

五、沙特对中国能源基础设施的投资

作为中沙合作的一部分，中石化和荷兰阿克苏诺贝尔公司最近合作赢得了一项合同招标，为沙特主要的国有石油生产商沙特阿拉伯基础工业公司建造一个年产量为 40 万吨的聚乙烯项目和一个年产量同样为 40 万吨的聚丙烯项目。总的来说，沙特需要在未来的 15～20 年里投资 500 亿美元，以成为此领域的三大生产国之一。沙特基础工业公司目前是世界上第七大石化生产商，但他想尽可能快地名列前茅。

为此，沙特基础工业公司正与大连实德集团谈判。双方拟建立一合资公司，以扩大沙特基础工业公司的乙烯在中国的市场份额。双方各持该项目 50% 的股份，需要在辽宁省的葫芦岛建造一年产量为 40 万吨的乙烯厂。需要的投资大约为 52 亿美元，但此项目的总投资需经中国发改委批准。

同时，沙特基础工业公司也正考虑就天津的炼油和石化项目与中石化合作。此项目计划把中石化的子公司天津石化的日处理量为 11 万桶的炼油厂扩建为日处理量为 25 万桶，建造一座年处理量为 100 万桶的裂化装置，承建石化衍生物处理装置。此项目成本预计为 31 亿美元，于 2008 年年底或 2009 年动工。到目前为止，还没有哪一家外国投资者在中国东北用如此大的金额站住脚跟。西方主要的石油公司如英国石油公司、壳牌和埃克森美孚被限制在中国东部和南部建造石化厂。中国政府正鼓励公司将石化装置与炼油厂集成，但外国投资者面临的问题是如何销售被处理后的石油产品，除非它们通过中国销售网络销售。

沙特基础工业公司还对位于辽宁的年处理量为 40 万桶的聚氯乙烯处理厂感兴趣，拟与位于锦州的金华化工集团合作。作为回报，实德集团也在考虑在沙特建造一座化工厂。

其他的未来能源计划还包括中石化和沙特阿拉伯石油公司正在进行的谈判，拟由中石化在沙特建造一座炼油厂。沙特从自身角度一直倡议在海南建立一个战略石油储备基地，但由于它想拥有此基地的经营权和所有权，此项目被耽搁了，而且目前此建议已被中国拒绝。[11] 阿美海外公司在上海设立了一个办事处，以充分利用本地的制造能力和原料供应服务。

有报道说，沙特也许会利用它的价格灵活性来打败其他竞争者，以确保其在中国的长期能源关系。沙特原油合同的进展目前很不透明，但它完全可以将此交易做大，因为与其他石油生产商相比，沙特石油的开采成本最低。在本质和应用方面，这有点像 2001 年 7 月向日本提供石油的项目。在那个项目中，沙特拟向日本提供石油，所给予的价格要比阿联酋的价格低得多，结果沙特的石油出口量增加了 20.7%，而阿联酋的下降了 19.7%。

六、贸易

随着中沙两国能源领域的自然协作变得越来越明显，而且其优势正开始被双方共同利用，一般贸易也在发展过程中。从传统角度看，这种关系还是单向贸易，即中国向沙特提供制成品，沙特反过来向中国提供最低量的原油。然而，从 2000 年开始，情况发生了巨大逆转。2000 年，中国向沙特的出口以及沙特向中国的出口都快速增长。增长部分是由价格上涨导致的，但这微不足道，产油量的增加是主要原因。目前，沙特向中国出口的石油量大约占中国石油进口量的 17%，成为中国第二大石油供应国。中国在 2006 年与沙特签署了每日 50 万桶的采购合同，此数目是原预估的下一个十年初的两倍。

中国在沙特的努力包括在吉达建造一个"贸易城"，在那里销售从纺织品到化学品和日用品的所有物品。尽管中沙两国仅在几年前才建立正式关系，但中国实际上已成为沙特的第七大贸易伙伴，双边年货物贸易额已超过十亿美元。中国和沙特还在讨论一计划，拟共同建立一基金，以鼓励两国间的投资。沙特正努力鼓励中国在其能源之外的领域（包括交通、卫生保健和生命科学）进行投资。

　　沙特正在寻求与中国公司的合作，以在沙特北部开采磷酸盐，并修建铁路，以将原材料运至海湾沿岸的朱拜勒和达曼。在那里，人们用它生产化肥，然后将化肥运至中国和亚洲市场。据说，一家中国公司已经同意对沙特一家铝土矿提炼厂投资40亿美元，以生产氧化铝，而中国大陆目前正缺乏生产铝所需的氧化铝。

七、中国国家石油公司和服务公司的作用

　　中国国家石油公司从国外获取能源的技术能力和政府授权在不断提升，已成为中沙关系发展的关键。中石化与沙特就在沙特阿布扎比的空旷之地从事地理勘探工作所签署的合同是这种合作的一个重要范例。

　　如果考虑到中国的石油进口需求，中国人无疑会将中东看成是未来最重要的原油供应商。然而，到目前为止，中国还基本没有直接进入该目标区域。这不是因为中国政府没有意识到中东原油供应商的长期中心地位，而是因为它感觉到，如果它将该地区明显作为目标区域，会引起其他大国的警惕。在探索海外能源资产方面，中国政府指示其国家石油公司将中东作为最重要地区之一，但到目前为止，这些公司还是将主要精力放在了政治敏感性小一些的地区，如东南亚和非洲。中国目前正面临一窘境。从石油储量来看，中东和中亚最大，但中亚受到了俄罗斯的牵制，而海湾地区受到了美国的牵制。目前，中东地区已探明的石油储量以及产量全球第一，而中国60%的石油进口来自于此地区。美国已在中东建立了霸权，中国担心它可以轻易地阻断中东至中国的石油运输。中国国家石油公司（中石油、中石化、中海油）对中国来说是一种很好的机制，中国可以通过它们以一种不那么咄咄逼人的方式实现其在中东的战略存在。

　　中国确保其中东项目的另一举措是为石油勘探和生产提供服务。隶属于中石油的中国石油工程建设公司于1983年就开始在科威特、伊拉克和巴基斯坦承揽项目，所采取的策略是争取分包合同和小型的交钥匙合同。这种策略于20世纪90年代中期初显成效，当时中国石油工程建设公司在科威特赢得了一个金额为4亿美元的油库改扩建项目。利用此经验，中国石油工程建设公司能确保其在世界其他地区的项目。到1997年年底时，中国所签署的所有海外石油服务合同的金额达到了100亿美元。事实上，在1992到1997年期间，中国的石油耗材和设备出口量增加了710倍，从1992年的43万美元到1997年的3.22亿美元。在此期间，长城钻探工程有限公司也取得了较大成功，它在苏丹、埃及、卡塔尔、突尼斯、尼日利亚以及阿拉伯国

家的其他地区抓住了越来越多的机会。尤其是沙特阿拉特在石油产业劳动力短缺的情况下利用此机会成功雇佣了大量的中国服务公司和钻探人员。

八、结论

在寻求合作伙伴方面，大家有必要意识到中国在沙特已取得了巨大成功，因为它巧妙地运用了一系列措施，如政治支持、20 世纪 80 年代开始的军事技术转让、软实力联系以及对沙特国内政治的"不过问"政策等。

中国目前的计划都是纯民用和商务的。中国也讨论而且沙特也知道，出于纯经济因素（需求量增长以及低运输成本），未来沙特的大部分石油的销售对象将逐步转至亚洲。如果沙特想减少传统商业对美国的过度依赖，它需开始在亚洲扩大其市场地位。

从某种程度上看，中国和沙特关系的升温是有可能的，因为它们有共同的利益。与美国相比，中国一直更加支持巴勒斯坦，并且中国与沙特的观点一致，即美国在中东发动政变的计划正日益动摇，并且美国一直用"反恐战"来掩盖其全球扩张。同时，与中沙关系的忠诚度相比较，中国与海湾反现代君主制度之间的意识形态分歧已越来越小。

基于此，无论是中国还是沙特都不认为此协议伤害了沙特对美国的长期军事和政治依赖性。美国将继续派遣高质量和大数量的部队来"保卫"阿拉伯半岛，沙特和海湾其他阿拉伯国家将继续依赖美国的保护，补偿方式是从美国采购军火以及向美国提供石油。

但中沙关系的发展将使沙特更加自治，生存空间更大，同时使中国的能源安全得到了进一步保障，而后者会变得越来越重要。有些专家认为，到 2010 年时，中国石油进口的 50% 将来自于沙特，其他人则认为人们过高地估计了沙特为满足中国需求而提高石油产量的能力。无论是哪种判断，中东自身难以解决此问题。尽管中沙特关系很难在可预见的未来形成对美沙关系构成挑战的"战略关系"，但两国商务伙伴关系正在逐步形成，这对两国乃至全球都有好处。

注释：

1. 上游活动仅指运输前或提炼前的油气勘探和生产。

2. 下游活动是指将原油提炼和加工成有用产品以及零售和推销这些产品的活动。这些产品包括将石油加工成柴油和汽油。它有时也会延伸至石化产品。下游燃气是指燃气的零售和营销；当用到"液化天然气"这个词时，那么此定义就延伸到了再气化这一过程。

3. 《各渠道石油进口全面增长》，中华人民共和国商务部网站，2007 年 3 月 6 日，http：// english. mofcom. gov. cn/article/newsrelease/significantnews/200703/20070304425961. html.

4. "阿拉伯原油"是指沙特生产的页岩原油。页岩原油包含重级别、中等级别和轻级别。

5. 参阅 Mohammed bin Huwaidin，"Chinas Relations with Arabia and the Gulf：1949—1999"（London：RoutledgeCurzon，2002 年）。

6. 同上。

7. "裂化"是一种石油炼制流程。在此流程中，天然气、石油和其他"重"石油原料在催化剂和热量和压力作用下被裂化，以便增加汽油、柴油、航空燃料的其他高价值"轻质"石油产品。"裂化装置"是完成此流程的一种塔形装置。

8. "亚洲溢价"是一种准官方附加费，使得运往亚洲的每桶中东石油的平均离岸价要比运往欧洲或美洲的石油的离岸价高 1 美元。中东石油生产商对此溢价原因的解释各有不同，但有一点很清楚，即他们，尤其是沙特，想获取和维持关键的欧洲市场的市场份额。中东石油生产者将此补贴作为与西方大国保持战略联系的一种方式。

9. 读者应注意到沙特还没有对外国公司开放其上游石油勘探和生产。

10. 无需缴纳矿藏开采费的凝析油是从天然气发现的碳氢化合物液体，公司无需为此缴纳矿藏开采费。因此，低矿藏开采费的凝析油意味着该公司已同意要少点油，并在生产周期的更早期支付矿藏开采费。

11. 沙特对中国的商业储存设施和炼油厂的兴趣来源于这样一个事实，即沙特的含硫原油通常不适合被中国大多数炼油厂用作原料。通过对中国下游基础设施的投资，沙特正努力确保中国对沙特原油的需求。

中国与伊朗关系的演变

■ 艾哈迈德·哈希姆[①]

据现有资料考证，中国探险家张骞于公元前 126 年建立了中国与波斯（疆土包括现在的伊朗）的第一次接触。作为一个探险家，他描述了在波斯（他称之为"安息"）的生活。他写道：

> 安息位于大月支地区西部约几千千米处。那里的人们居住在陆地上，开垦田地，种植稻谷和小麦，还用葡萄酿酒。他们也建有带有城墙的城市。安息有几百座大小不等的城市。该国的硬币是银质的，上面刻有国王头像。当国王驾崩时，货币被立即更换，头像也被换成继任者的头像。人们在皮带上保留有文字记录。它的西部是美索不达米亚，北部是希尔卡尼亚。[1]

毫不惊奇，伊朗和中国在它们的古代文明中有过长期的密切交往。当中国国家主席江泽民于 2002 年对伊朗进行历史性的正式访问时（这也是伊朗伊斯兰共和国成立以来中国领导人的第一次访问），他和伊朗总统穆罕默德·哈塔米在承诺进一步加强双边关系的同时，不遗余力地强调中伊关系

---

① 艾哈迈德·哈希姆（Ahmed Hashim）先生就职于海军军事学院海战研究中心，从事战略学研究。他作为驻伊多国部队在伊拉克武装力量安全领域改革方面的顾问，最近结束了第四次伊拉克之行。哈希姆博士专门研究中东和南亚战略问题，尤其是伊拉克与伊朗事务。他研究功能性安全问题，诸如军事变革、不对称战争以及恐怖主义。此前，他曾在海军分析中心工作过 4 年，从事军事变革与不对称战争等方面的研究。1994 至 1996 年，哈希姆博士在华盛顿哥伦比亚特区的国际与战略研究中心任高级研究员，从事中东安全问题研究。1993 至 1994 年，他在位于伦敦的国际战略研究所担任研究助理。在此期间，他撰写了专著《伊朗国家危机》。哈希姆博士在麻省理工学院获得博士和理学硕士学位，在英国考文垂的华威大学获得理学学士学位。他近期的著述包括：《乌萨马本拉登所认知的世界》，刊登于 2001 年秋季版的《海军军事学院评论》；《萨达姆侯赛因与伊拉克的军民关系：对合法性与权力的追寻》，刊登于 2003 年冬季版的《中东学报》；《伊拉克的混乱》，刊登于 2004 年 10 月期的《波士顿评论》；《伊拉克：从暴乱到内战》，刊登于 2005 年 1 月期的《当代历史》；以及《伊拉克的暴乱与反暴乱》（伊萨卡：康奈尔大学出版社，2006）。哈希姆博士目前正在撰写有关中东与北美能源政策方面的文章，重点论述石油与天然气基础设施所面临的恐怖主义威胁。

中的文明成分。《德黑兰时报》英文版引用江泽民主席的话："早在2000年前，我们的祖先就通过举世闻名的丝绸之路开始了友好往来。"[2]接着，中国驻伊朗大使孙必干就此主题继续说道，中国和伊朗正努力"重温它们良好的丝绸之路关系"。[3]约翰·加弗在对中伊关系的新的学术性研究中强调了双边关系的这一方面，但他也指出这种关系主要还是基于更加物质的因素，并提供了大量详细论据。[4]

事实上，在中国领导人对伊朗进行历史性访问期间，无论是伊朗还是中国都不仅仅对它们之间的古代交往大唱赞歌，而且它们还决定在牢固的基础上加强双边关系。在过去15年里，中国能源需求不断增长，而伊朗渴望得到技术和消费品，并希望与不断发展的非西方世界经济建立紧密的相互依赖关系。为此，中伊双方关系大大发展，但仍有很长的路要走。而与那些危言耸听的分析和新闻观察相反，中伊关系并不像中国与巴基斯坦关系那样是长期战略伙伴关系。这是对中伊关系进行简短研究后得出的结论。中国不可能将所有鸡蛋都放在伊朗这个篮子里。除伊朗之外，中国正与许多国家发展能源关系。[5]此外，中国对伊朗核争议的态度以及在动荡的伊拉克的活动使得中国与西方国家的关系变得很差，而且正在恶化，这也限制了中伊关系的进一步发展。[6]中国并不会就伊朗核争议一事伤害自己与美国的重要关系。伊朗人自己也已意识到，国际机构因怀疑其进行核扩散而要对它制裁，而中国和其他大国（如俄罗斯）在这方面帮助它的程度是有限的。在此情况下，2006年12月底，当联合国通过第1737号决议，决定对伊朗进行有限制裁时，中国投了赞成票。此决议限制了一些技术销售，控制了与核计划有关的一些伊朗官员的旅行权，并重申伊朗必须暂停与铀浓缩和回收有关的一切活动。有了这些考虑因素，本章将探讨当代两国之间的关系以及两国经济和能源关系的实质，详细分析影响两国关系进一步发展的限制性因素，最后得出结论。

一、当代中伊关系的历史背景

1950年，也就是中华人民共和国成立一年后，伊朗就和中国建立了商贸关系，但直到1971年，双方才建立正式的外交关系。当时的伊朗统治者穆罕默德·巴列维是个狂热的反马克思主义者，并对大国的阴谋极端憎恨。无疑，这种情绪产生于伊朗的历史经历。在伊朗北部存在一个喜欢干预他国的邻居，以前叫沙皇俄国，后来叫苏联。伊朗国王永远不会忘记第二次世界大战后苏联在伊朗北边（特别是阿塞拜疆和库尔德斯坦）所犯的罪孽。

当然，中国不用考虑这一点。20 世纪 60 年代中苏关系破裂起初并没有对伊朗的战略考虑有多大影响，但在 1969 年与基辛格博士和美国官员哈罗德·桑德斯的一次谈话中，伊朗国王暗示了对中苏边境紧张局势的担忧。[7]1969 年 3 月，中苏两个大国在乌苏里江珍宝岛上发生了激烈的边境冲突，伊朗国王对此再次表示了担心。之后，阿曼苏丹国佐法尔省发生了叛乱，而佐法尔省位于霍尔木兹海峡南部沿海的战略要地。当英国从"东苏伊士"撤兵后，伊朗领导人自我担任了波斯湾的卫士，并开始干预此冲突，以支持保守主义分子和维护稳定。[8]

20 世纪 70 年代以来，尤其是邓小平掌握中国政权，确定四个现代化道路，并将快速改善与西方国家的关系作为改革开放总政策的一部分之后，中伊关系得到了大大改善。在此背景下，那时已是西方盟友且是美国主要客户的伊朗看到了加强与中国的战略关系的好处，因为中国是可制衡苏联的主要大国之一。另外，从地区来看，巴基斯坦是伊朗的邻国，但 1971 年印巴之间发生了战争，巴基斯坦遭到惨败，势力正被削弱，伊朗国王对此十分担心。如中国领导人一样，伊朗国王也十分怀疑亲苏的印度。人们可以认为中伊两国在战略上对印苏亲密关系给南亚次大陆所带来的负面影响持有许多一致观点，但是这并不能因此促成中伊的战略联盟。最后，伊朗国王并没有将中国当成经济发展和现代化的样板，对他来说，伊朗需要模仿的亚洲强国是日本。

1979 年，伊朗发生革命，巴列维倒台，君主制被推翻，被霍梅尼所领导的伊斯兰共和国所替代。中国与新共和国之间的关系并不热乎。伊朗的新统治者仍记得华国锋在 1978 年访问了伊朗。此外，当中国在改善与西方关系时，在新领导人统治下的伊朗似乎正尽可能疏远西方国家。这一点不仅仅体现在霍梅尼的"既不亲东，又不亲西"的想法上，也体现在他即不接受基于马克思主义的社会主义发展道路，也不接受西方的资本主义发展道路，而坚持伊斯兰主义的发展道路；此外，这还体现在伊朗没收了美国在德黑兰的大使馆，并将美国人质扣押了 444 天。这种行为进一步阻碍了美国与伊朗的关系。包括中国在内的世界其他国家对此纷纷指责，认为其违反了外交准则。尽管如此，但中国还是反对因伊朗违反外交准则而给予其制裁。

在 20 世纪 80 年代的头几年，伊朗处于最激进的阶段，此阶段一般被称为第一共和国。在此阶段，它的主要精力是防范内外敌人，巩固伊斯兰阵线的革命成果。具有讽刺意味的是，在伊朗统治集团内部，从经济自给自足到革命热情高涨以及走人民战争路线，有许多人将毛泽东时代的中国当成榜样。人民战争路线的最狂热支持者是死于两伊战争早期的伊朗国防部长穆斯塔法·查姆兰。也正是他将伊朗对伊拉克入侵的最初抵抗组织为由武装平民和革命军队进行的全民战。

20 世纪 80 年代中期，两伊战争进入关键时期，伊朗急需武器供应，以补充和替代其日益陈旧的美式装备。为此，伊朗开始向中国求助，中国于1985 年开始首次向伊兰出口导弹，伊兰从中国得到了喷气式战斗机、坦克和大量弹药。伊朗正规军习惯于西方高技术武器，对中国的低军事技术不太感兴趣。中国的大多数武器要么被用于训练之目的，要么被装备于伊斯兰革命卫队。伊朗最引人注目的军事采购是导弹。中国向伊销售了大量反舰导弹，并为其舰舰导弹计划提供了技术帮助。然而，中国同时也向伊朗宿敌伊拉克销售此导弹。[9]基于此，很难说此阶段的中伊关系存在战略基础。伊朗决定不顾一切地抵抗伊拉克空中力量入伊朗领空，而中国出于商业利益向伊朗销售了弹道导弹。在整个 20 世纪 90 年代，中国向伊朗持续提供这些弹道导弹以及必要的技术、装备、培训和试验，这样伊朗就可以基于中国和朝鲜的设计自产弹道导弹。[10]在 1997 年和 1998 年的美中峰会后，中国决定停止弹道导弹和相关技术的销售。[11]但人们仍在怀疑中国政府是否真正采取了措施，以有效遏制中国公司帮助伊朗推进导弹生产计划 。美国和它的情报服务机构对此有所担心。[12]人们怀疑中国在 1999 到 2000 年期间帮助伊朗改装了其反舰导弹。然而，在过去的十年里，朝鲜代替了中国，成为帮助伊朗推及其弹道导弹计划的主要国家。

二、20 世纪 90 年代中伊关系进入亲密期

20 世纪 90 年代初，由于地区和国际形势发生了深远的战略性变化，中伊两国关系得到了发展，变得更加亲密。

1988 年两伊战争结束，伊朗受到重创，亟待经济重建。1989 年，伊朗议会发言人哈什米·拉夫桑贾尼赢得总统选举，试图推进政治自由化、经济发展和重建以及更大程度的对外开放。拉夫桑贾尼宣布成立"第二共和国"，这相当于发生在 20 世纪 90 年代的反激进主义和浮夸主义的热月政变。伊朗人开始更加重视中国的发展和现代化经验。伊朗拥有 7 000 万人口，如加上土耳其和埃及，则是中东的最大消费市场之一。伊朗人口众多，公民享受了良好的教育，拥有现代化所需的重要工业基础，迫切需要技术和生产资料。在中伊双方的关系中，能源方面固然重要，但经济关系不能仅局

限于能源。相反，正如加弗所详细描述的，经济关系还应该包括方方面面，如修建从德黑兰到机场的地铁、造纸厂和炼油厂等。[13]起初，中伊之间的经济关系和贸易量并不大，1993年仅为7.13亿美元，1994年开始逆转，1995年的一季度同步增长20.2%。[14]2002年，双边贸易增长势头不减，达到37.42亿美元。其中，中国向伊朗的出口为13.96亿美元，伊朗向中国的出口为23.46亿美元。从1999到2002年，中伊双边贸易额增长了一倍，而中国对伊朗的出口也增长了一倍。同期，伊朗对中国的出口增长了242%。在2003年1至8月，双边贸易额接近38亿美元，超过了2002年的年贸易额。双方都对进一步扩大经济关系感兴趣。2003年10月23至24日，中伊在北京举行了一个规模比较大的贸易研讨会。这是中国专门为伊朗市场而召开的第一次贸易研讨会。在研讨期间，来自中伊两国企业的代表讨论了中伊经贸关系的前景、伊朗的投资环境以及中国在伊朗进行贸易和投资可能遇到的问题。到2006年时，共有250家中国公司在伊朗从事工业和建筑项目。如果从个人魅力来看，于2006年任期届满的伊朗驻中国大使韦尔迪内贾德对两国经贸关系的突飞猛进做出了最大贡献。[15]

1989年，中国发生动乱，伊朗政府对此十分关注，并开始注意民众对本国边境安全越来越大的埋怨。动乱被平息后，中国与西方的关系开始恶化，而令伊朗高兴的是，中美之间密切的反苏战略同盟开始瓦解。

1990年初作为联合国制裁行动之一的将伊拉克驱逐出科威特的联盟战争对伊朗政府是一个巨大震动。显然，伊拉克的惨败令伊朗很高兴。其实，美国不止一次帮助了伊朗对付其地区对手，如2002年美国在阿富汗摧毁塔利班政权，2003年4月推翻萨达姆的统治。真正令伊朗感到惊讶的是伊拉克的军事力量被美国高技术部队如此轻易地摧毁了。这种常规军事变革影响了所有大国的认知和计划，包括中国的军事力量中国人民解放军。

三、后冷战时代

1991年年底，病入膏肓的苏联以及它在东欧建立的体制最终瓦解，被一个面积和国力小得多的俄罗斯所取代。此时的俄罗斯被东欧完全独立的国家以及中亚的新国家所包围。这些东欧国家试图切掉与俄罗斯的仅有联系，并因国内的大量问题而焦头烂额。西方国家欢呼冷战结束，并认为自己取得了胜利；伊朗和中国对苏联的瓦解暗自高兴，但当意识到苏联的瓦解也预示着美国"一枝独秀"的更加崛起时，它们又心存焦虑。[16]大家不应低估伊朗和中国对美国实力上升的抵制情绪以及它们对美国动用武力的忧虑，尤其是在乔治·布什执政期间的武力使用。冷战后早期，伊朗和中国政府都表示不愿接受单极世界，将致力于构建多极世界。

直到 20 世纪 90 年代，国际社会才开始关注中伊双边关系的另一个方面，即中国帮助伊朗实现核计划。中伊在核方面的合作始于 20 世纪 80 年代中期，当时伊朗决定恢复伊朗国王于 20 世纪 70 年代开始的一度生机勃勃的核能计划。1991 年，中国宣布一协议，为伊朗提供一个 20 兆瓦的研究用反应堆。1992 年，中伊双方又签署一意向书，中国宣布欲为伊朗提供两个 300 兆瓦的压水式反应堆，10 年内完成。此意向书引起了国际社会对伊朗核计划的再次关注。伊朗声称此核能将用于发电，但国际上许多的观察家和国家都对此无法接受。总之，从 20 世纪 90 年代初开始，人们就怀疑伊朗在寻求提高其核武器生产能力。

从一开始，中国就认为中伊核合作是合法的，完全符合国际原子能机构的安全规定。国际上对伊朗核用途的争议，尤其是美国的不高兴和警告，使得中国十分头疼。尽管在乔治·布什执政期间，美国承认没有证据能证明中国在帮助伊朗提高核武器能力，但美国政府一直对别国对伊朗核基础设施的帮助十分警惕。[17] 1992 年 10 月，中国取消了为伊朗提供 20 兆瓦研究用反应堆的交易，但在 20 世纪 90 年代的大部分时间里，中伊两国似乎仍在继续讨论销售两套 300 兆瓦反应堆的方案。此外，中国还帮助伊朗建造了铀浓缩和转换设施。[18]

1995 年 5 月，中国外交部长钱其琛突然向美国国务卿沃伦·克里斯托弗保证，中国已经取消了 300 兆瓦反应堆的销售。[19] 取消销售可能有两种原因：一是美国也许对中国施加了很大的压力，迫使中国取消了伊朗反应堆的建造计划，但作为补偿，美国可能向中国输出了核技术和设备。二是中国在技术和经济事宜上与伊朗产生了巨大分歧，不得不取消此计划。这并不是毫无根据和捕风捉影。俄罗斯和中国都发现伊朗人很难成为它们的经济合作伙伴，因为伊朗人自古就害怕被外来强国主宰政治和经济，因而在谈判桌上十分较劲。1997 年 10 月，据说中国向美国承诺不再向伊朗提供核支持，但到目前为止，仍不清楚中国是否完全中断了与伊朗的所有核活动。[20]

启动高层互访进一步加强了自 20 世纪 90 年代以来不断发展的中伊双边关系。2000 年，伊朗前领导穆罕默德·哈塔米访问中国，双方官员强调了建立伊中轴心国来对抗美国崛起的必要性。在访问期间，伊朗观察家开始关注中国的经济重要性以及它在国际事务中不断增加的影响力。他们说道：

"伊朗总统对中国的访问将开辟双方合作的广阔前景……中国是另一个世界，在国际政治舞台上有自己的文化和身份。它拥有巨大的人力资源和自然资源。面对美国的阴谋诡计和西方媒体的无情糟蹋，中国树立了一个独特的和独立的形象和地位。"[21]别以为哈塔米对中国的访问仅仅是一场聚餐酒会，他和江泽民都强调中伊两国已经按照健康和良性的道路发展了它们在政治、经济、社会和文化领域的双边关系，并需在 21 世纪继续基于相互尊重主权、领土完整和和平共处进一步发展这种关系。两位领导人同意：

（1）加强两国在能源、交通、电信、科学技术、工业、银行业、旅游业、农业和采矿业方面的合作，并促进双方石油公司在石油和天然气领域的合作。

（2）促进世界多极化的进程。他们强调了要建立一个没有霸权主义和强权政治并基于公平、公正、合理的国际政治和经济新秩序。

（3）继续为全球消除核和生化武器而努力。他们强调消除或禁止大规模杀伤性武器的国际性机制应永久并无差异地适用于所有地区和国家，而不应有任何例外。同时，双方都提到了任何国家都有在相关国际机构的监督下和平利用核能和生化技术的权利。

（4）共同努力，实现中东地区的全面、公正和长期和平，并坚信如果不承认巴勒斯坦人民的权利（包括巴勒斯坦难民回到祖国的权利），中东地区就不可能实现可持续和平。

（5）宣传此观点，即海湾地区的安全和稳定应由该地区的国家保证，而不应受到外来势力的影响。

（6）打击毒品生产、销售和非法交易。[22]

两年之后的 2002 年 4 月，江泽民访问了伊朗，并就地区战略和双边经贸事宜与哈塔米总统进行了广泛的交谈。哈塔米总统重申了同一主题，即中伊两国都是历史文明古国，很早之前就有接触和联系。他还说，两国都是"发展中国家，在许多重要的国际和地区事务上持有相同或相似的观点"。[23]

毫不惊讶，两国会强调战略共同点。2001 年 9 月 11 日，基地组织袭击了美国。不久，中伊两国就开始了正式访问，表示反对国际恐怖主义，但同时也警告了国际政治上的霸权主义，并期望建立多极世界。说得更具体点，那就是双方对日益恶化的中东形势十分担忧。对中国来说，此地区的经济利益越来越大；对伊朗来说，中东地区的进一步不稳定会使它深陷其中。全球反恐战先在阿富汗打响，因为阿富汗是基地组织的庇护所。中伊双方都希望阿富汗恢复安全、稳定和主权。在此情况下，两国领导人也表示十分担忧美国和伊拉克日益发展的对抗。中国和伊朗都决心监督伊朗拉克执行联合国安理会的所有相关决议，但同时也坚持要尊重伊拉克的领土完整和国家主权，任何国家都不得对伊拉克进行武装干预。[24]

两国领导人就不断增强的双边关系进行了广泛的交谈。江泽民特别强调了双边关系，他说："近些年，中伊经济联系和贸易取得了长足的进步，两国贸易额逐年增长，经济和技术合作稳步扩大。中国政府十分重视与伊朗的经济关系和贸易，并支持中国企业在平等互利的基础上与伊方进行不同形式的贸易和经济合作。"事实上，那时中伊双边经济关系正成为关注点，特别在能源领域。

在 2000 年哈塔米对中国进行历史性访问后不久，中伊经济和商业关系得到了大幅度加强，伊朗扩大了向中国的石油出口。2000 年 10 月，珠海振戎公司的一支五人团组对伊朗进行了一周的访问，并就 2001 年向中国提供 1 200 万吨原油的合同与伊朗国家石油公司进行了长时间的谈判。实际上，石油已经成为发展中的中伊关系的要素。2007 年 1 月，中国从伊朗的石油进口量几乎是 2006 年 12 月的 3 倍，从 73.8 万吨上升到 221.4 万吨。这使伊朗在 2007 年 1 月成为中国最大的石油进口国。[25]

显然，中东在中国的石油需求中十分重要。中东拥有世界石油储量的大约 2/3。当中国于 1993 年成为石油进口国时，它就意识到了亚洲产油国已经无法满足其短缺部分了。因而，它将视野放远，盯住了中东。1990 年，中国从中东进口了 115 万吨石油，2004 年为 4 500 万吨。这也就意味着 14 年增长了 40 倍。[26]但是当中国在 20 世纪 90 年代中期进入中东时，它对此地区复杂而交织的能源和政治环境几乎毫无所知。它盯住了伊拉克，因为伊拉克拥有大量的已探明的石油储量。唯一的问题是伊拉克当时被列为无赖国家，处于联合国有史以来最严厉的制裁之下。中国想开发伊拉克的一些具有潜力的储油地，因而提议解除联合国对伊拉克的制裁，因为这种制裁妨碍了中国对伊拉克石油业的投资，而且限制了伊拉克的石油对外销售。中国实际上正垂涎三尺，急于找到机会，以从伊拉克中部和南部的一些大油田中抽出石油。它尤其想从伊拉克中部的艾哈代布油田着手，为此中国最大的国有公司中石油于 1997 年与伊拉克签署了一份 13 亿美元的合同。该油田的潜在日产量估计为 9 万桶。

中国还获得了一个更大奖，即获得了开采哈勒法耶油田的权利。哈勒法耶油田的日产量可以达到 30 万桶。如果将这两个油田的产量相加，产量相当于中国2002年国内石油产量的13%。[27]当美国于2003年3月发动了对伊拉克的战争并于2003年4月推翻了萨达姆政权时，中国在伊拉克的赌注被一扫而空。这迫使中国意识到石油与政治和战略竞争相互交织，并加强了多渠道寻找石油来源的步伐，避免将所有的鸡蛋放在一个地区或国家。根据上海复旦大学国际关系教授潘锐的说法，伊拉克改变了中国政府的思维。中东是中国石油的最重要来源地。美国现在正追求一大战略，即在中东的霸权。按储量计算，沙特是最大的石油生产国，伊拉克位列第二。现在，美国对这两个国家都有直接影响。[28]

2003年后，中国国家石油公司和政府也意识到不能仅依赖于一两个石油生产区。于是，中国开始加强与伊拉克邻国伊朗的能源关系。伊朗是世界上最大石油生产国之一，2006年1月，它的已探明石油储量为1 325亿桶。这个数字包括2004年和2005年分别在胡泽斯坦省库斯克和何塞内地区发现的储量。这意味着，在已探明石油储量方面，伊朗据世界第二位，仅次于沙特。[29]2004年11月，中国和伊朗签署了一笔巨大的能源交易，预计金额在700亿~1 000亿美元之间。此交易规定，除帮助开发伊朗位于伊拉克边境附近的亚达瓦兰油田外，中国还要购买伊朗的石油和天然气。2004年12月，中国和伊朗决定成立一合资公司，以建造巨型油轮，将伊朗的液化气运往中国。在2005年达成的另一笔交易中，中国还同意在下一个25年从伊朗采购200亿美元的液化天然气。2005年，双方商贸达到了创纪录的95亿美元，而2004年为75亿美元。[30]

2006年12月，中海油和伊朗签署了一份协议备忘录。协议规定中海油将在伊朗液化天然气设施的建造领域投资110亿美元。到2006年年底时，中国三家最大的国家石油公司都与伊朗签署了大规模的石油和天然气交易。中伊双边经济关系的主要推进领域是在伊朗的建筑业和能源业。而在伊朗的建筑领域，中国公司正起着重要作用。[31]两国在能源领域关系的不断加强已经引起了战略分析家的注意，他们开始分析中伊关系的实质以及这种关系对经济和地缘政治领域（特别是对美国）的影响。

四、从经济合作伙伴到战略合作伙伴

在分析中伊之间的日益增长的经济和能源合作时，会有可能谈到正在出现的政治和战略轴心吗？有一名战略分析家在中美经济和安全审查委员会前作证说："没有证据表明中国领导层正试图与伊朗建立战略联盟。"[32]有人把中伊关系理解为直接针对美国的，或者是仅仅针对美国地区和全球战略利益和经济利益的。现在尚不清楚这种判断是否准确。中国和伊朗显然都对美国主宰战后国际体制感到不满意，但这还没有体现在共享的战略原则中。

此外，在加强中伊双边关系的道路上还有一些障碍。伊朗在很多方面是有问题的。伊朗在商务谈判中条件苛刻，具有复杂的拜占庭式的规定。这些规定是为了保护伊朗，使伊朗免受外国剥削。在经受了英国和美国多年的恶行后，这种担忧已深入伊朗的政治和文化领域，并成为他们的一种思维定式。中国和伊朗签署的许多交易都没有完结。在细节方面，伊朗也有许多令人生气的事。在与伊朗的能源交易中，中国对其过高的价格表示了强烈不满。在推进某些具有潜在利润的交易的过程中，中国人还对一些似乎不必要的障碍或拖延感到困惑。另一方面，伊朗人似乎也渐渐注意到了他们那些不必要的官僚障碍，而且考虑到在与西方关系紧张时也需要维持与中国的良好关系。为此，他们也已开始加快合同的执行，并进一步使他们烦琐和耗时的手续合理化。此外，伊朗人还决定掌握核燃料循环技术。这个决定导致了伊朗与西方国家的不和，并将中国置于尴尬境地。一旦伊朗与国际社会的政治气氛变得太紧张，中国完全有可能考虑是否还在伊朗进行投资。此外，中国也关注到了美国对伊朗核基础设施袭击的可能性。并不奇怪，在与伊朗加强关系时，中国也开始与世界其他石油生产国进行广泛交往。[34]

在大量谈及中国和伊朗的过去联系时，人们遗漏了中伊双边关系的某些内容。尽管人们普遍认为伊朗受到了西方国家的迫害和奴役，但中国至今还没有像英国、俄罗斯/苏联和美国那样对伊朗产生激情。这也许是两国之间还缺乏深层次了解的原因吧。中国没有在伊朗人中煽动激情与中伊双边关系没有直接关系，而是因为中国要吸取靠激情制定的所谓"四个现代化"经济发展模式所带来的教训。

当20世纪90年代中伊关系在商务和经济领域取得了一定进展时，伊朗开始更加注重中国在发展和现代化方面的实践，尤其是因为伊朗在这些方面似乎很失败，而中国却正取得很大进步。考虑到未能调动民众的激情，伊朗最高领导层中的许多人都明白了自己体制的不合理性。2000年，有很多人就此主题发表了自己的意见，其中时任最高国家安全委员会秘书的哈桑·鲁哈尼在一次重要的发言中就谈及了合理性这一主题，他说：

> 我的讨论题目也许是伊朗当前在国内和国际形势下所面临的

最重要挑战。我们的伊斯兰体制目前遇到了一系列国内和国际挑战。这种挑战来自于意识形态和实际运作的方方面面，如文化、经济、法律和其他社会前沿领域，但是，我们体制面临的最关键挑战是合理性问题……合理性是每一个政府体制的主要基础。如果没有这个实实在在的基础，那么，一个政权的维持只能靠暴力和镇压。合理性是保证一种体制可持续性和稳定性以及得到民众支持的政策和方案。[35]

因伊朗伊斯兰共和国的体制缺乏合理性，伊朗国内就所谓中国模式的优点进行了辩论。这种辩论被描述成实现经济发展和现代化的一种策略，是为了在维护政治权威性的同时满足民众被长期压抑的愿望。更具体地说，这被描述成在保持政治、社会和文化自由约束的同时，将伊朗这一石油生产国的经济对外开放，并建立与西方国家的联系。伊斯兰保守阵营中的许多人认为中国的模式适用于伊朗。[36]如果伊朗想成功实施具有其自身特色的中国模式，必须通过成功的经济发展和增长来大幅度提高其体制的合理性，而不必改变或牺牲伊斯兰体系下的政治、社会和文化核心。

但是许多伊朗人嘲笑伊朗的所谓中国模式概念。有些伊朗官员，如曾在中国住过几年并被称为中国问题专家的前伊朗大使费雷敦·瓦迪涅杰德（Fereydoun Vardinejad）就怀疑中国模式对伊朗的适用性，理由是两国政治和文化习俗不同，地缘政治环境也有很大差异。[37]瓦迪涅杰德相信"中国模式只适合于中国"，并说"作为一个国家，我们有我们自己的观点和理论"。他还说：

> 我们几乎不能适应其他模式……此外，我们的地理、经济和政治条件也与中国有很大差异。中国的决策集权度很高。中国模式需要基于政治权力和安全的经济发展。这种模式与我们的地理、战略、社会和政治状况并不匹配。目前尚不清楚我们能否执行这种模式。中国模式一直受到了中国的地理条件、东方特性、儒教学说以及中国1978至1979年后政治形势的影响……中国模式是中国自己历史的产物。[38]

伊朗其他政治分析家和改革家跟着瓦迪涅杰德评估了中国模式对伊朗的适用性，且许多人走得更远。他们谴责这种模式，认为它没有提供政治自由。伊朗的政治分析领军人士之一，也是沙希德贝赫什迪大学研究国际关系的教授马哈穆德·沙里奥哈兰认为，中国之所以能够实行它的经济发展模式，是因为它在国际体系中有一定的战略分量，如它是联合国安理会常任理事国之一，并且人口众多。此外，也很重要的是，中国与西方国家的友好关系开始于 20 世纪 70 年代初，当时中国被美国看成是制衡苏联的一个有用工具，而且人权和民主还没有引起国际社会的普通关注。[39] 总之，很显然，带有"伊朗特色"的中国模式只有在伊朗和西方国家和好的情况下才能得以实施，但是因伊朗和西方国家分歧太大，它们的和好似乎遥遥无期。沙里奥哈兰还说："中国模式可能无法见效，因为伊朗人不会只满足于经济发展。在中国的大众文化中，人们倾向于遵从，而伊朗的历史恰恰相反，什叶派人有反专权而造反的悠久历史。"沙里奥哈兰对中国历史的解读不太准确。像伊朗一样，中国的历史也点缀着一系列血腥的造反、叛乱和暴动等。但沙里奥哈兰说道，如果伊朗想实现经济的快速发展，必须在外交上改变反美政策，这一点是对的。

此外，甚至一些保守派评论员也不看好中国模式。例如，保守派报纸《使命报》编辑阿米尔·莫哈宾就抵触伊朗采用中国模式这一概念，说道："我们接受民主。目前我们知道，只有以民主方式统治国家，我们才能得以生存，才能挽救我们的伊斯兰革命。民主有很多种，并不一定就是反对我们的体制。"[40] 在最近一次对伊朗政治形势的详细分析中，美国一名研究人员列举了伊朗生搬硬套中国模式必将遇到的三大障碍：

（1）伊朗政权无法解决或很难解决的宏观经济挑战；

（2）将经济力量集中到油气产业以及其中无处不在的腐败和保护；

（3）缺少调整经济和采用市场经济的政治意愿。由于具有政治风险和结构上的经济问题，国外投资商不愿对伊朗经济进行投资。这又加剧了这种状况。[41]

中国模式的最终决定权是它的设计师邓小平。据报道，邓小平曾于 1985 年 9 月告诉到访的加纳总统杰里·罗林斯，"请不要照搬硬抄我们的模式。如果问我们在这方面有什么经验，那就是要根据自己的国情来制定政策"。[42]

中国和伊朗的战略共识或轴心也不可避免地与因伊朗决定掌握核燃料循环技术而引起的伊朗与国际社会之间不断加剧的危机有关。伊朗决定掌握核燃料循环技术这件事令西方国家十分恼火，尤其是欧盟三国，即法国、德国和英国。2006 年 1 月 10 日，伊朗官员在纳坦兹核设施工厂撕毁了国际原子能机构贴在设备上的封条，开始从事小规模的铀浓缩工作，重启了暂停了两年的浓缩计划。国际上对此的反应是迅速和明确的。欧盟三国在过去的两年里一直与伊朗进行谈判,以寻找解决伊朗核问题的途径。当得知此情况后,它们立即中止了计划中的会谈,与美国一起呼吁紧急召开国际原子能机构理事会。中国的反应是双方要协商并克制。在对伊朗核危机表示关注的同时,中国也呼吁欧盟三国和伊朗恢复协商。中国外交部发言人孔泉在 2006 年 1 月 12 日举行的一次新闻发布会上说道,中国希望伊朗为加强双方信任和恢复对话多做一些工作。在与伊朗最高国家安全委员会秘书也是伊朗高层核问题会谈者阿里·拉里加尼的一次会谈中,中国国务委员唐家璇表达了他对日益恶化的核紧张局势的担忧,并强调:"有关各方应加大外交努力,以便为恢复伊朗核问题会谈创造有利条件。"[43]

同时,中国也表示反对对伊朗进行制裁,并强调分歧应该在国际原子能机构的框架内通过协商来解决。中国还认为,只要符合不扩散条款,《核不扩散条约》成员国有权和平利用核技术。中国外交部发言人孔泉在 2006 年 1 月 26 日举行的新闻发布会上重申道,"我们反对通过频繁地利用制裁或制裁威胁来解决问题。制裁只能使问题更加复杂。"他还说伊朗的核问题应在国际原子能机构的框架内解决。他说道:"在当前情况下,最可行的方法仍是欧盟三国与伊朗进行协商。为此,我们大力支持协商对话。伊朗和欧盟都希望中国在此方面能起更大的积极作用。我们已经注意到了此希望,并与有关各方保持着紧密联系,以便使我们的共同努力转化为实际结果,也就是说,恢复欧盟与伊朗之间的谈判,取得进展。"[44]但是中国也毫无顾忌地同意,如果伊朗不停止它的浓缩计划,它就同美国、欧盟三国和俄罗斯一起将伊朗提交给联合国安理会。[45]

2007 年 1 月初,联合国安理会对伊朗实施了有限制裁,但是这些制裁对控制该国核行为收效甚微,这与伊朗马哈穆德·艾哈迈迪·内贾德总统的非对抗策略越来越不协调。中国继续面临一个困境:如果伊朗核危机得不到解决,中国如何继续处理此问题?一方面,中国想被别国看成是一个支持核不扩散原则的负责任的新兴强国;另一方面,中国要努力维持与伊朗的和睦关系,以便保护自己在这石油富产国的重要能源利益。此外,中国还不想使自己与美国和其他西方大国的关系紧张。许多专家相信伊朗与中国和俄罗斯紧密的经济关系会使美国更难遏制伊朗的核激情,以免伊朗成为中东的地区性超级强国。尽管 20 世纪 80 年代中期至 90 年代中期,中国在伊朗核基础设施建设中扮演着重要的角色,但它并不想出现一个核伊朗。当然,中国既不同意对伊朗进行制裁,也不同意对伊朗动武。此外,它还抵触西方因伊朗寻求掌握核燃料循环技术而对伊朗的惩罚。

伊朗人满怀兴趣地观看着事情的进展。他们知道俄罗斯和中国都不会赞成他们的核化，但他们要利用俄罗斯和中国对决议的蓄意阻挠来推进此领域的工作进展。正如伊朗最高国家安全委员会前领导哈桑·鲁哈尼在几年前暗示的，在伊朗的核立场上，伊朗不指望中国会给予积极的支持。[46] 伊朗许多分析家和观察家都正确地指出中国不会为伊朗的核事宜破坏其与美国的广泛双边关系。2005 年中美贸易额达到了 1 700 亿美元，2010 年可望达到 3 000 亿美元。总之，中国对伊朗比伊朗对中国更重要。但是，与中国对朝鲜的强大影响相比，中国很难独自对伊朗进行制裁，伊朗人对此十分清楚。但是，伊朗人也十分清楚不能把中国置于不得不选择的窘境，因为伊朗人知道一旦中国被迫选择，则结果肯定不利于伊朗自己。这也就是为什么伊朗人在核领域十分小心，因为如果他们进展太快，他们会将俄罗斯和中国逼到死胡同里。

还有人认为上海合作组织（伊朗为观察员身份，而不是成员国）可能是伊朗将它与中国和俄罗斯关系转变成更加真正战略伙伴关系的一个工具。上海合作组织看起来是一个强大的政府间国际组织，由中国、俄罗斯、哈萨克斯坦、吉尔吉斯斯坦、塔吉克斯坦和乌兹别克斯坦于 2001 年 6 月 15 日成立。这六个国家的领土面积超过 3 000 万平方千米，约占欧亚大陆的四分之一。伊朗想加入此组织，以从更大的经济合作中得到好处，并推进其一系列计划，如建立能源相互依赖、反毒品和反伊斯兰极端主义，以及将自己变成上海合作组织国家和波斯湾之间的陆地桥梁。但是，人们还不清楚这六个国家以及任何潜在的新成员是不是一个正在酝酿的战略同盟。此外，人们还不清楚上海合作组织是否能成为加强中伊关系的工具。上海合作组织在成员国之间协调上存在严重问题。如想加强上海合作组织，使之变成一个真正的志趣相投的地区性国家组织，并使成员国在一系列事宜上达成共识，还需克服许多结构上的大障碍。[47]

五、结论

尽管媒体的断定是相反的结果，但中伊关系目前还不是一个真正的战略合作伙伴关系（而美沙关系则不同）。虽然如此，中国仍对加强其在伊朗能源领域的地位十分感兴趣，因而它不愿意同国际社会一起共同对伊朗进行制裁。中国目前每日从伊朗采购 40 多万桶石油，这还不包括从中国公司占有投资股份的油田里生产出的"股本油"。此外，中国还像日本、印度或欧洲国家一样采购原油，然后将它们运往国内。因而，就伊朗事宜，中国目前的海洋能源安全考虑主要是担心美国对伊朗核设施的军事行动可能会中断伊朗的石油供应，而伊朗的石油供应占中国石油进口量的 15% ~20%。

由于投资者担心该地区的政治稳定，害怕伊朗政府拒绝提供有吸引力的上游投资条件，以及中石化和它的伊朗合作伙伴就价格事宜相持不下，伊朗的液化天然气项目目前进展缓慢。[48]即使伊朗液化天然气设施建设很快启动，伊朗至少需要三、四年后才能向中国输送大量液化天然气。假设由中国国家油料贸易商珠海振戎和中石化签署的液化天然气合同执行顺利，中国可每年从伊朗进口 1 000 万吨以上的液化天然气。

在未来的日子里，与石油相比，伊朗的液化天然气进展对中国的海洋能源安全状况的直接影响更大。因为液化天然气市场比原油市场流动性差，一旦伊朗的液化天然气供应被国内问题或敌对势力的海上封锁所中断，那么中国有可能无法从别处很快得到供应。基于此，在 2010 年后，中国也许会对波斯湾的海洋能源安全更加关注，因为它从伊朗进口的液化天然气和石油的数量正逐年增长。

然而，目前中国正被迫行走在一条纤脆的外交独木桥上。一方面，它要从外交上保护其关键的能源供应商，另一方面还要极力避免刺激美国。2005 年，人们曾就大国对中伊关系的影响进行过分析，分析中说道："如果我们步伐太快，我们将激怒西方国家，当然这不符合我们的'和平崛起'目的。如果我们步伐太慢，我们会失去发展中伊关系的机会，这会损害我们的国家利益。"[49]

从伊朗进口越来越多的石油和天然气将使中国成为伊朗的利益相关者，但至少在未来的五年内，我们还难以看到中国在保护其伊朗能源供应方等有大的起色。

注释：

1. 参阅司马迁的《史记：汉朝（第一卷和第二卷）》，Burton Watson 翻译，修订版（香港和纽约：中国香港大学翻译研究中心和哥伦比亚大学出版社，1993 年），第 123 页。

2. "China and Iran Move Closer"（《中国和伊朗走得更近》），英国广播电台新闻，2002 年 4 月 20 日，http：//news. bbc. co. uk/i/hi/world/middle_east/1941030. stm.

3. 同上。

4. 参阅 John Garver 的 "China and Iran：Ancient Partners in a Post – Imperial World"（Seattle：University of Washington Press，2006 年）。

5. 参阅 Richard Spencer 的 "Tension Rises as China Scours the Globe for Energy" Daily Telegraph, 2004 年 11 月 19 日, http：//www. telegraph. co. uk/news/main. jhtml? xml =/news/2004/11/19/wchina19. xml&sSheet =/news/2004/11/19/ixworld. html；参阅 Peter Goodman 的 "Big Shift in China's Oil Policy with Iraq Deal Dissolved by War, Beijing Looks Elsewhere" Washington Post, 2005 年 7 月 13 日, p. D1；参阅 Su – Ching Jean Chen 的 "China's Oil Safari," Forbes, 2006 年 10 月 9 日, http：//www. forbes. com/energy/2006/10/06/energy – african – oil – biz – energy_cx _jc_1009beijing_energy06. html；参阅 William Mellor 和 Le – Min Lim 的 "China Drills Where Others Dare Not Seek Oil", International Herald Tribune, 2006 年 10 月 2 日. http：//www. iht. com/articles/2006/10/01/bloomberg/bxchioil. php.

6. 参阅 Shen Dingli 的 "Iran's Nuclear Ambitions Test China's Wisdom," Washington Quarterly 20, 2006 年第 2 期, 第 55 – 56 页。

7. 《谈话纪要》, 伊朗国王、亨利·基辛格、胡桑·奥沙里、伊朗驻美国大使和哈罗德·桑德斯, 1969 年 4 月 11 日, 国务院, 2002 年 5 月 7 日解密。

8. 参阅 Eckehart Ehrenberg 的 "Rustung und Wirtschaft am Golf：Iran und seine Nachbarn, 1965 – 1978" ［ "Arms Buildup and Economics in the Gulf：Iran and Its Neighbors, 1965 – 1978"］, 第 11 期（Hamburg：Deutsche Orient Institut, 1978 年）。

9. 20 世纪 80 年代, 中国向中东国家出口了军事装备和技术。

10. 参阅 Bates Gill 的 "Chinese Arms Exports to Iran", Middle East Review of International Affairs 2, 第 2 期（1998 年 5 月）, http：//meria. idc. ac. il/journal/1998/issue2/jv2n2a7. html；同时参阅 "Iran Missile Milestones – 1985 – 2004, The Risk Report", 10, 第 3 期（2004 年）, http：//www. wisconsinproject. org/countries/iran/missile – miles04. html；"Chinese Missile Exports and Assistance to Iran", Nuclear Threat Initiative, Monterrey Institute Center for Nonproliferation Studies, 2007 年, http：//www. nti. org/db/china/miranpos. htm.

11. 这并没有持续很久时间, 因为在 2001 年, 中国或中国企业被怀疑恢复了与伊朗的弹道导弹合作。尤其是, 美国官员表达了对中国企业帮助伊朗研制并在技术上提高伊朗主要弹道导弹（2 000 千米射程的 "流星 – 3"）的担忧；对伊朗弹道导弹计划的最详细和最新分析见 Uzi Rubin 的 "The Global Reach of Iran's Ballistic Missiles"（"伊朗弹道导弹可覆盖全球"）, 研究备忘, 第 86 页, 特拉维夫大学国家安全研究所, 2006 年 11 月。

12. "Chinese Missile Exports and Assistance to Iran," Nuclear Threat Initiative, Monterrey Institute Center for Nonproliferation Studies, 2007 年, http：//www. nti. org/db/china/miranpos. htm.

13. 参阅 Garver 的 "China and Iran"。

14. 参阅 Gao Bianhua 的 "Sino – Iranian Trade Rebounds", 发表于 China Daily, 1995 年 5

月 23 日，P. 5 in FTS19950523000066，"Trade Increases with Iran After 1994 Decline"，Open Source Center，http：//www. opensource. gov/portal/server. pt/gateway/PTARGS_0 _0_200_975_51_43/http.

15. 参阅 Kamel Nazer Yasin 的 "China and Iran：Unlikely Partners" Eurasia Net，Business & Economics，2006 年 4 月 4 日，http：//www. eurasianet. org/departments/business/articles/eav 040406. shtml；"Ambassador Says 'Chinese Model' Cannot Be Implemented in Iran" Sharq，2004 年 12 月 22 日，第 6 页，OSC# IAP20041223000037。

16. 参阅 Garver 的 "China and Iran"，第 95 – 138 页。

17. "Chinese Sales to Iran Raise Nuclear Concerns"，Arms Control Today，1991 年 12 月，第 24 – 26 页。

18. 如想进一步了解中伊核合作的本质以及所面临的障碍，请参阅 Alexander Montgomery 的 "Social Action，Rogue Reaction：U. S. Post – Cold War Nuclear Counterproliferation Strategies"（《社会行动，猛烈反应：美国冷战后核不扩散战略》），博士学位论文，斯坦福大学，2005 年 9 月，第 153 – 200 页，尤其是第 178 – 180 页。

19. 同上。

20. 现在有大量的文章谈及伊朗的核计划以及国际社会对此的反响。本论文对此的分析大部分来源于 "The Nuclear Threat Initiative"（《核威胁倡议》），http：//www. nti. org/db/China/niranpos. htm.

21. 参阅 S. Nawabzadeh 的 "New Phase in Iran – China Ties,"Kayhan International，2000 年 6 月 26 日，第 2 页。

22. "Iran and China Call for Multi – Polar World Versus Unipolar,"Iran Press Service，2000 年 6 月 22 日，http：//www. iran – press – service. com/articles_2000/june_2000/khatami_china_22600. html.

23. 参阅杨国强、蒋晓峰、姜显明的《江泽民出席哈塔米总统举行的欢迎仪式并与其会谈》，新华社国内服务中心，北京，格林威治时间 2002 年 4 月 20 日，CPP20020420 000057，开放资源中心，https：//www. opensource. gov/portal/server. pt/gateway/PTARGS0 _0_200 _975 _51_43/http.

24. 同上。

25. 前面段落的数据来源于下列文章："Iran Biggest Crude Supplier to China"，The Standard，http：//hkstandard. hk/news _ detail. asp? we _ cat = 10&art _ id = 39240&sd = 12465708&con_type = l&d_str = 20070302；"China"，Country Analysis Briefs，Energy Information Administration，www. eia. doe. gov.

26. 参阅 Raquel Shaoul 的 "Japan and China's Energy Supply Security Policy Vis – a – vis Iran：An Analysis of a Triangular Relatiunship"，Iran – Pulse，2006 年 12 月 6 日，第 6 期。

27. 参阅 Peter Goodman 的 "Big Shift in China's Oil Policy"，The Washington Post，2005 年 7 月 13 日，第 1 页。

28. 同上。

29. 参阅 "Iran", Country Analysis Briefs, Energy Information Administration, www. eia. doe. gov.

30. 参阅 "Report on PRC – lran Cooperation in Developing Yadavaran Oilfield", 发表于《世界经济报道》, 2006 年 2 月 22 日, OSC document #CPP20060223050003；参阅 "China Bids to Revive Mega Iran Energy Deal", Agence France – Presse, 2005 年 12 月 17 日；参阅 Rowan Callick 的 "China in ＄128bn Iran Oil, Gas Deal", The Australitan, 2006 年 11 月 29 日；参阅 "Iran's Oil Exports to China Soared 80% in '05", Sinocast China Business Daily News, 2006 年 7 月 12 日, http：//www. uofaweb. ualberta. ca/CMS/printpage. cfm? ID = 47962.

31. "Iran's Exports to China Soared 80% in '05" SinoCast China Business Daily News, 2006 年 7 月 12 日, http：//www. uofaweb. ualberta. ca/CMS/printpage. cfm? ID = 47962.

32. Prepared Statement of Dr. John Calabrese, Scholar – In – Residence, Middle East Institute and Assistant Professor, American University, Washington, D. C.， "The Impact of the Sino – Iranian Strategic Partnership, Testimony Before the U. S. – China Economic and Security Review Commission," 2006 年 9 月 14 日。

33. "China's Energy Investment Plans in Iran" Reuters, 2006 年 12 月 21 日, 刊载于 https：//www. uofaweb. ualber ta. ca/CMS/printp age. cfm? ID = 54769.

34. 如想了解更多信息, 请参阅 Shai Oster 的 "China's Oil Hunt Heats Up Abroad" 和 "Quest for Oil and Gas Intensifies" Lloyd's List, 2007 年 2 月 23 日, 刊载于 http：//www. uofaweb. ulberta. ca/CMS/printpage. cfm? ID = 57200.

35. 参阅 "Iran", 2000 年 11 月 18 日和 2000 年 12 月 13 日, 刊载于 www. iran – newspaper. com.

36. 另一种被认为更加合适的经济发展和现代化模式是其穆斯林伙伴国家马来西亚。然而, 伊朗政治体系内的另一组改革者, 即所谓的伊朗非保守人士, 并不对中国模式感兴趣, 他们显然更痴迷于日本的发展模式。

37. 参阅 Sahar Namazikhah 的 "Iran's Ambassador to China in Interview with Sharq：Chinese Model Cannot Be Implemented in Iran" Sharq, 2004 年 12 月 22 日, in IAP2004122300 0037, Open Source Center, https：//www. opensource. gov/portal/server. pt/gateway/PTARGS_0_0_200 _975_51_43/http.

38. 同上。

39. 参阅 Nancy Bernkopf Tucker 的 "China and America：1941—1991" Foreign Affairs (1991 至 1992 年冬), http：//www. foreignaffairs. org/1991l201faessay6114/nancy – bernkopf – tucker/china – and – america – 1941 – 1991. html；参阅 Chi Su 的 "U. S. – China Relations：Soviet Views and Policies," Asian Survey 总 23 期, 1983 年 5 月第 5 期, 第 555 – 579 页。

40. "The Backlash Against Democracy Assistance", Report by the National Endowment for De-

mocracy，Prepared for Senator Richard Lugar，Chairman，Committee on Foreign Relations，U. S. Senate，2006 年 6 月 8 日，刊载于 http：//www. ned. org/publications/reports/backlash06. pdf.

41. 参阅 Elliot Hen – Tov 的"Understanding Iran's New Authoritarianism"，Washington Quarterly 总 30 期，第 1 期（2006 至 2007 年），第 163 – 179 页。

42. 参阅 Wei – Wei Zhang 的"The Allure of the Chinese Model"，International Herald Tribune，2006 年 11 月 1 日，刊载于 http：//www. iht. com/articles/2006/11/01/opinion/edafrica. php.

43. 参阅 Jing – dong Yuan 的"China and the Jranian Nuclear Crisis"，China Brief 6，2006 年 2 月 1 日，第 3 期，刊载于 http：//jamestown. org/publications_details. phP？ volume_id = 415&issue_id = 3605& article – id = 2370730.

44. 参阅 Kevin Dtunouchelle 的"Iran Nuclear Crisis"，Washington Post，2006 年 1 月 18 日，刊载了 http：//www. washingtonpost. com/wp – dyn/content/article/2006/01/18/AR2006 011801131. html.

45. 参阅"Russia，China Agree to Refer Iran to Security Council"，Bloomberg，2006 年 1 月 31 日，刊载于 http：//www. uofaweb. ualberta. ca/CMS/printpage. cfm？ ID = 44132.

46. 参阅 Chen Kane 的"Nuclear Decision – Making in Iran：A Rare Glimpse"，Middle East Brief，第 5 期（2006 年 5 月），www. brandeis. edu/centers/crown/publications/Mid% 20East% 20Brief/Brief% 205% 20May% 202006. pdf.

47. 参阅赵华胜的《中亚形势变化和上海合作组织》，刊载于 http：//src – h. slav. hokudai. ac. jp/coe21/publish/no2_ses/4 – 2_Zhao. pdf.

48. 正如前文所述，伊朗人对被外国人主宰或利用的极端恐惧使得他们在商务谈判中十分强硬。目前，希望在伊朗石油业投资的外国公司必须与伊朗签署"回购"合同，即外国公司开发一油田，一旦开始生产，就必须将油田交给伊朗国家石油公司。假如油田按原协议投产而且国际油气价格保持坚挺，那么该公司会获得成本报销，并获得一部分油气利润。外国投资商抱怨回购合同迫使它们承担了所有风险，因为如果一油田不能满足预期产量，它们将可能得不到全部补偿。

49. 以参阅熊小庆、杨兴礼、刘今朝、艾少伟、张朝阳的《大国因素对当今中国—伊朗关系的影响》，刊载于《世界地理研究》，2005 年 9 月，第 64 – 70 页。

中国的非洲能源战略

■ 克利福德·谢尔顿①

中国雄心勃勃的经济增长目标引起了其石油需求量的迅猛增长，迫使中国到海外寻找这个重要的战略商品。中国在全球范围内寻求石油资源通常也被称为"石油外交"，而这种"石油外交"现越来越多地涉及非洲。[1]

中国政府已将非洲作为其全球能源安全战略的一个重要部分。[2]尽管在过去，中非关系出自于政治目的，但现在已更多元化，并且注重经济方面。这种向经济合作的转变不仅带来了中非贸易的增长，而且使非洲事务在中国的能源安全中具有更重要的地位。[3]

在很大程度上，中国是通过无政治条件的投资来获得非洲石油的。这为非洲提供了获得新投资伙伴、发展基础设施和增加贸易的机会，但同时也削弱了非洲为实现良好自治和持续经济发展而作出的努力。虽然中国从非洲成功地获取了资源，越来越多地参与了非洲事务，而且赢得了越来越高的经济利益，但这些也会把中国拖入非洲民事冲突中。中国已在苏丹保持了军事存在，并正在加强与其他非洲国家（包括安哥拉和津巴布韦）的军事合作。[4]

中国虽然可直接从全球市场求购石油资源，但它还是启动了一项长期战略，以发展非洲国家的石油基础设施和勘探其他石油储藏地。[5]长期而言，此战略对美国利益既有积极的影响，又有消极影响。一方面，它可能会大幅增加全球石油产量；另一方面，它几乎必然会增大中国在非洲的影响。

中国在非洲的能源战略已牵涉到了美国的战略利益以及非洲的总体经

① 克利福德·谢尔顿（Clifford Shelton）先生在中国在发展中世界的经济利益方面有深厚的专业素养和研究功底。他一直就西非战略问题为美国海军欧洲总部建言献策。他在中国和埃及都有居所，在这两国中，他在美国犹他州北京贸易代表处、中国叶澳客（Yeaoco）投资公司以及阿拉伯广播与电视台工作。克利福德·谢尔顿先生还是非洲企业理事会研究员。他近期从弗莱切法律与外交学院毕业，专业是国际商贸与发展经济学。他还一直在哈佛商学院学习高级金融学课程。克利福德·谢尔顿先生能够读和讲阿拉伯语及汉语，他的研究成果刊登在《非洲日报》上并由非洲企业理事会出版。

济和政治发展。欧盟等其他利益方也会因中国活动的增加而注定失去其在非洲的一定政治影响力。

非洲人认为美国已长期忽略了他们这个大洲。为应对中国的快速推进，美国人不得不重审它的战略。美国人坚持将援助与受援助国家的政治变革、良好自治和可持续的经济发展捆绑在一起，这使得它在非洲大陆的公共外交战斗中正遭受挫折，并注定会使它在许多非洲国家失去更多的政治影响力，因为这些受援助国可以通过获得中国的投资来规避这些条件。

尽管面临着道德冲突，但中国的非洲战略可能会给非洲一些机会，使得非洲实现新的经济发展，并使非洲国家更多地融入国际体系。要获得这些机会，非洲领导人需要积极地与中国的领导层讨价还价，以确保它们的经济利益。

此课题是为了进一步了解非洲在中国总能源战略中的地位以及新的中非关系可能带来的积极和消极影响。

一、中国的全球能源战略

中国持续的经济增长和发展取决于能源进口。中国尤其需要石油来推动其工业增长，并运行其不断扩大的运输网络。中国的军事也严重依赖石油。

2005 年，中国的石油日消耗量大约为 650 万桶。[6]中国的石油消耗量占全球石油消耗量的 7%，位于日本之前，仅次于美国。美国的石油消耗量占全球石油消耗量的 25%。[7]预计这些数字还将大幅上升。中国 2006 到 2030 年石油的需求量将翻两番。[8]

在中国能源消耗中，煤占了 55%，石油占了 11.1%。[9]随着中国的经济扩张，将有越来越多的以油为燃料的汽车、卡车和飞机行走在道路上或飞行在天空中，因此，目前对燃煤的依赖也将越来越多地转移到石油上。人们认为，中国的稳定在很大程度上取决于中国经济的持续增长，而中国经济的持续增长在很大程度上取决于石油的进口。这使得能源安全成为中国的首要考虑。

中国的领导人和学术界在其当前能源形势中发现了诸多不足之处，因而已采取多种措施，以确保未来的国家能源安全。为此，中国领导人计划增加石油的国外来源，稳定其他石油运输系统，调整石油储备方式，并使全球石油贸易多渠道化。[11]

必须指出的是，中国学者十分关注美国对中国能源安全战略的反应，而且他们的决定都基于他们对美国可能作出的一系列反应的预测。[12]一种说法是中国的能源安全战略由五个部分组成。首先，是增加石油的使用，减少其他能源（如煤）的消耗。其次，开发技术，以降低对进口石油的依赖。这将直接补充中国与一些国外公司（如南非莎索尔公司）在核能合作方面的技术协作。[13]第三，中国政府计划开发更多的基础设施，以利用水电或太阳能电力等可再生能源。第四，中国政府希望通过技术和政府政策节制石油资源的消耗。最后，中国希望对全球石油市场产生更大的影响力，以降低价格波动的风险。[14]

在中国进口的石油中，中东约占 56%，亚洲约占 14%，非洲约占 23%。[15]从中东和非洲进口的石油经过印度洋，穿过马六甲海峡，最后经由南海运抵中国。中国分析家担心中国对马六甲海峡的依赖会使自己的海运石油进口易受美国军事力量的巨大影响。为此，中国正增加石油资源的陆路运输，而陆路运输的石油主要来自于俄罗斯和哈萨克斯坦。[16]然而，陆路运输不太可能满足中国日益增长的对进口石油的渴望。因而，预计中国海运石油的绝对进口量将继续增长。

中国一个明显的战略目的是增加它的石油供应商数量，并使其多样化。为此，中国鼓励本国企业与非洲积极接触。[17]

二、非洲在中国能源战略中的地位

非洲大陆，特别是西非和中非，已成为非欧佩克组织石油产量增长的一个极其重要的来源，其石油产量约占全球石油总产量的 16%。其中，尼日利亚的石油储量为 352 亿桶，日产量为 240 万桶，是非洲最大产油国；安哥拉是非洲大陆第二大产油国，储量为 54 亿桶，日产量为 100 万桶；苏丹的储量为 5.63 亿桶，日产量为 30 万桶；赤道几内亚的储量为 1 200 万桶，日产量为 30 万桶；乍得的储量为 9 亿桶，日产量为 20 万桶。石油储量和产量超过百万桶的其他国家还包括刚果共和国、喀麦隆、科特迪瓦、刚果民主共和国、南非和加纳。预计在未来五年内，产自于几内亚湾的石油约占世界已开发石油储量的 21%。[18]中国想尽可能多地得到此地区石油。[19]

非洲国家石油的日出口量约为 380 万桶，其中只有 2%（9 万桶）被消耗在本洲。剩余部分的 38%（约 150 万桶）被出口至北美洲，35%（约 130 万桶）被出口至亚洲。最后余下的部分被出口至欧洲和南美洲。[20]中国进口石油的 23% 来源于非洲，日进口量超过 73 万桶，占非洲出口至亚洲的石油中的很大一部分。

1997 年非洲石油的出口量约占全球石油出口量的 14%，日出口量为 580 万桶。十年后，此数字增加至 35.5% 和 780 万桶。据预测，到 2020 年，出口量将再增加 40%，至每日 1 100 万桶。因而，非洲对中国石油安全具有极大的战略意义。[21]

中国已积极地向北非的产油国（特别是苏丹）进军了。中国公司采取一种长期战略，已在苏丹进行了大量投资，并开发了很多能源和石油基础设施。在 2003 年 2 月苏丹出现达尔富尔危机后，与中国对世界其他地区的投资相比，中国对非洲的投资变得更加明显。然而，中石油早在 20 世纪 90 年代就开始在苏丹投资，与苏丹政府合作成立了大尼罗河石油作业公司。中国目前控制了苏丹石油市场的 40%。[22]

在几内亚湾近海发现的许多富油田都位于深海中。开发这些资源给中国石油公司提出了能力之外的技术挑战。只有那些大型跨国石油公司和几个国有公司（如巴西国家石油公司）才有相关的专门知识和技术来开发这些资源。这种能力差距促使中国继续开发更加内陆的其他石油资源，以扩大其石油产品供应商基础。[23]中国还与其他国家协作，为替代能源和石油资源的节约开发更好的技术。尤其在核能技术领域方面，中国一直在与南非合作。[24]

三、联系的便捷性

中国之所以能够奋力挤入非洲石油资源市场，主要是因为它的影响很早就真正存在于非洲大陆。中国在赢得共产主义革命的胜利后，开始涉入非洲，而那时非洲许多国家仍在争取独立。那时的政治形势是非洲被西方世界孤立，因而培养非洲盟国对中国有很大吸引力。[25]超级大国的竞争也使得中国作为一个合法国家赢得了影响力。在此期间，中国支持不同的非洲独立运动，同时为它们提供援助和基础设施的发展。[26]

在邓小平的领导下，中国成功地与非洲国家维持了积极的关系，同时向西方世界开放，并开始建立市场经济。[27]大约 20 年后，中非关系发生了显著变化。出于政治原因，中国已经历史性地和战略性地与非洲结盟，且能源安全的迫切需求已迫使中国的非洲战略转向了经济方面。

2000 年，中国建立了中非合作论坛。这是一个多边组织，重点是增加中非之间的贸易和投资。自那时起，中非贸易额几乎翻了一番，由 2000 年的 110 亿美元增加到 2003 年的 180 亿美元。2002 至 2003 年贸易额的增长率为 50%，2006 年的贸易额预计会超过 300 亿美元。[28]

与一些西方国家所提供的援助相比，中国既没有要求高的投资回报，也没有急于得到高的消费者认可度。这些特色使中国在与非洲打交道时获得了稍许优势，尤其是在那些政治和商务文化基于长期私人关系的发展上的许多国家。

上述因素使得中国的参与受到了许多非洲领导人的热情接待。中国的踏实步骤所带来的积极印象在许多非洲外交官心中产生了共鸣，他们将中国的努力看作是一个新的机会，以实现他们所需的发展和投资。在非洲商务和外交团体内部在北京举行的一系列访谈中，莱索托驻华大使、乌干达驻中国的咖啡贸易代表、尼日利亚驻华使馆首席官员以及埃塞俄比亚常务大使都表达了对新中非经济关系的极大热忱。[29]

四、投资回报

平均来说，石油收入占非洲石油出口国国内生产总值的75%。具体来说，它分别占阿尔及利亚、利比亚、尼日利亚和安哥拉国内生产总值的60%、77%、86%和令人震惊的95%。[30]这些非洲政府通过征税、收费、特许使用费、签约奖励、产量分享协议和合资企业来提高收入，并有权决定允许哪个石油公司在其境内进行石油勘探和开采。[31]

许多非洲国家缺乏生产、提炼或销售可开采资源的必要手段。很不幸，它们还无法自己制造为其国民提供基础服务所需的基础设施。中国一直能够利用这些不足，向非洲提供可以减轻这种不足的资本。中国的石油公司给它们带去了提取技术和基础设施，以换取它们的能源。[32]

中国的非洲政策声明其目标是促进"互惠互利和共同繁荣"，同时"尊重非洲国家对发展道路的独立选择"。[33]中国政府与非洲国家政府保持着密切的关系，中国在给非洲国家提供贷款时，既没有施加改革条件，也没有施加发展条件。这与西方国家或其他捐助组织（如世界银行）大不一样，后者通常为投资施加前提条件，如消除腐败。

目前，中国在非洲建立了700多家建筑和技术公司。此外，中国大型国有建筑与工程公司，如中国地质工程集团和中国土木工程公司等，都在许多非洲国家建立了分支机构。这些私营和国有公司频繁地建造由中国资助的基础设施，这些项目使得中国公司与非洲政府保持了密切联系，并确保了国家合同的安全。[34]重要的是，2007年，非洲开发银行第一次在中国举行了年度会议。虽然中国是非洲开发银行的24个非非洲股权所有者之一，但这次会议在北京召开清楚地表明了中非之间日益增长的经济关系。同样，

2006 年中非合作论坛在北京召开，会聚了中国和非洲的大批国家领导人和商界人士。这一论坛是致力于中非关系的最大的多边会议，每三年举行一次。

为了换取能源供应的保障，中国也付出了令人震惊的成本。例如，中国投入了大量的前期运作成本，以在中非共和国得到进一步从事石油勘探的权利。[35] 中非共和国于 2003 年经历了一场军事政变，目前仍受到游击队活动的折磨，很难得到西方国家的投资，而中国不是这样。中国采取了一种容易的替代方法，得到了眼前的实惠。

五、中国战略的机遇和隐患

中国的投资战略的确为中国和非洲提供了创造利益的机会。在短期内，非洲国家享受到了另一种资本来源，而这种资本来源没有传统来源（如国际货币基金组织或世界银行）附加的约束条件。与许多西方国家相比，中国在参与战略中更愿意承担风险，也愿意在具有高度的政治安全的国家（如苏丹或中非共和国）投资。除这些因素外，中国的投资还为非洲提供了建立稳定社会以促进经济发展和繁荣的机会。

从非洲的角度看，中国的更大参与有可能会产生羊群效应，促使其他国家也对非洲进行投资，特别是当全球石油资源的竞争加剧的时候。沿几内亚湾的国家已经利用此竞争在谈判中得到了更有利的条件。

中国从这种贷款和投资所获得的短期效益是显而易见的。在非洲的投资可以帮助中国以合同形式确保石油和其他资源的具体数量，使中国商品进入非洲市场，并使其贸易伙伴多样化。保持与非洲各国政府的密切关系还巩固了中国的世界大国地位。通过在联合国为非洲国家撑腰，中国在非洲站稳了脚跟，成为了该区域内的权力经纪人，赢得了国际社会对其"一个中国"政策的支持。这种"南南合作"伙伴关系进一步鼓励了中国想成为发展中国家领头羊的长期雄心。

然而，中国在非洲的投资战略也给非洲和全球安全带来了一些隐患。尽管中国对非洲的投资没有附加的经济和政治改革条件，但它延缓了部分政治腐败的非洲石油富产国政府的倒台。虽然中国对非洲的投资使这些国家的精英阶层立即受益，但它并没有为这些国家的穷人带来多少好处，且中国随时会从事那些已知会阻碍国内产业发展和加重环境问题的贸易和商务活动。随之而来的失业人数的增加以及收入不平等将进一步危及非洲国家的政治安全，除非这些国家能保持可持续的经济发展。随着经济不平等程度的加深以及对现有政府不满意程度的增加，那些扰乱石油富产国安哥拉、尼日利亚和苏丹的内部冲突因此可能将延续。

中国还喜欢在非洲国家（如津巴布韦和苏丹）支持那些名声不好的政府。当非洲政局恶化时，这会引起国际社会和非洲国家对中国的强烈反应。非洲人对中国行为的反感十分高涨，这大概源于其无条件支持罗伯特·穆加贝，并导致南非、尼日利亚和莱索托纺织工业的瘫痪。最值得注意的是，由于不愿出面干预苏丹的达尔富尔危机，中国已招致了非洲相当大的怨恨。随着中国与苏丹继续保持密切的石油关系以及中国否决联合国关于停止种族灭绝的决议，此敌对情绪还将增长。

六、中国非洲战略中的台湾问题

中非关系的另一个目的是减少台湾的影响。中国内陆与台湾地区在非洲外交关系的对抗可追溯到中华人民共和国的成立以及中国随后对国际合法性和承认度的追求。目前，非洲只有六个国家（布基纳法索、冈比亚、马拉维、塞内加尔、圣多美和普林西比和斯威士兰）与台湾地区保持着"外交关系"，这些国家都不是重要的产油国。其余 47 个非洲国家都承认北京是中国的唯一合法政府。

非洲国家是承认中华人民共和国还是承认台湾在很大程度上取决于援助。在许多情况下，台湾地区提供给非洲国家的援助总量会超过一般标准。例如，当台湾地区于 1997 年与乍得建立外交关系时，它同意向乍得提供 1.25 亿美元的援助，这要占该国接受的总援助量的一半以上。[36]

大多数非洲国家并不反对中国的"一个中国"政策或它的反国家分裂法，因而也有效地支持了中国阻止台湾地区的独立运动。虽然说，由于许多非洲国家与中国遭遇了类似的分裂主义运动，它们也许会在任何时候都倾向于支持中国的政策，但它们支持中国的经济动机也清晰可辨。中国明确声明，那些不承认中国对台湾地区行使主权的国家将得不到中国的发展项目，也将被拒绝加入中非合作论坛这样的便利化组织。[37]

在最近的一次采访中，尼日利亚驻中国大使馆的一位公使解释说，中国政府就台湾地区在该国的存在不断给尼日利亚政府施压。为此，奥巴桑乔总统于 1992 年被迫将成立于首都阿布贾的台湾地区贸易中心迁至拉各斯。尽管如此，中国仍继续向尼日利亚施压，要求该贸易中心彻底从该国消失。[38]据说，在与台湾地区有悠久的商务往来的莱索托和南非，也发生了类似的情况。[39]

七、非洲的冲突和中国在非洲大陆的军事介入

中国对非洲资源的日益依赖将不可避免地使中国进一步参与非洲的政治事务，特别是石油生产国的政治事务。出于自身利益考虑，中国将不仅防止那些可能影响到非洲能源出口的活动，而且要防止那些可能会威胁到受中方青睐并给予了中国合法资源开采权的那些政府机构的活动。

苏丹和津巴布韦是中国不可避免地被介入非洲冲突的良好例子。在苏丹，联合国努力给喀土穆政府施加压力，以期结束达尔富尔危机，但却被中国的否决所阻碍。在津巴布韦，中国可以被视为罗伯特·穆加贝总统继续掌权的主要因素。中国在津巴布韦的能源利益主要与煤炭有关而不是石油，但必须注意到，煤炭占中国能源的 69% 以上。穆加贝总统建立了一项"看东方"政策，目的是获得亚洲盟国（主要是中国）的政治和经济支持。

在津巴布韦发生选举舞弊和政治暴力以及欧盟对它实施经济制裁之后，津巴布韦经历了严重的经济衰退和强大的政治压力。尽管存在这些挑战，但中国仍通过保持中津两国大量双边贸易帮助穆加贝延续了其权力。中国在津巴布韦资源和市场上的利益以及西方世界在津巴布韦的真空驱使着中国与绝大多数国际社会极力回避的一个领导人建立了密切的关系。

尽管如此，在过去的一年里，还是有迹象表明中国对有问题政府的政策发生了少许变化。在得到了国际社会的负面反响后，中国已尝试与穆加贝保持距离。2007 年年初，胡锦涛主席对非洲进行了广泛的走访，访问了津巴布韦的大部分邻国，却没有访问哈拉雷。随着 2008 年奥运会的临近，中国也发现自己处于国际社会的微词之中。为平息这些微词，中国也开始支持联合国在苏丹部署维和部队。

对非洲政策的这些变化也许并不仅仅暗示了中国想改变与西方的关系。中国已渐渐明白非洲人的反华情绪可能会影响中国在非洲大陆的经济利益。对中国公司内的恶劣工作条件以及对非洲国内产业的削弱的报道也逐渐加剧了非洲国家的反华情绪。

中国正开始为在不稳定区域的投资付出一些代价。2007 年，一支埃塞俄比亚叛军袭击了中国在欧加登的油田，枪杀了 74 名中国员工和埃塞俄比亚员工，绑架了 7 名中国员工。同年初，中国员工在尼日利亚被绑架和劫持，并被要求以赎金赎回，这意味着以前在尼日利亚叛乱分子中享受双方议定的豁免权的中国公司从此失去了此豁免待遇。[40]此外，在 2006 年赞比亚的选举中，选民被分裂成亲中国派和反中国派。这种分裂很可能是对中国

公司恶劣的工作条件的反应。[41]

尽管目前还处于边缘，但未来中国对非洲的军事介入可能会增加。中国在风险极高的国家以及能源对其具有极高重要性的国家都保持着军事存在。在《国家利益》上发表的一项研究成果提及到了中国在苏丹的军事存在，这种军事存在的目的是直接保护中国在达尔富尔南部油田的利益。[42]

中国在南非发展共同体成员国派驻有武官，这些国家包括安哥拉、博茨瓦纳、刚果民主共和国、莱索托、马拉维、毛里求斯、莫桑比克、纳米比亚、塞舌尔、南非、斯威士兰、坦桑尼亚和津巴布韦。中国军事分遣队访问了津巴布韦、安哥拉和刚果民主共和国，并为当地军事部队提供培训。[43]所有这些国家都拥有丰富的石油储量，并承认北京是中国的唯一合法政府。[44]

八、对非洲的军售

中国对非洲的军售可追溯至冷战开始，以前这种交易受意识形态激发，而现在它主要受利润驱使。虽然动机的这种转变使得军售额从20世纪90年代开始下降，但中国最近和将来对非洲的销售还可能影响非洲政治。[45]1996至2003年，中国对非洲的军售占非洲购买的常规武器的10%。[46]广为所知的武器交易包括20世纪90年代末中国对厄立特里亚的武器销售，此销售加剧了厄立特里亚的内战，并使中国获得了超过十亿美元的收入。[47]作为未来可能的高科技交易的迹象，2004年年底，中国计划向津巴布韦销售总价值约两亿美元的12架FC-1战斗机和100辆军车。[48]人权组织断言，中国已无视联合国武器禁运规定向苏丹提供了武器。[49]

九、美国安全的含义

美国未能就中国对非洲的能源追求做出适当反应。相比较而言，中非互动的层次很高，因而为未来中国公共外交和政治影响的努力奠定了坚实的基础。例如，2006年11月在北京举行了中非峰会。[50]出于一系列原因，美国在非洲的公共外交影响力没有中国那么大。在非洲出现政治冲突或需加强能源安全时，这可能是美国利益的主要障碍。

此外，高度贫穷和绝望的国家也可能是反美情绪的孵化器。作为一个积极的或参与型的非洲合作伙伴，中国很适合操纵这种趋势，只要它符合中国的利益。此外，如果中国的经济参与能帮助非洲国家脱贫，那么是中国而不是美国能获得信誉以及由此产生的影响和支持。

与前面段落的乐观场景相比，如果中国的投资未能改善非洲的困境，却反而加剧了这种困境，那么国际社会稳定非洲大陆的努力将会受挫，导致暴力事件增多、大规模迁移和其他形式的骚乱。如果美国能牵头制定一项切实可行的且能促进非洲安全与稳定的投资选择，那么它就能制衡中国不受约束的收益或挫败中国的努力。

决策者还应该注意到在几内亚湾地区的深海新发现了大有希望的石油储量。中国缺乏深海采油技术，这为美国在该地区提供了独特优势。然而，中国在这些国家有强大的政治影响力，可能会延缓或阻止美国在采油方面的努力。同时，毋庸置疑，中国石油公司会提高、购买或通过其他方式获取这些储油必需的技术。同时，中国企业正在非洲大陆剩余的区域勘探，以寻找未开发的储油。[51]这些综合因素表明美国可能已失去了在非洲得到进一步利益的机会。有一件事是肯定的，即只要是美国不参与的地方，中国就会参与。

美国可以而且也应该发挥重要作用，以防止噩梦可能在非洲的出现。一种策略是继续与中国接触，并利用中国不断增加的影响力，来鼓励中国为非洲未来成为一个更负责任的利益相关者。另一种策略是通过税收激励和其他机制敦促美国企业在非洲运作，从而帮助非洲建立可持续发展所需的条件。此外，还可以通过债务减免、低成本贷款和降低农业保护主义等其他经济手段来追求这些目标。然而，如果美国既要实现这个目标，又不放弃其关于"人权"和"促进民主"这些核心价值，这对美国最聪明的决策者也是个挑战，但如想更好地了解、理解或抵衡中国对非洲大陆不受限制的投资而产生的影响，美国有必要更加重视非洲大陆，并为此做出更大努力。

美国最近成立了非洲司令部，此司令部的成立可更加有效地积极培养和推进美国在非洲大陆的存在。根据美国国务院发布的新闻稿："通过非洲司令部的成立，国防部能够更好地协调自己在非洲的活动，并帮助协调其他美国政府机构的工作，特别是国务院和美国国际开发署。"[52]非洲司令部的成立给非洲发出了一个积极的信号，即美国已将非洲大陆作为重大战略利益，并将进一步促进对非洲的援助和安全帮助以及与非洲的商务合作。2007年宣布成立非洲司令部正好与胡锦涛主席访问非洲的时间吻合，这也许在无意之中给中国传递了一个竞争信号。

注释：

1. 参阅《中国能源战略和改革》，2003 中国发展论坛，国务院发展研究中心，中国北京
   钓鱼台国宾馆，2003 年 11 月 15 至 17 日；亢生的《美国因素与中国在非洲的石油安
   全和外交》，发表于《国际经济与政治》，2006 年第 4 期，第 79 – 81 页。美国领导人
   必须认识到中国提高其在非洲各地的政治和经济影响力是其对国家利益的理性追求。
   中国的方法（包括对治理不善的视而不见）经常伤害了西方国家对人权和政治自由
   的情感，但中国在非洲大陆上的投资和发展活动可以促进非洲和美国的利益。中国与
   非洲打交道的积极态度在未来可能会变得更加均衡和复杂，以对国际监督和批评增多
   作出回应。作为一崛起的地区性／全球大国，中国的地位也在不断上升，但在与其地
   位匹配的国际责任方面，中国相对缺乏判断和利用国际政治的经验，而且在其对非洲
   的政策方面还有很多要学习。美国必须在实现其外交目标方面充分利用中国的经验缺
   乏。中国在非洲的努力可以带来一个更加繁荣和稳定的非洲，但必须处理好美国对中
   国在非洲存在的强烈和持续抵制。另一种可能是非洲的资源枯竭、冲突不断和永久混
   乱。当然这不符合任何国家的利益。

2. 参阅舒先林、陈松林的《非洲石油与中国能源安全》，发表于《中国石油大学学报》
   （社会科学版），总第 20 期，第 5 期（2004 年 10 月），第 5 – 9 页。

3. 参阅 Esther Pan 的"China, Africa, and Oil", Council on Foreign Relations, Back-
   grounder, 2007 年 1 月 26 日，刊载于 http：//www. cfr. org/publication/9557/.

4. 《中国赴苏丹维和部队首次轮换交接顺利完成》，发表于《解放军报》（新华社），
   2007 年 1 月 26 日。有报道说，中国在苏丹驻扎了 400 名准军事人员（也许是人民武
   装警察），以保护中国工人和基础设施。参阅 Peter Brookes 的"The Ties That Bind Bei-
   jing", National Review Online, 2006 年 4 月 20 日，刊载于 http：//www. nationalreview. com/
   comment/brookes200604200753. asp；"Zimbabwe Reveals China Arms Deal", BBC Online,
   2004 年 6 月 14 日，刊载于 http：//news. bbc. co. uk/z/hi/africa/3804629. stm.

5. 参阅钟延秋、孙国庆和马凤成的《富有勘探开发潜力的非洲石油资源》，发表于《大
   庆石油地质与开发》，总第 20 期，2002 年 2 月第 1 期，第 79 – 80 页。

6. "CIA World Factbook"，刊载于 https：//cia. gov/cia//publications/factbook/geos/ch. htmI#
   Econ.

7. 参阅马凤良的《中国石油安全问题研究》（中文），发表于《石油化工技术与经济》
   杂志，2004 年第 20 期，第 1 页。

8. International Energy Outlook 2006，"World Oil Markets," Energy Information Administra-
   tion，http：//www. eia. doe. gov/oiaf/ieo/oil. html.

9. 参阅郑重、陈义政的《中国能源安全及其资源开发与利用的策略研究》（中文），发
   表于《资源开发与市场》，总第 22 期，2006 年第 2 期，第 137 页。

10. 参阅张波、陈晨、刘明利、陈藻的《中国能源安全现状及其可持续发展》，发表于

《地质技术经济管理》，2004 年 2 月第 26 期，第 56 - 67 页。

11. 参阅高洪涛、丁浩、李亮的《我国石油消费现状极其战略思考》（中文），发表于《中国安全科学学报》，总第 14 期，2004 年第 8 期，第 29 页。

12. 参阅汪巍的《非洲石油开发与西方大国的争夺》（中文），发表于《西亚非洲》，2003 年第 4 期，第 74 - 76 页；参阅辛华的《欧美展开非洲石油争夺战》（中文），发表于《金融信息参考》，2004 年 7 期，第 57 页。

13. 《中国能源安全的五大对策》，云南能源节约新闻摘要，2006 年 1 月 15 日，第 36 页。

14. 同上，第 36 页。

15. 参阅刘仕华、张辉耀、胡国松的《中国石油进口安全浅析》（中文），发表于《石油化工技术经济》，总第 21 期，2005 年第 3 期，第 14 页。

16. 参阅朱京生、杨维梁的《中国石油进口博弈分析》（中文），发表于《统计与决策》，第 14 期（2005 年 7 月），第 44 页。

17. 《中国石油进口战略的关键点》（中文），发表于《中国外资》，2005 年第 5 期，第 16 - 19 页。

18. 参阅姚桂梅的《关于开发利用非洲矿产资源的战略思考》（中文），发表于《西亚非洲》，中国社会科学院，2003 年第 2 期，第 53 - 57 页。

19. 参阅王立敏的《非洲热土，期待投资——记"第二届非洲石油、能源和矿产投资论坛"》，发表于《国际石油经济》，2006 年第 4 期，第 46 - 50 页。

20. 参阅 Nick Kotch 的 "African Oil: Whose Bonanza?" National Geographic Online, 2005 年 9 月，刊载于 http://www.nationalgeographic.com/ngm/0509/feature3/index.html。

21. 参阅舒先林、陈松林的《非洲石油与中国能源安全》，发表于《中国石油大学学报》（社会科学版），总第 20 期，第五期（2004 年 10 月），第 5 - 9 页。

22. 参阅 "Sudan Oil and Human Rights," Human Rights Watch（2003 年）：第 63 页，刊载于 http:/Nrwvr.hrw.org/reports/2003/sudan1103/。

23. 参阅崔宏伟的《实现中国能源安全战略——兼谈欧洲经验的借鉴》，发表于《世界经济研究》，2005 年第 6 期，第 23 - 27 页。

24. 《中国能源安全的五大对策》，第 36 页；还参阅 "Nuclear Power in China"（《中国核能》），世界核协会，http://www.world - nuclear.org/info/inf63.html。

25. Phillip Snow, "The Star Raft: China's Encounter with Africa"（New York: Weidenfeld & Nicolson, 1988 年），第 144 - 185 页。

26. Peter Andrews Poole, "Communist China's Aid Diplomacy," Asian Survey 6, 1996 年 11 月第 11 期，第 622 - 629 页。

27. Ian rraylor, "China's Foreign Policy towards Africa in the 1990s", The Journal of Modern African Studies 总 36 期，1998 年 9 月第 3 期，第 443 页。

28. "Council Promotes Sino - African Ties", Financial Times Information, 2004 年 11 月 18 日。

29. 作者于 2005 年 6 至 7 月在北京采访 Lefa Mokotjo、Solomon Rutega、Jibril Dama Audi

和 Eyassu Dalle。

30. 参阅刘新华的《浅谈近年来美国在非洲的石油外交》（中文），发表于《国际论坛》，总第 5 期，2003 年第 5 期，第 36 – 41 页。

31. 参阅 Ian Gary 的 "Bottom of the Barrel：Africa's Oil Boom and the Poor," Catholic Relief Services，2003 年 6 月，刊载于 http：//www. earthinstitute. columbia. edu/cgsd/STP/documents/Bottum_of_the_Barrel_English_PDF. pdf.

32. 参阅宗合的《中非友好合作与共同发展》，发表于《西亚非洲》，2005 年第 2 期；第 55 – 59 页。

33. 《中国的非洲政策》，中华人民共和国外交部，刊载于 http：//www. fmprc. gov. cn/eng/zxxx/t230615. htm.

34. 参阅尚春香的《能源外交序幕拉开》，发表于《经济》。

35. 作者于 2005 年 6 月 20 日在北京采访中非共和国外交官 Eric Lembe。

36. 参阅 Philip Liu 的 "Cross – Strait Scramble for Africa：A Hidden Agenda in China – Africa Cooperation Forum"，Harvard Asia Quarterly 5，2001 年第 2 期，刊载于 http：//www. asiaquarterly. com/content/view/103/40/.

37. 同上。

38. 作者于 2005 年 6 月 22 日在北京采访尼日利亚驻华使馆首席官员 Jibril Dama Audi。

39. 作者于 2005 年 6 月 23 日在北京采访莱索托王国驻华大使 Lefa Mokotjo。

40. 关于中国公司在尼日利亚享有一定程度的豁免权的信息来源于与 Jibril Audi 的私人约见。

41. 参阅 "China Intervenes in Zambian Election"，发表于 Financial Times，2006 年 9 月 5 日。

42. 参阅 David Hale 的 "China's Growing Appetites"，The National Interest，总 76 期，2004 年，第 141 页。

43. 《中国和津巴布韦加强军事联系》，新华社，2006 年 7 月 31 日。

44. "Angolan，Chinese Military Delegation to Discuss Cooperation"，BBC News，2004 年 8 月 9 日。

45. 参阅 Daniel Byman 和 Roger Cliff 的 "China's Arm Sales：Motivations and Implications"（《中国军售：动机和含义》），兰德公司，1999 年，http：//www. rand. org/pubs/monograph_reports/MR1119/.

46. Esther Pan，"China，Africa，Oil"，2006 年 1 月 12 日，刊载于 http：//www. cfr. org/publication/9557/.

47. 同上。

48. 同上。

49. "Arms Transfers to Sudan Fuel Serious Human Rights Violations"，Amnesty International，2007 年 5 月 5 日，刊载于 http：//web. amnestyorg/pages/sdn – 080507 – news – eng.

50. 参阅 Chen Aizhu 和 Lindsay Beck 的 "Chinese African Summit Yields ＄ 1.9 billion in Deals", Washington Post, 2006 年 11 月 6 日, 第 17 页, http：//www. washingtonpost. conjvrp – dyn/content/article/2006/11/05/AR2006110500742. html.

51. 采访 Lembe。

52. Vince Crawley, "U. S. Creating New Africa Command to Coordinate Military Efforts", U. S. Department of State, 2007 年 2 月 6 日, 刊载于 http：//usinfo. state. gov/xar-chives/display. html？ p = washfile – english&y = 2007&m = February&x = 20070206170933 MVyelwar Co. 2182581.

中国的欧亚大陆能源战略：俄罗斯和中亚

■郭寿礼①

在"大能源博弈"中，作为全球主要玩家之一的中国的亮相立即引起了国际社会的关注。它们推测中国对化石能源资源的渴求究竟会对全球地缘政治有多么深远的影响。自 1993 年成为石油净进口国起，中国就制订了雄心勃勃的"走出去"战略[1]，但它对进口石油的依赖仍然越来越大，这已经加剧了来自经济和政治动荡的产油市场和地区的原油供应和运输的风险和脆弱性。直到最近，中国能源供应的地理模型仍是一维的。2003 年，沙特、伊朗、安哥拉、阿曼、也门和苏丹提供给中国的石油约占中国总进口量的 2/3。[2]尽管中国与拉丁美洲、澳大利亚、中亚和东南亚的石油和天然气供应商扩大了能源合作，但中国在波斯湾和非洲的利益仍保持不变，约 80% 的进口石油经过马六甲海峡。[3]

由美国牵头的全球反恐战已经改变了"大中东"的地区性地缘政治环境，迫使中国不得不面对产油区已经加剧的价格不稳定性和政治不确定性。中国对美国海军对重要海上石油运输航线进行保护的依赖性大大增加。2003 年的"伊拉克自由行动"和中国对石油需求的前所未有的增长将战略资源的进口这一事宜提上了中国的国家安全议程。[4]

① 郭寿礼（Vitaly Kozyrev）先生是艾摩斯特学院卡尔·勒文施泰因政治学客座教授，也是俄罗斯莫斯科国立大学亚非研究学院副教授。他是亚欧冲突、中国外交政策、俄－中关系、东亚能源合作以及中国战争史方面的专家。他曾担任莫斯科市政府顾问（1999—2003 年）以及颇具影响力的俄罗斯新闻社的中国问题分析员（2002—2003 年）。自 2005 年以来他一直是俄罗斯外交部国际关系研究所上海合作组织分析中心俄罗斯智库成员。作为俄－中许多项目的谈判人员和顾问，他与哈萨克斯坦、吉尔吉斯斯坦以及乌兹别克斯坦的许多研究所和机构有着紧密且广泛的合作。郭寿礼博士的著述在俄罗斯、美国以及中国（应为中国大陆，译者注）/台湾接连出版，其中包括：收录在《美－中关系正常化：一本国际史》（W. C. 卡比和 R. S. 罗斯主编，哈佛大学出版社，2006）中的论文、收录在国际战略研究所《生存》杂志 2006 年春季版中的论文（与莱尔·戈德斯坦合著）、《战争中的中国社会，1937—1945》（莫斯科，2007 年出版）、《当代中国的革命与改革：发展模式探寻》（莫斯科大学出版社，2004）。自 1999 年以来，他一直在许多国际性大学任教，包括艾摩斯特学院、逢甲大学（台湾地区）、云南大学（中国）和耶鲁大学等。

中国的能源不安全感再加上台湾的困境迫使中国要有海上野心。卡济米尔兹·布热津斯基曾指出中国的经济（如同其他亚洲国家的经济）"几乎完全依赖于海上运输，包括石油进口"，因而海上运输对中国是"绝对必要的"。[5]中国将其海上大国身份看做是其宏伟的战略愿景的一个重要组成部分。虽然以前受到限制，但正在发展的中国战略海上强国最终也许会对美国在西太平洋的军事存在构成挑战。[6]

这些发展提出了作为欧亚大陆主要陆上强国的中国的海上利益和中国大陆政策之间的相关性问题。欧亚大陆战略已长时间深入中国的"和平发展"理念，而和平发展则需要一个有利的国际环境。但是，能源安全问题促使中国重新评估其"战略后方基地"。为了确保相邻的富油国家的供油稳定，中国通过将部队重编成联合的武器战斗群来加强其军事能力，驻扎在新疆的重型装甲部队也被设计为保卫重要的相关油田。[7]在外交领域，中国区域一体化政策取得了成功。中国加深了与哈萨克斯坦、乌兹别克斯坦和土库曼斯坦的能源伙伴关系，而且上海合作组织的经济和能源议程也得以扩展。近年，中俄在能源领域的合作伙伴关系也从不确定性发展到了全面合作。

因此，在此有必要探讨中国欧亚大陆能源战略的要素。本章讨论的内容为：为了确保其能源供应，中国努力保持大陆和海洋之间的选择平衡，它在欧亚大陆的具体行为在很大程度上是通过综合考虑不断变化环境中的中国基本地缘政治观念和能源安全来确定的。中国将其能源外交的北部和西北领域看成了其摆脱"马六甲困局"和使其石油供应多渠道化的绝好机会。

值得一提的是，中国在资源丰富的欧亚大陆站稳脚跟的努力始于俄罗斯被西方日益隔离，这样，俄罗斯和中国在此地区的利益可能有所交集。俄罗斯想巩固和发展其满足亚洲日益增长的需求的能力，而中国想确保其能为工业和公共需求得到稳定充足的石油和天然气。中国、俄罗斯和它们的中亚伙伴的政治和经济利益的交集也许使中国看到了一个乐观的场景，即欧亚大陆可以满足它高达 40%～50% 的原油以及 100% 的天然气进口需求。

然而，由于一些经济和政治障碍，这种情况不太可能发生。俄罗斯是供方，它的利益是寻求价格可接受的需求方，而中国是需求方，希望确保价格可承受的供应渠道。这是一个基本矛盾，阻碍了它们之间更深层次的战略合作。解决供需之间的这一基本矛盾是一个竞争性的动态工作，因为中俄双方都把中亚看成是其重要的战略要地，并都想对该地区施加影响。俄罗斯正想维持或恢复某种程度的以它为中心的政治格局或甚至对它的依赖，而中国正努力确保其战略后方的大国行为不再对其领土完整性构成危胁。最后，中亚国家一面与它们的相邻大国在能源领域保持合作，一面还努力保持其外交政策选择的开放性。

本章探讨了中国欧亚大陆能源安全背景下的地缘政治动态因素和陆上石油供应的地位。其中第一部分分析了中国对欧亚大陆能源安全的理念以及中国在欧亚大陆的战略利益，并结合中国传统的大陆自给自足地缘政治理念，探讨了上述理念和战略利益与中国对全球动态因素的理解之间的关系。第二部分专门探讨在俄罗斯能源领域的战略构想，以及可以帮助中国和俄罗斯在共享地缘政治考虑和新国际格局的原则的基础上减少冲突和鼓励更进一步的能源合作的新的欧亚大陆地缘政治格局。第三部分是中俄的动态关系以及尤其是在上海合作组织框架内的中国、俄罗斯和中亚之间更广泛的能源对话。最后，本章通过对欧亚大陆能源供应的经济和技术成分以及它的政治和经济风险的评估，探讨欧亚大陆能源供应对中国的可持续性。

一、中国能源安全的基本原则以及中亚和俄罗斯的地位

中国领导人将世界看成是无秩序的，因而只能自行满足自己的能源需求。为此，考虑到波斯湾地区易受海上动乱的影响，中国不得不寻求石油供应渠道的多样化。在调查其替代来源时，中国发现俄罗斯和中亚国家是最有吸引力的渠道。为了解释其与俄罗斯和中亚地区的潜在伙伴关系的合理性，中国决策者将中国的传统地缘政治观念应用为海上强国和大陆欧亚内地之间的"战略环节"。与中亚能源生产国接触会帮助中国推进区域经济发展，并确保它的地缘政治地位。

按照中国的看法，冷战后的全球危机和文明冲突导致了势力不平衡。中国理论学家比较了1991年后的全球秩序和中国战国时代的混乱。[8]从这个角度看，跨里海地区是中国地区战略的关键。其实，这种想法有些像哈尔福德·麦金德的"心脏地区"理论。此心脏地区包括俄罗斯大陆中心以及中亚和中东的相邻区。尽管看起来中国在对中亚地缘政治推算中并没有明确地寻求"以中国为主导的和平"，[9]但它将中亚地区看成了自己的关键利益区域，尤其是将东部的哈萨克斯坦（"七河地区"）看成了中国大陆领土防御之外的战略区。[10]因此，在中国人眼中，中亚地位类似于俄罗斯的"近邻"

概念。俄罗斯和中国在中亚地区利益重叠，影响了中俄互动。中国和俄罗斯都关注该区域的政治稳定，因为此地区可能会受到分裂主义、种族和宗教冲突或政治叛乱的破坏。

在全球反恐战时代，中国尽管承认了美国在欧亚大陆的地位，但也制定了自己的地缘政治目标，以防止美国变成对中国的军事威胁，并检查是否有新的可能改变力量的战略平衡的地区性强国崛起。然而，更重要的是，中国还力求建立一种区域秩序，这种秩序将帮助中国保护其经济利益，并将美国从区域领土或能源争端排除在外。[11]

此外值得注意的是，根据中国的理论，中国在欧亚大陆的地位源于其在东亚地区的中心地位，即在陆地和海洋交界处。作为一个"陆海兼备的大国"，中国想将陆地和海洋延伸至欧亚大陆心脏地区以及西太平洋。李晓华强调，因为中国处于主要陆地强国（俄罗斯和印度）之间，并靠近主要海洋大国（美国和日本）的海上活动，中国要力求发挥桥梁作用，以避免陷入"地缘政治困境"。[12]为发挥这一作用，中国应在经济上足够强大，并与邻国（尤其是俄罗斯）保持互惠的友好关系。[13]

对于中国和它的邻国来说，地缘政治迄今为止促进了合作而不是冲突。此准则也符合江泽民在1998年提出的中国新"安全概念"。这种新安全概念通过邻国之间的共同发展和相互合作来寻求安全。欧亚大陆的积极的安全战略意味着小国要有经济支持，确保"自力更生"，避免向任何一个大国（包括中国自己）一面倒，因而地缘经济接触加强了地缘政治影响。[14]中国战略家推测中俄之间可以建立稳定的伙伴关系，因为它们有共同的经济利益，即俄罗斯渴求外国投资，而中国需要得到俄罗斯的石油。在争取共同发展和共同繁荣方面，中国和中亚国家也有着共同的利益。在"西部大开发"计划的实施过程中，中国西北和中亚地区可最终转变为"中国西部周边地区的战略延伸"。[15]

为了确保其超越西部外围，中国的决策者已经确定了中国能源战略的主要前提。第一个基本前提是，全球的能源体系的无序特征，而不是"石油峰值"问题，在很大程度上加剧了当今世界的能源不安全性。[16]按照一名中国人的说法，在多数中国领导人眼里，能源的地缘政治极大地影响了国际秩序。尽管如此，但本着"和谐世界"理论的精神，他们乐观地相信国际社会是朝着一个更加结构化和稳定的能源体制发展的。在转型期，石油供需国利益集团之间的激烈竞争仍将继续存在。美国宣称其政策要确保世界有一个透明的石油现货交易市场，但多数中国人对此持怀疑态度，并认为，在新的全球能源控制格局中，新兴市场经济体（包括中国）将继续与西方主要耗油国竞争。这可能会恶化中美关系，并就对中东的控制权导致冲突。到2020年时，全球石油供应商的数量将会减少到下列国家，即欧佩克波斯湾国家（沙特、伊朗、伊拉克、科威特、阿拉伯联合酋长国和卡塔尔）、俄罗斯、西非、委内瑞拉、北非、墨西哥和加拿大。同时，中国观察家希望欧佩克在中国供油平衡中的相对地位要下跌，其地位将被一些非欧佩克国家（包括俄罗斯和中亚）所取代。[17]

第二个基本前提是，在未来的几十年里，东亚地区日益增长的能源消耗量将推进全球石油需求。中国专家预测，到2010年时，东亚地区对原油的日需求量将上升至3 000万桶，而亚洲本地的石油日产量将保持在近800万桶。中国可能是亚洲"能源困境"的主要制造者。[18]中国和西方的估算表明，2010年，中国这个"石油巨人"的石油日进口量将上升到410万桶，2020年将达到510～610桶（日总需求将分别达到760万桶和1 002万桶）。[19]专家相信未来供应给亚洲的原油还是来自于中东。国际能源署预计，到2015年时，中国进口石油的70%来源于中东。[20]为了避免过分依赖特定供应源而产生的风险，中国领导人宣布中国从一单个地区进口的石油总量不要超过其总需求的30%。非洲石油占中国进口石油的份额正日益上升，中国正逐步降低其对中东石油的依赖，中东石油比例已从2005年的48%下降至2006年的45%。这表明中国正在其石油进口战略中努力降低依赖于单个供应商所带来的风险。

中国能源战略的第三个基本前提是中国要重视国际能源合作。从波斯湾获得石油资源的不确定性越来越大，因此引起了亚洲地区资源冲突这一问题。为防止冲突，中国的区域能源战略旨在为强劲的能源合作建立牢固的基础。这似乎是解决亚洲未来供需不平衡的关键办法。当与印度和日本争夺石油时，中国倾向于在多边框架下与产油国和耗油国接触。这种多边框架可能会基于欧佩克或东盟10+3的结构上，甚至会基于一个新的特殊机制，以协调各方利益。为了加强国际能源合作，中国一直通过世贸组织与欧佩克国家进行对话，并与其他主要国际经济和金融机构进行接触。中国（以及俄罗斯和印度）与国际能源署签署了合作备忘录。在中国－国际能源署合作关系的框架内进行的许多论坛已显示了它们的效用。通过将其能源途径国际化，中国得到了与主要油气供应国互动的机会，也获得了新的石油开采和提炼技术以及能源节约和储存的经验。[21]

中国希望积极参与各种形式的国际能源贸易和合作。除了其最初的直接合同采购外，中国还想通过建立产量受中国控制的长期石油开采场地以及参与跨国油气勘探项目来"拓宽石油供应渠道"。中国学者童小光评论说，中国已积极增加了其股权收购，并且参加了国际投标，以获得油气田开采权。此外，中国也在努力吸引大型国际石油生产商，以在中国建造炼油厂和石化厂。[22]

第四个战略前提是中国传统的对能源自给自足的要求。值得注意的是，在提及能源安全事宜时，中国首先选择的是国内供应。中国能源研究院的杰出专家周大地甚至没有提及将"走出去"战略作为中国的主要选择。[23]"立足国内，开拓国际"的理念是由中国高层领导人制定的，并将体现在新《能源法》中。此理念将涉及能源合理化、能源节约、中国目前的能源组合的再平衡、中国能源分配系统的调整、非传统能源和可再生能源的利用以及国内油气勘探和开发能力的提高等。很多重点被放在能源供应领域的市场机制的作用上。在 2006 年 9 月 12 日在赫尔辛基举行的中国—欧盟峰会上，温家宝总理在能源政策中强调，中国将把自力更生、能源节约和技术进步放在首位。他还指出中国可再生能源的巨大潜力。[24]

建立国家战略石油储备是中国国家能源当局的优先考虑。这些储备基地分别位于浙江舟山、山东青岛和辽宁大连，目前正在施工。浙江宁波的镇海是最大的基地之一，2006 年夏开始运行。中国的初始目标是确保相当于 30 天消耗量的石油储备（包括"商业"用途部分）。专家相信中国的最终目的是储存至少 7 亿桶原油。按照一些中国分析人士的看法，此量也许可与美国的战略石油储备量相比。按目前的消耗量，这相当于大约 90 天的石油供应量。[25]

无论是从国际、地区还是国内角度考虑，俄罗斯和中亚对中国能源安全都是不可缺少的。俄罗斯以及三个苏联加盟共和国哈萨克斯坦、乌兹别克斯坦和土库曼斯坦的已探明石油总储量占全球已探明储量的约 10%。超过 1/3 的全球天然气储量位于俄罗斯和中亚地区。俄罗斯人口还不到全球的 3%，却拥有全球已探明天然气储量的 26.6%（4.782 万亿立方米）和全球已探明原油储量的 6.2%（744 亿桶）。[26]从弗拉基米尔·普京执政的一开始，俄罗斯就逐渐上升为全球能源超级大国。它的石油日均产量已从 2000 年的 725 万桶增至 2006 年的 923 万桶，占全球石油日平均产量的 10%。[27]

中亚地区已探明的石油储备约为 500 亿桶，已发现的天然气储量超过 8 万亿立方米。[28]在中亚地区，哈萨克斯坦是最大的产油国。它自己的石油年需求量不超过 8 000 万桶，但它的日产量约为 136 万桶，日出口量超过 100

万桶。哈萨克斯坦政府计划在 2010 年将石油日产量提升至 200 万桶，2015 年达到 300 万桶。[29]乌兹别克斯坦和土库曼斯坦的已探明石油储量相对较小（总量大约 10 亿桶），无法与如哈萨克斯坦这样的石油供应国相竞争，但很有潜力成为天然气供应国。[30]

中国当局适当考虑邻近地区的大量储备，这也是十分合情合理的。中国北部"后院"的能源潜力为其提供了其他的选择，以推动其能源安全利益。当中国力争使石油进口渠道多样化时，俄罗斯和里海盆地的地位将在中国能源格局中得到提升。在大多数官方报告中，俄罗斯和哈萨克斯坦被评为中国原油进口的第二（在中东之后）或第三（在中东和非洲之后）区域性来源。[31]

考虑到中国西北后方的战略重要性，中国的长期安全计划还是优先考虑了欧亚大陆。正如阿伦·佛里德伯格在 2005 年提及的，中国"现在是并且过去一直是陆地强国，它的'自然影响范围'将包括中亚和东南亚"。[32]这将为中国—俄罗斯—中亚能源关系创建有利的地缘政治条件。最近，该区域更广泛的国际局势已帮助中国将其地缘政治计划转化为实际的政策。中国在欧亚大陆努力的成功将最终取决于一系列相互交织的经济和政治因素以及该区域不断变化的战略形势。

米克尔·赫伯格米克指出，"在解决'能源困境'这个事宜上，每个国家都要在合作性战略和竞争性战略中选择平衡"。[33]中国在全球争取石油确实结合了坚定的政策和合作的途径。此外，中国政府也意识到与俄罗斯和中亚国家的能源合作应基于超越纯粹的市场考虑的原则。在中国看来，不利的国际地缘政治环境会大大影响能源伙伴关系的决定性因素。中国想在共同政治理念和价值基础上，通过与俄罗斯和中亚国家的接触来避免这些问题。这种想法可能会大大提高中国在上海合作组织的利益。中国阐述了其旧的和新的地缘政治格局，并寻求与陆上能源供应国建立能源联盟。

二、在欧亚大陆的能源关系

中国—俄罗斯—中亚能源之间的关系已成为带有一系列国内和国际变量的战略博弈。正如在战略相互关系中博弈参与者之间经常发生的一样，政治决策和评估基于各方对他方偏好和政策的看法。中国对欧亚大陆的战略一直在不断变化，因为中国十分了解俄罗斯的战略视角和能源合作不确定性的根源。尽管中俄双方都在朝能源伙伴关系努力，但恐怕只有到美俄关系恶化（部分是由于美国对苏联空间以及"颜色革命"的政策），中俄才能在油气领域开始真正意义上的战略合作。

2006 年 7 月，第一桶原油由俄罗斯流入中国位于镇海新开发的国家战略石油储备地。这具有象征性意义，表明欧亚大陆大国之间的能源对话已达到新的高度。过去两年，中俄已改善它们的关系。也许有人会得出结论，即中俄之间结成能源联盟已为时不远了。

中俄两国之间能源合作的转变是前所未有的。尽管在 2003 年初很有希望，但出乎意料的是，俄罗斯将对中国出口石油的政策转向了日本，而且否定了以前通过输油管道将西伯利亚原油只提供给中国的承诺，这样也就损坏了中俄能源议程。中国政府曾对从东西伯利亚到中国大庆的输油管道寄予厚望，但最终还是因为与之竞争的通往位于俄罗斯太平洋海岸纳霍德卡附近佩列沃兹纳亚湾的路线出价高而被击败。[34]

尤科斯事件以及俄罗斯随后转到对日本有利的项目羞辱了中国。俄罗斯的"背叛"被中国视为亲近西方，试图改变力量平衡，以有利于美国和日本的行为。中国的最初反应是将俄罗斯的政策解释为美国设计的"借助日本""拉拢俄罗斯"和"防范中国"的计划的一部分。在许多中国观察家看来，莫斯科优先考虑太平洋海洋出口路线，是由于它受到了日本乃至其美国盟友的压力。随着 2003 到 2005 年石油价格的飙升，俄罗斯的亲日本倾向影响了中国在中俄关系中的行为。中国试图使用"胡萝卜加大棒"的方法对待俄罗斯，其高层不断表明急需得到一条从俄罗斯到亚太市场的未来化石燃料的专用通道。[35]

但是那种实力政策的假设，即俄罗斯正按照大国博弈平衡的原则在"亲西"的日本和"反西"的中国之间进行选择，是误导的。在普京执政的前几年，俄罗斯确实把向美国（以及西方国家）提供石油和天然气作为所期待的俄美合作伙伴关系的几个支柱之一，特别是在"9·11"事件后的新国际环境中。安德鲁·柴甘可夫将普京的政策特点总结成企图"向西方重新示好，以便西方能认可其为一个大国"。[36]但是俄罗斯领导人意识到面向西方国家的俄罗斯原油出口基础设施已达到其能力极限，需要被进一步扩大，且需巨大投资，而传统储备基地的产油量正在下降。因而，应执行新政策，重新调整俄罗斯部分出口的方向，以满足快速增长的亚太消费国的需求。天然气市场的形势也在变化中，因为欧洲天然气市场的自由化增加了俄罗斯出口的风险，更大范围的天然气勘探和生产需要大量的投资，亚太地区的天然气需要也在快速增长。[37]

这些经济变化促使俄罗斯重新评估其战略优先事项。新的途径见 2003

年官方发布的《2020 年俄罗斯联邦能源战略》。俄罗斯领导层关注新油气田的发展前景。莫斯科的能源当局证实，如果俄罗斯继续盯着传统石油开发区已探明储量的生产，那么俄罗斯基本储量的 30% ~ 40% 将在 2015 到 2020 年用尽。根据官方估算，新地域的油气勘探和开发需要 400 亿 ~ 500 亿美元的额外投资。[38] 为了整合资源，俄罗斯政府于 2005 年 3 月实施了一个新的《地下资源法》，以通过建立新的许可机制来恢复对现有和未来油气田的中央控制。[39]

此外，莫斯科官员也意识到，如果不加强对东西伯利亚和萨哈（雅库特）的资源的开发，考虑到西西伯利亚的主要油田发展缓慢，甚至停滞，俄罗斯雄心勃勃的目标，即在 2010 年保持目前的产油水平（日产量约为 1 000 万桶）和在 2020 年甚至超过此数，可能会成泡影。一些重要的俄罗斯专家相信，到 2020 年，俄罗斯东西伯利亚（包括萨哈林岛）的日石油产量应达到至少 160 万桶。这也许能帮助俄罗斯将出口亚洲的石油比率由当今的 3% ~ 4% 提高到 2010 年的 9% 和 2020 年的 30%。专家推测俄罗斯将把自己的年天然气产量提高至 7 100 亿 ~ 7 300 亿立方米，而其中 15% 来源于东西伯利亚的新天然气田。俄罗斯天然气出口的结构将也会改变，并且更有利于亚太国家。亚太国家从俄罗斯的天然气进口量将占俄罗斯天然气总出口量的 25% 以上。[40]

因此，2002 至 2005 年，俄罗斯面临一个战略能源政策困境：它的能源出口是通过黑海港口以及波罗的海和科拉半岛的码头主要指向其西部，还是将其石油和天然气流向其东部，从而巩固其在亚太石油消费国的地位，刺激俄罗斯未开发的广袤的远东地区的发展？普京政府似乎提倡东部和西部之间的平衡。

中国分析人士将中国与俄罗斯能源合作的挫折错误理解为俄罗斯对与中国伙伴关系的"战略性背叛"。对中国观察家来说，还不清楚莫斯科是否会优先考虑与西部的关系，而伤害与东部的关系。他们确实花了一些时间来评估俄罗斯精英群体就资源控制和分配进行激烈斗争的结果。

然而，事实上，在与中国打交道时，俄罗斯的行为从来就没有被"一味亲西方"或"中国威胁论"这种极端思想所左右。自 2003 年以来，俄罗斯发生的向东出口战略的变迁从未极大破坏其与中国的能源议程。即使在俄中关系极其不确定的时候，预告两国能源合作已死亡也是不准确的。[41] 中国从未被俄罗斯从石油和天然气潜在客户名单中排除。尽管中国关注到莫斯科已经在输油管道这件事上做出了巨大的亲日变化，但自 2003 年以来，俄罗斯当局重申意欲认真考虑中国的利益。[42]

2004 年 12 月，俄罗斯政府表达了它的原则立场，即东西伯利亚输油管路建设既通向太平洋又通向中国大庆。2005 年 4 月，俄罗斯发布政府令，确定将在远东铺设一条从泰雪特（伊尔库茨克地区）到别列沃兹纳亚湾的输油管路，其中一条支线由斯科沃罗季诺镇（阿穆尔地区）通往中国。斯科沃罗季诺镇离中国边境只有 70 千米。据宣布，此输油管路的日输油量为 160 万桶，铺设成本为 115 亿美元。处于环境保护考虑（邻近世界上最大的淡水湖贝加尔湖），此项目被推迟。最终，在 2006 年 4 月托木斯克举行的俄德首脑会议上，普京总统批准了此项目，并要求俄罗斯国家石油管道运输公司将管路向贝加尔湖以北挪动 40 千米。主管道施工的第一阶段是从泰雪特至斯科沃罗季诺，将于 2008 年完工。[43]

起初，中国领导人似乎很难理解俄罗斯在能源领域对中国的"一体化"逻辑态度。为了解决其能源出口困境，并提高其作为能源资源的主要全球供应商的作用和地位，俄罗斯倾向于认为中国是更广泛的亚太市场的一部分。亚太市场被俄罗斯看成了一个单一实体，包括中国、日本、朝鲜、韩国、东南亚和美国的太平洋海岸。俄罗斯对亚太市场的总体稳定很感兴趣，因为稳定的亚太市场可支持其经济利益。俄罗斯也希望以东北亚战略石油储备为后盾来寻求一个稳定的地区性油气市场，这一点也证明了俄罗斯对东亚地区能源合作的"一体化"方法。俄罗斯尽管也明显支持多方投资合作，也把它看成是提高市场可预测性和透明度的一种手段，但它还是极力要保留能源储备和基础设施的控制权。[44]

2001 至 2003 年，俄罗斯在能源领域启动了一系列关键项目。事实上，这些项目都带有很强的地区性一体化特色。"萨哈林岛 1 号"和"萨哈林岛 2 号"油气项目（分别于 2001 年和 2002 年开始运作）的"产量分享协议"最能解释俄罗斯石油出口政策中这种"国际性"方法的实际使用。[45]除了项目股东的多国特征外（包括俄罗斯、美国、日本、印度和中国），从萨哈林岛出口的石油和天然气估计会分流至亚太地区的几个消费国。萨哈林能源公司（萨哈林 2 号）于 2004 年签署了一项向美国和墨西哥提供液化天然气的合同，执行期限为 20 年。2003 年夏，俄罗斯官员也证实俄罗斯确实对中国参与该岛近海能源的勘探感兴趣。[46]另一个例子是从科维克塔气田到远东的天然气供应合同。2003 年 11 月，俄罗斯石油公司、中石化和韩国燃气公司在莫斯科签署了一协议。协议各方同意铺设一条长 4 887 千米的天然气管道通往中国，然后延伸至韩国，年输送能力为 340 亿立方米，期限为 30 年，从 2008 年开始，2017 年达到峰值。根据原来的协议，中国在那段时间内预计可接收总量为 6 000 亿立方米的天然气。[47]

可以假设俄罗斯的单一亚太市场逻辑是不合理的。也许俄罗斯可以从中国和日本的竞标以及油气资产的价格上升中受益。通过坚持不懈地邀请日本在能源基础设施上进行投资可以看出，俄罗斯领导人似乎愿意利用中国和日本的同时参与来开发俄罗斯在西伯利亚的油田。[48]但由于大的产油公司、输油管道垄断者俄罗斯国家石油管道运输公司以及拥有创业精神并相互竞争的部委和机构的中央政府之间所实施的现有销售策略相互矛盾，俄罗斯似乎无法追求一种协调的市场营销政策。因此，俄罗斯宁愿对从西伯利亚铺设管道一事长期保持含糊其辞，只是由于中国的持续压力，俄罗斯才确认"中国矢量"在俄罗斯能源出口政策中保持不变。

在玩等待游戏时，2004 年，中国战略家渐渐理解了俄罗斯战略不确定性背后的国内和国际原因。中国领导人接受了俄罗斯把亚洲市场看作一个一体化的和有组织的市场的观念。中国知道了俄罗斯希望得到将石油销售至大量消费国的能力，而不是将自己捆绑在一单个消费国上，因为此单个消费国可以将通向中国的管路的沉淀成本和支撑性的基础设施作为进一步价格优惠的理由。一旦供应商在开发专门的油田和基础设施上投入 15 亿美元以上，以向中国销售石油，此时如果中国还有别的渠道获得石油（如从海上），那么中国人就拥有了更有利的价格谈判地位。中国积极评价俄罗斯能源业重新国有化的过程，指出它给中方谈判代表更多的机会与俄罗斯政府控制的纵向一体化的俄罗斯天然气工业公司和俄罗斯石油公司做交易，而不是与一系列私人运营公司做交易。[49]国家在能源领域垄断地位的逐步上升有利于中国与俄罗斯在一系列问题上的谈判，因为在这些问题里，油气可以与更广泛的中俄战略合作伙伴背景集成。

2004 年，俄罗斯天然气工业公司被授权作为实现《俄罗斯远东气化联合方案》的政府机构。自此，东西伯利亚的天然气供应、分配和销售都取决于这个国家垄断组织。利用其与普京总统的关系，俄罗斯天然气工业公司在国际和国内提升了其在俄罗斯能源政策中的地位。2005 年，中国与俄罗斯天然气工业公司的谈判以及俄罗斯石油公司购买尤甘斯克油气公司（尤科斯公司的最大资产）帮助了中国进一步确保其在俄罗斯的战略利益。[50]

2004 年 10 月，中国和俄罗斯开始使它们的能源合作制度化。未来伙伴关系的机制基于政府的对话以及国家控制的油气公司之间"战略伙伴关系"。俄罗斯天然气工业公司和俄罗斯石油公司被指定为俄罗斯国家的代理公司，以从事与中国的合作。在《新闻报》的一次采访中，俄罗斯工业和能源部的一名官员解释道，俄罗斯天然气工业公司和俄罗斯石油公司在与外国公司的关系上实施两条线，即"俄罗斯天然气工业公司在俄罗斯的控制下用俄罗斯资产交换外国资产，而俄罗斯石油公司则在俄罗斯控制下用外国的钱换俄罗斯资产"。[51]

在普京助手伊戈尔·谢琴（俄罗斯总统副参谋长、俄罗斯石油公司董事长）和德米特里·梅德韦杰夫（第一副总理、俄罗斯天然气工业公司董事长）的严密控制下，两家公司开始保持与中国的战略对话。一套规范性文件构建了中国与俄罗斯之间能源合作的框架。2004 年 10 月 14 日，中石油和俄罗斯天然气工业公司签署了《战略合作协议》，为未来天然气出口至中国以及天然气储存基地的建设奠定了基础。为了使协议得到执行，双方成立了一个联合协调委员会和一定数量的工作组，以在常设的俄罗斯天然气工业公司和中石油联合工作组协调下从事各项业务。[52]

在俄罗斯的"合作"途径上，中国已成功迈向亚洲市场的"一体化"。在多边和双边会谈上，中国外交官一直倡导将地区性经济一体化（包括能源）的想法作为上海合作组织议程的主题。在区域合作的具体政策中，中国打出了"哈萨克斯坦牌"，以使俄罗斯保证向中国提供石油。

中国参与哈萨克斯坦的能源项目是在俄罗斯计划铺设至中国的管路之前。1997 年，哈萨克斯坦与中国达成协议，协议内容是铺设一条连接哈萨克斯坦油田（阿克托别）和中国新疆乌鲁木齐市附近几个炼油厂的输油管路。管路全长 3 200 千米，预计的日输油量为 40 万桶；如果俄罗斯额外的石油供应（如从鄂木斯克）变成现实，那么它的日输油量将达到 100 万桶。此管路在哈萨克斯坦的国内部分（肯基亚克—阿特劳）以及德鲁日巴至中国阿拉山口的支线已于 2005 年竣工。

中国要避免俄哈两国就向中国提供和转运能源事宜发生冲突，这一点十分重要。中国努力集成俄罗斯和哈萨克斯坦的潜力，以使之成为中国未来的最大石油供应国。此项目是在俄罗斯全面支持的"区域一体化和伙伴关系"的基础上得以实施的。2003 年在与哈萨克斯坦总统努尔苏丹·纳扎尔巴耶夫商谈时，胡锦涛就提出了如下事宜，即想请俄罗斯共同参与向中国的石油供应，以满足通往中国边境城市阿拉山口的管路的 40 万桶的日输送能力（哈萨克斯坦每天可提供 20 万桶）。随后，纳扎尔巴耶夫向俄罗斯转达了这一想法。通过在阿斯塔纳的这种安排，中国表明自己知道了与哈萨克斯坦和俄罗斯精英的"特殊"关系。此后不久，哈萨克斯坦人和一些俄罗斯石油公司（俄罗斯秋明英国石油公司和萨马拉石油天然气公司）达成协议，参与从哈萨克斯坦向中国提供石油。[53]

尽管在关系上遇到过挫折，但中国在 2003 到 2005 年从未放弃其在俄罗斯和中亚能源市场立足的努力。之所以这样做是因为，在中东形势恶化的情况下，中国需要保障其未来的化石燃料供应，但中国—俄罗斯—中亚能源合作的真正突破是在苏联发生"颜色革命"以及中亚建立战略能源博弈的新环境后。"颜色革命"改变了俄罗斯与西方国家合作伙伴的性质。

三、"颜色革命"后中国—俄罗斯—中亚能源合作的新动力

美国对 2003 到 2005 年发生在欧亚大陆格鲁吉亚、乌克兰和吉尔吉斯斯坦的"颜色革命"给予了一定支持，且自身也在欧亚大陆发动了"民主进攻"，这使得美俄关系遭受了巨大挫折，并削弱了能源合作作为俄罗斯和西方可持续合作关系的支柱作用。这些变化极大地增加了中国"欧亚大陆战略"的推进步伐，而此"欧亚大陆战略"为中国战略制定创造了新的希望。然而，华盛顿的"转型外交"以及西方的"欧亚大陆的心脏地带"的作用却使得此地区的能源战略博弈更加复杂。

在支持了后苏联区域的"颜色革命"后，美国与欧洲领导人一起评论了俄罗斯在 2005 到 2006 年俄罗斯和乌克兰之间的"天然气大战"后的"能源问题政治化"。这种争斗表明了俄罗斯和它的欧洲客户对"能源安全"的想法有很大的分歧。俄罗斯一直不愿接受《欧洲能源宪章条约》（1994年）中颁布的"基于世贸组织原则之上的能源材料、产品和与能源有关的设备的非歧视贸易条件"原则。俄罗斯政府在此条约上签了字，但没有被国家杜马通过。[54]很明显，因为对多边能源合作的各方陈述都是 2006 年 7 月在八国集团首脑会议作出的，欧盟和美国都不愿意大幅增加对俄罗斯石油天然气的进口。此外，很多规定了苏联向欧洲提供油气的长期合同即将到期，而未来与欧洲客户签署的新能源协议条款仍不明朗。

在这种情况下，2005 到 2006 年俄罗斯的"东部矢量"这个词具有了重要的战略意义。俄罗斯全球化问题研究所所长米哈伊尔·杰利亚金在 2006年 11 月强调，西方的政策将俄罗斯推离了西方国家，并加速了俄罗斯将方向重新调整为"中国和与中国有关的东南亚国家"。很显然，"中国替代"主题有助于与欧盟合作伙伴讨价还价。[55]

俄罗斯天然气运输网络向亚洲东扩的计划（可望到 2011 年，将俄罗斯出口到亚洲的天然气总量增加到总出口量的 1/3）在经济上是切实可行的，

符合俄罗斯的"更广泛的亚洲"战略，同时在俄罗斯与欧盟的贸易互动中起到杠杆作用。然而，尽管它有一定的经济重要性，但俄罗斯—欧洲—中亚的"多样化事宜"不大可能大大地破坏欧亚大陆的化石资源供应和分配的整个体系。最终，欧洲将不得不保证其与俄罗斯的内在交往，且正如最近的国际经济小组报告中得出的结论，对欧洲来说，着手与俄罗斯一起提高能源安全要比里海捷径更优先。[56]

但对俄罗斯/中亚的行为和中国能源战略的分析也许更为重要的是，在该地区西方国家的"民主攻势"和能源"反外交"使欧亚大国之间的战略能源博弈更加复杂。美国—欧亚战略的戏剧性转变和"颜色革命"的政治后果增强了对俄罗斯决策和战略构想的现实讨论。自 2005 年以来，俄罗斯已考虑优先向中国提供能源，以抗衡美国，并帮助中国避免因中东而可能导致的石油供应紊乱。在俄罗斯领导层，有很多人将"中国选择"看做是全球战略的一部分，以反对"美国霸权"。[57]这种假设激起了"俄罗斯新使命"的想法。具体说来，这种新使命就是在欧亚大陆构建一种不受西方控制的可替代油气输送方案，而且俄罗斯、中亚和伊朗为此"能源俱乐部"的中心。这是 2005 年 7 月普京在阿斯塔纳举行的上海合作组织首脑会议上提议的。

中国似乎对俄罗斯的新想法做出了积极响应，并立即利用了俄罗斯对与欧洲能源合作中可能挫折的担心。这种担心使得俄罗斯要按有利于亚洲的方式解决其"能源困境"。中国已努力通过与俄罗斯中央政府和地方政府进行一系列正式和非正式接触来与俄罗斯建立一种"友好互信"的关系。中国的地方官员也收到了中国政府指令，要求加强与俄罗斯的关系，而 2006 年的"中国俄罗斯年"活动也为中俄合作的发展做出了一定的贡献。[58]

中国外交官干练地将俄罗斯所需的"一体化的亚洲市场"原则包含于新的中俄能源合作伙伴关系，并设法促进俄罗斯在亚太地区的战略和商业利益。现在的一个重点是基于战略、政治和市场因素的考虑协调合作伙伴的战略。[59]虽然中俄双方的石油和天然气交易在俄罗斯和中国政府里仍是一个"高度政治性"的事宜，但在实际层面上，双方都强调能源合作的互补性、非约束性、互惠互利性和以市场为导向型的特征。在非正式场合，能源博弈充满着讨价还价、经纪和虚张声势。在官方场合，能源博弈是"绅士游戏"。2006 年 3 月，普京访问中国。期间，中俄总统签署了《中俄联合声明》。在此声明中，能源合作被称为中俄战略合作伙伴关系的一个重要组成部分。两个缔约国承认各自在使能源供应市场和来源多样化的权利，并表示在能源合作上"双方都已经采用了多元化战略"。[60]中国承认基于"双赢"原则的这种伙伴关系正按"遵纪守法，尊重东道国的当地文化、信仰和习俗"的方式发展，而且它"十分有利于当地就业、社会公共事业以及环境保护"。[61]

中俄能源合作关系的"新阶段"看起来是中国的欧亚大陆能源战略迈向一个更加复杂的跨国关系和商务网络的体现。为加快合作，中国专家倡导不同形式的合作关系，包括在俄罗斯和中国联合勘探和开发石油和天然气、联合铺设管道以及为石油领域的发展建立特殊基金。这些努力之所以能够成功，还要归功于"铁道部、公司和当局的有效工作"。[62]

在战略性互动的新框架内，中—俄—中亚能源合作取得了长足的进步，具体如下：

（1）在巩固与俄罗斯向中国出口石油有关的金融和法律基础方面取得了新的进展。在俄罗斯石油公司于2004年12月以具有争议性的93亿美元购买了尤甘斯科油气公司（中国银行提供了部分信贷）之后，2005年5月，中俄两国政府签署了银行机构和保险公司之间的协议，以便为中国给俄罗斯银行和其能源领域的合作伙伴的贷款提供担保。

（2）中国被邀请参与东西伯利亚和俄罗斯远东地区潜在的石油和天然气项目。2005年7月，俄罗斯石油公司和中石化上海分公司签署了一项合同，成立一合资企业，以勘探萨哈林岛外的油气田。[63]俄罗斯石油公司与中石油签署了一份特别的"长期合作协议"。此协议构建了联合石油勘探方案的框架，包括在东西伯利亚勘探石油。2006年3月，中俄政府签署的"中俄双方通过建立合资公司加强石油合作的框架协议"、中石油和俄罗斯石油运输公司签署的"中石油和俄罗斯石油运输公司对通往中国的原油支线进行投资评估的协议"以及中石油与俄罗斯天然气公司签署的"俄罗斯向中国提供天然气的协议"扩大了预期的中俄合作的范畴。[64]2006年3月23日，当中石油副总裁张继平在能源论坛上发言时，他把此进展称为中俄合作关系的"新发展阶段"。[65]

（3）东西伯利亚输油管路的建设已经取得了进展，使得中国对从西伯利亚铺设输油管路的可能性更有信心。截止到2007年4月，俄罗斯石油运输公司铺设了从泰雪特到斯科沃罗季诺第一期2 757千米管路的860千米管路。第一期管路很有可能在2008年年底完工。俄罗斯石油运输公司将建造从斯科沃罗季诺至中俄边境的70千米支线，中石油打算投资4亿美元以上将东西伯利亚管路与俄罗斯边境通往大庆的管路连接。俄罗斯边境通往大庆的管路里程为 965 千米，日石油输送量为 60 万桶，拟于 2008 年 12 月完工。[66]

（4）俄罗斯政府支持的俄罗斯石油公司已成为俄罗斯东亚能源战略的关键倡导者，也是中国的主要石油供应商。[67]没有伊戈尔·谢欣的支持，中国几乎无法协调未来俄罗斯石油生产商和主要竞争性的运输公司（俄罗斯石油运输公司和俄罗斯铁路）的利益。俄罗斯石油公司和中石油已经表明它们对全面合作的期望，打开了两国股权收购的大门。此外，它们还表达了对俄罗斯的石油勘探和开采以及中国所产石油的精炼、加工和营销的期望。与中石油的战略关系有助于俄罗斯和中国公司对石油勘探进行合作竞标。俄罗斯石油公司和中石油的第一个合资企业"东方能源有限公司"于 2006 年 10 月 16 日成立，俄罗斯公司占 51% 的股权。另一家合资公司"中国俄罗斯东方石化公司"在中国合作了一个每日可加工 20 万桶的炼油厂，并将在中国管理 300 个气站。[68]俄罗斯石油公司也许还可以帮助中石油在俄罗斯领土上建立起另一个合资企业。[69]2006 年 7 月 19 日，中石油国际事业有限公司（以下简称中油国际）购买了俄罗斯石油公司首次公开募股的 5 亿美元股票，成为两巨头相互投资合作的顶峰。[70]俄罗斯石油公司还与另一家中国领先公司中石化开始了合作。2006 年 7 月，中石化花了 35 亿美元竞标收购了俄罗斯前秋明英国石油公司的子公司乌德穆特公司（位于乌德穆尔特共和国伏尔加地区）的股权。这是中国在俄罗斯石油领域的最大一次股权收购。[71]俄罗斯的一些观察家把此交易称为"政治交易"。俄罗斯石油公司和中石化之间的合作发展导致了在俄罗斯总理弗拉德科夫 2006 年 11 月访华期间双方签署了总的"战略合作协议"。

（5）中国参与萨哈林项目已经变得有可能。俄罗斯石油公司支持让中国公司进一步接触萨哈林岛的油气矿床。自 2003 年以来，俄罗斯石油公司一直与俄罗斯天然气公司竞争，以获取开发和生产萨哈林岛资源的国家许可证。天然气出口取决于俄罗斯天然气公司的政策，但除了按产品分成协议操作的"萨哈林 1 号"生产地以外。然而，俄罗斯石油公司在萨哈林岛沿岸地带的富油区拥有许多股权。[72]作为"萨哈林 1 号"项目的持股方（20%），该公司支持主要运营商埃克森美孚公司将所有天然气卖给中国的计划。2006 年 10 月，埃克森美孚公司和中石油签署了一项协议。协议规定"萨哈林 1 号"项目生产的至少 80 亿立方米的天然气将通过输气管路售往中国东北。[73]俄罗斯石油公司也准备每年向中国提供 200 万吨原油。俄罗斯石油公司持有"萨哈林 3 号"项目的 49.8% 股权，中石化和萨哈林石油公司各拥有 25.1% 的股权。最近有报道说，萨哈林石油公司已将 25.1% 的股权转让给其他公司，为此中石化正与多家俄罗斯公司和一家韩国公司竞争，以获得"萨哈林 3 号"项目的较大股权。[74]

（6）中国已基于战略伙伴关系以及俄罗斯天然气公司与中石油在 2006 年 3 月签署的《俄罗斯向中国供应天然气协议》加强了其与俄罗斯天然气公司的关系。此协议确定了有关供气时间、数量、路线和天然气定价公式原则的主要条款。普京在文件上签字后，满怀热忱地宣布，俄罗斯将考虑铺设两条管路，每年向中国提供 600 亿~800 亿立方米的天然气。俄罗斯天然气公司副总裁亚历山大·梅德韦杰夫声称，从 2011 年开始，俄罗斯天然气公司每年将通过俄罗斯东部管路（科维克塔—布拉戈维申斯克）和西部管路（阿勒泰—新疆）向中国提供 680 亿立方米的天然气。[75]俄罗斯还敦促与中国联合生产液化天然气，以满足东亚市场的需求。[76]

（7）中国和哈萨克斯坦确保将哈萨克斯坦和俄罗斯的石油联合供应给中国的举措已经为该地区的扩大合作铺平了道路。在"一体化"逻辑之后，俄罗斯石油公司更加确定了利用哈萨克斯坦的路径为中国出口石油。俄罗斯不再把哈萨克斯坦作为一竞争者，而是更喜欢同这个关键性的中亚国家合作。2006 年 11 月，俄罗斯石油公司表示希望通过从萨马拉到阿特劳的哈萨克斯坦管道提供石油。俄罗斯石油公司总裁博格丹奇科夫在其官方声明中表示俄罗斯石油公司希望每年通过哈萨克斯坦的输油管路向中国供应 150 万吨石油，并且未来还有可能增加。俄罗斯石油运输公司确认，2007 年俄罗斯通过哈萨克斯坦管路输送的年石油量将达到 700 万吨（5 130 万桶）。[77]俄罗斯和中亚联合向中国输送石油如果能变成现实，将在"中亚腹地"的地缘政治格局方面掀开新的一页。出于政治（西方对苏联空间的压力）和经济因素（厌恶在中国市场与供应商竞争）考虑，莫斯科通过 2006 年 10 月普京和纳扎尔巴耶夫在哈萨克斯坦的乌拉尔斯克签署了一系列政府协议加强了与哈萨克斯坦的伙伴关系和合作。

（8）已建议成立一个新的"能源俱乐部"。2006 年 6 月，在上海合作组织的上海峰会上，普京呼吁建立亚洲能源俱乐部，以进一步发展俄罗斯、中国和中亚四国之间的经济合作。俄罗斯将上海合作组织的能源俱乐部看做是联合石油、天然气和电供应商、客户以及过境国的一种机制。在上海合作组织峰会上，普京称"建立上海合作组织能源俱乐部以及扩大运输和通信领域合作是一项非常及时的倡议"。[78]上海合作组织成员国和观察国广泛支持将能源合作列入上海合作组织的议程。[79]哈萨克斯坦总理丹尼亚尔·阿克梅托夫艾强调上海合作组织成员国应将能源安全问题作为"对我们各国经济发展的关键挑战"。伊朗总统马哈茂德·艾哈迈迪内贾德也欢迎普京的倡议，说"能源日益增加的作用以及成员国之间既存在石油消费国又存在石油生产者为合作提供了有利的理由"。他还建议俄罗斯和伊朗可以进行合作，共同确定"有利于全球稳定的"天然气价格。在峰会之后不久，就成立了一个特别工作小组，小组递交了立即成立此组织的方案。[80]

（9）自 2003 年以来，中国在"地缘政治延伸"方面取得进步的有利条件有助于中国的石油和天然气公司在中亚巩固他们的立足点。哈萨克斯坦已成为中国中亚战略的主要合作伙伴。[81]哈萨克斯坦于 2006 年 5 月开始通过于 2005 年 12 月完工的 988 千米长的中哈输油管路（阿塔苏—阿拉山口）向中国输送原油。2006 年，此管路的石油日输送量将为 20 万桶，2011 年将达到 40 万桶，并将向四川境内的炼油厂提供石油。现有的哈萨克斯坦—中国石油管道将可能被延长至 3 000 千米。[82]从哈萨克斯坦的奇姆肯特经边境城市德鲁日巴站通往中国的石油铁路运输量也将增长。[83]2005 年，中石油阿克纠宾油气股份公司（中国股权为 66.7%）生产了 4 380 万桶石油和 27 亿立方米的天然气，但大部分石油被以物物交换方式售给了俄罗斯的炼油厂。[84]中国的中国海洋石油总公司（以下简称中海油）于 2005 年 10 月用 41.8 亿美元成功收购了哈萨克斯坦石油公司，接管了其所有资产。这些资产包括 11 个油田的全部或部分所有权以及在哈萨克斯坦南图尔盖盆地的 7 个勘探区的许可证。这些油田的原油日产能达到了 14.3 万桶。[85]最后，中信集团最近花了 19 亿美元从加拿大的国家能源公司收购了卡拉赞巴斯油田（哈萨克斯坦西部）。此油田已探明的石油储量为 3.4 亿桶，日产量为 5 万桶。据报道，哈萨克斯坦国家石油天然气公司正在建造一炼油厂，目的是向中国或其他市场出口石油产品。[86]

（10）安集延事件之后，乌兹别克斯坦急于从中国获得政治支持，促成了中乌双方于 2005 年 5 月签署中乌伙伴关系协议。2005 年 11 月，美国从喀什—卡纳巴空军基地撤走之后，乌兹别克斯坦的政治取向发生了戏剧性的转变，这使得中国扩大了其在乌兹别克斯坦的能源领域的业务。中石油还与乌兹别克国家石油天然气公司建立了一合资公司，中方投资 6 亿美元用于石油勘探和开采。中石油还获得了在乌兹别克斯坦的布哈拉希瓦地区和乌斯秋尔特地区的 23 个油气区块的石油和天然气的勘探和开采权。[87]令人瞩目的是，中国正试图说服哈萨克斯坦、乌兹别克斯坦和土库曼斯坦（尽管土库曼斯坦不是上海合作组织的成员国）建立一管路网，以便于未来从这些国家进口石油和天然气。为此，规划了三条穿越中亚的天然气输送路线。第一条是从土库曼斯坦和乌兹别克斯坦经过阿拉木图到中国；第二条是从哈萨克斯坦西部经过哈萨克斯坦南部的提莫肯通往阿拉木图；第三条是从俄罗斯的鄂木斯克经由阿斯塔纳到阿拉木图。中哈联合项目包括重建"乌兹别克斯坦—哈萨克斯坦"天然气管路以及新建"阿拉木图—乌鲁木齐"天然气管路，共耗资 20 亿美元。[88]

（11）2005 年，中国得到了一个加强其在土库曼斯坦地位的机会。土库曼斯坦前总统尼亚佐夫同意在土库曼斯坦开发气田方面与中国合作，这对中国来说是一个战略突破。在天然气方面获得了一个额外的与俄罗斯讨价还价的机会之后，中国也在想办法防止西方国家在土库曼斯坦能源领域中的影响（土库曼斯坦新总统古尔班·别尔德穆哈梅多夫并不排除未来在里海区域与西方进行合作，也考虑了西方参与未来的跨里海天然气管路建设）。尽管最近俄罗斯、土库曼斯坦和哈萨克斯坦就建造一条通过俄罗斯沿里海海岸出口土库曼斯坦天然气的管路达成的具有里程碑意义的共同协议取得了进展，但中国希望建造一条以土库曼斯坦为起点的天然气输送管路。此管路年输送能力为 300 亿立方米，可使用 20 年，从 2009 年起算。[89]此管路起点为土库曼斯坦，穿过乌兹别克斯坦和哈萨克斯坦。中国希望就阿姆河右岸一新产气区的开发签署一项产量分享协议。[90]

中国能源政策的区域背景正成为中俄合作的一个决定性因素。它促使中国和俄罗斯的领导人调整他们的能源战略，并认真考虑中亚地区的经济和政治动态。中国能否在与俄罗斯和中亚能源关系方面有所突破还取决于它的欧亚大陆能源政策的特征，但这些发展还要受到外在因素和政治或然性的影响。俄罗斯的外国能源关系已迅速被"政治化"。该区域中的戏剧性结构变化以及俄美及俄欧关系的挫折缩小了俄罗斯的选择范围，并迫使它在亚洲更积极地寻找油气出口市场。这种"能源领域的政治化"不仅鼓励了俄罗斯迈向中国市场，而且扩大了俄罗斯和中亚国家的共同议程。它们的领导人不得不将一体化战略和竞争性战略集成，以确保它们在不断受到西方国家的政治和经济压力下的亚洲市场的地位。

四、中国在欧亚大陆能源选择的可持续性

在不断变化的国际背景下，中国在欧亚大陆的能源战略在向中国提供油气方面不断推进了地区性合作。最近，中国、苏联和中亚在能源方面的双边和多边合作取得了可喜的进展。最近，有关部门对从欧亚腹地进口的

化石燃料量进行了预估。通过这些数据，人们乐观地认为中国未来的油气需求也许可通过欧亚大陆的供应来满足。然而，欧亚大陆战略能源博弈存在许多经济和政治变数，这令人们对欧亚大陆能源供应的可持续性提出了疑问。这些因素包括西方国家在中亚的政策、俄罗斯和中国在中亚地区利益的潜在紧张以及中亚国家的"平衡"行为。因为这些中亚国家仍依赖于自然资源出口，因此其经济和政治都很脆弱。

中国欧亚大陆能源选项的可持续性究竟有多大？中国可以确保化石资源的进口能在可预见的未来持续不断吗？要回答这些问题，我们应该评估可能会影响中国向中亚腹地迈进的一系列关键因素和风险。

在这些众多政治因素中，对欧亚大陆能源供应的可持续性具有主要风险的因素源于欧亚大陆能源供应国（尤其是俄罗斯）和西方国家之间具有高度竞争性的战略互动。这种非合作性的博弈助推了中国、俄罗斯和中亚国家的合作，尤其是在安全和经济问题方面。出于经济和政治的原因，俄罗斯将东亚能源市场看作是一种手段，用来对冲与西方打交道可能带来的风险，并在亚欧之间奉行一种制衡的跷跷板政策。

俄罗斯领导人明白转向充满活力的亚洲市场可能会导致与其他能源供应国的竞争。考虑到竞争是不可避免的这一事实，莫斯科正极力与欧洲和亚洲市场的潜在竞争者进行讨价还价和接触。俄罗斯缺乏有效的机制来完全防止能源转运路径绕过俄罗斯领土，并在 2006 年夏季不得不吞下一枚苦果。当时，哈萨克斯坦同意通过巴库—第比利斯—杰伊汉管路系统输送其里海近海石油。结果，俄罗斯可能失去了其当前通过里海管道财团的设施转运里海石油总量的 1/3。此外，有关国家还要新建一条从哈萨克斯坦到巴库的跨里海石油输送管道，另有一条平行的天然气管道将连接土库曼斯坦、哈萨克斯坦、阿塞拜疆、格鲁吉亚和土耳其，并可能延伸至欧洲。

在这次竞争中，中国—哈萨克斯坦—俄罗斯的合作仍然是重要的。中国和哈萨克斯坦利用了俄罗斯在近邻国家的政治复杂性以及其与西方在能源合作中的弱点。中国希望在此地区的地缘经济扩张中获得最大收益。通过与哈萨克斯坦的合作，中国战略家对俄罗斯施加了间接压力，使得俄罗斯更加关注中国在俄罗斯能源战略中的地位，但中国和哈萨克斯坦的利益有所不同。哈萨克斯坦试图限制中国对哈萨克斯坦经济股权的控制，并使之低于西方国家的股权控制量。哈萨克斯坦故意允许中国企业在其石油和天然气部门投资。此外哈萨克斯坦还允许俄罗斯通过哈萨克斯坦的管路网络向中国销售西西伯利亚的石油，这在中俄关系中也发挥了不可或缺的作用。因此，哈萨克斯坦展示了其与中国的睦邻友好关系，以在继续保持与潜在的美国和欧洲投资者的合作伙伴关系的同时，确保增加向中国的石油出口。

哈萨克斯坦对欧亚大陆的能源联盟有自己的想法。它的战略也反映了其不断增长的作为欧亚大陆大国的野心。哈萨克斯坦领导人支持现代化建设，因为这有助于确保政权稳定。哈萨克斯坦接受来自西方、中国和俄罗斯的援助，因为这些国家都把哈萨克斯坦视为中亚地缘政治的中枢。哈萨克斯坦支持这些一体化的想法，并希望在其他中亚共和国（尤其是土库曼斯坦和乌兹别克斯坦）与中国的能源合作中提高其中转国的地位。但最重要的是，哈萨克斯坦提供了一个长期的欧亚石油协作计划，以缓解其在亚洲能源市场与俄罗斯的竞争，并为建立哈萨克斯坦—俄罗斯石油卡特尔寻找合适的理由，以协调石油向亚洲（也有可能欧洲）市场的出口。此建议是由哈萨克斯坦政府总理智囊团提出的，符合上海合作组织内部的能源合作想法，并就哈俄双方协调对华政策关系方面开辟了新的愿景。[91]

莫斯科接受了纳扎尔巴耶夫提出的游戏规则。俄罗斯理解哈萨克斯坦的主要目的是追求一个多向量的外交政策战略，也知道哈萨克斯坦现在越来越注重西方合作伙伴，但它还是同意用西伯利亚的石油来补充哈萨克斯坦向中国的石油供应量。莫斯科心照不宣地接受了其在里海管路财团的过境利润损失，同意通过哈萨克斯坦的过境设施将石油出口到中国。俄罗斯愿意承担哈萨克斯坦在中国和西方国家之间维持平衡的成本，以避免哈萨克斯坦过度依赖任何一方。通过这种"务实的伙伴关系"，莫斯科帮助哈萨克斯坦与主要玩家保持一定的距离，因而确保了自己在地区合作（包括在上海合作组织框下的合作）的地位。俄罗斯在该地区的多边合作的利益在于油气出口路线的多样化以及能源市场价格和政治风险的降低。通过推进上海合作组织能源俱乐部，俄罗斯正努力应对中亚国家的意外政治动荡。通过在石油转运、俄罗斯天然气工业公司对哈萨克斯坦的天然气的采购价格以及俄哈为炼油厂的石油互换计划，俄罗斯找到了向新兴亚洲市场提供油气的联合机制。[92]

中国似乎对建立俄哈石油卡特尔以满足中国的石油需求感兴趣。中国很可能欣赏哈萨克斯坦就哈俄通过至新疆的输油管路向中国提供石油的努力，因为这对中国确保其进口石油的一半来自其战略"北后方"十分重要，[93]但中国也想在欧亚腹地不断演变的一体化机制中起主导作用。事实上，中国反对俄罗斯垄断能源供应和运输的基础设施。中国在努力起草上海合作组织在能源领域的共同议案，并注重其与中亚国家的双边战略关系。尽管西方媒体对普京的上海合作组织能源俱乐部倡议作出了危言耸听的反应，但上海合作组织今天仍只能管理在较小国家的几个边缘性项目［如塔吉克斯坦的桑图丁斯卡亚（Sangtudinskaya）和罗根斯卡亚（Rogunskaya）水电站，以及吉尔吉斯斯坦的卡巴拉丁斯卡亚（Kambaratinskaya）水电站的两个标段］。[94]中国也许会对欧亚大陆中部的能源联盟感兴趣，但前提是必须确保其作为消费国的利益。在俄罗斯或俄罗斯—伊朗—哈萨克斯坦控制下形成的天然气价格协调机制可能会削弱中国在能源交易方面与俄罗斯和中亚供应国讨价还价的地位。

因此，尽管中国接受了能源俱乐部的想法，但它仍然对俄罗斯天然气公司想建立"天然气全球销售网络"的欲望持谨慎态度，并认真权衡俄罗斯领导下的"天然气欧佩克"的优劣点。[95]在对能源联盟的性质和作用的期望作出回应时，普京不得不对成立一个正式的天然气卡特尔的建议轻描淡写。普京强调："我们的公司正就在油气领域竭尽全力进行会谈……在天然气方面，并没有类似欧佩克的一种组织……只不过是一种联合企业。"俄罗斯能源部前副部长弗拉基米尔·米洛夫指出，这种卡特尔愿望是不切实际的。[96]总之，无论是在上海合作组织内部还是外部，俄罗斯的一体化倡议都被看成是防止俄罗斯—中亚和俄罗斯—中国在能源领域竞争日益剧烈的一种措施。此外，正如伊戈尔·汤伯格恰当地指出的，这个能源倡议能对中国在中亚地区的信心满满的经济扩张起到制衡作用。[97]

俄罗斯和中亚地区的决策过程的特征也会影响中国欧亚大陆战略的可持续性。尽管选择了"向东能源战略"，但俄罗斯政治精英仍面临着"东西方困境"的问题，并需要在不断变化的战略环境中调整能源安全理念。正如本文所展示的，俄罗斯在能源领域积极推进与邻国的合作。尽管如此，在国家能源战略中确保长期的国内共识，仍然对中国在与俄罗斯打交道时捍卫自身利益的能力至关重要。[98]

除了俄罗斯对出口至中国的"资源特性"关心外，俄中两个主要合作公司中俄石油公司和俄罗斯天然气公司的利益冲突已成为影响中俄能源合作伙伴关系可持续性的关键因素之一。[99]

这两家公司都大力促进它们在中国的业务，但它们的战略反映了中央和地方各大集团的不同利益。由于利益分歧和各自战略的差异，这两家公司未能在 2005 到 2006 年合并。[100]有趣的是，随着俄中能源纽带关系的重要性增强，俄罗斯天然气公司和俄罗斯石油公司开始相互竞争，并最终在不同商务项目上影响了它们与中国同行的关系。俄罗斯天然气公司想全面控制与中国的所有天然气交易。在普京个人的支持下，2006 年 7 月，天然气垄断者俄罗斯天然气公司得到了合法的权利，成为俄罗斯天然气［包括在萨哈林岛或希特克曼（Shtockman）气田生产的天然气］的"唯一出口窗口"。俄罗斯有关当局甚至不允许俄罗斯石油公司出口从其与中国共同拥有的"萨哈林 3 号"项目开采的天然气。尽管出口权流程不适用于产品分成协议，但由于普京个人要求，未经俄罗斯天然气公司的许可，任何公司不得作出天然气出口决定，致使埃克森美孚与中石油就将"萨哈林 1 号"项目的天然气输送至中国的协议未能生效。[101]

俄罗斯天然气公司想全面控制自伊尔库茨克地区的科威可塔（Kovykta）气田向中国的天然气出口，然而秋明英国石油公司是科威可塔气田的许可证持有者，尽管俄罗斯天然气公司和秋明英国石油公司签署有开发此巨大天然气储量的协议，但科威可塔气田可能会成为中国的长期关注目标。在远东地区，俄罗斯天然气公司积极购买在俄罗斯远东现有的燃气管道，包括 375 千米长的共青城—阿穆尔—哈巴罗夫斯克支线（2006 年 12 月完成）和萨哈林岛—共青城—阿穆尔管路。目前已计划建造哈巴罗夫斯克—符拉迪沃斯托克天然气管道。根据俄罗斯天然气公司的文件，萨哈林气田（包括属于俄罗斯石油公司的那些气田）将成为俄罗斯实现气化的远东地区资源基地。[102]

2006 年 11 月，在普京的压力下，俄罗斯天然气公司和俄罗斯石油公司之间的竞争得到了抑制，双方签署了一份战略合作协议，要求在石油和天然气勘探、生产以及向亚洲出口烃类燃料方面采取协调一致的政策。于是，俄罗斯天然气公司参与了俄罗斯石油公司在亚马尔半岛和萨哈林岛的气田，而俄罗斯石油公司则为其天然气得到了一个稳定的市场。[103]

只要分析一下俄罗斯石油公司和俄罗斯天然气公司对中国的政策，你就可以清楚地发现俄罗斯和中国对主要目标和双方能源合作的想法有所不同。目前，对俄罗斯来说，与亚洲那些可能购买俄罗斯天然气的国家确保长期协议更为重要。天然气出口途径通常是通过地理位置预先确定的，而且与原油不同，它的运输成本不允许在不同市场进行灵活销售。俄罗斯天然气公司想在天然气供应方面与中国保持长期合同，以补偿昂贵的西部和东部天然气管路。对中国来说，目前从俄罗斯采购天然气还不能算是生死攸关的问题。中国公司也许还考虑以合理的价格为中国西北和北京地区购买俄罗斯的天然气，以补充来自于甘肃和宁夏地区的成本昂贵的天然气供应。最近中石油和埃克森美孚（"萨哈林能源"）就通过管路向中国东北或山东提供天然气一事签署了一系列协议，这表明中国现在已开始实施它的"天然气计划"。这也可能有助于中国将北部的已开发的气田保留为战略储备气田。中国对将俄罗斯（中亚）石油通过中国过境提供给韩国和日本更感兴趣，因为这是未来提高中国在该地区重要性的一个因素。但是，一般情况下，中国只有到 2015 年才能大规模采购俄罗斯天然气，这可能会影响到俄罗斯与独联体和欧盟对手谈判的地位。[104]表 1 中对俄罗斯东亚天然气供应量的预测表明了中国总进口量的份额在不断增长。

表 1　俄罗斯向亚太地区的天然气出口量预测（亿立方米）

地区	年份				
	2010	2015	2020	2025	2030
西西伯利亚	0	15	30	40	60
东西伯利亚和萨哈共和国	0	30	60	82	82
萨哈林岛	13.4	13.4	18	20	23
合计	13.4	58.4	108	142	165
其中，出口至中国的量	5	40	78	102	125

来源：俄罗斯科学院西伯利亚分院石油和天然气地质与地球物理研究所，2006 年；安德烈·考佐巴耶夫，《俄罗斯石油和天然气产业的发展预测和碳氢化合物出口的新愿景》，莫斯科，《远东问题》，2006 年第 5 期，第 54 页。

中国要求俄罗斯天然气公司的天然气供应价格低一些，以煤炭作为参照物，而不是以后者提出的"石油产量平均价值"为基础。中国一直希望俄中边境的天然气的供应价格为每 1 000 立方米 30 ~ 35 美元。弗拉基米尔·米洛夫通过计算认为，只有每 1 000 立方米的天然气价格超过 75 美元，科威可塔项目才有可能盈利。在向中国销售天然气时，俄罗斯供应商也可能会建议采用哈萨克斯坦销售给俄罗斯的天然气价格，即每 1 000 立方米 140 美元。尽管经过了大量谈判以及俄罗斯天然气公司和中石油联合工作组的辛勤努力，但中俄天然气价格谈判没有取得任何进展。[105]中国不太可能接受俄罗斯天然气公司收购中国领土上的天然气分销公司。据推测，如果启动天然气供应，俄罗斯可能要求与中国合作伙伴公司共同拥有当地资产，这也许是中国愿意接受的。此外，还有一个能否生产出足以满足中国天然气需求量的问题以及中国北部各省和南部各省对天然气非对称需求的问题，但这些问题似乎不会阻碍中俄天然气合作。

俄罗斯试图确保与中国的天然气交易，而中国也希望从俄罗斯得到更多的石油。与易受攻击的海上供应相比，中国认为陆上管道输送至少在一定程度上是确保能源安全的一种方法。[106]中国经济学家冷酷地说，中国必须使俄罗斯依赖于中国这个买家。来自俄罗斯的天然气管道供应将有助于中国与俄罗斯接触，当然有很多原因需要这样做。很明显，中国非常关注其他大国在西伯利亚富油区不断增加的影响力。此外，中国领导人似乎明白了"战略"管路可能会加强供需两国的地缘经济和地缘政治相互依存性，这样使得第三国侵略需求国的成本上升。总之，为实现在西伯利亚和俄罗斯远东的战略目标，中国提高了其在俄罗斯的政治和市场情报能力。[107]

尽管中国在东西伯利亚管路施工方面取得了进展，但中国仍关注项目的最终完工。随着泰雪特—斯科沃罗季诺管道延伸的最终日期日益临近，越来越多的中国专家开始担心俄罗斯能否生产足够的石油量来满足管路运输的可行性分析要求。中国必须要求俄罗斯确保每天将至少 100 万桶石油输送到斯科沃罗季诺，因为其中 40 万桶要通过铁路被运输至纳霍德卡附近的科兹米诺，余下的 60 万吨要被运往中国。

西方分析人士怀疑东西伯利亚的储量是否能够满足此管路输送量。[108]中国专家似乎更加乐观，注重于一个一般事实，即通向中国的东西伯利亚管路将连接萨哈共和国伊尔库茨克地区克拉斯诺雅斯克州以及埃文基自治区的有希望的油田，其中包含 224 亿桶可能的原油储量以及 42 亿桶已探明的原油储量。[109]俄罗斯科学院西伯利亚分院的专家认为，在开始，西西伯利亚低硫油将是输送给中国的主要资源，未来对中国的石油供应将部分来源于东西伯利亚的储量。2010 年，东西伯利亚和萨哈的日石油产量将上升到 25 万桶，2020 年，将达到 180 万～210 万桶，其中包括萨哈林岛的产量。[110]预计的西伯利亚石油产量见表 2：

表 2　俄罗斯的石油产量预测（水/凝析油*）（100 万桶/日）

地区	年份				
	2010	2015	2020	2025	2030
西西伯利亚	7.05	7.07	7.17	7.19	7.28
俄罗斯的欧洲部分	2.45	2.35	2.25	2.18	2.05
东西伯利亚/萨哈—雅库特	0.25	0.86	1.23	1.43	2.25

地区	年份				
	2010	2015	2020	2025	2030
远东（萨哈林）	0.47	0.51	0.60	0.67	0.72
俄罗斯合计	10.22	10.79	11.25	11.47	12.3

注：＊凝析油是一种液态碳氢化合物产品，产生于天然气储层中，也可在为销售而对天然气原料加工过程中获得。它也可被称为天然气液体，在化学和物理特性上与汽油非常类似。天然气液体可以根据其蒸气压力被分为低（凝析油）、中（天然汽油）和高（液化石油气）蒸气压力。凝析油由于销售价格高，有助于提高天然气项目经济收益。

来源：安德烈·考佐巴耶夫，《俄罗斯石油和天然气产业的发展预测和碳氢化合物出口的新愿景》第 51 页，俄罗斯科学院西伯利亚分院石油和天然气地质与地球物理研究所，2006 年。

　　表格中的数据表明，如果 2020 年东西伯利亚/远东石油的日产量能达到 180 万桶，它可足以确保计划中的通过东西伯利亚管路向亚洲消费国（包括中国和日本）每日供应 160 万桶石油。俄罗斯石油公司乐观地估计，到 2015 年，东西伯利亚每日可提供 100 万桶石油，这样可确保俄罗斯向中国提供石油。[111]问题是被发现的储量也不一定能被很快开发出来。尽管起始于斯科沃罗季诺的中国支路可能会于 2008 年年底完工，但根据俄罗斯石油公司的报道，中国只能从新管路得到所需原油的一半（即 30 万桶/日）。[112]俄罗斯石油公司积极支持管道建设，确认从克拉斯诺雅斯克州伊加尔卡镇西南 150 千米处的凡克尔斯克伊（Vankorskoye）油田的石油产量可为此管路提供石油。[113]

　　换句话说，中国石油企业面临的主要挑战并非来自俄罗斯能源的匮乏，而是来自于俄罗斯公司对资源获取、所有权、出口和运输的内在竞争而导致的不可预测的结果。受俄罗斯政府控制的强大寡头集团为资源提供进行激烈的竞争，这可能推迟管道建设或影响具体生产商的化石燃料供应（特别是从特定的生产商的燃料供应）。作为普京圈内人物的俄罗斯强有力的铁道部长，弗拉基米尔·亚科林成功推进了"向中国提供石油"的计划。此计划包括对跨西伯利亚路线的"南部线路"（特别是卡林斯科耶—贝加尔斯卡亚支线）作出巨大投资。若要完成重建，"俄罗斯铁路"公司需投资 5 亿美元以上。未来铁路日输送量可能会增至 60 万桶，而且最近的发展表明，在向中国输送石油的竞争中，铁路运输可能会胜过管路输送。[114]

　　在石油生产商（主要是俄罗斯石油公司）、管路建设商（俄罗斯石油运输公司）和俄罗斯铁道部对石油最终买家的博弈中，特殊解决方案正代替了关键的战略决策。对于生产商来说，关键是要得到一种价格便宜的运输方式。而运输企业只想快速得到资本回报，无论油流向何方。[115]为了保持利益平衡，俄罗斯当局不得不允许主要受益方获得出口权，以达到政治和经济权衡。因此，斯科沃罗季诺60万桶日预期产量中的60%以上可能会通过铁路被输送至纳霍德卡。与通过铁路将石油直接经中国东北运往中国内地比较，这种方式所获取的利润更大。

这正是俄罗斯对未来向东出口供应量不确定的根源。在强大的铁路游说团支持下，政府官员经常会提及东西伯利亚的油田发展太慢。[116]对俄罗斯战略偏好缺乏信心激起了中国能源公司总部的担忧。俄罗斯定期给中国提供怀疑中国管道项目能否实际兑现的理由。俄罗斯以前以生态原因为借口，现在又要求中国向其提供石油采购保函。石油运输关税已成为双方能源谈判的永远关注点。在2006年泰雪特—斯科沃罗季诺的第一站的地理位置被改变之后，其施工成本（110亿美元）已接近于原通往太平洋的整个管路的预期成本。因此，原先预期的由泰雪特到大庆的输送方式的20.6亿美元成本现在必须增加一倍，而且那个已被宣布的俄罗斯石油运输公司将为未来通过管路向科兹米诺输送石油投资52.1亿美元的成本也变得不太现实了。在先前的计划中，直接向中国提供东西伯利亚石油是合理的，而且从经济角度看中国市场也是最合乎逻辑的（与纳霍德卡路线相比）。[117]

在预测中国从欧亚大陆进口化石燃料的总量时，应考虑上述政治和经济方面的障碍。公开报道的从俄罗斯和中亚向中国的计划供应数量也许会令中国乐观，但仍有必要认真分析所面临的困难以及是否要采用一种更加保守的方法，以对中国欧亚大陆能源政策的未来成就作出更加实际的预测。表3提供了两种不同的状况，即乐观状况和中等状况。

按照乐观状况，中国也许能够保障到2020年时，其"北部"欧亚大陆的日供应量为240万桶石油和1 140亿～1 300亿立方米的天然气，占中国2020年石油进口的40%～50%和天然气进口的约100%。[118]然而，这种状况的实现在很大程度上取决于主要大国之间正在持续的战略博弈以及地区性发展的动态因素。因此，在中等状况下，中国可从欧亚合作伙伴每日获得135万桶原油，并且，如果西西伯利亚天然气储量能通过俄罗斯的阿勒泰与新疆连接，中国对天然气进口的总需求也许能被全部满足。从实际情况来看，中国对其"欧亚大陆后方"的依赖将增长，但不大可能超过其原油总进口量的30%。

中国在中亚和俄罗斯能源领域的努力可能会保证未来更加稳定的欧亚

大陆燃料供应。中国对欧亚大陆后方的日益依赖将不会超过其全球油气进口量的1/3。即使是这些"中等需求"，如果考虑到缺乏足够的资源、油气田勘探和开采的高成本，苏联国家政权内在的政治不稳定性，国内竞争和产油气国的战略缺乏，它们也应被保护。对欧亚大陆的能源大博弈的进展产生外在影响也是中国能源战略成功的关键。中国希望与大国合作，以从动荡的国际市场寻求可持续的石油和天然气供应。

五、结论

中国的欧亚大陆能源战略基于中国觉得中亚地区变得越来越可靠。中国领导人认为中国的能源安全主要是能源供应的安全和可持续性。这种途径集成了地缘政治考虑以及如国内经济发展和政治稳定、资源供应和燃料消耗量的增长等重要事宜。中国的欧亚能源外交在很大程度上基于基本的传统地缘政治观念。在目前的国际环境中，中国假设其作为关键的欧亚大陆玩家以及其作为陆地和海洋平衡国的地位将不断加强。

表3 中国欧亚大陆石油和天然气供应的主要来源和数量

来源	运营商	计划供应量（2020）	实际供应量（2015）
石油			
从西伯利亚的铁路运输	俄罗斯石油公司（包括东方能源公司）、俄罗斯天然气工业石油公司、乌德穆特石油公司、卢克石油公司、秋明英国石油公司、苏尔古特石油天然气公司、乌拉尔能源公司及其他	50万~60万桶/日（2007年有望每日供应30万~36万桶）	27万~30万桶/日
东西伯利亚管路（斯科沃罗季诺—大庆支线）	俄罗斯石油公司和其他大量公司	60万桶/日	30万桶/日

来源	运营商	计划供应量（2020）	实际供应量（2015）
从萨哈林岛的出口	俄罗斯石油公司、俄罗斯天然气工业石油公司、埃克森美孚公司	40 万桶/日	50 万桶/日
通过中哈石油管路转运的俄罗斯石油	俄罗斯石油公司、卢克石油公司、苏尔古特石油天然气公司、俄罗斯天然气工业石油公司及其他	40 万桶/日	20～30 万桶/日
通过中哈石油管路里海段的输送	哈萨克斯坦国家石油和天然气公司、哈萨克斯坦卡拉赞巴斯姆奈开放性股份公司及其他	40 万桶/日	40 万桶/日
从乌兹别克斯坦经由阿拉木图的铁路石油供应	乌兹别克斯坦国家天然气公司	2 万桶/日	不适用
天然气			
西西伯利亚（"阿勒泰"）、东西伯利亚管路以及萨哈林天然气供应	俄罗斯天然气工业公司、俄罗斯石油公司	800 亿～1 000 亿米³/年	600 亿～1 000 亿米³/年
土库曼斯坦—乌兹别克斯坦—哈萨克斯坦天然气供应	中亚营运商	300 亿米³/年	300 亿米³/年

来源：俄罗斯工业和能源部、俄罗斯石油运输公司、俄罗斯石油公司、俄罗斯科学院、中国国家能源领导小组办公室。

中国的欧亚大陆战略将合作途径与嵌入到地区背景的现实政治因素结

合在一起。在欧亚腹地尚未显露的能源博弈中，主要玩家各有自己的想法：俄罗斯雄心勃勃，寻求大国地位；哈萨克斯坦正在进行现代化建设，当前政治稳定，追求务实外交，想成为一个轴心能源国；渴求燃料的中国是一个经济大国，担心第三国侵入其"北部后方"。所有这些都可能导致矛盾，并带有很多变量。这就需要良性外交和大量的投资能力来确保中国在欧亚大陆的能源利益。

同时，一体化的新趋势也推动着中国—俄罗斯—中亚关系和能源合作。一体化的区域伙伴关系可能会确保供应商俄罗斯和中亚国家与它们主要的油气消费国中国之间的互惠互利关系。中国不必寻求控制欧亚大陆向自己提供石油和天然气。中国将推进一体化进程，虽然可以单独行动，但俄罗斯仍将继续是中国在上合组织内部的重要合作伙伴。对于俄罗斯来说，"能源俱乐部"的建议是试图协调主要参与国的利益。中国将参与任何形式的合作，但由于参与国的利益存在根本性的冲突，能实现一个普遍的和强劲的能源联盟的概率很低。

经济和技术因素或缺乏资源对中国—俄罗斯—中亚能源伙伴关系可持续性的影响较小。就俄罗斯和中亚向中国供应石油这事来说，没有太多的经济或技术威胁，除非政治气候发生变化。对于许多中央和地方寡头和利益集团来说，选择中国（或亚洲）增强了他们在能源安全方面与美国和欧盟讨价还价的信心和自信。中国将利用俄罗斯和西方国家关系的不和。

西方态度的改变可能会削弱俄罗斯和中亚能源战略的亲华倾向。影响中国的欧亚大陆政策的其他政治因素包括俄罗斯和中亚地区国内政治不稳定（俄罗斯国内的宗派主义和持续的政治斗争）以及俄罗斯外交政策仍然高度取决于西方行动这一事实。最后，不管官方是如何宣布的，俄罗斯的特殊能源战略可能在官僚政策或越来越多的对"中国威胁"担心的冲击下突然转向。

注释：

此文是作者对中国大战略和外交政策研究结果的一部分，得到了由美国阿默斯特学院卡尔·路易温斯率领的政治学和法学团队的支持。此项研究是在莱尔·J.戈尔茨坦教授以及 2006 年 12 月 6 至 7 日在美国纽波特举行的"中国能源战略的海洋解读"大会组织者的倡议下，与美国海军军事学院的中国海事研究所合作完成的。在此，作者对此文的编辑和审校者 Gabe Collins、Andrew Erickson、Lyle Goldstein 和 Bill Murray 以及对本文前期稿提供过非常宝贵的建设性建议的两名不知名的初审者表示感谢。同时，作者还要感谢 Samuel Grausz、William J. Norris、Anoop Menon、Sergey Sevastyanov 和 Charles Ziegler。他们认真阅读了此文，帮助我对此进行了进一步完善。此外，作者还要感谢 Andy Anderson，是他帮助我准备了关键的地理和统计数据。

1. 中国雄心勃勃的迈向国际市场的"走出去"战略以及国内和国外资源的并行开发是中国领导人于 20 世纪 90 年代中期宣布的。1997 年，中国总理李鹏提出的"走出去"战略标志着中国"能源外交"进入了一个新时代，并使得中国公司进入全球能源市场。该战略作为第十个五年规划草案的一部分内容于 2000 年 10 月获得了中共十五大批准。江泽民在 2002 年 11 月举行的中共十六大上，将其称为"中国对外开放新阶段的重大举措"。为此，到 2005 年，中国的对外总投资超过了 500 亿美元，数以千计的中国企业参与了全球业务活动，涉及金额约 1 350 亿美元。参阅《"十五"期间中国"走出去"战略有力推动对外经济合作》，http：//www. gov. cn/gzdt/200602/13/con_tent_187120. htm.

2. 参阅 Pak K. Lee 的 "China's Quest for Oil Security：Oil（Wars）in the Pipeline?"（《中国渴求石油安全：管路中的石油（战争）?》）The Pacific Review 总 18 期，2005 年第 2 期，第 270 页。

3. 例如，根据中华人民共和国国家发展和改革委员会的官方统计数据，2005 年中国从非洲进口了 3 834 万吨原油，占其该年度进口总量 1. 268 2 亿吨的 30%，http：//english. china. com/zh_cn/business/energy/U025895/20061019/13685339. html。中国专家认为，尽管目前来自非洲的石油尚无法替代来自中东的石油，但中国仍要优先考虑继续增加非洲石油的进口量。如请参阅郝瑞彬、王伟毅的《21 世纪中国石油与中俄石油合作》，发表于《中国矿业》总第 15 期，2006 年 3 月第 3 期，第 7 页。

4. 2003 年 5 月，中国成为世界第二大石油消费国。中国日石油消耗量为 546 万桶，其中 35. 5% 靠进口。在 2003 年 11 月 29 日举行的政府经济会议上，胡锦涛首次将能源和财政明确定义为中国国家安全政策的两个主要成分。胡锦涛的发言稿见 http：//hnance. beelink. com. cn/20040615/1605588. shtml。关于中国不断增长的石油需求，请参阅陈勉的《专家建议：中国应重视石油战略安全》，发表于《开放潮》，2003 年第 3 期，第 22 页；刁秀华的《新世纪中俄能源合作》，发表于《西伯利亚研究》，总第 22 期，第 1 期（2005 年 2 月），第 18 页和第 20 页；参阅 Amy Myers Jaffe 和 Kenneth B. Medlock 撰写的 "China and Northeast Asia"（《中国和东北亚》）。此文被收集于由 Jan H. Kalicki 和 David L. Goldwyn 编著的 "Energy and Security：Toward a New Foreign Policy Strategy"（《能源和安全：建立一个新的外交政策战略》）（Washington，D. C.：Woodrow Wilson Center Press；Baltimore：The Johns Hopkins University Press，2005），第 267 页。

5. 参阅 Zbigniew Brzezinski 的 "The Choice：Global Domination or Global Leadership"（New York：Basic Books，2004），第 108－109 页。

6. 如参阅由 Stephen J. Flanagan 和 Michael E. Marti 编著的 "The People's Liberation Army

and China in Transition"（《过渡中的人民解放军和中国》）（Washington D. C. ：National Defense University Press，2003）；叶自成的《中国大战略》（北京：中国社会科学出版社，2003），第 324 – 326 页。

7. 关于中国人民解放军的编制调整等，请参阅 Martin Andrew 的 "PLA Doctrine on Securing Energy Resources in Central Asia"（《人民解放军保卫中亚能源条令》），The Jamestown Foundation，China Brief，2006 年 7 月 9 日，http：//www. asianresearch. org/articles/2900. html；关于在新疆的部署，请参阅 Martin Andrew 的 "PLA Doctrine on Securing Energy Sources in Central Asia"（《人民解放军保卫中亚能源条令》），China Brief 6，2006 年 11 期，第 6 页。

8. O. B. Зотов. "'Евразийские Балканы' геополитике Китая：значение для России" Восток. Афро – Азиатские общества：история и современность，M.，январь 2001，第 4 期 [O. V. Zotov，"'Eurasian Balkans' in China's Geopolitics：Implications for Russia，" Oriens – Vostok：Afro – Asiatskie Obshestva：Istoria I Sovremennost，2001 年 1 月，第 4 期，第 105 页]。

9. B. Л. Андрианов，"Формирование 'Большого Китая'：геополитическое измерение"，В кн. "Китай в мировой и региональной политике：история и современность"，M.，2000 [V. L. Andrianov，"The Establishment of Greater China and Its Geopolitical Dimension，" in "China in World and Regional Politics：History and the Present" （Moscow，2000 年）]。

10. B. П. Ощепков，"Россия и Китай в зеркале региональной геополитики"，M.，1998 [Oshepkov，"Russia and China in Regional Geopolitics"，第 52 页]。

11. 参阅邱斌的《美国的亚洲地缘政治战略与中国的选择》，发表于《江西教育学院学报》，总第 24 期，2003 年第 1 期，第 13 – 14 页。

12. 参阅李小华的《欧亚大陆地缘政治新格局与中国的选择》，发表于《现代国际关系》，1999 年第 4 期，第 14 – 15 页。中国地缘政治思想家从理论角度大量阐述了中国的"海洋和陆地大国"地位。一个有趣的例子就是刘江永将中国设想成陆地和海洋强国之间关系的调解角色。请参阅刘江永的《地缘战略需要海陆和合论》，发表于《学习时报》，2006 年 4 月 25 日，http：//theorypeople. com. cn/GB/41038/4330005. html.

13. 参阅邱斌的《美国地缘政治》；第 14 期；李小华的《新地缘政治形势》；叶自成的《地缘政治与中国外交》，北京，北京出版社，1998 年。

14. 参阅 Zotov 的 "'Eurasian Balkans' in China's Geopolitics"，第 115 – 116 页。

15. 参阅唐昀的《大搏杀：世纪石油之争》，北京，世界知识出版社，2004 年，第 162 – 163、214 页。

16. 中国国家能源领导小组的官方报告建议中国应准备适应 2040 年"石油峰值"的挑战。《我国利用国外石油资源战略分析》，报告，中国电力企业联合会，2006 年 11

月 2 日，http：//www. chinaenergy. gov. cn/news. php？id = 12319.

17. 参阅唐昀的《大搏杀：世纪石油之争》，第 162 - 163、214 页。

18. 2006 年，中国的日石油需求量达到了 705 万桶，2007 年将上升至 744 万桶。"China 2006 Oil Product Demand Forecast Unchanged at 7. 05 mln bpd – IEA,"（国际能源机构预测中国 2006 年石油产品需求量不变，仍为 705 万桶/日），2006 年 9 月 12 日，http：//www. forbes. com/home/feeds/afx/2006/09/12/afx3009137. html.

19. 参阅《2020 年我国石油对外依存度将超 60%》，发表于《证券时报》，2006 年 11 月 22 日。俄罗斯经济学家预测中国的日石油消耗量在 2020 年之前将达到 920 万桶。参阅 H. Байков, Г. "Безмельницына. Мировое потребление и производство первичных энергоресурсов", Мировая экономика и международные отношения），2003 年第 5 期［N. Baikov and G. Bezmelnitzina, "Global Consumption and Production of Hydrocarbon Resources", World Economy and International Relations, Moscow, 2003 年第 50 期，第 50 页］。

20. "China's External Dependency on Oil Imports Will Grow to 60 Percent in 2020" 第 116 页；Adla Massoud, "Oil May Fuel Sino – US Conflict" al Jazeera, 2006 年 6 月 29 日，http：//www. globalpolicy. org/security/natres/oil/2006/0629massoud. htm.

21. 这些会议通常涉及一系列机构和公司以及其他国际机构（亚洲开发银行、联合国工业发展组织、亚太经合组织、欧盟、世界银行等）的主要官员。如参阅 2007 年 1 月在天津举行的中国经济论坛议程。

22. "Analysis of China's Strategy"（《中国战略分析》）。

23. 周大地制定了下列优先考虑的"战略"事项：①实施节能政策；②优化能源消费，提高燃煤的利用效率，改变石油和天然气在能源结构中的比重；③开发替代性能源生产项目；④修整输油系统；⑤制定全面的国家能源安全政策，包括运行中断时的预警系统；⑥考虑环境问题；⑦提高能源领域的国家管控系统。《权威专家解读新能源战略优化能源结构非常重要》，2005 年 12 月，http：//finance. beelink. com. cn/20040713/1628080. shtml.

24. 《温家宝谈中国能源战略基本方针》，发表于新华网，2006 年 9 月 13 日。中国在自己的能源生产方面投资很大。中国国家能源局副局长许永盛在他最近的报告《2007 年中国行业发展》说道，在两年之内，中国将变成全球最大的能源生产国，http：//www. chinaenergy. com. cn/news. php？id = 12497.

25. 《国家石油储备计划明年在镇海率先启动》，2004 年 10 月 12 日，刊载于 http：//auto. sohu. com/20041012/n222439012. shtml. 日本评论员相信，到 2005 年时，中国能确保 20 天以上的石油储备。参阅 Jamie Miyazaki 的 "Beware the Petrodragon's Roar"（《警惕石油巨龙的怒吼》），亚洲时报在线版，http：//www. atimes. com/atimes/China/FF10Ad05. html. 印度专家预计，设计的初始价值为 7. 25 亿美元的中国战略石油储备可维持中国 75 天的消耗，而不是官方宣布的 30 天。参阅 Sudha Mahalingam 的

"Energy Vulnerability"（《能源脆弱性》），The Hindu，http：//www. hindu. com/2004/
03/02/stories/2004030200961000. htm.

26. 统计数据基于英国石油公司的 "BP Statistical Review of World Energy 2006"（《世界能
    源统计年鉴（2006）》），（www. bp. com）。按绝对数据来说，英国石油公司估算俄罗
    斯的已探明石油储量为 744 亿桶，中国的统计数据与此并无大的差异，为 613 亿桶
    （82 亿吨/年）。参阅郝锐彬和王伟毅的《21 世纪中国石油安全与中俄石油合作》，
    第 5 页。据一些保守估计，俄罗斯的已探明石油储量为 486 亿桶（67 亿吨），"Rus-
    sia Business Consultating Report"（《俄罗斯商务咨询报告》）（莫斯科，2005 年）第
    11 页。俄罗斯科学院的专家称俄罗斯的原油可能储备为 440 亿吨（3 291 亿桶，占
    全球总量的 12% ~13%），天然气的可能储量为 127 万亿立方米。这些统计数字来
    源于 "The Energy Strategy of the Russian Federation until 2020"（《2020 年前俄罗斯联
    邦的能源战略》）（莫斯科，2003 年），第 57 页。

27. 参阅 "Oil Leap Forward"，Vzglyad Online，2006 年 8 月 18 日，http：//www. vz. ru。

28. 参阅 "BP Statistical Review of World Energy 2006"（《英国石油公司世界能源统计年鉴
    （2006）》）；《中亚将成为世界主要应急能源供应地》，国家发改委能源局，2006 年
    11 月 20 日，http：//www. chinaenergy. gov. cn/news. php? id =13022.

29. "Trade Environmental Database case studies，Kazakhstan and Oi"，American University，
    http：//www. american. edu/projects/mandala/TED/kazakh. htm.

30. 2005 年，哈萨克斯坦、土库曼斯坦和乌兹别克斯坦的天然气产量分别为 235 亿、588
    亿和 557 亿立方米。请参阅 "BP Statistical Review of World Energy 2006"（《英国石油
    公司世界能源统计年鉴（2006）》）。中国能源领导小组办公室对乌兹别克斯坦天然
    气的预估产量要比此稍高（600 亿立方米）。请参阅《中亚将成为世界主要应急能源
    供应地》，国家发改委能源局报告，2006 年 11 月 20 日。

31. 参阅 "Analysis of China's Strategy"（《中国战略分析》）；唐昀的《大博杀：世纪石油
    之争》，第 204 页。

32. 参阅 Aaron Friedberg， "The Future of U. S. – China Relations：Is Conflict Inevitable？"
    International Security 39，no. 2（Fall 2005），第 29 页。

33. 参阅 Mikkal E. Herberg 的， "Asia's Energy Insecurity：Cooperation or Conflict？" in
    "*Strategic Asia* 2004 – 2005：Confronting Terrorism in the Pursuit of Power"，Mikkal E.
    Herberg，ed. （Seattle & Washington，D. C. ：National Bureau of Asian Research，
    2004），第 347 页。

34. 俄罗斯石油巨头尤科斯公司在东西伯利亚拥有几个有希望的油田，也是第一个宣布
    想将其石油运往中国的石油公司。生产和运输都由私营公司进行。2004 年，每日通
    过铁路运输的石油出口量为 8. 2 万桶。2003 年 5 月，在胡锦涛作为中国最高领导人
    首次访问俄罗斯期间，尤科斯和中石化就铺设从安加尔斯克（伊尔库茨克地区）到
    大庆（黑龙江省）的 2 300 千米输油管道签署了一份总合同，以确保在未来 25 年内

每天输送 60 万桶石油（几乎为中国当时进口量的 30%）。然而，2003 年 1 月，俄罗斯和日本同意后者将对纳霍德卡管道项目投资 50 亿美元，条件是俄罗斯保证每天向日本出口 100 万桶原油。2003 年秋，由于至大庆的输油管路的铺设存在"环境风险"，俄罗斯明确表现出对纳霍德卡项目的倾向。那时预计的日本投资额已上升至 70 亿美元，以便推动西伯利亚油田的进一步勘探。自中国输油管路希望出现渺茫时，与尤科斯公司的冲突就开始升级了。莫斯科在输油管路问题上的偏好变化以及将中石化逐出俄罗斯国有的"斯拉夫石油公司"的私有化拍卖（2002 年 12 月）激起了中国对"战略合作伙伴"的强烈怨恨。

35. 中国将俄罗斯的入世、武器贸易、核电合作、贸易和安全事宜作为对俄罗斯施压的工具。值得一提的是，尽管被俄罗斯的出尔反尔冒犯，但中国从来没有以官方名义批评俄罗斯政府机构。中国将尤科斯事宜描述成作为一个单纯的国内事务，并坚持声称通往大庆的石油管道项目已于 2003 年 8 月被正式纳入俄罗斯的能源战略。

36. 柴甘可夫认为，为了支持美国牵头的全球反恐战争，俄罗斯立即提出了其想与西方国家发展关系的一些新领域，如反恐合作和能源合作。俄罗斯的这些建议起初得到了西方国家的热忱欢迎。早在 2001 年 10 月，在休斯敦召开的美俄"能源峰会"上，两位总统开始具体实现这些建议。作者将美俄关系的这些新发展称为"大国务实"。参阅 Andrei P. Tsygankov 的 "Russia's Foreign Policy：Change and Continuity in National Identity"（Lanham，Md.：Rowman & Littlefield. 2006），第 137 – 138 页。

37. 参阅 Alexey A. Makarov 的 "Russia's Resources in Asia" paper presented at the Taipei – Moscow Forum Round – Table，National Political University，台湾，2004 年 11 月 28 日。

38. "The Energy Strategy of the Russian Federation"（《俄罗斯联邦的能源战略》），第 58 – 60 页。俄罗斯安全委员会秘书伊戈尔·伊万诺夫最近说，除非能够大量发现新的油田，否则到 2030 年时，70% 以上的老油田储量将被开采殆尽，俄罗斯的石油日产量也将从当前的 980 万桶下降至 250 万桶。俄罗斯国际文传电信社（Interfax），2007 年 6 月 8 日。

39. "Правительство РФ одобрило законопроект 'О недрах'"（《俄罗斯政府已实施地下资源法》），http：//top. rbc. ru/index. shtml？/news/daytheme S/2005/03/17/17122 649 _bod. shtml.

40. "The Energy Strategy of the Russian Federation"（《俄罗斯联邦的能源战略》），第 45、63、69、70 页。俄罗斯工业和能源部副部长安德列·杰缅季耶夫在 2006 年 9 月说道："能源战略和政策中的'东向'政策是对俄罗斯面临的全球挑战和风险的充分反应，实际上也是在降低过境领土风险的同时，执行市场多元化和供应方向的政策"。参阅 "Russia's Energy Strategy as Current Development Program for the Fuel and Energy Complex"，俄罗斯工业和能源部副部长安德列·杰缅季耶夫 2006 年 9 月 7 日在瓦尔代国际辩论俱乐部上所作的报告，http：//www. minprom. gov. ru.

41. 参阅 Lyle Goldstein 和 Vitaly Kozyrev 的 "China，Japan and the Scramble for Siberia"

Survival 48，2006 年第 1 期，第 172 – 173 页。

42. 总统办公厅和政府的高级官员以及运营和运输公司（俄罗斯石油公司、俄罗斯天然气工业石油公司和俄罗斯国家石油管道运输公司）的管理层对在管道建设上满足日本和中国利益仍信心十足。此外，俄罗斯政府还承诺 2010 年将每日通过铁路向中国运输的石油量增加到 30 万桶。参阅 Anna Skornyakova 的 "The Pipeline Will Be Replaced by Rails"，Трубу заменят на рельсы，'Независимая газета'［Nezavisimaya Gazeta］，2004 年 8 月 24 日，http：//www. ng. ru/economics/2004 – 08 – 26/3_truba. html.

43. Alexey Sheglov，"To the North of the Lake Baikal"（《挪至贝加尔湖以北》），2006 年 8 月 8 日，http：//www. strana. ru。最终这条管路的路线被向北挪动了几百千米，离东西伯利亚的几个主要油田更近。亲克里姆林宫的主要石油公司（尤其是俄罗斯石油公司和俄罗斯苏尔古特石油天然气公司）通过避免建造将它们的产油区与远东西伯利亚管路连接的额外管路节省了大量资金。

44. 俄罗斯想在亚洲拥有稳固的市场。这些构想被反映在其能源战略的政府蓝图中。在谈及俄罗斯外交机构的那一部分里，该方案明确提出了俄罗斯石油出口的高优先级别客户顺序，即独联体、欧亚大陆、东北亚、欧盟以及最后美国。"The Energy Strategy of Russian Federation"（《俄罗斯联邦的能源战略》），第 41 – 42 页。

45. "萨哈林 1 号"项目由埃克森美孚公司牵头执行。埃克森美孚公司持有其 30% 股权，俄罗斯石油公司持有 20% 股权，印度石油天然气公司持有 20% 股权，余下的 30% 股权由日本公司财团拥有。

46. "Заключено соглашение о поставках сахалинского газа в Мексику"（《向美国和墨西哥提供萨卡林天然气的协议已签》），2004 年 10 月 15 日，http：//www. regnum. ru/news /342516. html；《俄罗斯大使谈及中俄双方能源合作》，新华社新闻，2004 年 6 月 11 日，http：//russian1. people. com. cn/31521/2564471. html.

47. http：//www. cheyou. com. cn/shnews/2003 – 11/18/content_73041. htm.

48. 在 2007 年 2 月俄罗斯总理米哈伊尔·弗拉德科夫访问日本期间，在谈及日本对"远东西伯利亚—太平洋"管路建设的投资方面，俄罗斯方重申了其立场。此外，俄罗斯石油公司向日本企业界建议在俄罗斯远东建立一个合资炼油厂。该厂日炼油能力为 40 万桶，投资预计为 50 亿 ~ 70 亿美元。日本想快速建成此管路的太平洋分段，以开始采购位于俄罗斯港口码头的东西伯利亚石油。请参阅 "Japan Is Invited to Participate in the 'East Siberia – Pacific Ocean Project'"（《日本被邀参与东西伯利亚—太平洋项目》），http：//vstoneft. ru/news. php? number = 293.

49. 纵向整合的公司可以从整个价值链（生产、运输、提炼和销售）处理一产品。

50. 在与俄罗斯能源合作方面，中国一贯奉行更加自信的政策。尽管存在风险，但在 2005 年 1 月，中国政府还是批准了 60 亿美元的信贷，以帮助俄罗斯结束有争议的尤甘斯克油气公司的收购。作为交换，中石油与俄罗斯石油公司签署了一份合同，此

合同要求俄罗斯到 2011 年每年通过铁路向中国提供 4 840 万吨原油，价值为 150 亿
美元。参阅郑东生的《俄罗斯的能源外交与中俄能源合作》，发表于《当代世界》，
2005 年第 9 期，第 40 页。

51. "Rosneft Finds Chinese Sponsor for 51% in Udmurtneft – Paper", RIA Novosti Agency,
2006 年 6 月 21 日，刊载于 http：//en. rian. ru/russia/20060621/49818321. html.

52. 《俄罗斯天然气公司和中石油联合协调委员会第五次会议》，2006 年 12 月 13—15
日，http：//www. gazprom. con/eng/news/2006/12/22045. shtml.

53. 参阅 Leila Muzaparova，Лейла Музапарова，"Пути углубления энергетического
сотрудничества между Казахстаном и Россией" на конференции "Стратегическое
партнерство Казахстана и России：современное состояние и перспективы развития"
（Алматы，1 ноября 2006 г. ）（《哈俄能源合作模式》）。此论文被提交给于 2006 年
11 月 1 日阿拉木图召开的 "哈萨克斯坦—俄罗斯战略伙伴关系：当前形势和发展前
景" 会议，http：//www. apn. kz/news/article6849. htm.

54. "The Energy Charter Secretariat，Status of Membership"（2007 年 5 月 8 日），in the En-
ergy Charter Treaty，Brussels，http：//www. encharter. org/fileadmin/user_upload/docu-
ment/Public ratification_Treaty. pdf. 俄罗斯领导人关注未来的 "主权民主"，认为允许
欧洲消费者同样自由使用俄罗斯的化石燃料和能源基础设施是件十分危险的事情。
俄罗斯的西方伙伴也开始减少其对俄罗斯能源供应的依赖。

55. 参阅 Mikhail Delyagin 的发言 "Energy Security：Imagined and Real Problems"，Confer-
ence "Strategic Framework of EU Eastern Policy," Bratislava，2006 年 11 月 9 至 12 日，
http：//forum/msk/ru/material/economic/16140. html. 2006 年 6 月，俄罗斯天然气工
业公司负责人阿列克谢·米勒要求欧洲伙伴为其公司提供详细的欧盟天然气预期消
费量，以 "建立公司自己的出口战略，尤其是对中国方向的出口战略"。几天后，
俄罗斯天然气工业公司的高级官员不得不向欧洲客户解释其公司的天然气储备足以
执行所有出口合同，并满足亚洲日益增长的需求。"Газпром готовит плацдарм на
Востоке"（《俄罗斯天然气公司建立其东部基地》），Izvestia，2006 年 6 月 23 日，第
10 页。如想了解中俄能源议程的详细内容，请参阅 "Going East"（《向东》），俄中
能源合作分委会第八次会议，2006 年 10 月 17 日，http：//www. minprom. gov. ru/
eng/press/news/155.

56. "Central Asia's Energy Risks" International Crisis Group Asia Report，2007 年 5 月 24 日，
第 133 期，Brussels，第 36 – 37 页，http：//www. crisisgroup. org/home/index. cfm？id
=4866&1 = 1.

57. 例如，请参阅俄罗斯天然气工业公司的高级管理人员米勒和俄罗斯石油管道运输公
司高级管理人员魏因施托克在 2006 年春季发表的反西方言论，"С. Вайншток
объединился с А. Миллером в борьбе за независимость от Запада"（《魏因施托克联
合米勒争取独立于西方》），2006 年 4 月 25 日，http：//www. neftegaz. ru/lenta/show/

63194／．有关俄中合作的反美背景，请参阅 Sergey Livishin，С. В. Ливишин．"2006 год – Год России в Китае. Новое качество партнерства. Проблемы Дальнего Востока"（《2006 年是中国的俄罗斯年：伙伴关系的新质量》），Far Eastern Affairs，Moscow，2006 年第 1 期，第 21 页。

58. 亚历山大·卢金是莫斯科国际关系学院上海合作组织分析中心主任。在作者与他的一次私人会面中，他提到，在 2006 年普京访问中国之后不久，中国许多地方党政领导人在收到上述指令后，表现出对俄罗斯的史无前例的友好。

59. 在 2006 年 10 月下旬召开的"莫斯科能源对话"的开幕式上，俄罗斯工业和能源部部长维克多·赫里斯坚科说道，合作"应该被建立在国家能源战略的比较和协调上，以尽可能降低能源载体市场的风险"。参阅"Создание нового языка глобальной энергобезопасности"（《建立一种全球能源安全的新语言》）。此文是维克多·赫里斯坚科部长在 2006 年 10 月 31 日举行的"莫斯科能源对话"上所作的欢迎辞，http：// www. minprom. gov. ru/appearance/showAppearanceIssue？url = activity/energy/appearance/24.

60. "Совместная декларация Российской Федерации и Китайской Народной Республики"（《中华人民共和国和俄罗斯联邦联合声明》），2006 年 3 月 21 日，http：// www. kremlin. ru/interdocs/2006/03/21/1851_type72067_103421. shtml？type = 7206.

61. 《坚持互利双赢，促进中俄油气合作大发展》，中石油总裁陈耕在中俄商务高峰论坛上的讲话，北京，2006 年 3 月 23 日，http：//www. cnpc. com. cn/english/xwygg/speeches/200603280004. htm.

62. 参阅周京葵，《中俄石油产业合作的基础，契机及模式》，发表于《世界经济研究》，总第 88 期，2005 年第 2 期，第 87 – 88 页。

63. 2005 年 7 月，俄罗斯石油公司和中石化就共同开发"萨哈林 3 号"项目维宁斯基区块（原油储量预计为 4 亿桶/日，天然气储量为 5 780 亿立方米）签署了协议。"Rosneft Opens Sakhalin to the Chinese"（《俄罗斯石油公司向中国人开放了萨哈林》），Kommersant（生意人报），2005 年 7 月 4 日，http://www. kommersant. com/p588631/r_1/Rosneft_Opens_Sakhalin_to_the_Chinese/.

64. 请从俄罗斯联邦总统官方网址（http：//www. kremlin. ru/events/articles/2006/03/103278/103438. shtml）上参阅 2006 年 3 月 21 日中俄峰会上签署的文件清单。

65. 《真诚协作和双赢策略标志着中俄油气合作的新阶段》，中石油副总裁周吉平在中俄商务高峰论坛上的讲话，北京，2006 年 3 月 23 日，http：//wvvw. cnpc. com. cn/english/xwygg/speeches/200603280003. htm.

66. 俄罗斯石油管道运输公司和中石油同意基于《关于共同设计和建设斯科沃罗季诺至中俄边境的石油管道协议书》建设"中国边境分段"。两公司协商了超出原计划金额的管道成本。请参阅"Transneft Warns of China Route Cost Rise"（《俄罗斯石油管道运输公司提醒中国管路成本的增加》），Petroleum Argus Monthly（Argus Nefte Trans-

port – Far East），2007 年 4 月 5 日。

67. 作为主要的原油生产商，该公司出口至中国的石油目前占俄罗斯至中国的石油总出口量的 25%，且计划在 2010 年将每日的出口量增加至 40 万桶。俄罗斯石油公司前副总裁尤里·马特维于 2005 年提议，到 2015 年时，该公司的日石油产量将达到 250 万桶，2020 年达到 280 万桶。"Особенности развития нефтегазового комплекса на Востоке России"（《俄罗斯远东油气综合开发的特点》），尤里·马特维在首届国际远东经济大会上的讲话，2005 年 9 月 27 至 28 日，哈巴罗夫斯克，www. dvcongress. ru/ Doklad/Matveev. pdf.

68. 东方能源有限公司将沿着预期的东西伯利亚管路进行勘探和开发，目的是在 3 ~ 5 年内每日生产 20 万桶油。然而，目前尚不清楚从这些新油田生产出的油是否会通过东西伯利亚管路输往中国。"Rosneft Turned to the East"（《俄罗斯石油公司转向东部》），Vzglyad Online，2006 年 10 月 17 日，http：//www. vz. ru/economy/2006/10/17/ 53187. html.

69. 据报道，中石油将与俄罗斯的南乌拉尔石油公司成立一合资公司，以从事油气勘探项目。中石油为此项目投资 700 亿 ~ 750 亿美元。虽然从行业标准来说，此金额较小，但中石油将通过此项目在战略要地奥伦堡地区建立新的立足点，并且也许能够利用将此地区和哈萨克斯坦连接的当地生产和运输基础设施。《中石油将与俄罗斯签署 70 亿美元交易》，中国日报网络版，2006 年 12 月 1 日，http：//www. chinadaily. com. cn/bi- zchina/2006 – 12/01/content_747838. htm.

70. 虽然据报道，中国希望得到 30 亿美元的股权（最终收购的股权额只相当于英国石油公司认购的 10 亿美元股权的一半），但中石油后来强调中国的认购方案也是在"通过中石油专家对首次公开出售股票的程序进行了彻底评估后提交的"，以证明官方批准的中俄在能源领域进行商务合作的"务实性特征"。《中石油认购了俄罗斯石油公司的股权》，2006 年 7 月 19 日，http：//www. cnpc. com. cn.

71. 这次认购是与俄罗斯石油公司合作进行的。根据中石化和俄罗斯石油公司签署的选择权协议，俄罗斯石油公司拥有新成立的控股管理公司的 51% 股权，中石化拥有 49%。中石化的投资使自己能够接触到乌德穆特 5.51 亿桶已探明的石油储量以及高达 9.22 亿桶的可能储量。它的原油日产量为 12 万桶，也许能成为俄罗斯通过哈萨克斯坦向中国提供石油的重要来源。俄中贸易和经济合作中心的负责人谢尔盖·萨诺克耶夫对此收购评论道："如果说两年前中国商谈此事的前提是购入拦截性股权，那么现在他们更愿意一步一步地推进，并不急于在关系发展上突飞猛进"。来自于 Catherine Belton 的 "Chinese Buy Udmurtneft for Rosneft"（《中国为俄罗斯石油公司购买乌德穆特公司》），The Moscow Times《莫斯科时报》，第 3436 期（2006 年 6 月 21 日），第 1 页。还请参阅 Russian Profile Online，http：//www. russianprofile. org/resources/business/ russian companies/rosneft. wbp.

72. 俄罗斯石油公司拥有 20% 的"萨哈林 1 号"项目，并拥有"萨哈林 3 号"（维宁斯基区块）、"萨哈林 4 号"（西施密托区块）和 "萨哈林岛 5 号"（东施密托和 Kaya-gansko – Vasyukansky 区块）。公司于 2006 年 7 月成功获得了政府批准，得到了萨哈林岛附近 Kaurunaniskaya 地区西部的 25 年勘探和开采权。此地区石油的可能储量为 150 万吨/年，天然气可能储量为 25 亿立方米。http：//www. russianprofile. org/re-sources/business/russiancompanies/rosneft. wbp.

73. 《谢尔盖·波格丹契科夫接受新华社采访》，2006 年 3 月 22 日，http：//xinhua-net. com. cn.

74. 新华社新闻，2006 年 12 月 13 日。

75. "Gazprom Establishes Its Eastern Base"（《俄罗斯天然气公司建立其东部基地》），第 10 页。西路将西西伯利亚气田与中国的新疆维吾尔族自治区连接在一起，并直接穿过俄罗斯的阿勒泰州，抵达俄中 54 千米长边境。取决于具体路线，阿勒泰天然气管路的成本将为 50 亿 ~100 亿美元。"Gas Pipeline Will Not Be Constructed across a Spe-cial Natural Preserved Zone"（《燃气管道将不通过一特殊的自然保护区》），2006 年 4 月 6 日，http：//www. altaiinter. org/news/? id = 10259；Kommersant – Novosibirsk，2006 年 4 月 5 日。之前建议的第二条管路将沿着 Severobaikalsk – Skovorodino – Blagcveshensk – Chuia 线路，每年为科维克塔气田输送 300 亿 ~400 亿立方米天然气。与西路不同，起始于东西伯利亚的天然气管路项目得到了当地政府机构的支持。"Gas Pipeline to China Will Go through Blagoveshensk"，2005 年 2 月 18 日，http：//www. amur. info/news/2005/02/18/10. html.

76. "Khristenko Does Not Rule Out the Possibility of Russia's and Chinas Joint LNG Produc-tion"（《赫里斯坚科并不排除俄中联合生产液化天然气的可能性》），China Daily On-line，2006 年 3 月 22 日，http：//russian. people. com. cn/31518/4229368. html.

77. "Rosneft Established Its Representative Office in China. It Will Coordinate the Company Ac-tivities in the Asian Region"，2006 年 11 月 9 日，http：//www. rosneft. ru/；RIA Novos-ti Agency，2006 年 10 月 31 日，http：//www. rian. ru.

78. 参阅 Valeria Korchagina，"Putin Calls for Energy Club in Asia"，The Moscow Times，第 3433 期，2006 年 6 月 16 日，第 5 页。

79. 在 2006 年上海合作组织峰会的联合公报中，能源合作被作为优先考虑事项。中国日报网络版，2006 年 6 月 15 日，http：//english. people. com. cn.

80. 参阅 Igor Tomberg 的 "Energy Outcome of SCO Meeting in Dushanbe"（《杜尚别上海合作组织会议能源结果》），RIA Novosti Agency，2006 年 9 月 20 日，http：//en. rian. ru/analysis/20060920/54104304. html. 在塔吉克斯坦杜尚别举行的上海合作组织第五次峰会上，由弗拉德科夫总理率领的俄罗斯代表团详细地解释了亚洲能源俱乐部的想法。在讨论俱乐部的可行性时，俄罗斯侧重于确保上海合作组织成员国的互相使用电网，改进现有的燃气运输网络，并为成员国提供核燃料循环服务。当俄罗斯提出执行几个双边和多边能源项目（如油气勘探、生产和运输以及为向邻国输送多余电力而开发电网）时，参会人员都明白能源俱乐部的基本原理。请参阅 "Russian Prime Minister M. Fradkov's Speech at the Heads of Governments Council of the SCO in Dushanbe"（《俄罗斯总理米哈伊尔·弗拉德科在上海合作组织杜尚别峰会上的讲话》），2006 年 9 月 15 日，分发稿，第 4 页。

81. Andrew Erickson 和 Lyle Goldstein 在其最近的文章中指出了哈萨克斯坦在中国战略中的枢纽作用。Andrew Erickson 和 Lyle Goldstein，"Hoping for the Best，Preparing for the Worst：China's Response to U. S. Hegemony"，（《抱最好的希望，做最坏的打算：中国对美国霸权的反应》），Journal of Strategic Studies 29，2006 年 6 月，第 963 页。

82. Т. Таубалдиев. "АО 'Казтрансойл'：сотрудничество с Китаем в области транспортировки нети. В кн. Казахстан и Китай：стратегическое партнерство в целях развития" Материалы международной конференции. Алматы：ИМЭП，2006 ［T. Taubaldiev，"AO KazTransOil and Its Cooperation with China in the Sphere of Oil Delivery"，in "Kazakhstan and China：Strategic Partnership for the Purposes of Development"（Almaty：Institute of World Economy and Politics，2006），第 33 – 34 页］。

83. Л. Музапарова. Казахстанско – китайское энергетическое сотрудничество：оценка потенциала и направления развития. В кн. Казахстан и Китай：стратегическое партнерство в целях развития. Материалы международной конференции. Алматы：ИМЭП，2006 ［L. Muzaparova，"Kazakh – Chinese Energy Cooperation：Potential Evaluation and Patterns of Development，" in "Kazakhstan and China：Strategic Partnership for the Purposes of Development"，第 21 – 22 页］。

84. 中石油中亚项目数据，http：//www. cnpc. com. cn/.

85. 中石油中亚项目数据。

86. 信息数据库，2006 年 10 月 26 日，http：//www. sinorusoil. com/ru/news/？id = 52.

87. "China，Uzbekistan sign $ 600m oil agreement"（《中国和乌兹别克斯坦签署 6 亿美元的石油协议》），中国日报网络版，2005 年 5 月 26 日，http：//www. chinadaily. com. cn/english/doc/2005 – 05/26/content_445707. htm；"China，Uzbekistan to Strengthen Cooperation in Oil and Gas Sectors"（《中国和乌兹别克斯坦将加强两国在油气领域的合作》），新华新闻社，2006 年 8 月 28 日。

88. 《石化业报告》，双月刊，2004 年 10 月 22 日，参阅 http：//www. lib. buct. edu. cn/。

89. "Energy Summit Gives Putin New Trump Card. Trans – Caspian Gas Pipeline Project in Question" Spero Forum，2007 年 5 月 17 日，http：//www. speroforum. com/site/print. asp？idarticle = 9487.

90. "Россия внимательно наблюдает за расширением туркмено – китайского экономичес кого сотрудничества"（《俄罗斯密切关注土库曼斯坦和中国经济合作的进展》），2006 年 9 月 1 日，http：//www. iamik. ru/；"Казахстан открыл путь туркменскому газу в Китай"（《土库曼斯坦为土库曼斯坦的燃气通往通过打开了一条通道》），

Nezavisimaya Gazeta，2006 年 12 月 26 日，www. ng. ru.

91. 参阅 L. Muzaparova 的 "Kazakh – Chinese Energy Cooperation：Potential Evaluation and Patterns of Development"，第 21 – 22 页。

92. 参阅 Yury Solozobov 的 "Комитет энергетической безопасности"（《能源安全委员会》），http：//apn. kz/publications/article4771. htm；参阅 Olga Steblova 的 "Нефтяной картель и логистические олигополии"（《石油卡特尔和物流寡头》），2006 年 11 月 17 日，http：//www. gazeta. kz/art. asp? aid = 83470.

93. Muzaparova，"Kazakh – Chinese Energy Cooperation" 第 27 页。

94. 《俄罗斯总理米哈伊尔·弗拉德科在上海合作组织杜尚别峰会上的讲话》（"Russian Prime Minister M. Fradkov's Speech at the Heads of Governments Council of the SCO in Dushanbe"），2006 年 9 月 15 日，分发稿，第 4 页。

95. 中国分析人士按照西方的评价解读由俄罗斯、阿尔及利亚、利比亚、哈萨克斯坦、乌兹别克斯坦和伊朗成立 "天然气欧佩克（Gas OPEC）" 的可能性。参阅 "Russia Urges to Create Gas OPEC?"（《俄罗斯欲建天然气欧佩克?》），Xinhuanet Online，2006 年 7 月 11 日。

96. 参阅 Stephen Boykewich 的 "A New OPEC in the Making?" The Moscow Times，第 3437 期（2006 年 6 月 22 日），第 1 页。

97. 参阅 Tomberg 的 "Energy Outcome of SCO Meeting in Dushanbe"。

98. Gabriel Collins 指出了俄罗斯建立能源大国地位的 "X 因子"：拜占庭式的内部政治。这种政治能 "扼杀投资，并反映主要能源出口国和主要消费者之间的激烈分歧"；参阅 Gabriel Collins 的 "Global Energy Heavyweights" Oilandgasinvestor. com，2006 年 12 月，第 64 页。

99. Far Eastern Affairs，第 3 期（2006 年 6 月 30 日），第 71 页。

100. 俄罗斯天然气工业公司的油田和电网收购惹起了俄罗斯精英阶层的很多不满。在 2005 年收购了西伯利亚石油公司在西西伯利亚的最大产油公司之一后，俄罗斯天然气工业公司的石油管理层宣布该公司将在 2008 至 2010 年将其日石油产量提高到 100 万桶。如果此俄罗斯燃气巨头收购了斯拉夫石油公司（日产量为 50 万桶）的秋明英国石油公司股份，它的产量也许还会提高。如果它将秋明英国石油公司的整个俄罗斯股份收购，它的日产量将达到 180 万 ~ 200 万桶左右。两家公司积极的股权收购加剧了资源开发和出口的竞争。俄罗斯天然气工业公司最近收购 "萨哈林 2 号" 项目的外国投资商荷兰皇家壳牌、三井和三菱的各一半股权。这种恢复政府对主要 "萨哈林 2 号" 储量的控制使得俄罗斯天然气工业公司决定将 "萨哈林 2 号" 项目的油气出口，包括出口至中国。参阅 Vladimir Milov 的 "Petrostate：State Control Restoration Will Lead to Economic Stagnation"，interview with Novaya Gazeta，第 96 期（2005 年 12 月 22 日）；还请参阅 Expert Online，2006 年 10 月 28 日；FT，2006 年 12 月 22 日，第 1 页。

101. 参阅 Stephen Boykewich，"Gazprom's Export Monopoly Cemented"，The Moscow Times，第 3447 期（2006 年 7 月 6 日），第 1 页；Miriam Elder，"TNK – BP Executive Targeted in Probe，" The Moscow Times，第 3537 期（2006 年 11 月 10 日），第 1 页。俄罗斯天然气工业公司已经考虑到了增加从萨哈林到中国的天然气供应量。它最近收购了荷兰皇家壳牌所拥有的"萨哈林 2 号"项目的部分股份，这极大地提高了从萨哈林向中国出口天然气的可能性。俄罗斯天然气工业公司和中国公司还可能联合进行天然气勘探。根据官方预计，俄罗斯在西伯利亚仅勘探了 8% 的天然气资源，在远东仅勘探了 11.5%，在近海仅勘探了 6%。参阅 "Khristenko Does Not Rule Out the Possibility of Russia's and Chinas Joint LNG Production"（《赫里斯坚科并不排除俄中联合生产液化天然气的可能性》），中国日报网络版，2006 年 3 月 22 日，http://russian. people. com. cn/31518/4229368. html.

102. 参阅 Vassily Sukhanov 的 "Oil and Gas Industry Is Ceded to the State" 2006 年 12 月 19 日，http：//www. km. ru，2006 年 6 月 14 日。

103. "Газпром пустил Роснефть к трубе"（ "Gazprom Provided Rosneft with Access to the Pipelines"），Vzglyad Online，2006 年 11 月 28 日，http：//www. vz. ru/economy/2006/11/28/59004. html；"Gazprom，Rosneft Join in Venture"，The Moscow Times，第 2550 期，2006 年 11 月 29 日，第 6 页。

104. 2006 年 10 月 16 日，总部位于英国的 Wood Mackenzie 能源咨询公司建议，据报道，中国在 2015 年前似乎不需要俄罗斯天然气。http：//wwwuofaweb. ualberta. ca/china institute/.

105. "Gazprom，CNPC Differ on Price of Russian Gas"（《俄罗斯天然气工业公司和中石油在俄罗斯天然气价格上有分歧》），2006 年 11 月 16 日，http：//www. fcinfo. ru/.

106. 参阅唐昀的《大博杀：世纪石油之争》，第 27 页。

107. 参阅郝瑞彬、王伟毅的《21 世纪中国石油安全与中俄石油合作》，发表于《中国矿业》，共 15 期，2006 年第 3 期，第 7 – 8 页。

108. 参阅 Gabriel Collins 的 "Fueling the Dragon：China – Bound Pipelines Are Russia's Most Realistic Asian Energy Option"，Geopolitics of Energy 28，2006 年第 9 期，第 12 – 19 页；关于东西伯利亚管路的可行性，请参阅 Leslie Dienes，"Observations on the – Problematic Potential of Russian Oil and the Complexities of Siberia"，Eurasian Geography and Economics 45，2004 年第 5 期，第 319 – 345 页；Leszek Buszynski，"Oil and Territory in Putin's Relations with China and Japan"，The Pacific Review，总 19 期，2006 年第 3 期，第 287 – 303 页。

109. 参阅李福川的《影响中俄石油管道项目的两个最重要因素》，发表于《俄罗斯中亚东欧研究》，2005 年第 1 期，第 84 页。

110. http：//www. transneft. ru/press/Default. asp？LANG = RU&ATYPE = 8&ID = 12108.

111. 从地理上说，将在围绕着东西伯利亚四个著名的油田区（如 Vankorskoye、Yurub-

cheno – Takhomskoye、Chayandinskoye 和 Verhnechonskoye）修建油泵站。俄罗斯石油公司专家十分有信心，相信在到 2015 年时，东西伯利亚当前潜在的石油日产量可以确保 105 万桶。参阅 Yuri MaWeev 的 "The Character of Oil and Gas Complex Development in Russias Far East"，第 5 – 6 页。

112. http：//wwwuofaweb. ualbertaca/chinainstitute/.

113. 俄罗斯天然气公司副总裁亚历山大·梅德韦杰夫告知，Vankorski 油田的原油储量为 30 亿桶，公司每日将抽出 38 万桶；"Rosneft Waits for ESPO Pipeline"，2006 年 4 月 5 日，http：//www. neftegaz. ru/lenta/show/63209.

114. "China to Get Only Half of Oil from New Pipe"，Reuters News，2006 年 11 月 23 日，http：//wwwuofaweb. ualberta ca/chinainstitute/nav03cfin? nav03 = 43664&naV02 = 43096.

115. 弗拉基米尔·米洛夫得出结论，即东西伯利亚石油管路和阿勒泰天然气管路可能是无利润的项目，管路建造公司的利润最大。如参阅 Kommersant，197，第 3528 期（2006 年 10 月 20 日）。

116. 俄罗斯自然资源和生态部政府政策处处长 Sergey Fedorov 说，由于东西伯利亚已探明的储量和产量低，东西伯利亚管路的进一步建设可能或被推迟几年。参阅 "Siberian Oil Might Flow to China，Not Primorye"，Vladivostok Times，2007 年 4 月 15 日，http：//vladivostoktimes. com/show. phP? id = 9231&r = 8&p = 10.

117. Gabriel Collins 认为，如果通过管路将石油直接输送至中国，将石油管路输送至太平洋沿岸的收入可能会更低一些，而且如果供应是受政治驱动的，俄罗斯石油生产商将仅提供他们的石油。见 Collius 的 "Fueling the Dragon"，第 13 页。

118. 这种概括也许不适用于中国南方省份，因为那里对液化天然气进口的依赖性可能会增长。据中国的估算，中国能源消费者希望能优先消费天然气，这样到 2010 年可以平衡 9% ~10% 的燃油。到 2010 年，天然气的年消耗量将从当前的 300 亿立方米上升到 2 000 亿立方米，其中进口量为 1 200 亿立方米。参阅 http：//www. chinaview. cn，2005 年 1 月 6 日。

中国东海的主权纷争

■彼得·达顿①

> 随着原始社会的发展和氏族群体人口的增多，氏族群体的材料需求与他们生活区自然材料的总量之间的平衡逐渐被打破……导致了人类社会最早形式的战争。

> 《军事战略学》，2005 年

> 中国东海大陆架的争端是一场能源和地理战争。它是一场海洋争夺战，也是一场涉及国家发展和国民命运的竞赛。

> 《舰船知识》，2006 年

对稀缺资源的竞争必然会导致冲突吗？这是一个永恒和基本的问题。今天，在世界许多海洋地区，沿海邻国为了获得大陆架蕴含的巨大油气资源的所有权以及在这些水面的捕鱼权而不断竞争。每当涉及此主题，人们经常会问到这个问题。

目前，中国的人口已超过十亿，经济正迅猛发展，需要更多的能源。中国已成为世界海洋资源激烈竞争者之一。[1]中国的石油消耗量仅次于美国，

---

① 彼得·达顿（Peter Dutton）教授来自美海军犯罪调查局，现已退休。他是海军军事学院联合军事作战系霍华德·S. 利维中心作战法主任，负责讲授联合军事作战科目中的国际法以及作战法方面的所有内容。达顿教授还在罗德岛布里斯托尔的罗杰威廉姆斯大学讲授海洋法和国家安全法。1985 年他开始到海军服役，是一名海军飞行军官，飞过各种电子战飞机，这一经历持续到 1990 年结束。后来他从飞行部队被选调到海军犯罪调查局工作。作为海军的一名执法官，达顿教授在作战部队担任了许多不同的职务，包括航母第六战斗群司令的法律顾问（约翰·F. 肯尼迪战斗群）。达顿教授 1993 年在威廉和玛丽学院获得法学博士学位，1999 年在海军军事学院获得国家安全与战略研究优等硕士学位，1982 年在波士顿大学获得优等学士学位。

已成为世界第二大消费国。有人预测，到 2020 年时，中国的石油消耗量将达到 5.9 亿吨（2000 年时为 2.2 亿吨），其中 3/4 需要进口。[2]届时，中国东海中部地区的油气储量可以在很长时间内缓解其面临的能源短缺。

春晓天然气开发项目是中国的一个石油天然气开采项目。据公开估算，此项目区域的天然气储量为 652 亿立方米，石油储量为 1 270 万吨。[3]此开发项目的股东包括美国和欧洲石油公司，地点位于东海争议区中央。[4]中国作出了调解纷争之姿态，并与几个海上邻国共同开发争议区，甚至友好地解决了一些争端。这些海上邻国主要为越南、菲律宾和马来西亚。它们在南海都与中国有主权重叠区。[5]尽管如此，中国和日本对东海资源的竞争仍是对抗性的。人们担心，如果处理不好，这两个大国为区域优势而进行的竞争可能会导致武装冲突。[6]

通过中国领导人最近的声明（如 2006 年 8 月初中国驻日大使王毅在调解会议的发言）以及最近中国减少了在争议区的研究活动，人们看到了中日合作的希望曙光。[7]此外，中国在 2006 年 7 月重启了与日本的谈判，以解决双方在东海天然气储量上的主权竞争。[8]相比较而言，在南海，中国于 2005 年 3 月与越南和菲律宾签署了合作开发协议，[9]最近又与马来西亚签署了合作开发协议。[10]对后者的决定表明中国主动向东盟示好，希望在其"和平崛起"战略方面得到东盟诸国的支持。[11]然而，中国和日本之间的战略态势大大不同。尽管中国经济得到了快速发展，但日本仍是世界第二大经济体，仍需消耗一定比例的全球石油资源，而中国也需要此资源来维持其经济发展和国际地位。[12]但更重要的是，中国将日本看成是中国主宰东南亚的潜在竞争对手。因有这种看法，尽管中日最近在关系上有所解冻，但双方很难在东海问题上进行长期合作和妥协。[13]

中国与日本在东海争端的焦点是一片近 7 万平方海里的广袤水域，这块水域构成了中国和日本的主权重叠区。此片水域从中国大陆向东延伸至琉球群岛链以西的冲绳海沟。日本声称每个国家对离其海岸一定距离的海域拥有主权（图 1）。中国声称根据 1982 年的《联合国海洋法公约》拥有全部大陆架以及其上水域的主权。日本也相应地提及此法中提及的专属经济区，认为这才是确定海洋边界的合法起始点。

发生争议的部分原因是，在大陆架的定义上，《联合国海洋法公约》基本上引用了现有的国际法，而没有考虑之前的基于等距离的海洋划界标准。[14]此外，《联合国海洋法公约》就有关专属经济区的建立颁布了新法规，即专属经济区是指从一国海岸线向外延伸 200 海里的大陆架上的水域，并且

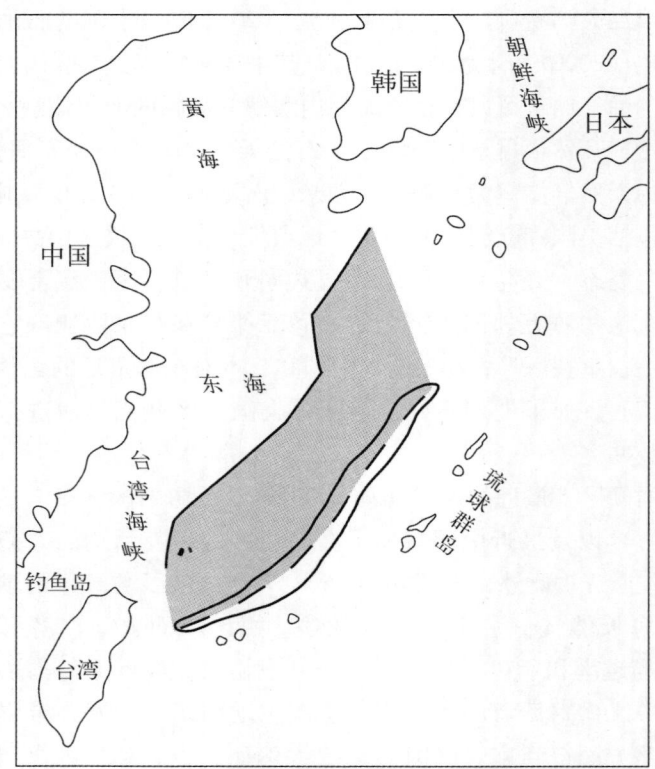

图1 中国和日本对东海的主权

注：图中阴影部分为中国东海中部中日两国争议区。日本主张以中线划界，中国认为冲绳海沟是合适的界线。钓鱼岛位于台湾和冲绳岛之间。自 20 世纪 80 年代中期以来，中日两国一直对此有争议。当前，此争端的风险很高，因为按照《联合国海洋法公约》，钓鱼岛涉及此海域海床。从理论上来说，如果人们把钓鱼岛看成是一个真正的岛，而不是一块礁石，那么谁拥有了钓鱼岛，谁就拥有此岛周围的 200 海里专属经济区。请参阅马全德于 2005 年 2 月 11 日发表在《基督教科学箴言报》上的《小岛引起的中日紧张局势》（http：//www.csmonitor.com/2005/0211/p01s03 - woap.html）。

只指出应通过"公平的解决办法"来划定大陆架和专属经济区的海上界线。[15]至于两国主权争议区的海底、水域和资源的公平划分需要考虑什么因素，《联合国海洋法公约》没有提供任何指导性意见。许多国际法院和法庭又回到等距标准，并用一些因素（如近海岛屿、有争议海岸线的不同长度以及经济考虑）对其进行修正。[16]由于《联合国海洋法公约》的签字国仅受《联合国海洋法公约》约束，而无需遵守国际法院的裁决，因此目前还没有一个统一标准来为国际法的这一动荡区域带来稳定性和可预测性。

一、中国在东海争端上的立场

自导致《联合国海洋法公约》的谈判期间以来，中国一直认为应采用"中间线"原则而不是强制性方式来得到一种公平合理的划界结果，尤其是在同时涉及大陆架边界和专属经济区边界时。[17]中国始终坚持这一立场，并且今天中国的学者和政治活动者都异口同声地称"公平原则"和"自然延伸原则"是解决他们在东海海上界线的最公正方法。所谓"自然延伸原则"是指沿岸国家把对大陆架的自动管辖权当做其大陆领域的自然延伸。[18]

从此法律的角度来看，这又出现一个主题。此主题与中国学者（以及政府机构）的发言惊人的一致，即从历史上看，中国海岸之外的大陆架确实是中国的领土，且此领土不仅仅是国际海洋法律制度下声称的区域。中国海洋学者对此主题的一次讨论提及了冰川时期的水的入侵使得黄河和长江延伸至大陆架，而此大陆架上淤积着来自中国大陆的淤泥。在此基础上，学者们称"东海大陆架是中国领土的自然延伸"。[19]这一点有助于了解许多中国人强烈感觉的背景，即中国人似乎将别国对东海大陆架主权的竞争看成是对中国合法拥有大陆架和其资源的实际侵犯。因此，中国对分界线的立场是从中国大陆海岸到琉球群岛链西面的冲绳海沟的东海整个大陆架都是中国领土，因而，海上边界的划定也应在此区域（图1）。[20]

这些学者从不同角度看待对大陆架及相应水面的经济资源的妥协。他们之所以认为中国应理所当然地拥有东海水域的主权，主要是因为他们考虑到，如果失去东海主权，中国渔民"将失去他们的传统渔场……并对中国捕鱼业造成无法接受的损失。"[21]

正如中国对大陆架的看法反映了中国的民族主义情绪一样，中国对东海经济专属区的主权主张也同样反映了其民族主义情绪。从文字上看，《联合国海洋法公约》承认沿海国家对领海的主权，并隐含地传达着对该地区的全面管辖权。然而，它只给沿海国提供了专属经济区中的指定主权，而不需要更多的管辖权来执行那些权利。[22]《联合国海洋法公约》具体规定所有国家对沿海国家的经济专属区的公海享有自由通行权，只需遵循专对公海的"适当考虑"之标准。[23]然而，中国评论员认为主权概念似乎微不足道，争辩说沿海国家享有"……对自然资源的主权"而不是"获取它们的权力"。[24]

采用这种方法，中国方面称："沿海国家对专属经济区行使专属管辖权是完全正当、合理和合法的，尽管其他国家在此区享有航行、飞越和海底电缆和管路铺设的自由，但这种自由是有条件的，也是受限制的。"[25]那种认

为沿海国家对专属经济区（至少是资源）几乎享有全部主权的想法也许与
《联合国海洋法公约》起草者的初衷以及海洋法的新途径相悖，但这是很多
有影响力的华人的普遍想法，也隐含着他们在边界争端中的立场。他们将
海上边界谈判看做是"赢家通吃"的努力，这实际上导致了沿海国家主权
的增强或削弱。[26]

二、日本在东海争端上的立场

日本作为一个能源进口大国和世界上最强的经济体之一，也对大陆架
资源感兴趣。[27]然而，日本对水域和大陆架资源的权利主张基于《联合国海
洋法公约》中与专属经济区有关的条款。专属经济区条款与大陆架条款有
很大差异。如与中国所依赖的大陆架条款相比，专属经济区条款可使日本
合法拥有比东海更多的权利。具体而言，中国依赖于针对大陆架的"自然
延伸原则"（见第76款），并将琉球群岛以西的冲绳海沟看成是一个自然的
地貌分界点；日本依赖于国际法院在许多海上边界裁决中所述的"等距原
则"。[28]在国际法院的一定支持下，日本批评了中国的主权观点，认为中国的
主权伸张排除了将地貌作为国际法为大多数海洋边界划定的相关基础。[29]日
本人称，无论从法律还是从事实来考虑，冲绳海沟都不应被视为海洋划界
的基础，因为，从地貌上看，它只是"连续大陆架的偶然下陷"，而不是真
正边界。[30]因此日本的结论是，按等距原则，在东海中间划条线，此线与中
国海岸基线以及琉球群岛基线距离相等，这样可以均分东海（图1）。[31]因
此，解决这两个国家争端的法律依据，是参照其他国家和国际机构在国际
海洋法实施过程中对《联合国海洋法公约》的文本解读以及对相关因素的
考虑，但对于中国东海这一具体情况，这些解读和对相关因素的考虑也可
能会无定论。

三、三种和平划界的方法

尽管在法律方面有一定的困难，但人们有理由希望政治意愿可能会发
展成和平和持久的妥协。例如，双方已同意合作；[32]双方已同意通过谈判寻
求一个公平的解决途径；[33]双方一致认为分享的捕鱼权对双方都有利，并同
意建立联合捕鱼机制；[34]双方表示对联合开发东海油气资源感兴趣。[35]也许最
重要的是，双方都认识到潜在的不良冲突，并同意自我克制，遵照《联合
国海洋法公约》中的国际法来制定解决方案。[36]双方的这些一致意见为双方
按照国际海洋法达成合作和妥协提供了实质性的基础。这些合作和妥协将

有助于降低该地区的紧张局势，并提高东海资源的有效利用。

（一）单一综合边界

也许按照国际法指导解决中日东海海上边界争端的最佳方法是参照国际法院 1984 年对缅因湾海上边界（缅因湾案）的裁决。[37]那时，像今天的中国和日本一样，加拿大和美国为重叠的大陆架和重叠的经济专属区主权以及如何合理划分两国历史上一直使用的资源丰富的海洋水域边界发生争议。[38]那时边界划定的国际法充满了歧义，各国采用不可调和的办法分划海上边界。加拿大和美国无法通过谈判解决它们的分歧，因为当时还没有可被用来开始实质性谈判，且被普遍接受的一套原则。然而，国际法院在缅因湾案例所考虑的因素和采取的做法可以为中日东海划界的富有成效的解决带来希望。

加拿大和美国对划定缅因湾国际海洋边界的适用依据发生了争议（图 2）。加拿大的立场基于等距线（针对横向相邻海岸）或中间线（针对相对的海岸），并坚持除非是特殊情况，否则将重叠地区平等划分是最公平的结果。[39]

美国的立场是，只有严格遵守等距原则，才能实现水域的公平划分。因此，美国敦促法院对相关因素进行更加微妙的平衡，以得到公平的结果。[40]具体地说，美国方面辩称，法院应将大陆架划界和经济区划界综合考虑。美国认为，在这种综合的情形下，国际法需要法院采用公平原则，例如考虑相关海岸的地貌特色、生态特色（包括商业鱼群的性质和位置）以及特殊情况（如美国移民和政府机构 200 多年来对该地区的历史统治）。[41]

法院开始用一种更重要的观察方法来分析相关国际法和各方的立场，此方法并不是确定主权国家之间的真正边界，而是仅仅划定各国主权水域之外的辖区或主权。[42]法院承认，国际社会在那些无论法院如何决定都不会被影响的领域拥有相关的权利，因为，据推测，无论哪个沿海国家最终拥有了争议区的资源权，这些水域的国际权利都会起主导作用的，且不会改变。[43]

法院的最终裁决的关键是法院实际上接受了美国的立场，即地理状况与海域划界决定有关。然而，法院意外地决定定义双方未定义的事，即它把缅因湾扩展为包括在美国一侧的科德角湾和马萨诸塞湾上突出部分以及位于加拿大一侧的芬迪湾（图 2）。很显然，美加双方任何一方都没有料到

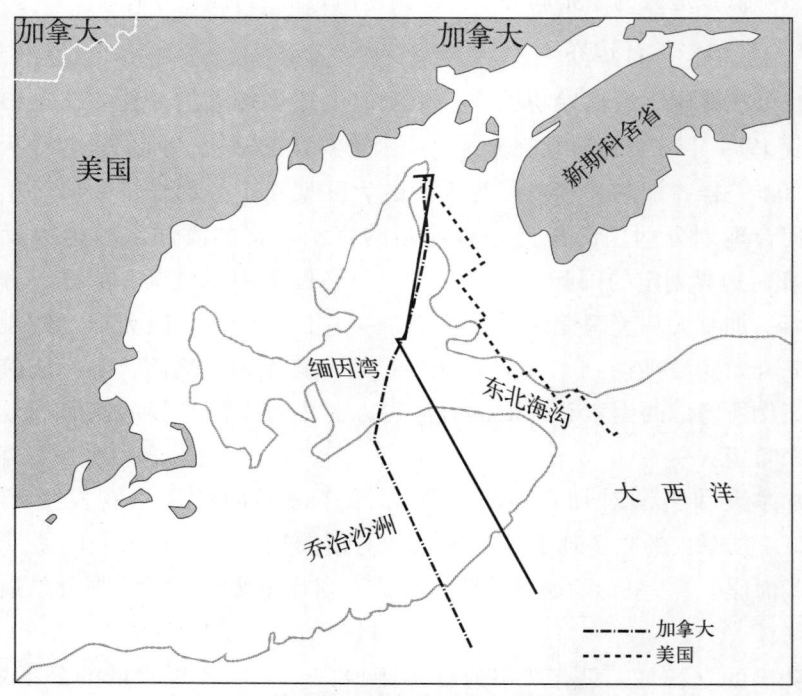

图2　缅因湾：捕鱼区和大陆架主权

注：《1984 年国际法院》，1984 年 10 月 12 日，《关于（加拿大/美国）缅因湾海区划界的案
例》。实线表示国际法院对专属经济区和大陆架的划界。

这种结果。[44]

　　从根本上说，法院拒绝了仅按大陆架或仅按专属经济区来划分海区界线。在处理此事的过程中，国际法院决定，国际法要求在这种复杂重叠的区域划线应基于与该地区地理特色有关的公平准则。[45]法院拒绝了将与地貌或资源相关的属性作为划界的基础，而是根据相邻和相对海岸线划界，并在特殊情况下进行某些调整，以得到公平的结果。其中，法院注意到的第一个特殊情况是出现了相邻的芬迪湾，此湾曾增加了加拿大总的空间分配。法院还注意到了缅因湾的几个非常小的加拿大岛屿，并稍稍调整了界线，使得它们只有一半效果，以免划给美国的部分与此小岛太小的面积不适宜。最后，法院选择为美加双方划分乔治沙洲，因为如考虑到两国居民在历史上都依赖于此地区进行捕鱼，"将整个乔治沙洲划给一方可能会给另一方带来严重的经济后果"。[46]

　　只有将国际法院应用于缅因湾案例的原则适用于中东海，中国和日本才可以就海上边界进行协商，才可以利用地理特色作为起点，并考虑到特殊情况，实现水域的公平划分。一个特殊情况是钓鱼岛争端，另一个特殊情况是每个国家对它的历史使用模式。为了实现公平的结果，且不损害任何一方的长远利益，必须考虑到这些问题的协调。

如按照缅因湾案例，这也是一个相当好奇的事，即中国文献没有声称，在为中国和日本按比例分划黄海水域时，黄海也应被考虑为特殊情况。国际法院已经认为，当划分海域界限时，作为缅因湾独立水体的芬迪湾的相邻存在应倾向于加拿大的利益。有人会想，中国也可能会将黄海的效果适用于中国对东海水域的分配。但最近，中国一些海洋学者将东海的北部边境描述为"长江在启东流入朝鲜半岛西南角的入口"，将黄海明确排除在外，从而排除了黄海适用于此背景。[47]

为中国和日本的专属经济区和大陆架划分单个边界线具有明确性和确定性的好处，因此也最大程序减小了未来因对资源权利和主权管辖范围的冲突。然而，考虑到历史上日本曾对中国进行侵略并掠夺土地和资源，中国对中日关系存在疑问，因而采用这种综合解决边界争端的方式进行谈判的成功性十分渺茫。这两个国家的立场分歧太大，很难在有关事宜上取得一致，也很难倾向于某一边。而且，由于法律自身处于混乱状态，每一方对同一边界的立场都有法律依据。因而，应考虑其他的边界划定方法。

（二）多功能边界

中国学者一直在为和平公正解决边界争端考虑另一潜在模型，即大陆架及其上的经济专属区的不一致边界划分。[48]这种类型的争端解决范例可见于澳大利亚—巴布亚新几内亚边界条约中。此条约为解决国际争端中的创造性思维树立了先例，并建立了相互独立国家之间的合作管辖尝试。[49]这两个国家共享一条海上边界，且同意明显不同的边界类型，即在狭窄的托雷斯海峡的领水之间划分主权边界，且双方领水主权重叠；在水体划分捕鱼边界；为在托雷斯海峡的岛屿上原著居民保留一片区域。此协议为争端解决开辟了新局面。之所以这么说，是因为这两个国家同意以单独形式在相同的水域行使专属管辖权。此外，这两个国家承认此具有文化和历史意义的群岛的特殊地位，并开辟了一个特区来保存它们。

此条约的序言强调了两国创造性解决争端所适用的以及在接受多边界时所要保护和保存的基本价值观。此条约特别强调了航行和飞越自由权、渔业资源保护和分享、海底矿产资源的规定、保护海洋环境的重要性以及保护托雷斯海峡岛民以及沿海土著居民的历史生活方式的愿望。

多边界方法有助于在《联合国海洋法公约》框架内解决因专属经济区和大陆架划界事宜而造成的紧张状况。虽然《澳大利亚—巴布亚新几内亚条约》是在《联合国海洋法公约》颁布前签署的，但它预示着至少有一个方法可以解决由两种海域分解方法带来的难题。正如一位中国学者指出：

> 尽管《联合国海洋法公约》在"（大陆架划界的）自然延伸原则"和"（专属经济区划界的）中线原则"之间采取了一种妥协方式……它也只是用最泛泛的语言提供了指导性意见，说各国应根据国际法行事……以得到公平解决办法。虽然这项规定制定了和平和公平解决争议的原则……但它过于一般化和简单化，缺乏严格的标准。其结果是，进行边境谈判的双方经常纠缠于此原则在实际使用中的分歧很大甚至很矛盾的解释……至于专属经济区和大陆架是否应该分享同一个边界或两个不同的边界，《联合国公约海洋法》只字未提。[50]

尽管此学者可能夸大了《联合国海洋法公约》对同时考虑专属经济区和大陆架边界的化解方法的缄默，但如果中日两国政府在东海争端上采用多边界方法，每个原则都可适用于它自己的区域。[51]海底边界的划定也许基于"自然延伸"的大陆架方法，同时考虑用于划定此边界的海底主要地貌因素，并根据"特殊情况"（如钓鱼岛，后面将谈及）对其进行调整。关于专属经济区，可以通过中间线原则设立一个单边界，并根据特殊情况对此进行调整。这些特殊情况包括每个国家海岸的长度比、与东海临近或有人认为是东海一部分的黄海以及每个国家沿海人口对此水域的历史利用（如捕鱼或收获其他资源）。[52]因此建立的边界有助于解决中日长期摩擦的根源，并可以开采双方都同意不去开发的东海中央广大水域的油气资源。[53]

在澳大利亚和巴布亚新几内亚达成的谈判妥协中，各方都对双方未来的稳定关系充满信心，但东海的未来稳定保障性要小些。澳大利亚和巴布亚新几内亚之间的条约的最重要方面显然是重叠管辖权划界系统的实施，而这系统的有效实施将需要两国大量和永久的合作。换句话说，澳大利亚利用海底的能力将永远取决于巴布亚新几内亚是否能默许澳大利亚在其具有经济管辖权的水面之上的出现，反之亦然。

在谈判国之间的国际稳定被确保的另一地点缅因湾，当事各方选择实施单边界，以就未来海域和海域内资源保持两国友好关系。托雷斯海峡区管辖权也被成功分离，但澳大利亚和巴布亚新几内亚之间摩擦的可能性将继续存在，除非每个国家都习惯于包容对方。习惯性包容在澳大利亚和巴布亚新几内亚得到了成功体现，因为这两个国家在历史上没有长期对抗，目前都不想争夺区域优势。这种方式也许能在美国和加拿大之间见效，因为它们双方都理智地选择避免摩擦的可能性。然而，对中国和日本，考虑到长期历史和最近的地缘政治，随着时间的推移，这种包容的希望有些牵强。北京大学国际关系学院李毅在评论这种多边界方法时建议了一种可能有助于降低东海紧张局势的折中办法，即将两个不同边界（大陆架和专属经济区）形成的重叠区指定为共同开发区。[54]虽然这样的协议使各方关系更加和谐，但它仍依赖于政治妥协来化解紧张局势，且历史表明，这样的妥协，即使能实现，也将是短暂的，因为缺乏解决不信任的基础。第三个海域划线的方法是建立共同管辖区。有关各方有必要检查一下，以确定现有的协议是否能提供有助于稳定的折中。

（三）共同管辖区

建立共同管辖区的想法在一定程度上是由澳大利亚—巴布亚新几内亚条约产生的。此条约与为土著民自由使用设立"保护区"有关。在那种情况下，如没有对方国的同意，缔约的任何一方都无权进行管辖，除非是海底或捕鱼权。[55]中国很熟悉这种边界和资源争议的处理方法。例如，1979年5月，当时的副总理邓小平对日本建议，钓鱼岛主权争端应"通过双方协商和共同开发解决，不要涉及领土主权事宜。"[56]

（四）共同使用和开发

2000年圣诞节，中国和越南就北部湾水域签署了一个综合的和富有创意性的海域分割协议。[57]北部湾是一片水域，西部为越南，北部为中国，东部为中国海南岛。此协议为中国和其邻海国建立了第一个落定的海域边界。此协议将此片水域大致平分，划定了领水区和专属经济区，并分配了大陆架权利。[58]在此情况下，经济专属区和大陆架边界是互连的。此协议具有创意性的一个方面是在对两国具有历史意义的海湾中部水域建立了共同捕鱼区（图3）。[59]两国捕鱼船均有权利在此捕鱼12年，再加上3年自动延长期。此后，该水域的主权将全部转移给议定线的任何一方拥有。因为此协议于2004年6月生效，中国和越南已开始在捕鱼区进行合作性的海洋研究和共同巡逻。[60]

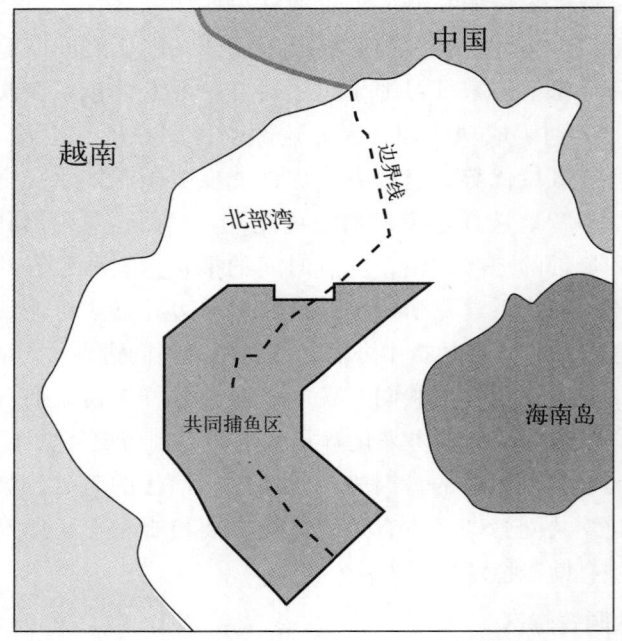

图3　北部湾共同捕鱼区
建立捕鱼区构成了中越海上边界谈判的一个重要方面

本协议表明，最近几十年在边境和资源争端上有过公开冲突的两个国家也可以超越过去，互惠互利地和平解决它们的分歧。正如一位中国评论员指出：

> 这两个国家的划界和捕鱼协议是互惠互利的。它表明双方完全有能力通过友好协商解决历史问题。它还将推动双边关系的发展，促进两国的持久稳定、睦邻友好和全面合作。同时，它将进一步加强双方政治互信和其他领域的合作。而这种互信和合作有益于北部湾地区的和平和稳定。[61]

事实上，1997年中日两国也有过一次类似的情感爆发。那一年，中日双方签署了《东海合作捕鱼协议》。不过，与中越在北部湾不断推进的合作不同，在《中日东海捕鱼协议》之后的几年里，中日双方并没有达成更大的解决措施，人们听到更多的是双方紧张局势的报道以及两国的武装对峙。[62]即使现在的政治形势已不允许1997年的协议作为东海合作性妥协的起始点，但如果中国和日本都有小小的信心，都朝目标迈进，那么也有可能会获得一个更广泛的长期解决方案。

（五）共同商业开发

建立信任的一个步骤是采用商业模式。中国、菲律宾和越南共同开发南海的油气资源。虽然这三个国家都声称对全部或部分南沙群岛拥有主权，但它们于 2005 年 3 月同意对南海有争议区潜在的油气储量进行联合调查。[63] 每个国家都声称对散布于南海的全部或部分南沙群岛拥有主权，并相应地对按照《联合国海洋法公约》隶属于这些岛屿的大陆架和专属经济区也拥有主权。三方协议授权三国国有石油公司（中海油、菲律宾国家石油公司和越南石油和天然气总公司）对南海进行联合地震勘探，并平均分担费用，商业交易持续三年，且不影响政治主权主张。[64]

当然，国有石油公司的合作并不新鲜，但如果考虑到这些敌对主张方曾于 20 世纪 70 年代、80 年代和 90 年代发生过小规模的武装冲突，那么它们能推迟主权的最终解决而在海上资源的开发方面进行合作也是中国和日本在东海上合作的潜在范例。中国和日本之间最后协定的绊脚石之一是对东海大陆架可能资源的性质缺乏信息共享。双方对另一方勘探活动的怀疑在某种程度上也是紧张局势升级和军事冲突可能性增加的原因之一。[65] 将南沙群岛合作商务计划作为一示范来共同勘探东海，有可能会带来双方都受益的共同开发，并且至少还可以更全面地了解所存在的资源，以便于未来的谈判。尽管这可能是万里长征的一小步，但联合勘探协议可以作为增加互信和信心的基础，也表明了各方想合作推进的真实愿望。此外，中国和日本都强调了东海资源对各自经济的重要性，联合勘探可能会带来东海石油和天然气的更有效利用，从而缓解每个国家对外部能源供应的依赖程度。

无论是通过基于商务的协议还是通过在一段时间内进行联合资源勘探的一种机制来在东海建议联合开发区，它都对中日双方有益。它还可以帮助缓解每个国家对资源的需求，而不必触及双方似乎都不准备妥协的"主权"这根电线。也许最重要的是，联合开发可以作为信任和信心的基础，以便于双方向前推进，达成一全面划界协议。尽管如此，但当主权这关键问题的解决一再被拖延时，冲突的可能性依然存在。如果考虑到使东海谈判十分困难和复杂的政治因素，这种解决方式也许是人们最大的希望。

四、台湾和钓鱼岛争端以及复杂的因素

东海海域划界的极其复杂因素是对钓鱼岛主权争端以及台湾地区的独

特地位。[66]钓鱼岛由五个无人居住的小岛组成，其中最大的面积仅为 3.6 平方千米。[67]从历史上看，中国人早就知道此群岛，并记载在明朝（1368—1644 年）的官方文件中，但没有充分证据表明它们曾处于中国的有效管控下，而有效管控是国际法中针对一国对某领土要求合法主权的要素。[68]日本声称 1894 年发现了此岛，并从 1895 年起对其进行管控（除"二战"后的 1945 至 1972 年由美国占领下）。中国认为日本在 1895 年的中日战争中从中国窃取了此岛，理应在"二战"后将其归还中国。[69]最近若干年，中国和日本在这些岛屿的水域呈现紧张的军事态势，包括日本于 2004 年 11 月对中国"汉"级核潜艇进行的挑衅性跟踪以及 2006 年 11 月美日就钓鱼岛进行的海上演习。[70]

然而，主权事宜的解决以及伴随的海上紧张态势只是与这些岛屿有关的第一批复杂因素。在这些岛屿应有的水域和大陆架范围方面，同样存在着激烈的争议。问题的焦点再次是《联合国海洋法公约》语言的模糊性。《联合国海洋法公约》说，如果这些露出海面的岩石也能被当做岛屿，且有人在其上居住或从事商业活动，它们通常应自带 200 海里专属经济区。然而，如果它们仅仅是岩石，不能维持人们在上定居或从事商务活动，那么它们不应自带专属经济区或大陆架。[71]尽管人们从未在此岛居住，也在近 80 年未从事任何商业活动（在 20 世纪初人们曾短暂地在此岛收集鸟粪，渔民曾时不时地在此避难），但人们仍对此岛能否支持人类定居或商务活动以及是否要为它们调整东海的专属经济区和大陆架边界持不同意见。[72]从表面看，上述两者差异只是 8 000 平方海里的海域，但海面之下的丰富的资源是关键所在。

如果考虑到中国对台湾地区具有任何独立地位的本能反应，那么台湾地区的地位是边界划定的另一个复杂要素。[73]尽管如此，但台湾地区对钓鱼岛仍保持独立主权主张。台湾渔船在历史上就往返于这些岛屿的周围海域，并在部分台湾人民和政府代表的支持下继续保持这些活动。[74]日本对台湾地区地缘战略的支持仍将对东海长期和平妥协的前景具有明显刺激性，但在实际操作层面上，尽管中日双方有了建立双方信心的措施（这是达成任何长期协议的第一个必要步骤），台湾地区对中日任何协议的不接受都有可能阻止此措施的真正实施。

中国对这两项关注事宜（即钓鱼岛和台湾）的反应表明，从"二战"日本侵略中国开始一直未能解决的领土主张对过去曾被外来殖民国家压迫的中国来说仍是个十分痛苦的回忆。这反过来又限制了中国政府与日本的妥协以及其在民众眼中保持其合法性的自由。

五、中国也许不想解决此争端

完全有可能会产生这样的结果，即尽管中国领导人最近对日本主动示好，但中国也许并不认为这些争端的彻底解决符合他们的最佳利益。中日在东海上的资源、边界以及主权的紧张局势，尤其是日本对钓鱼岛的管理和主权主张，使得中国政府利用民族主义的杠杆转移中国人民对国内困难的注意力，并在国内政治竞争中赢得中央政府的支持。[75]在此情况下，中国领导人已历史性地将经济优势和领土民族主义作为繁荣时期强调经济进步以及在动荡时期归咎于外部力量的两个合法的理由。[76]

中国之所以能成功地与越南、马来西亚和菲律宾在南海争端中谈判，并取得一些进展，而在东海事宜上拒绝与日本做类似的工作，其原因是中国从未被前面三个国家主宰过。包容前面三个国家能使外界觉得中国具有国际主义精神，并能与邻国合作。简单地说，中国对日本侵略中国的这一历史记忆犹新，始终警惕日本的民族主义和军国主义情绪复活。只要中国领导人想要提高中国的民族主义情绪，他们就会向中国人民提及东海领土争端，要求人们记住几十年前日本对中国绝大部分国土的占领。这一点，再加上反对日本侵占中国海洋主权的强烈立场，给中国人民留下了一种印象，即中国政府将永远不会再允许外部力量来羞辱他们。因此，通过与其他邻国进行合作的谈判而同日本继续保持可控的冲突，中国可以以一种有助于国内稳定和地区性崛起的方法来平衡其国内和区域的政治信息。

有可能有一种互不相让的因果力量，能使得中日双方的国际关系沿着合作和竞争的轨迹游走。[77]国内政治考虑、国际力量的动态变化、资源需求、经济波动以及甚至像2008年夏季奥运会这样的大事件都可能使中日两国由静态竞争走向合作。最近安倍晋三被选任日本首相后，胡锦涛对日本发出的和解信号既反映了中国政府对中国经济未来的信心，同时也反映了中国在奥运会召开之前希望得到国际上的友善，此时也许确实是推进东海争端解决的良好时机，但中国的长期战略利益仍被锁定于其地理位置，认为中国内陆的分界线就是一个岛链，此岛链沿着中国海岸从千岛群岛到南海的群岛。正如詹姆斯·R. 霍尔姆斯和古原俊井所观察到：

> 中国海军和空军现代化建设是为了逐渐建立一种在海上抵抗美国对亚洲水域的干涉的战略……（在冲突时），美国军队离（中

国）领土越近，（中国）越具竞争性。这是由政治事实、外界事实和技术事实等综合因素造成的。这些事实一结合，就形成了一个竞争区。而在此常规战争区域，相对较弱的对手有很好的机会对美国军队造成真正伤害。[78]

换句话说，因为这为中国提供了更大的操作空间。在此空间里，中国可以合法地与非中国战舰的存在进行竞争。拥有东海的全部水域（从中国大陆到冲绳海槽以及美国在日本领土的门户）而不是与日本妥协，也许对中国军事更有利，因为与日本妥协也许会限制中国在未来冲突中合法的行动自由。[79]此外，中国并不想让东海海上边界争端失去控制而演变成真正的冲突，因为冲突对中国来说享受不到短期利益。只有当中国确认其对台湾的主权受到严重威胁时，中国才有可能对其主权主张的东海全部海域进行军事控制。

六、路线图

在达成协议之前，中国必须得出与日本妥协是否真正符合它的利益的结论。这不是一个小的跨越。中国也许将管理得很好的冲突看做是中国在发展和谐社会时维持政治合法性的必要工具。[80]因此，只有等到中国的国内发展之痛得到缓解，中国才会制定出与日本全面合作的政策。当然，中国仍然可以采取一些临时措施，以确保当前的竞争不会无意中升级成公开冲突。

首先，双方应达成协议，以将钓鱼岛争端从等式中删除。协议要规定，除非主权问题得到了解决，否则小岛的领土效果只能为 12 海里领海。群岛周围水域可被指定为中国、台湾地区和日本的共同捕鱼区。三方共同制定捕鱼规则，可以按年轮换捕鱼权，并可以就所影响的权利对该地区油气资源勘探和开采特许权利益相关者给予财政补偿。[81]邓小平说的很对：前进之路需要双方"搁置争议，共同开发"。[82]

此外，可以通过协议为双方的发展建立信任和信心迈出前几步，以认真遵守 1997 年的《中日渔业协定》，并建立一个由中日官员组成的联合执法队，以巡逻东海渔业区。还应有一个类似于现有的中越菲协议的新协议，以共同开发东海争议区的油气资源。此外，双方应同意，在共同开发期间，双方就最终的边界划线进行坦诚协商。[83]参与协商的人要考虑单边界划定和多边界划定的利与弊，特别要注意可永久避免冲突的解决方案。

如果在此期间不能通过谈判就解决办法达成一致，双方可以像加拿大和美国对缅因湾的做法一样证明自己遵守国际法规则，并同意向国际法院提交《联合国海洋法公约》所要求的具体问题。这两个国家关于诉诸法律而不是冲突和恐吓的承诺也许能为争端解决提供希望，即此区域可以超越地缘政治的言论，并将其作为前竞争对手之间包容和合作的典范。

到目前为止，在东海争端事宜上，中国和日本似乎谈得多，做得少。然而，如果考虑到即使是"管理得很好"的冲突也会导致意外的战争，此争端的风险也很高。[84]跨海缓和可带来巨大的经济和政治效益，但需要双方选择放下新仇旧恨，朝着合作而不是竞争迈进。美国和加拿大以及澳大利亚和巴布亚新几内亚的范例，都证明国际法为争端解决提供了几种有效的解决途径。中国和日本应开始这段旅程，方法是通过逐步执行与南沙群岛油气开发三方协议以及中越之间的联合捕鱼协议类似的前提协议，以建立互信和合作精神。只有到那时，东亚才能证明对稀缺资源的竞争不一定必然会导致冲突。

注释：

此文的较早一个版本为"Carving Up the East China Sea"（《中国东海的主权争端》），《海军军事学院评论》，总第 60 期，第 2 期（2007 年春），第 49 – 72 页。

引言：引言摘自于由彭光谦和姚守志编著的《军事战略学》（北京，军事科学出版社，中国人民解放军军事科学院，2005），第 2 页；杨雷的《中日东海争端的背后》，发表于《舰船知识》，总第 27 期，2006 年第 6 期，第 22 页。

1. 参阅 Kosuku Takahashi 的"Gas and Oil Rivalry in the East China Sea"，Asia Times，2004 年 7 月 27 日，www. atimes. com.

2. 同上。

3. 参阅"Development Project Awarded"，Tenaris Pipeline Services News，2003 年 11 月，第 6 页，www. tenaris. com/archivos/documents/2003/704. pdf.

4. 同上。

5. 参阅 Greg Austin 的"China's Ocean Frontier：InternationaL Law Military Force and National Development"（Canberra：Allen and Unwin，1998 年），第 152 – 161 页。

6. 参阅 Norimitsu Onishi 和 Howard W. French 的"Ill Will Rising between China and Japan"，New York Times，2005 年 8 月。尽管中日关系已解冻，但中国东海油气田的开发仍是摩擦的根源。最近，在 2006 年 11 月，日本要求中国停止在有争议海域的新生产，但遭到了中国外交部发言人的模糊答复。参阅 Takahashi Hirokawa 和 Shigeru Sato 的"Japan Asks China to Halt Gas Output in Disputed Field，"Bloomberg，2007 年 2 月 1 日，

www. bloomberg. com/apps/.

7. "PRC Naval Vessel Activities in East China Sea 'Drop Sharply' in 2006", Sankei Shimbun, 2006 年 11 月 4 日。有关王毅的会议，请参阅 Jiang Wenren 的 "China and Japan: Reconciliation or Confrontation", China Brief, 2006 年 8 月 16 日，第 5 页。据报道，会议的焦点是两国家最有可能调停的事情之一。

8. "China, Japan Hold Talks on East China Sea Gas Reserves", Teipei Times, 2006 年 7 月 9 日，第 5 页。

9. "Crossfire War: South China Sea", Times of Oman, 2005 年 3 月 15 日。

10. 参阅 Michael Richardson 的 "Sovereignty Tussle Key to China – ASEAN Ties", Straits Times, (Singapore), 2006 年 11 月 9 日。

11. 参阅 Charles Hutzler 的 "China Prmotes 'Peaceful Rise' to Quell U. S. Fears", Wall Street Journal, 2005 年 9 月 13 日，第 13 页。

12. 参阅彭光谦和姚守志编著的《军事战略学》，第 443 页。

13. 参阅 Richard Halloran, "The Rising East", Honolulu Advertiser, 2006 年 9 月 10 日; Doug Struck 和 Rajiv Chandrasekaran, "Nations across Asia Keep Watch on China", Washington Post, 2001 年 10 月 19 日，第 23 页。

14. 参阅 John Donaldson 和 Alison Williams 的 "Understanding Maritime Jurisdictional Disputes: The East China Sea and Beyond", Journal on Internrationul Affairs 59, 2005 年第 1 期，第 141 页。

15. 参阅 Satya N. Nandan 和 Shabtai Rosenne 编的 "United Nations Convention on the Law of the Sea 1982: A Commentary", 第 2 期 (Dordrecht, Neth.: Martinus Nijholf, 1993)，第 827 – 829 页。保留了 1958 年《大陆架公约》的基本规定，但《联合国海洋法公约》确实就沿海国家对大陆架合法主权的外缘补充了一些规定。

16. 参阅 Donaldson 和 Williams 的 "Understanding Maritime Jurisdictional Disputes", 第 141 – 142 页。

17. 参阅张东江、武伟丽的《论东海海域划界问题及其解决》，发表于《世界经济与政治》，2006 年 4 月 14 日，FBIS CPP20060427329001，第 35 – 42 页。

18. 参阅 U. S. Defense Dept 的 "Department of Defense Maritime Claims Reference Manual", DoD 2005. 1 – M (Washington, D. C. : 2003 年 12 月)，第 106 页；张东江、武伟丽的《论东海海域划界问题及其解决》，第 35 页；张耀光、刘锴的《东海油气资源及中国、日本在东海大陆架划界问题的研究》，发表于《资源科学》，第 27 卷，第 6 期 (2005 年 11 月)，第 11 页，第 3.1 节。

19. 参阅张耀光、刘锴的《东海油气资源及中国、日本在东海大陆架划界问题的研究》，第 11 页，第 3.3 节。参阅邹克渊的《国际法和中国实践的历史性权利》，发表于《海洋开发和国际法》，总第 32 期，第 2 期 (2001 年 4 月)，第 163 页。在后一篇文章中，作者写到："按中国的看法，与单纯基于专属经济区概念的主权主张相比，源于历史性权利的主权主张也许在法律上似乎更有说服力和更有效"。

20. 参阅杨雷的《中日东海争端的背后》，发表于《舰船知识》，2006 年 6 月。

21. 参阅张耀光、刘锴的《东海油气资源及中国、日本在东海大陆架划界问题的研究》，第 11 页。

22. 将《联合国海洋法公约》中的第二条（"沿海国的主权及于其陆地领土及其内水以外邻接的一带海域，在群岛国的情形下则及于群岛水域以外邻接的一带海域，称为领海"）与第五十六条（"沿海国在专属经济区内有勘探和开发、养护和管理海床上覆水域和海床及其底土的自然资源为目的的主权权利以及本公约相关条款规定的管辖权"）进行比较。

23. 《联合国海洋法公约》第五十八条具体规定了："在专属经济区内，所有国家，不论为沿海国或内陆国，在本公约有关规定的限制下，享有第八十七条所指的航行和飞越的自由，铺设海底电缆和管道的自由，以及与这些自由有关的海洋其他国际合法用途，诸如同船舶和飞机的操作及海底电缆和管道的使用有关的并符合本公约其他规定的那些用途"。此条设计了公海自由的事宜。

24. 如参阅李广义的《论专属经济区军事利用的法律问题》，发表于《西安政治学院学报》，总第 18 期，2005 年第 2 期，第 56 页。

25. 同上，第 54 - 55 页。

26. 大体同上，第 54 页。

27. 日本消耗的石油 80% 靠进口，88% 的进口量来源于政治上动荡的中东。如想了解在开发东海油气资源过程中日双方的不同利益，请参阅张耀光、刘锴的《东海油气资源及中国、日本在东海大陆架划界问题的研究》。

28. 参阅 Moritaka Hayashi 的 "Japan：New Law of the Sea Legislation"，International Journal of Marine and Coastal Law（1997 年 11 月），第 570，573 - 574 页。《联合国海洋法公约》第七十四条规定界限要按国际法为基础划定，以便得到 "公平解决"。

29. 由于《联合国海洋法公约》规定，无论海底特色如何，各国都可以主张大陆架之外 200 海里的主权，因此，无论海底的特点如何，国际法院得出结论，如果相对的海岸相距小于 200 海里，海床的地理和地貌特点与划界毫无关系。有关大陆架的案例（利比亚和马耳他），国际法院，1985 年 6 月 3 日的裁决，第 39 - 41 页。

30. 参阅 Mark J. Valencia 的 "East China Sea Dispute：Ways Forward"，Pacific Forum CSIS PacNet 47，2006 年 9 月 15 日，www. csis. org/。

31. 参阅 Moritaka Hayashi 的 "Japan：New Law of the Sea Legislation"，第 570，573 - 574 页。

32. 参阅 Mayumi Negishi 的 "Teikoku Oil Seeks Rights to Test - Drill in Disputed Seas"，Japan Times，2005 年 4 月 29 日；James Brazier 的 "China and Japan：Friendlier Still"，Asiaint Political and Streztegic Review（2006 年 12 月）。同时参阅 Ji Guoxing 的 "Maritime Jurisdiction in the Three China Seas：Options for Equitable Settlement"，Institute on

Global Conflict and Cooperation，1995 年 10 月，www. ciaonet. org.

33. 中华人民共和国常驻联合国代表团，《外交部发言人秦刚就中国在东海进行油气勘探发表看法》，www. china – un. org/eng/fyrth/t269599. htm；《中国国防白皮书》，新华社，2002 年，第 16 页。在此，还有必要指出两国都已接受了《联合国海洋法公约》第七十四条（1）关于解决争端的要求，以便"通过谈判公正解决争端"。

34. 参阅 Mark J. Valencia 和 Yoshihisa Amae 的 "Regime Building in the East China Sea"，Ocean Development and International Law 34（2003 年），第 189，193 – 196 页。

35. "Japan，China to Discuss Disputed Gas Field in July"，Reuters，2006 年 6 月 30 日；Valencia，"East China Sea Dispute"；Brazier，"China and Japan"。

36. 《联合国海洋法公约》，第七十四条（1）. For self – restraint，Mayumi Negishi，"Teikoku Oil Seeks Rights"；Valencia and Amae，"Regime Building in the East China Sea"，第 189、191 页；James C. Hsiung 的 "Sea Power，Law of the Sea，and China – Japan East China Sea 'Resource War'"，conference paper，Forum on China，Institute of Sustainable Development，Macao，2005 年 10 月 9 至 11 日，www. nyu. edu.

37. "Case Concerning the Delimitation of the Maritime Boundary in the Gulf of Maine Area ［hereafter Gulf of Maine Case］"，1984 Yearbook of the International Court of Justice，第 246 页。

38. 为了精确起见，当事双方要求法院协助划定"200 海里专属渔业区"，但在这些年中，随着在《联合国海洋法公约》中建立的"专属经济区"这个词逐渐被大家接受，当事双方已经接受了更新的理念，并相应地更改了自己的术语。

39. 缅因湾案例，第 300 页。

40. 同上，第 258 – 260 页。

41. 同上，第 284 页。

42. 同上，第 265 页。

43. 同上。至于法院的评估是否正确，仍可商榷。例如，与第三国相比，不同的国家有不同的条约义务，如捕鱼权和油气勘探权，而这种权利可能正好被法院的边界选择所影响。此外，沿海国对国际社会在专属经济区的水域和空域通行权有不同的理解。中国尤其坚持他有权管理其经济专属区空域的许多活动，除非《联合国海洋法公约》在文字上规定这些水域和空域是国际性的。因而，当海上边界发生变化时，文字内容以及义务内容也应相应变化。

44. 同上，第 270 页。

45. 同上，第 278 页。

46. 同上，第 343 页。

47. 参阅张耀光、刘锴的《东海油气资源及中国、日本在东海大陆架划界问题的研究》；杨雷的《中日东海争端的背后》，第 22 – 24 页。

48. 参阅李毅的《论澳巴海洋边界划分方法之特色及其对中日东海海域划界之借鉴意

义》，发表于《东北亚论坛》，第 14 卷，2005 年第 3 期，第 30 - 34 页。

49. 此条约由 22 个条款和 9 个附件组成，于 1978 年签署，1985 年开始生效。如想了解它的具体内容，请查阅澳大利亚政府出版服务网址，即 www. austlii. edu. au.

50. 参阅李毅的《论澳巴海洋边界划分方法之特色及其对中日东海海域划界之借鉴意义》。

51. 等距线法在《联合国海洋法公约》中涉及专属经济区和大陆架边界的第 74 条和第 83 条都没有被提及。然而，这两条都要求分界线应"基于国际法协商划定""以公平解决争端"。这与 1858 年《日内瓦公约》第六条对大陆架的定义严重背离。《日内瓦公约》要求按等距线法划定大陆架，除非拥有历史性权利或存在特殊情况。参阅 Donaldson 和 Williams 的 "Understanding Maritime Jurisdiction Disputes"，第 135 - 156 页。

52. 如想进一步了解此方法的处理方法，请参阅李毅的《论澳巴海洋边界划分方法之特色及其对中日东海海域划界之借鉴意义》。

53. "Japan Foreign Minister Defends PRC Marine Survey in EEZ", Tokyo Sankei Shimbun, 2001 年 6 月 21 日，BIS JPP20010621000023.

54. 参阅李毅的《论澳巴海洋边界划分方法之特色及其对中日东海海域划界之借鉴意义》。

55. "Treaty between Australia and the Independent State of Papua New Guinea"（《澳大利亚和巴布亚新几内亚独立国协议》），第二部分，第 4 条。

56. 参阅李毅的《论澳巴海洋边界划分方法之特色及其对中日东海海域划界之借鉴意义》。

57. 参阅 "China, Vietnam Ink Deals Ending Tonkin Gulf Border Row", Kyodo News International，2001 年 1 月 1 日。

58. 参阅 "VN - China Gulf Pact to Enhance Relations", Vietnam News，2004 年 7 月 2 日，www. vietnamnews. vnanet. vn/. 按照此协议，越南拥有海湾总面积的 53. 23%，中国拥有 46. 77%。

59. 参阅肖建国的《划线》，发表于《北京周报》，www. bjreview. com. cn/.

60. 参阅 "Chinese President and Party Leader to Visit Vietnam", Vietnam Net. 2006 年 11 月 11 日，www. vnn. vn.

61. 肖建国，《划线》。

62. 参阅 Christian Caryl 和 Akiko Kashiwagi 的 "A Risky Game of Chicken", Newsweek (International Edition)，2006 年 9 月 18 日；Kosuke Takahashi 的 "Gas and Oil Rivalry in the East China Sea", Asia Times，2004 年 7 月 27 日，www. atimes. com；Tim Johnson 的 "Rift between two Asian Powers Grows Wider", Philadelphia Inquirer，2006 年 5 月 8 日；Valencia 的 "East China Sea Dispute"。

63. "Crossfire War: South China Sea", Times of Oman: International News, online edition,

2005 年 3 月 15 日。

64. "Beijing, Manila, Hanoi Strike Deal over Spratleys'［sic］Oil," AsiaNews, online edition, 2005 年 3 月 15 日。

65. 参阅 Andrea R. Mihailescu 的 "UPI Energy Watch: More Security Challenges", eurasia21. com, 2005 年 3 月 16 日; "Chunxiao Oil/Gas Field to Be Completed This October", People's Daily Online, 2005 年 4 月 21 日。

66. 1992 年 2 月 25 日生效的《中华人民共和国领海及毗连区法》特别说明中华人民共和国的领土包括钓鱼岛,《国防部海洋主权参考手册》, 第 108 页。

67. 参阅 Austin 的 "China's Ocean Frontier", 第 162 页。

68. 同上。第 163 – 164 页。

69. 参阅张东江、武伟丽的《论东海海域划界问题及其解决》, 第 35 页; Austin 的 "China's Ocean Frontier", 第 163 页。

70. "Japan's Navy Denies Practice Invasion", Associated Press, 2006 年 12 月 31 日, www. newsmax. com. 如想进一步讨论 "汉" 级核潜艇事件的情况, 请参阅 Peter Dutton 的 "International Law Implications of the November 2004 'Han Incident", Asian Security 2, 2006 年第 2 期, 第 87 – 101 页。

71. 《联合国海洋法公约》, 第一百二十一条。

72. 参阅 Austin 的 "China's Ocean Frontier", 第 168 页。

73. 参阅杨雷的《中日东海争端的背后》。

74. 参阅 "New Party Blasts Government on Tiaoyutais", Taipei Times, 2005 年 4 月 23 日。

75. Erica Strecker Downs 和 Philip C. Saunders, "Legitimacy and the Limits of Nationalism: China and the Diaoyu Islands", International Security, no. 23（Winter 1998/99）: 第 114、116 页; Norimitsu Onishi 和 Howard W. French 的 "Ill Will Rising between China and Japan", New York Times, 2005 年 8 月 2 日。

76. 如想了解一个相反的观点, 请参阅 M. Taylor Frave, "Regime Insecurity and International Cooperation", International Security, 总第 30 期, 2005 年第 2 期, 第 46—83 页。Fravel 认为, 中共的政权不安全感实际上增加了妥协的可能性。它过去妥协的例子都涉及中国西部的边疆, 因为在那里, 领土妥协被视为获得和保持对少数民族控制权的最好方法。他还认为, 在那些领土利益危在旦夕的地方, 如香港或澳门（以及东海的海域主权）, 中国一直更不愿意妥协, 并且将这些领土的收复作为共产党政权合法性的中心任务。

77. 如想了解对美中关系的力量动态因素的最好讨论, 请参阅 Aaron L. Friedberg 的 "The Future of U. S. – China Relations", International Security, 总第 30 期, 2005 年第 2 期, 第 7 – 45 页。

78. 参阅 James R. Holmes 和 Toshi Yoshihara 的 "China and the Commons: Angell or Mahan?" World Affairs, 总 168 期, 2006 年第 4 期, 第 172 – 191 页。

79. 正如中国一名评论员说的，"如果中国能控制东海，它就可以将此屏障作为一项海上战略，以从东方加强其战略防御"；参阅杨雷《中日东海争端的背后》；参阅 Ho Szu－shen 的 "China Interested in Japan's Waters", Taipei Times, 2004 年 9 月 9 日。此文引述中国中央军事委员会前第一副主席刘华清的说法，即中国的蓝水海军战略应允许海军的防御从沿岸延伸至第一岛链偏远的岛屿，包括日本、菲律宾和印度尼西亚或更远。

80. 例如参阅 Will Lam 的 "Hu Jintao's 'Theory of the Three Harmonies'" China Brief, 总 6 期，2006 年第 1 期，第 1 页。

81. Valencia 也在 "East China Sea Dispute" 中对此进行了讨论。

82. 参阅杨雷的《中日东海争端的背后》。

83. 其实，《联合国海洋法公约》第七十四条和第八十三条要求各国"尽一切努力作出实际性的临时安排，并在此过渡期间内，不危害或阻碍最后协议的达成"。

84. 2004 年 10 月，中国海监船"海监"号和挪威的研究船"Ramforn Victory"号进行了一次危险的博弈。挪威的研究船"Ramforn Victory"号是日本政府雇用来收集争议区的油气储量数据。如想进一步了解此事件的情况，请参阅 Yoichi Funabashi 的 "Can Dialog Resolve China－Japan Oil Clash in East China Sea?", International Herald Tribune/Asahi Shimbun, 2004 年 10 月 13 日。在那次事件中，中国和日本的船员相互发出了警告，而"中国的船只从离日本研究设备很近的距离驶过"。据报道，2005 年 9 月，在此争议区作业的一艘中国海军舰艇将它的炮瞄准了监视此区的日本 P－3 海上巡逻机（"Japanese MSDF Spots Five Chinese Naval Ships near East China Sea Gas Field," Kyodo World Service, 2005 年 9 月 9 日）。另一例子发生于 2006 年 4 月，当时中国政府禁止东海中部争议区澎湖气田的船只通行。参阅 Johnson 的 "Rift between Two Asian Powers Grows Wider"。

中国、南海和美国战略

■ 约翰·加罗法诺[①]

我们的目标是未来将冲突的海面变成合作的海面。

菲律宾外交部长阿尔韦托·罗慕洛
2004 年 9 月 7 日

然而，由于南海争端区的情况错综复杂，石油和天然气勘探将无疑是一个敏感的问题。它不仅会带来冲突，而且会带来与投资和合作有关的问题。

吴士存，中国南海研究院院长，2005 年 3 月

南海是地球上的第六大水体，面积约 350 万平方千米。每年，世界 3/4 的石油和天然气贸易都经过该海域，该海域已成为东北亚、东南亚、南亚、中东、欧洲和北美的重要经济生命线。它是世界上最大的鱼类生产源地之一，为亚太地区许多人口的日常饮食提供了绝大部分蛋白质。在过去 20 年里，此地域的石油和天然气勘探和生产大幅增加，但预计的总储量仍然差异巨大。人们原指望它成为"下一个波斯湾"，而现在根据到目前为止的实际开采量，预估的总储量被大大降低。世界一半的商船船队航经南海的海

---

① 约翰·加罗法诺（John Garofano）先生是杰罗姆·利维经济地理中心主任、美国海军军事学院国家安全决策系的国家安全事务学科教授。他在该校讲授美国政策制定与亚洲安全，研究兴趣包括军事干预、亚洲同盟及安全问题以及美国外交政策。他的多篇著述发表在《国际安全》《当代东南亚》《亚洲调查》《海军军事学院评论》以及其他刊物上。在供职于海军军事学院之前，加罗法诺博士是哈佛大学肯尼迪政府学院高级研究员并在美国陆军军事学院、马萨诸塞州西部五所学院以及南加州大学教书。加罗法诺博士在康奈尔大学获得博士学位，在约翰·霍普金斯高级国际研究学院获得文科硕士学位。

上交通线和印度尼西亚的水域。经过南海的油运量是经过苏伊士运河的三倍和经过巴拿马运河的 15 倍，且会因该地区能源需求的增加到 2020 年再翻一番。中断此地区的海上交通将给各国造成重大经济伤害。[1]

南海也是领土主权争端的焦点。自 20 世纪 70 年代和《联合国海洋法公约》被通过以来，南海争端日益加剧。中国、台湾地区、越南、马来西亚、文莱和菲律宾是直接相关方，其中中国既要得到此地区的能源，又强烈要求得到几乎整个海域的主权。此外，其他国家对南海也有强烈兴趣。印度尼西亚已在南海建立了主要近海设施，日本和台湾地区经由南海进口的石油分别为 75% 和 70%，美国需要航行自由，与菲律宾签署了正式条约，并日益加强与其他感兴趣国家的关系。[2]

从商船和军舰继续享受自由通行权以及不受限制地获得石油和天然气勘探和开采的自由市场机会角度看，美国在南海有重要的国家利益。这些利益将会越来越多地受到几个当前或潜在事态发展的挑战，包括中国在该区域不可避免的力量投送增长、民族主义的蔓延、新油气储量的发现以及可开采已知储量油气的新技术。作为这些利益中的执行者或监视者，美国海军必须密切注意该地区的政治和军事事态发展。

这一章强调的是南海的一些政治和经济动态，并提出以下问题：领土主权争端的本质是什么？什么因素促使中国这样做？我们从中国的未来主张和行为能得出什么？中国对南海的油气储量的预估量是多少？这些油气储量对中国的重要性有多大？中国的邻国有针对中国主权要求和利益的策略吗？冲突的前景是什么？

本章的主要论点是，如果东盟或美国的政策不作重大改变，中国在该地区的存在和影响可能会增长。从长期看，这意味着美国在该地区的政治和经济影响力以及海军的行动自由度将越来越小。油气储量是中国政策背后的动机，但这只是小的重大"奖金"，而真正的目的是巩固它的主权领土。这些地区行动者（包括美国）如果想抵消这些当前趋势，必须遵循一套复杂的政策。

一、领土主权冲突

潜在的冲突来源于中国、台湾地区、越南、菲律宾、马来西亚和文莱（在最终解决主权事宜时，还会有一些其他的利益相关者）对领土主权的主张，再加上能源对各国经济发展的日益重要性。整个南海大约有 200 个小岛、礁石和暗礁，主要是在南沙群岛或西沙群岛。

中国和台湾地区都称，基于历史占领和有效管辖，整个南海都应属于中国。中国、越南和台湾地区都声称拥有所有的南沙群岛以及水面上下的岩石和珊瑚礁。菲律宾基于非定居和"发现"，只要求得到它们称之为卡拉扬（"自由地带"）内的少量岛屿。这些国家还就该地区部分突出的礁石的主权发生冲突。马来西亚要求得到在其大陆架边界线内的 7 个岛屿，文莱则要求得到一条狭窄的 200 海里长的专属经济区地带。此地带将包括南沙群岛的南薇滩以及菲律宾声称主权的一小部分。[3]

在 20 世纪 70 年代在南海发现可能有意义的油气储量之前，没有任何国家大力拥护或反对此地区的领土主张。同时，通过对《联合国海洋法公约》的谈判，国际社会开始考虑如何管理近海和海底资源。中国很快就成为强有力的主权主张者，利用可以追溯到 20 世纪初的地图来展示"U"形虚线，以表明其拥有整个海域和资源。为了证明其领土主张的有效性，中国还引证中国早在两千年前就在此片水域往来航行，并且一直延续到今天。也许，此"U"形线是 1914 年首次勾画的，从 1947 年"中华民国"引用它后就被偶尔提及。无论如何，如果在 1946 到 1971 年期间有任何国家对中国的主权主张进行挑战，那么中国恐怕很难得到几个岛屿。在 1946 到 1971 年期间，菲律宾占领了三个岛屿。[4]

二、中国对主权的捍卫和东盟外交

中国继续加紧提出主权要求。1974 年，中国从南越收回了被占领的西沙群岛；1988 年，中越船只在南沙群岛发生交火，中国收回了被菲律宾占领的永暑礁。最重要的是，中国于 1992 年 2 月 25 日将推定的海域主权写入了国内法。《中华人民共和国领海及毗连区法》第二条称，南海是中国的内部水域，因而外国军舰过境时必须事先得到许可，潜艇必须上浮，并挂其国旗，飞机飞越时必须事先得到许可。第八条允许中国采取一切必要措施，阻止有害通行，而第十四条则授权中国在此公海上对外国军舰进行追捕。

马来西亚、菲律宾和印度尼西亚当局反应强烈，声称要捍卫各自的主权。它们把此主权看做是重要的国家财产。印尼外交部长阿里·阿拉塔宣布，如果在南海发现了大的石油储量，此形势具有潜在的爆炸性，并且可能会恶化。东盟于 1992 年 7 月就南海事宜签署了自己的声明，试图促进"不占领"和"不挑衅"双规范。在中国于 1995 年 2 月占领美济礁后，尽管东盟仍继续坚持官方会谈、规范建设、协商一致的决策和第二轨道的努力，但也加快了努力的步伐。

东盟试图在维持东盟内部团结的前提下，使得中国接受专门适用于南海格式的和平共处的原则。这是一个挑战，因为对南海没有主权要求的东盟国家对与中国保持良好关系更感兴趣，同时菲律宾和马来西亚它们自己的主权要求也有重叠。当马来西亚与中国共谋，双方同意进行交易，并将美国排除出谈判桌之外时，东盟出现了进一步分裂。此外，马来西亚甚至多占了两个礁岛。这令菲律宾十分惊愕。而菲律宾未能将此事宜成功提交亚洲地区论坛的高级官员会议讨论，尽管美国和日本都在场，但中国投了反对票。这使得菲律宾更加亲近美国。

1995 至 1996 年的台湾危机可能事实上已改变了内部力量的平衡，所以，1997 年中国将主权要求的重点放在了资源上。中国在李登辉访问美国后发射导弹，使美国被卷入此冲突，并成为台海冲突的主要威胁。江泽民并不认为中国人民解放军强硬派的导弹外交是成功的。江泽民通过增加中央军委副主席的人数来削弱强硬派的影响。1997 年 9 月，海军上将刘华清退役。之后，"丢失的领土"这一主题就从属于资源主体了。

1998 年马尼拉与美国签署了访问部队协议，允许美军使用菲律宾的设施和培训其部队。值得注意的是，此协议签署时，菲律宾正与中国就南沙群岛一个无人居住的环礁发生争议，这也是美国驻马尼拉大使托马斯·哈伯德向菲律宾提交了一封信称 1951 年的《美菲联防条约》具有"领土和形势适用性"的一周之后。此信被解释为美国正从南海事宜的中立立场游离。[5]

内部分裂和超级大国日益介入导致了东盟协议的更新以及 2002 年 11 月的《南海各方行为宣言》。行为准则这个想法最早正式出现于 1996 年 7 月的第 29 次东盟部长级会议上，但因越南和菲律宾的奢望而停滞。越南希望把西沙群岛也包含在内，菲律宾则希望禁止在现有的已被占领的土地上建造任何新的建筑物。东盟很快作出了两个重大让步，并自认为这意味着新安全理念的成功。第一就是，准则要承认争端只能通过双边解决，这一点正是中国所追求的；第二就是这些谈判的结果只能是对所要求的行为方式的声明，而不是实际的行为准则。1991 年和 1992 年当东盟的妥协更加明显时，中国朝协议更加迈近了一步。然后，菲律宾放弃了禁止新建筑的规定，用第 5 条代替了它，即不得在无人居住的岛屿、珊瑚礁和浅滩上派驻人口。[6]

瓦伦西亚称中国到此时的政策为"三不"政策，即不明确提出主权、不进行多边谈判以及不将问题国际化。有些人因此将中国对 2002 年《南海各方行为宣言》的默许当做中国的转折点。钟将其表述为"物质外交胜利"，这种说法也许更加准确，因为：

（1）它没有具体说明适用的区域：整个南海、西沙群岛和南沙群岛、或只是南沙群岛；

（2）它排除了台湾地区、其他感兴趣的国家（如：印度尼西亚、新加坡、泰国、日本、美国）以及国际性组织（如：联合国）；

（3）它并没有禁止在已占领的领土上构建或整修/扩建建筑物；

（4）它声明达成一真正的准则必须"基于一致同意"；

（5）它并没邀请其他国家参与此宣言。

然而，正如钟说的，这确实使得有关各方注重于它们关系中的经济部分，并宣布第二天要签署《中国—东盟全面经济合作框架协议》，目标是到2010年时建立中国、文莱、印度尼西亚、马来西亚、菲律宾和新加坡自由贸易区，到2015年建立柬埔寨、老挝、缅甸和越南自由贸易区。2003年6月，中国还签署了《友好合作条约》。此条约是东盟的基础性文件，要求签署国放弃对政治和经济稳定、主权或领土完整有威胁的活动。2004年12月，中国与东盟签署了一份《五年行动计划》。此计划的重点是在防务关系、安全问题对话和咨询以及在军事人员培训、联合军演和维和行动方面的合作。[7]

三、中国的动机

有必要探讨一下中国在南海政策方面可能的动机，以便推测在何种情况下可进行妥协或制定新的解决方案。一种思路可能大致属于"防御性现实主义"类别。一名分析人士强调了中国历史城墙和文化的作用，并将"U"形线看成是与北方长城平行的南方线，将曾母暗沙看成是中国最南的领土。从这方面看，对中国人来说，后来才增加"U"形线表明中国在西方工业化和帝国主义之前没有感受到来自南方的威胁，因而中国包括南海的正式领土划界可能是一种"先发制人法，以防范未来的不确定性，并在任何国家实体试图果断处理南海主权事宜之前抢先进入南海。"[8]

当有人将这些动机看成是可以就这条线进行妥协时，这也许与"失去的领土"主题直接有关。布斯辛斯基引用成都军区军事研究室崔或臣上校的《软边疆的新角逐》，提到中国已经大量使用"生活空间"一词，并将南海描述成对21世纪中国工业燃料和中国人民食品而言十分关键的一个区域。这种观点得到了刘华清的支持。刘华清在1982到1988年期间担任海军司令，1989到1997年期间担任中央军委副主席，对20世纪70年代和80年代的海军学说具有重大影响。作为中国海军司令，刘强调了基于"失去的领土"主题的海洋主权。从中国 1987 年的巡逻和调查人员、1988 年与越南舰船在赤瓜礁的冲突以及 1989 年中国海军为南海组建南海舰队司令部可以看出他的影响的产生以及他的思路。[9]

对此区域，有其他迹象表明有更加进攻型的方法。霍尔姆斯和古原俊井描述了一种可以脱离防御性现实主义的趋势。[10]他们注意到中国的规划师崇尚马汉学说。马汉教导他们，他们拥有毗连水域的主权，占主导地位的海权是必不可少的。这也是沿袭传统，因为中国一直将南海看成是一个国家独占区。马汉的"商务、基地和航运"手段表明中国需要如太平岛（南沙群岛中的最大岛屿之一）这样的基地以及相邻的珊瑚礁。此外，作者还指出，这些就构成了比美济礁更优越的存在。他们称，中国还将需要沿着南海海岸和北部边缘的海上通信，因为在那里，对手可能会使针对台湾的作战受挫折。能源安全的驱动也强化了这些需求。

此外，中国正获得不断增加的能影响东南亚的安全环境以及个别国家的理念和政策的能力。在过去的 15 年里，中国的国防预算保持了两位数的速率增长，目前为 350 亿美元，2007 年将达到 1 050 亿美元。在当前五年计划的第二年，国防经费上涨了近 18%。国防开支主要用于军事革命，包括对力量投送和精确打击的"信息化"和通信建设，以迅速击败敌方的指挥、控制、通信和计算机（C4）系统。一系列国际事件的发生推动和加强了中国的军事现代化方案。这些事件包括美国迅速赢得第一次海湾战争的胜利、1996 年台海危机使得中国意识到在作战方面无法与美国抗衡，以及 1999 年美国轰炸中国驻南斯拉夫贝尔格莱德的大使馆。[11]这些事件对军事采购的影响一直引人注目。为了对外表明自己只进行了一些海军和相关装备采购，中国在第二代核潜艇和常规潜艇、护卫舰、反舰导弹驱逐舰、两栖部队投送、陆军攻击直升机乃至航空母舰等各种平台上投入了大量资金。到 2010 年时，中国海军将有 43 艘驱逐舰、55 艘护卫舰和 62 艘潜艇。此外，现在正在研制、采购和升级第四代和第五代攻击型战斗机、战斗轰炸机、机载预警和控制系统、近距离空中支援飞机以及关键支援飞机等。[12]

中国海军转型的目的是对毗邻水域进行更大的控制，同时在冲突情况下威慑较大的敌人。在作战上，中国 2006 年的国防白皮书声称，海军的战略是"为近海防御作战逐步延伸战略纵深，并加强其综合海上作战和核反击能力"。根据蒂莫西·胡的说法，核心就是建立海洋阻入能力，以防止美国海军部署于被中国海军战略家称之为第二岛链（从日本岛屿延伸至关岛和马绍尔群岛）的水域。中国海军将逐步实现其获得新型潜艇的雄伟目标。[13]

    虽然对那些负责制定现代化方案的人来说，中国与台湾地区和朝鲜的冲突是首要考虑，但许多新武器可以提供与"后朝鲜"和"后台湾"世界有关的能力的存在。例如，计划中的对空中加油机的研制和采购将使中国空军出现在南海上空。换种方式说，如果发展壮大的目的是在台海冲突情况下打败台湾和威慑美国，那么恐怕要到本十年末。到那时，按照美国国防部的说法，中国可以击败"一个中等大小的对手"。这些与沈大伟早期的论文观点相冲突。沈大伟的观点是"还没有足够证据表明中国人民解放军正发展将力量投送到国土边缘之外的能力"。[14]

    事实上，一旦这些冲突被解决，中国就有可能同台湾一起确保其南翼。中国南部的潜在对手大多是小型国家。正如中国 2006 年《国防白皮书》中提出的，与此变化并行的还有第二个长期国防发展战略的制定。此发展战略的时段为 2011 至 2020 年，目的是建立一支可与二级军事强国（如：日本、俄罗斯和西欧一些国家）相当的军事力量。两个近中期计划以及军备采购将使中国在南海地区具有优势的海空军力量存在。

    能源安全和其在经济发展中的作用为中国进一步提供了一系列具有进攻性的动机。自 1978 年以来，经济现代化已成为中国政策的首要目标，也是社会和谐和政治稳定的基石。毋庸置疑，经济发展的核心是有可得到的、安全的和可负担得起的资源和能源供应。关于能源，中国自 1993 年起已成为石油净进口国，经济呈两位数的速率增长，拥有世界近 1/4 的人口，而已探明的石油储量只占世界总量的约 2.3%。到 2020 年，中国的日石油消费量预计为 1 050 万桶，日进口量约为 700 万桶，进口量占总消费量的 60%。此外，中国的石油政策还远远不能符合重商主义或毛派的自力更生学说。

    与对中国石油消费量的估算同样重要的是邻国不断增长的需求量。到 2025 年，仅在亚洲的发展中国家，石油消费量的年增长量将达到 3.0%，从当前的每日约 1 500 万桶翻一番，达到约 3 400 万桶。其中，中国的增长量要占上述增长总量的 1/3，其他国家的增长对国内政治和社会需要同样重要，因而导致了这样一个现象，即只要本地发现了石油和天然气的增量，那么就会发生一场"争夺战"。[15]

    人们相信南海地区拥有大量的油气储量，中国公开表示了对此地区油气潜在储量的极大乐观看法。1982 年，中国地质学会主席对南沙群岛地区的石油资源进行了过于乐观的预测。1987 年，中国对该地区进行了几次海洋学研究考察，并公开得出结论，称该群岛的最南端地区可能拥有大量石油储量。有一点很重要，即现在为南海领土主权争端而进行的武装冲突源于此阶段，当时越南很快就对中国建立海上前站的企图进行了挑战。1988年3月，双方冲突达到了顶峰，发生了枪击，越南的一艘船被击沉；4月，中国收回了六个岛礁。

中国分析人士通常认为南海（包括南沙群岛）可能拥有1 050亿桶石油和250亿立方米天然气，[16]而目前已探明的石油储量只有区区70亿桶。1994年，美国地质调查局估计整个南海海域近海盆地的预计总石油储量为280亿桶，当前日产量大约为250万桶，其中中国、马来西亚和越南最近的产量增加占了大部分。[17]一般产业经验法则表明在前沿领域（如南海），大约10%～15%的预计储量可被开采。

亚洲发展中国家天然气消费量的增长速度比石油消费的增长速度还快。到2025年，年增长速度为4.5%左右。也就是说，到2025年，天然气的年需求量是目前的3倍，达到21万亿立方英尺。此外，中国还对某些数字进行了乐观预测，如南沙群岛海区的天然气可开采量高达900万亿立方英尺，而整个南海的储量约为2 000万亿立方英尺。外界很少同意这些估数。美国地质调查局将南海所有天然气储量预估为266万亿立方英尺。[18]

这儿有两个事宜值得一提。首先，即使是很小的安全因素也能对中国的经济增长起到重大的积极影响；其次，中国故意夸大了对该地区可开采资源的主权。为什么呢？最有可能的是，这些为中国的领土主权要求以及某种程度的合法性提供了一些可认可的正当理由，因为这两项对该地区的未来都有利害关系。大多数国家都承认能源和经济方面的考虑是合理的，并建议可以采取基于共享、合作或协调的非赢者通吃的解决方案。

如果油气储量被剥夺或其开采在经济上不划算，那么中国对南海的国家主权的要求就会减弱，并恢复到简单的历史或法律争论。如果要解释中国为什么考虑在离菲律宾海岸不远处开钻一个被判断为无利润的气田，这似乎有点离题了，且留待后面讨论。

南海因其为海上交通线而显得至关重要。其实，正如中国绝大多数贸易商品一样，几乎中国所有石油进口（90%）都经由南海。中国早在1975年就解释了他对南沙群岛和西沙群岛的理解，即"正因为南海处于印度洋和太平洋之间，因此它是一个重要的战略区。它对中国大陆和近海岛屿来说是通向外面的门户，而群岛正处于连接广州、香港、马尼拉和新加坡航线的中央位置"。[19]

四、东南亚的反应

中国对东南亚的影响以及对东南亚的援助能力都在不断增强，这些新能力可能会给中国以针对该地区采取积极的动机，同时给中国控制这些活动的权利。

当然，东南亚国家还没有就如何应对中国进行权衡。也就是说，他们在军事上还没有足够强大，也没有形成强大的联盟，来抵抗被感知到的短期威胁。[20]他们宁愿追求各自不同的策略。

印度尼西亚军方领导人私下将中国列为他们国家最大的军事威胁。印度尼西亚所面临的主要挑战是中国声称对纳土纳群岛以及其上可能的能源拥有主权。然而印度尼西亚意识到中国是其大宗商品的主要买家，并且可能是比美国更可靠的武器供应商，因而它比新加坡、泰国以及菲律宾对中国抗衡得少。

新加坡与美国的关系是介于联盟和深厚友谊之间。在新加坡，建有美国海军西部物流基地，并在樟宜海军基地为美国航母修建了码头。泰国仍然是美国的一个"主要的非北约盟友"，然而仍就经济增长事宜与中国打交道，它批评台湾和法轮功，并在伊拉克问题上给予美国以不冷不热的支持。1995年，菲律宾与中国就美济礁发生冲突，1996年就坎波内斯群岛发生冲突，1997年就斯卡伯勒浅滩（中国称黄岩岛）发生冲突。这些事件使得菲律宾清楚地感知到了外部威胁，并在美济礁事件之后意识到自己太弱，无法捍卫其主权要求。为此，1998年和2003年菲律宾与美国分别签署了《访问部队协议》。2003年，菲律宾与美国签署《后勤互助协议》，使得菲律宾与新加坡和泰国一样被美国标定为一个"主要的非北约盟国"。菲律宾与美国的联合军事演习以及美国在抗击阿布萨耶夫军事组织中的作用，加强了菲律宾途径的均衡本质。

越南和美国在外交关系全面正常化的道路上步伐很快。越美签署的《双边贸易协定》使得两国贸易额大大增加。此外，两国还在艾滋病预防方面进行了合作，出现了高层次的政治互访。越南继续通过追求油气勘查来推进其在南海的主权要求。2005年，越南渔民闯入中国水域，双方冲突持续增长。越南支持美国的军事存在，并就反恐、打击毒品交易、排雷、搜索救援以及救灾等进行合作。越南观察员参加了美国和泰国举行的"金色眼镜蛇"联合军演，美国海军舰艇现在开始访问越南。2005年，越南总理访问了美国，承诺将进一步加强双边合作。[21]

自 2001 年以来，马来西亚和美国的防务合作已越来越多，包括美国舰艇访问次数的快速增加（如 2004 年美国斯坦尼斯克号核动力航母的访问）以及马来西亚为美国部队提供丛林训练场所等。马来西亚前总理曾公开表示他并不认为中国是一个威胁，中国应保持成为一个建设性的玩家。正如泰国和柬埔寨一样，马来西亚和文莱之间也存在严重分歧。

就东盟国家的反应来说，一个统一的主题是尝试使用经济合作和管理来处理与中国的安全关系。这不是一项新的战略创新。它源于一套想法，即有关国家如何使用贸易和其他经济流来治理无政府状态，而此种方式要能在国家间建立共同利益，抑制安全竞争，并支持一个有序的国际体系。在此体系中，各国应通过"司法程序而不是强迫性交易"解决冲突，消除战争。[22]事实上，自第二次世界大战结束以来，这些想法就一直是美国政策的指导原则。托马斯·弗里德曼在《凌志车和橄榄树》中写道："是美国促成了国际货币基金组织、关贸总协定以及一系列其他国际机构的建立，以打开全球市场，并培养全球贸易。此外，也是美国舰队在为这些市场维持着海上往来通道的畅通。"[23]

还有一种普遍的观念，认为中国从指令性经济向市场经济过渡使人们对中国经济与当前国际体制的和平接轨产生了浓厚的兴趣。[24]

关于此总体观念以及它与南海形势的关系，至少有两个潜在问题。第一，自由主义对力量的经济和政治约束与国际和平的紧密联系逻辑可能站不住脚。人们不应指望中国和东盟之间不断增长的经济联系将自行解决南海争端。此外，当经济一体化在向前推进时，那些小的、复杂程度较低的经济体可能会比中国感到更受约束。如果中国继续通过双边方式来解决南海争端，这点尤其正确，因为从单个国家来看，中国在越南、马来西亚、印度尼西亚和菲律宾的经济所扮演的角色要比这些单个国家在中国经济中扮演的角色大得多。

五、新对抗的成熟

当前，也有一些可降低紧张程度的希望征兆。中国在 20 世纪 90 年代出版了一幅边界不清晰的地图，这暗示着高产的纳土纳气田（可开采气量大约为 5 万亿立方英尺）可能会成为中国领土。为此，印度尼西亚举行了大规模的军事演习，并加快了天然气生产。中国对此没有做出任何反应。菲律宾将马兰帕亚气田和卡马哥气田与电站连在了一起，也没有得到中国的抗议。这两个气田位于中国声称享有主权的水域内，预计拥有 2.6 万亿立方英尺的天然气。中国也没有反对马来西亚对沙捞越外的气田进行勘探，而此气田也位于中国声称拥有主权的水域。越南和中国也解决了它们在北部湾的争端。

表面上看，中国对南海冲突的行为是一种"老谋深算的"策略，即努力解决小问题，拖延关键争端的解决。[25]以前那种强烈的主权主张以及军事占领和增援似乎已经让位给了对共同开发的新兴趣。[26]2005年3月，中国、菲律宾和越南签署的《三方海上地震工作协议》就是一个佐证。中国"南海"号船（舷号502）收集数据，然后将这些数据发送给越南处理，并由菲律宾专家进行最终分析。中国也许已经改变了对东盟和多边机构的看法。以前，中国认为它们是美国的傀儡，现在认为它们是必须争取的潜在盟友和资源。与此伴生的是中国对自我认知的初步改变。以前，中国认为自己是个受害者，而现在它认为自己是个蓬勃发展的世界大国。[27]中国的有些部委可能已经得出结论，即现在终于为中国打开了保持快速增长、整体实力和竞争力的一个小的机会窗口。[28]

在另一方面，本文强调了几个事宜，以暗示南海也许已成为新冲突的成熟区域。首先，中国和其邻国以及美国的领土主权主张的动机不相称，中国的动机更强烈，且持续时间即使不是永久的，但似乎也是更长的（直到领土事宜被解决）。三个动机（尤其是民族主义和领地占有性、能源安全以及对重要海上交通线的影响）将自然驱动中国在该地区的更多存在以及对该地区的更大控制。

此外，对中国观念的巨大改变的大多数议论都是基于最近的短期趋势，数据有限，且缺乏洞察力。既然中国主张整个南海都是自己的主权领土，那么它就要为它的声称以及国家立法而努力。虽然，它现在未必能要求实施过境许可，但中国海军的发展意味着未来也许能这样做。当中国面临一些没有双赢解决方案以及事关重要民族利益的问题时（如在湄公河上建大坝），中国在与小国合作时也会选择自身利益。[29]

最近关系改善的迹象并不必然预示着在没有解决领土和资源争端的情况下会长期和平。首先，就在本书出版之时，中国正在考虑开钻离菲律宾海岸不远的马拉帕亚气田。荷兰皇家壳牌和雪佛龙曾开采此气田，后因觉得无利可图而放弃，中国可能于2009年初开钻。此气田的储量只够中国用四天，且开采成本高达十亿美元，但中国还是要坚持开采，其原因也许是要利用此气田使菲律宾对可能含有更大储量的南沙群岛附近的争议水域进行勘探的妥协。[30]

其次，经济一体化很难成为一个现实的策略，以便在重要事宜或重要的民族利益上约束中国。中国将自己拥有的或自己主宰的南海视为重要的国家利益。在抵御中国在该地区日益增长的影响力方面，小规模的和多样化程度较低的经济体可能会感觉到更大限制，且积极性更加不足。现在，它们无法以任何实质性的方式抗衡中国的力量，甚至美国最亲密的朋友也几乎无法"对冲"，而仅仅是行走在避免争议和坏情绪的细线上。

再次，还没有明确的迹象表明形势已从领土主权主张严重偏离，也没有明显迹象表明形势正朝任何种类的国际或多边管理解决方案发展。有限的多国勘探离多国解决领域和资源事宜距离遥远。如前所述，2002 年东盟宣言既没有解决潜在的主权争端，也没有向任何一方承诺将采取行动。

此外，还必须记住，最近的"好心情"大多数来源于持续的充满希望的探索过程。如果油气事宜一时解决不了，可以将其他事宜挪至前面。这些其他事宜包括旧的敌意、海上自由对国家声望的影响（如中国要求得到过境批准权）以及南海在台海危机时的地位等。当前有限的合作将使中国在争议区的存在合法化。例如，当中国—越南—菲律宾联合勘探于明年进入开采阶段，中国在 54 000 平方英里面积的存在将被前所未有地更加合法化。

再加上中国日益增长的影响力和军事力量（包括中国在南海日益增强的兵力投送能力以及中国周边面积较小且无大的强制能力的邻国继续依赖于经济一体化），使得南海在中国的政治意识中越来越重要。对美国来说，其国家利益在于航行自由和海上交通线的安全，且它严重依赖于这些国家的政治倾向。美国应重新思考自己在南海领土和资源争端上的大致合法立场，如美国对南海的领域领土争端没有立场。就能源安全来说，中国仅在很小程度上依赖南海和东海的气田来推动它的经济发展。然而，这些海区的能源安全之所以重要，那是因为这些海区的地位，即它们是关键的油气运输走廊。通过这些走廊，供应品不仅被输送至中国，也被输送至台湾地区、韩国和日本。如果不能出现乐观和有希望的情况，如果还得回到领土主权，中国海军的处境要比以前被强制的更好。[31] 到那时，美国的政策和海军影响力也将更加重要。

注释：

1. 参阅美国能源信息管理局，"Country Analysis Briefs，South China Sea"（《国别分析简报——南海》），2006 年 3 月，http：//www. eia. doe. gov/emeu/cabs/South_China_Sea/

Background. tml；参阅美国能源信息管理局，"World Oil Transit Chokepoints：Malacca"（《全球石油转运咽喉要地：马六甲海峡》），http：//www. eia. doe. gov/emeu/cabs/World_Oil_Transit_Choke points/Malacca. html.

2. 标准的著作包括 Greg Austin 的 "China's Ocean Frontier"（《中国海洋边界》）（St. Leonards，NSW：Allen and Unwin，1998 年）；Mark J. Valencia，Jon M. Van Dyke 和 Noel A. Ludwig 的 "Sharing the Resources of the South China Sea"（《分享南海资源》）（Honolulu：University of Hawaii Press，1997 年）；Lee Lai To 的 "China and the South China Sea Dialogues"（《中国与南海的对话》）（Westport，Conn.：Praeger，1999 年）；Liselotte Odgaard 的 "Maritime Security Between China and Southeast Asia"（《中国与东南亚之间的海上安全》）（Burlington，Vt.：Ashgate. 2002 年）；Christopher Chung 的 "The Spratly Islands Dispute：Decision Units and Domestic Politics"（《南沙群岛争端：决策机构和国内政治》）（PhD thesis，University of New South Wales，2004 年）。

3. Mark J. Valencia，Jon M. Van Dyke 和 Noel A. Ludwig 的 "Sharing the Resources of the South China Sea"（《分享南海资源》），第 8 - 9 页。

4. Greg Austin 的 "China's Ocean Frontier"（《中国海洋边界》），第一章和第四章；参阅 Ulises Granados 的 "As China Meets the Southern Sea Frontier：Ocean Identity in the Making，1902 - 1937"（《当中国遭遇南海边界事宜时：1902—1937 年海洋身份的形成》），发表于 Pacific Affairs（《太平洋事务》），总第 78 期，2005 年第 3 期，第 443 - 452 页。越南确认对中国 1951 年在旧金山和平会议期间提出的主权要求进行了挑战。

5. Carlyle Thayer 的 "China's ' New Security Concept' and Southeast Asia"（《中国的 '新安全理念' 和东南亚》），由 David W. Lovell 编入 "（Asia - Pacific Security：Policy Challenges"（《亚太安全：政策挑战》）一书，新加坡：新加坡东南亚研究所（ISEAS），2003 年，第 101 页；Leszek Buszynski 的 "ASEAN，the Declaration on Conduct，and the South China Sea"（《东盟、行为宣言和南海》），发表于 Contemporary Southeast Asia（《现代东南亚》），总第 25 期，2003 年第 3 期，第 343 - 358 页。

6. Buszynski 的 "ASEAN，the Declaration on Conduct，and the South China Sea"（《东盟、行为宣言和南海》），第 343 - 358 页。

7. Chris Chung 的 "The South China Sea Dispute"（《南海争端》），未出版的手稿，2006 年 11 月。如想了解相关的协议，请登录 http：//www. aseansec. org/16805. htm，查看 "ASEAN Document Series 2005"（《东盟 2005 年文件汇编》），第 198 - 216 页以及 "ASEAN Document Series 2004"（《东盟 2004 年文件汇编》），第 291 - 312 页。

8. Peter Kien - Hong Yu 的《在南海成立国际（辩论）体制：从中国角度分析障碍》，发表于《海洋开发和国际法》第 38 期，2007 年，第 147 - 156 页。

9. Buszynski 的 "ASEAN，the Declaration on Conduct，and the South China Sea"（《东盟、行为宣言和南海》）。

10. 此整个段落取自于 James Holmes 和 Toshi Yoshihara 的 "China's ' Caribbean' in the

South China Sea"（《中国在南海的"加勒比海"》），SAIS Review，总第 26 期，2006 年第 1 期，第 79 − 92 页。

11. 参阅 Janes Defence Weekly，2007 年 4 月 25 日；"Jane's Sentinel Security Assessment − China and Northeast Asia"，2007 年 3 月 22 日。中国的国防开支大约保持在其国内生产总值的 1.5%。

12. 同上；Federation of American Scientists，"PLA Navy Facilities"，刊载于 www. fas. org/man/dod − 101/sys/ship/row/plan/index. html.

13. Timothy Hu 的 "China − Marching Forward"，发表于 Janes Defence Weekly，2007 年 4 月 18 日。http：//www8. janes. com.

14. David Shambaugh 的 "China Engages Asia：Reshaping the Regional Order"，International Security 29，2004 到 2005 年冬第 3 期，第 64 − 99 页，主要在 86 页。

15. "South China Sea Country Analysis Brief, Background"，Energy Information Administration，刊载于 http：//www. eia. doe. gov/emeu/cabs/South_China_Sea/Background. html.

16. 参阅张玉坤、张慧的《戍海固边：海上安全环境与海洋权益维护》（北京：海潮出版社，2003 年），第 39 页。

17. 能源信息管理局，"South China Sea"（《南海》），刊载于 http：//www. eia. doe. gov/emeu/cabs /South_China_Sea/Background. html.

18. 能源信息国别分析简报（Energy Information Country Analysis Briefs），"South China Sea"（《南海》），美国能源部能源信息管理局，2006 年 3 月，http：//www. eia. doe. gov/emeu/cabs/South_China_Sea/Background. html.

19. 参阅 John Wesley Jackson 的 "China in the South China Sea：Genuine Multilateralism or a Wolf in Sheep's Clothing?" M. A. thesis，Naval Postgraduate School，2005 年，第 25 页。

20. 参阅 Stephen Brooks 和 William Wohlforth 的 "Hard Times for Soft Balancing"，International Security 总 30 期，2005 年第 1 期，第 72 − 108 页。

21. 参阅 Ian James Storey 的 "Creeping Assertiveness：China, the Philippines and the South China Sea Dispute"，Contemporary Southeast Asia 总 21 期，1999 年第 1 期，第 95 − 118 页。

22. 参阅 Michael Doyle 的 "Ways of War and Pcace"（New York：Norton，1997 年），第 210，293 页。

23. 参阅 Thomas Friedman 的 "The Lexus and the Olive Tree"（New York：Anchor，2000 年），第 253 页。

24. 参阅郑必坚的 "China's Peaceful Rise to Great Power Status"（《中国在大国地位上和平崛起》），Foreign Affairs 84（2005 年），第 18 − 24 页。

25. 参阅 Michael Swaine 和 Ashley Tellis，"Interpreting China's Grand Strategy：Past, Present and Future"（Washington，D. C.：RAND. 2000 年）。

26. 参阅邹克渊的 "Joint Development in the South China Sea：A New Approach"（《南海的

共同开发：一种新途径》），"International Journal of Marine and Coastal Law"（《国际海洋与海岸法》杂志），总第 21 期，2006 年第 1 期，第 83 – 109 页。

27. Evan Medeiros 和 M. Taylor Fravel 的 "China's New Diplomacy"，Foreign Affairs 82，2003 年第 6 期，http：//www. foreignaffairs. org/20031101faessay82604/evan – s – medeirosm – taylor – fravel/china – s – new – diplomacy. html.

28. 参阅 Frank Frost 的 "Directions in China's Foreign Relations：Implications for East Asia and Australia"，Research Brief，2005 年第 9 期，Parliamentary Library，Parliament of Australia，http：//www. aph. gov. au/Library/pubs/rb/2005 – 06/06rbog. htm；参阅 David Shambaugh 的 "China Engages Asia：Reshaping the Regional Order"，International Security 29，2004 年 5 月第 3 期，第 64 – 99 页；Kuik Cheng – Chwee 的 "Multilaeralism in China's ASIAN Policy：Its Evolution，Characteristics，and Aspiration"，Contemponary Southeast Asia 总 27 期，2005 年第 1 期，第 102 – 123 页。

29. 参阅 Alex Liebman 的 "Trickle – down Hegemony? China's 'Peaceful Rise' and Dam – buildng on the Mekong,"Contemporary Southeast Asia 总 27 期，2005 年第 2 期，第 281 – 305 页。

30. "China May Drill Philippine Oil that Shell，Chevron Rejected"，2005 年 11 月 29 日，http：//www. bloomberg. com/apps/news? pid = 10000087&sid = anrzFgfRSYtY&refer = top_world_news.

31. 参阅 Bernard Cole 的 "Oil for the Lamps of China：Beijing's 21st Century Search for Energy"，McNair Paper 67，Institute for National Strategic Studies，National Defense University，2003 年，第 20 页，http：//www. ndu. edu/inss/mcnair/mcnair67/198_428. McNair. pdf.

第三部分

中国海军与能源通道相关的发展和重要问题

中国海军分析家关注的能源问题

■ 加布里埃尔·B. 柯林斯　安德鲁·S. 埃里克森
莱尔·J. 戈尔茨坦[①]

  中国在世界上的崛起产生了大量有趣的不确定因素。其中之一是中国正在发展的能源战略和正在逐渐显现的中国海军战略之间的交叉。北京的经济正以极高的速度发展，这让中国成为世界上的顶级石油进口国。[1]中国的海上石油进口仍然占据全部石油进口的 80% 以上。中国的石油进口中，近 1/3 来自非洲，近年来从中东地区进口的石油大约减少了 20%，尽管如此，中国仍然面临严重的海上能源安全问题。2006 年，中国石油进口中的 76% 来自中东和非洲。无论这些石油来自沙特阿拉伯、安哥拉还是苏丹，都一定要跨过长长的印度洋海上航线并穿过马六甲海峡才能运抵中国。

  在这样的战略背景下，一些中国的海军分析家认为中国需要具有保护自己漫长且越来越重要的海上能源供给线的军事能力，这不足为奇。[2]近年来，尤其是 20 世纪 90 年代中期以来，中国海军的现代化建设速度不断加快。人们可能觉得中国的军事战略会以台湾为中心，因此中国海军的发展重点应该是柴油动力潜艇。但有趣的是，中国不仅发展了柴油动力潜艇，在水面舰艇方面也取得了长足的进展。这种同步发展的趋势使一些人认为中国的能源战略和海洋战略之间存在着重大的关联。事实上，美国国防部 2007 年向国会做出的年度报告《中华人民共和国的军事力量》中提出："中国已经……向位于关键海上航线沿线的国家提供了经济援助并开展军事合作。对这些航路的关注也促使中国追求海上能力，以此保证中国的资源可

---

  ① 莱尔·J·戈尔茨坦（Lyle J. Goldstein）美国海军军事学院（罗德岛州纽波特）战略研究系助理教授。讲授和撰写东亚安全问题，重点是能源、海军与核问题。近期研究成果主要发表于《中国季刊》《简式情报评论》《联合部队季刊》《当代中国杂志》《战略研究杂志》《国际安全》和国际战略研究所的《生存》等刊物。2005 年，主要以中国核历史为背景，从历史角度研究扩散危机的首部专著由斯坦福大学出版社出版。精通汉语和俄语。普林斯顿大学政治学博士，约翰·霍普金斯大学高级国际研究学院硕士。曾在国防部长办公厅工作过。

以安全通过国际航道。"[3]

2006 年 12 月 27 日的海军党代会上，中国国家主席胡锦涛提出"我们应该努力锻造一支与履行新世纪、新阶段我军历史使命要求相适应的强大的人民海军"，而且要准备"随时"遂行任务。[4]胡锦涛强调"在捍卫国家主权和安全，维护我国海洋权益中，海军的地位十分重要。"[5]他还指出，中国的"海军应该进行强化，实行现代化建设"[6]并应继续向着蓝水能力发展。[7]《2006 年中国的国防》白皮书提供了可以支持胡锦涛论断的更多信息，其中提到中国"海军逐步增大近海防御的战略纵深，提高海上综合作战能力和核反击能力。"[8]中国国防白皮书几乎没有提到能源问题，这与美国国防部报告不同。美国国防部报告中将能源作为中国军事发展的一个主要因素。因此，有必要进一步考察以下问题：为了保障本国快速增长的海上能源进口，中国现有的军事能力达到了什么程度；中国希望把自己的军事能力发展到什么样的水平。

中国逐渐显现的能源战略的海上规模已经得到了中国国内外的学者和分析家的重点关注。云南大学的吴磊是中国能源安全方面的顶级专家，他解释说："中国的未来能源供给严重依赖海上航路，而且中国担心美国可能会切断这些航路……这从很大程度上促使中国推进海军现代化建设。"[9]李侃如和米克尔·赫伯格为美国国家亚洲研究局进行了一次关于中国能源安全的全面调查，他们在报告中也指出"中国越来越依赖（海上）石油供给，这可能推动了中国加速发展海军能力以保护那些海上航路。"[10]

然而尽管研究者关于中国可能不愿意仅仅依靠继续搭着美国海军的顺风车来保护自己的石油进口有过重要的讨论，但是极少有研究者曾试图全面的分析中国的海军和海洋出版物中与能源相关的文章。事实上，近年来中国与海洋相关的文章已经十分丰富。中国至少有五种严肃的关注海军战事的专业出版物。[11]另外，还出现了众多的新书讨论中国海军的发展方向；事实上，由于这个领域越来越受到重视，现在已经出现了几家专门出版相关书籍的出版社。[12]本章将考察中国的海军分析家和能源分析家进行的海洋能源安全讨论。

海军和能源安全方面的汉语原材料中，海洋能源安全的讨论并不多。这其中有两个原因。首先，除三个短暂的时期以外，中国没有真正可以管理涉及能源的各个机构的中央能源部。[13]其次，中国显然禁止分析家针对某些敏感话题发表文章和著作。例如，一位消息灵通的中国学者最近告诉本文作者："尽管中国没有（在印度洋）追求'珍珠链战略'，但是仍然禁止我们就这一话题发表文章。"[14]专门讨论海上能源安全的中文资料十分缺乏，因此我们必须要查阅大量的中国海军和能源安全方面的文章，这样才能逐渐洞悉中国能源战略的海洋规模。

简单了解一下中国军方的海军杂志《当代海军》，2003 到 2006 年间，仅有少量专门讨论海洋能源问题的文章。尽管如此，这些文章还是特别关注中国能源安全的脆弱性这一问题。另外，作为导致中国能源安全十分脆弱的一个主要因素，文章中还特别强调了中国海军力量薄弱。这种特别关注表现了中国海军的战略分析家对美国或西方控制北京的"石油生命线"的强烈反感。[15]无疑，这种不安有助于推进中国的海军建设。然而，此次研究的一个有趣发现是中国海军分析家适应了中国能源问题面临挑战的复杂现实，明确表达出中国准备与包括美国在内的其他的石油消费大国进行合作的意图，以此来保障油气的稳定供应。最后，似乎中国倾向于采取一种在能源领域"多方面下注"的战略，在这个涉及了外交、商贸和军事的战略中，海军处于相对突出的位置。

这份关于中国海军分析家之间的能源讨论分析将通过六个步骤逐步推进。第一，将通过简要考察能源战略及海军战略的更宽泛的趋势来建立海军战略讨论的背景。第二，本章将研究在过去的十年中中国出现的明确的海洋意识形态，以及中国关注开发和保护用于中国国家发展的近海资源。本章的第三部分将描述要保护深入到中东和非洲的供应链，中国所要面对的地缘战略挑战。第四部分将评估关注这条关键的能源海上交通线的中国海军分析家得出的结论。了解了这些威胁之后，第五部分将探讨这些分析家对中国舰队的未来发展所提出的建议。最后一部分描述的内容有些出人意料，关于中国的能源战略的这些海军文章中有大量关于合作的内容。

一、海军和能源战略发展的背景

海军和能源政策的发展背景是中国的和平发展战略，从更宽泛的意义上来说，它的发展环境至少部分适应了中国"新外交"的全球战略。[16]中国的新型灵活外交政策全面发展了"软实力"的原则。其特点包括：使用高度技巧的外交手段，发展大量新兴商业项目，对于过去众多棘手的问题采取灵活的对策，引人注目地愿意在维护国际秩序中承担责任的新意愿（比如维和）。无疑，中国最为关心的是国内发展——比如说，与大量开发武器系统相比，中国似乎更重视升级公路和铁路基础设施，这真是令人欣慰。这种现象与中国第四代领导集体的出现完全吻合。值得注意的是中国的第四代领导集体缺少军事经验。

无论如何，在过去十年间，中国的军事实力已经取得了巨大的进展，当然这主要得益于中国的经济形势大幅度提高。在此期间，中国外交政策的一个主要成就是现在北京的陆上边境几乎不存在危险。这让中国军队可以将发展重点放在空军和海军方面。台湾危机促进了全世界最强的常规战术弹道导弹部队的建立。中国从俄罗斯进口了数百架先进的战斗机，现在还同时开始了自主研发的第四代战机的批量生产。中国在情报、监视、侦察能力这个关键的领域也取得了显著发展。显然，中国海军在加速发展，并把水下作战放在首位：中国一直在同时建造四个级别的潜艇。2006 年 10 月 26 日在冲绳附近发生了"宋级潜艇事件"，据报道当时在冲绳附近的海域，一艘中国的柴油动力潜艇穿过了美国海军"小鹰"号航母编队的防御线。这可能表明中国的技术跨入了一个新的时代，而中国的潜艇指挥官们也信心十足。[17]在反舰导弹、高速攻击舰艇、两栖作战和重中之重的防空领域，中国都取得了明显的进步。与前面提到的中国在空域的进步结合起来，这就说明了中国显然对"控制"台湾问题增强了信心。[18]尽管在过去十年中，中国的战略讨论一直围绕着台湾危机这一主题，但是中国对更广阔的领域乃至全球的雄心才是新战略问题的关注点。

解答这些问题的关键在于了解中国当前对于能源战略讨论的状态。近年来，中国能源安全方面的文章已经十分丰富，这反映了在全国范围内，平民专家和学者之间的讨论十分激烈。中国人民大学的查道炯这样的"经济自由主义者"提出，中国能源安全的出路在于更深入地融入现有的全球能源市场。[19]这样做代价较小，而且可以让北京与同中国在这个领域有很多共同的核心利益的石油消费大国关系更加紧密。自由主义者提出的方法让中国从一种"互惠基金"效果中获益。这样中国可以降低能源风险，因为这样中国的利益就与世界石油体系中其他的主要"投资者"的利益更紧密地交融在一起。而这样的体系会使所有的主要石油消费国都受益，而且所有人都不会愿意破坏这样的体系。

与之相对的是北京航空航天大学的张文木等"新重商主义者"，他们的思考基于零和的前提，认为石油供应即将耗尽，每个消费国一定要争取独占自己的份额。[20]因此他们的观点更为阴郁。对全球石油市场的不信任推动了新重商主义者提出自己的保障能源安全的途径。他们会注重可以保障石油供应安全的所有方面，尤其强调国与国之间的双边协议，以及建立一支军事力量以便保障自身能源供给线的安全。世界安全研究所的研究人员强调了中国的这种担心：美国已经表现出"采用石油制裁和封锁来推行高压政策的倾向"，而且"压制与强迫已经成为美国在石油战略方面对对手采用的标志性手段。"[21]

因为国家发改委及其他制定能源政策的中国机构认识到份额油（即直接具有石油资源的所有权）无法保障石油安全，因此中国的石油安全战略也在不断演进。中国以前特别重视保障海外石油生产，而现在的新目标可能是控制将石油运回中国的通道。[22]如果你想了解中国为了这一目的而发展出的一支国家级石油运输船队，请参看本章中加布里埃尔·B. 柯林斯和安德鲁·S. 埃里克森撰写的部分。

中国对本国油气供给链中下段的重视程度越来越高，这有着直接的军事含义。保护上游资产（油田）非常困难，这需要大量的地面部队进入一个主权国家来保护那片区域。保卫中游资产（例如，海上油船）更加可行，但是需要强大的海军和空军实力。[23]现在，中国快速发展海军和航空航天部队的现代化建设，这似乎是有道理的。其背后的部分推动因素是认为中国需要在危机出现时有能力保护自己的资源供给。

二、能源在中国的新海洋意识形态中的地位

中国的新海洋意识形态由大量的元素组成。历史上，明代郑和下西洋的壮举使人着迷。中国显然下定决心要在世界造船业及集装箱运输和港口运营业取得更大的份额。但是，这种逐渐形成的意识形态中也有自然资源/能源的成分，这样的意识形态具有一些马尔萨斯主义的性质。这背后的逻辑是这样的，要维持中国现在的增长趋势需要大量的外国资源，而且，中国所需的这些（能源）资源中大部分都位于中国附近的海域。而且过去5年美国在"大中东"的军事激进主义也促使中国的安全分析家对于能源问题产生了这样的看法。

尽管中国在历史上大体上是一个封闭的大陆国家，但是随着中国贸易的蓬勃发展，对于资源的需求增加，中国似乎决心转向海洋。2006年，海洋产业为经济贡献了2 700亿美元（占国内生产总值的近10%）。[24]明代的航海家郑和已经成为当今中国的标志性人物，人们也认为他是中国现代史上的一个卓越人物。早在20世纪80年代，中国的知识分子就批评了"死守着土地苦苦求生的人们的思想，他们卑躬屈膝、一成不变、非常保守，而不是勇于闯入危险的蓝海，寻求更为自由更令人兴奋的生活。"[25]这与邓小平时期的改革开放比较相符，提出"关注大地的'黄'文化如何能转变成关注

海洋的'蓝'文化?"[26]中国的新海洋意识形态不应被低估,而且似乎成为发展中国海军战略的基本依据。然而,对于此次研究的目的来说,我们感兴趣的是在这种意识形态中,能源似乎占据了重要地位。

2003年间中国出版的关于"中华民族与海洋"这个总括性主题的海军战略丛书在中国的海军战略和关注资源问题之间建立了相对稳定的关联。《蓝色方略》就是其中的一本,这本书的简介中提出"当今,世界人口数量剧增、陆地资源锐减。海洋的战略地位和作用愈显重要,海洋权益的矛盾和争夺日趋激烈。"[27]其中的另一本书《卫海强军》提出:"能否解决资源严重不足的问题,关系到中国可持续发展战略能否顺利实现,关系到中国的崛起和复兴,而解决这一问题的根本出路是寻求新的资源空间。"只能向海洋寻求这种资源空间。[28]这套丛书中的第三本《戍海固边》提出:"向海洋要资源、向海外要资源将成为国民经济可持续发展的战略性措施。"作者还以担忧的口吻说道:"世界开始进入一个全面争夺和瓜分海洋、开发和利用海洋的新时期。"[29]

海军实力和经济实力之间的关联在中国被广为接受。为了表明这一点,阿尔弗雷德·塞耶·马汉提出商业对海上实力至关重要;人们普遍认为威胁商业和保卫商业的最好办法就是在决定性的战斗中动用海军力量,最近出版的两位中国海军官员撰写的《海上力量与中华民族的伟大复兴》一书中也引述了这一观点。[30]该书由中国人民解放军国防大学出版社出版,其中强调了为发展海上力量及发展国家经济,控制海上航线的关键作用。该书的作者提出,拥有海权的国家总体上比拥有陆权的国家享有更大的地缘战略优势———一种对中国的未来发展产生大影响的论点。这两位海军官员再次强调了经济和海军实力之间的关联,他们写道:"从经济实力的观点来看,海洋文明要大大优于大陆文明。"[31]

与本文讨论的能源安全尤其相关的是,这些书的作者发现大陆国家常常被包围、封锁,这会产生重大的战略效果。他们以宽广的视野看待中国的战略环境,提出"对中国的陆上威胁已经大幅度减少,而海上威胁却在与日俱增"[32]。他们认为,中国附近海域安全环境恶化的关键原因之一是"自然资源遭到掠夺……(比如说)在南海"。[33]

美国最近的行动对中国分析家关于能源安全的观点影响很大。中国最重要的海军杂志《当代海军》2004年关于能源安全的一篇文章中写道:"'9·11'事件更是为美国控制中东这个世界油库提供了契机。阿富汗战争和伊拉克战争保证了美国将中东地区的油气资源收入囊中。"[34]通过考察中东地区以外、20 世纪 90 年代高加索地区的美俄石油管线外交，中国海军的分析家学到了重要的一课："这种竞争与其说是市场竞争或经济竞争，不如说是一场控制石油的竞争。"现在中东地区的局势让人印象深刻，这一点毋庸置疑。这份分析的作者提出："大国之间为了石油而竞争，（因为无论哪个国家）控制了石油就控制了别国经济发展的命脉，而（无论哪国）控制了中东，就是控制（整个）世界经济的发展。"这种认知十分重要。如果中国的决策者认为石油市场是美国控制的，并不可靠，并进而怀疑华盛顿的意愿，认为华盛顿不会公正地保证开放关键的石油海上交通线，他们就可能会努力打造一支蓝水海军。这样的行为可能标志着中美关系的一个战略焦点，并可能引发一系列连锁反应，让日本和其他主要石油进口国都寻求更加独断的海上交通线安全政策。

三、中国的新"大运河"

一千多年前，连接中国中部的杭州和北部的北京的京杭大运河成为了中华文明蓬勃发展的大动脉。在过去的十年间，连接中国与中东和非洲的海上交通线也扮演了类似的重要角色，成为了中国未来经济发展的一个关键"重心"。中国海军的一位高级将领最近在《中国军事科学》上发表了一篇文章，其中描述了中国对全球海洋越来越大的兴趣。文章中说，现在"（中国的）远洋运输航线穿越五洲四洋，航行于各重要国际海峡，通达 150 多个国家和（行政）地区的 600 多个港口"，并计划"到 2020 年，中国的海上物流将超过 1 万亿美元，（中国）石油需求量将可能有 3/4 依靠海外进口"。[35]中国的国防人才已经明确把能源海上交通线的安全作为主要问题。中国现代国际关系研究院编辑出版的一部书籍证明了这一点，书中写道："由于石油是国际贸易中最重要的商品，（海上交通线）也就是海上的石油通道。"[36]另外，中国人民解放军的第一本关于战略的英语书籍《军事战略科学》，强调要"保证战略能源供给通道的安全……这对我国的长期发展非常重要"。[37]

中国现代的战略家设想了中国的四条战略海上航线：东线、南线、西线、北线。"西行航线"从印度洋开始，经马六甲海峡，到中国南海，并最终抵达中国大陆。这条航线对于中国有特殊的战略价值。它承担了中国石油进口的 80%，是"中国经济发展的'生命线'"。[38]中国分析家认为"没有海上交通线的安全，就没有能源安全"，而且特别关注了少数几条关键的海上交通线，因为中国海上石油进口的 75% 要通过这些海上交通线。[39]这种石油运输集中在少数几条海上交通线的情况似乎不够均衡，但它源自这样的事实：即使在现在，地理、盛行风、洋流和气象模式仍然决定着最安全和最有效的海上运输路径。[40] 在这个大部分消费品利润都十分微薄的年代，选择不同运输路径的情况不太可能发生，只有在客户愿意承担额外运输费用的时候，货主才可能考虑更改运输路径。

很多中国分析家已经在寻找方法来替代这些成熟的海上运输路径，但是到目前为止，他们的计划还不可能大幅度改变现有的全球石油海运线路。根据 2006 年 10 月的《现代舰船》杂志中的一幅地图（图1），这种未来的备选路径可能包括来自西伯利亚的输油管线、来自巴基斯坦的输油管线、从缅甸的实兑港口进入中国的路径，最后还有刚刚建成的将石油输入中国西部的哈萨克斯坦输油管道。然而，相应的分析对这些输油管线是否可以解决中国的"马六甲困局"表示怀疑。比如说，关于俄罗斯，分析中指出莫斯科明显对中国不信任，这意味着克里姆林宫"不会接受将自己的生命线置于另一个大国的控制之下。"相反，中国现代国际关系研究院的学者张学刚认为，提出的穿越泰国"克拉地峡"的运河"能……为中国海军提供一种战略海上通道"，由此"舰队可以……更容易地保护附近的海上航路，舰队可以由此进入印度洋"。[41]

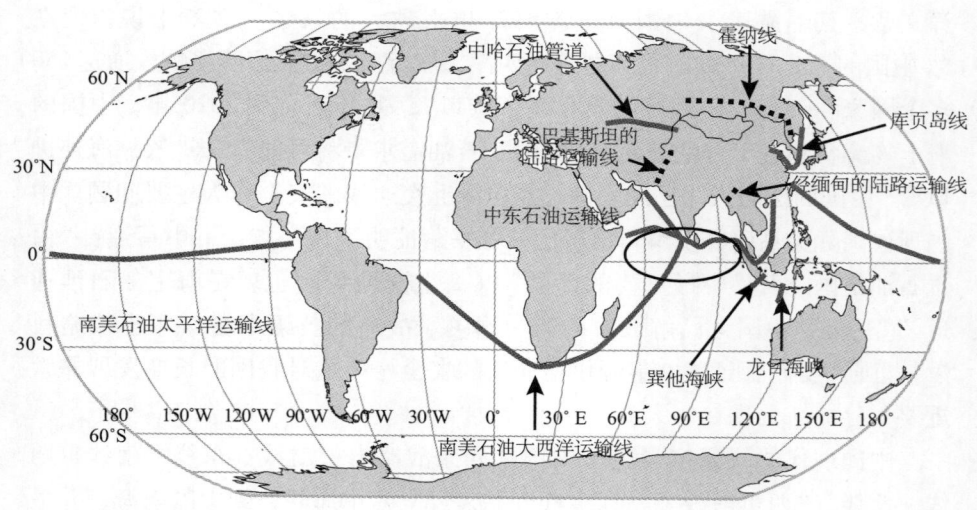

图1　中国石油运输战略通道设想图
来源：《现代舰船》2006 年 10 月

总体来说，分析认为陆上输油管线将会在一定程度上有助于使中国的石油进口渠道多样化，但是它们无法替代海上石油运输。从俄罗斯和哈萨克斯坦等地的陆上能源供应不足以抵消中国快速增长的海上石油进口。另外，从经济上来说，通过把海运原油在缅甸或巴基斯坦卸货来避开马六甲，这毫无道理。因为这些原油数量相对较少，又不得不花费高昂的费用把原油用油泵输送到中国的内陆地区，那里距离经济蓬勃发展的东部沿海地区的需求中心很远，此后，还要在输油管道的终点再次将原油输送到主要的消费区域。

另外，关于各个输油管线项目，文章指出："陆上管道虽然是中国石油进口多元化的必要选择，也确实能够大大促进中国的石油安全，但陆上管道不可能承担起输油主力的作用，绝不可能脱离海上能源运输。"[42]另外，关于各个输油管线项目，文章指出："其实马六甲海峡对中国石油运输的主要威胁并非来自于海盗或恐怖主义，而是来自于美国这样的海上强权。中国—巴基斯坦管道和中国—缅甸管道并没有削弱美国、日本、印度对中国海上石油运输线的潜在威胁。"[43]另一篇文章来自《舰船知识》，它的说法更加简洁："海上运输航线的安全要比陆上管道运输管线重要得多。"[44]

因此，有理由推测中国将继续依靠印度洋的海上航线、马六甲海峡、霍尔木兹海峡、南海和东海作为石油进口的主要通道。

中国的撰稿者将霍尔木兹海峡称为"石油海峡"，因为中国的石油进口中大约有40% ~45%来自中东地区，其中的绝大部分都必定要经过霍尔木兹海峡运输。[45]中国分析家认识到了中东地区的不稳定性，指出自1951年以来，共发生了16次全球性的石油供给暂时中断的情况，而这其中有10次源于这个地区。[46]无论如何，他们认识到尽管中国已经多方协调，努力使本国的石油供给多样化来降低中东地区的重要性，但是中国的石油供给仍将严重依赖这一地区。事实上，最近中华人民共和国的一份分析报告指出，在未来的10~15年间，经过霍尔木兹海峡和马六甲海峡向东亚地区输出的石油量将会增加。到2020年，中国从中东地区进口的石油量可能会达到每天近400万桶（是现在每天150万桶的两倍以上）。[47]中国分析家指出"中国从中东和非洲进口的所有石油都必须经过霍尔木兹海峡和马六甲海峡，但是这两个地点在中国海军的行动范围之外。"[48]

中国的分析家担心霍尔木兹海峡非常脆弱，但他们甚至更为关注马六甲海峡。他们把马六甲海峡叫做东亚的"海上生命线"。[49]中国的石油进口中80%都要经过马六甲海峡，实际上，其中包括了中国从中东地区和非洲进口的所有石油（中国从非洲进口的石油占据中国全部石油进口的26%）。[50]因此，中国方面的一个信息来源说道"马六甲海峡是中国的海上石油生命线，它与中国经济安全息息相关。"[51]

中国的海军分析家担心"已经成为中国能源和经济安全的战略咽喉要道"[52]的马六甲海峡"十分狭窄，易于封锁"。[53] "谁控制了马六甲海峡，就等于谁把手放在了中国的战略石油通道上，可以随时威胁中国的能源安全。另外，中国要想走向大洋，也都必须通过马六甲海峡。"[54]这些因素引出了中国十分关心的问题："当前，国内进口石油的95%要通过海运；其中80%要经过马六甲海峡。而马六甲海峡易于封锁……但中国海军却鞭长莫及，一旦发生意外，将给中国的能源安全造成极大危害。"[55]

中国海军的文章提到了海盗和恐怖主义对中国经过马六甲海峡的石油运输也是威胁，其中指出"仅2001年，在马六甲海峡就发生了600多起海盗截船事件。"[56]然而，中国最关心的显然是美国在这个地区的强势存在，而且随着正在进行的全球反恐战争，美国在这个地区的军事存在也与日俱增。中国对于美国和新加坡之间的安全合作日益紧密而感到不安，而且认为美国在"对抗恐怖主义"的掩盖下，似乎正在巩固其区域性战略地位。中国分析家认为美国在实施咽喉控制战略，对此他们特别谨慎。《现代舰船》的一篇文章中写道："前美国总统安全事务顾问布热津斯基曾一针见血地指出：马六甲海峡是其控制亚太地区大国崛起的关键水域。"[57]另一位分析家补充道："大家知道，马六甲海峡紧邻具有'第二波斯湾'之称的南海，它扼太平洋和印度洋的咽喉。"[58]

南海是中国的关键石油运输区之一，因为通过马六甲海峡运往中国的石油也一定要输送到中国的东南部。正如一本书中写道："这是中国通向印度洋的大门，是通向西方的一条海上交通要道。它也是很多国家与中东、欧洲和非洲之间的一个关键的经济通道。特别是随着中东地区和东南亚地区的石油开采业和商业的高速发展，南海在海运方面的战略地位也至关重要。"[59]

另外，南海是液化天然气的一个关键的运输走廊，运量占世界现在液化天然气贸易的2/3。[60]现在，日本和韩国是这个地区的主要液化天然气消费国，但是中国越来越关注液化天然气运输的安全问题。到2020年，中国可能会每年进口液化天然气超过3 000万吨。[61]有关中国液化天然气发展的其他与海洋相关的信息，请参看本书中米克尔·赫伯格撰写的章节。

中国也非常关注在南海产出石油和天然气。很多中国观察家都把南海称为"第二波斯湾"。[62]正如两位分析家所说："油、气储量可达350亿吨

（相当于 250 多亿桶石油）……是中国巨大的资源宝库之一，对中国的经济发展极其重要。"[63]中国人民解放军的一份出版物也宣称南海"石油储量丰富，与中东地区相当。"[64]

中国分析家对资源储量的估计可能过于乐观，但是他们揭示出了中国可能对这个地区的石油和天然气的生产潜力寄予厚望，因此他们的论断值得重视。如果为了减少对进口石油和天然气的依赖，降低海上交通线遭到威胁的可能性，中国在南海增加勘探和开采活动，那么他们的论断就会变得特别重要。一些海军分析家已经在宣扬这种说法，希望以此促使中国采取一定的战略，使中国在面对美国能源封锁时不那么脆弱。[65]在与中国海洋石油总公司的合作中，总部位于香港的赫斯基能源公司最近在香港以南 250千米的地方有了一个世界级的石油发现。[66]如果中国发现更多同等规模的油田，就会进一步加强对这个区域的关注。

中国观察家认识到主要的外部力量——尤其是日本和美国决心要保证自己可以在南海自由穿行。[67]正如一位中国海军分析家指出的："美国曾明确表示，它在南海地区有着重要的利益。美国国会通过的《美国海外利益法案》称，南海的航行自由对美国的国家安全'至关重要'。"[68]

与南海类似，东海由于具有能源资源，也已经引起了中国分析家的兴趣。他们对东海能源的价值似乎也有所夸大。中国海军战略方面的一本专著称："东海大陆架可能是世界上最丰富的油田之一，（有争议的）钓鱼岛附近水域可能成为'第二个中东'。"[69]然而，与海上交通线安全问题相对的是，在讨论与日本的能源和领土争议问题时常常提到中国东海。无论如何，中国一些最重要的港口位于这片区域，而且这里与马六甲海峡和印度洋的能源航路不同，这里与中国的空军和海军基地距离很近。

在前面引用的一些中国海军的分析中经常出现的一个观点是中国正在被自己国家周围的自然特点所限制。中国总体上将自己的海上能源供应链集中在强大的潜在对手可能会很容易地进行封锁的地区。一位分析家说道：

> "从战略地理的观点来看，中国海域的外部边缘完全被岛链所包围。……美国和日本基本上可以控制通向中国近海的海上交通线。这两个国家总是试图把中国封锁在近海区域内，在水下、水面和空中布设监控网，对中国的海军舰艇出入这些岛链进行严密监视。在战争时期，敌人可能会对中国海军的舰艇进行包围、追踪、封锁和拦截。"[70]

下一部分将探讨中国海军分析家最担心的威胁是什么，以及这些威胁会在什么样的情况下产生。

四、中国主要能源海上交通线上的假想威胁

人们常说美国的海上霸权对世界各国是非常好的保障，而且中国实际上从美国海上霸权起到的稳定作用中获益匪浅，这在能源市场和相关的海上航线安全方面特别突出。[71]可是，作者此次考察的文章中没有表明中国海军分析家和安全分析家普遍持有这种观点。相反，他们通常认为美国是对中国长长的能源供应线的重要海上威胁。一位分析家指出石油和天然气的供应线常常成为战争时期的重要军事打击目标。他以太平洋战争为例，指出"日本油轮成为联军的目标，而且在 1944 年，日本的石油进口量缩减了一半。到 1945 年初，日本的石油进口已经基本停止。"[72]针对中国的主要能源海上交通线的威胁进行分析时，中国海军分析家主张，这个威胁并不是单单来自华盛顿。

尽管中国在 2005 年与印度进行了双边海上演习，实现了突破，而且 2006 年 11 月胡锦涛成功访问了印度，中国分析家对于印度在中国最重要的能源海上运输线两侧占据着主导地位十分警觉，充满忧虑。中国海军出版物密切跟踪着印度海军的发展。[73]中国分析家对印度海军的发展印象深刻，或许特别是在海军航空部队领域，而且害怕这样的能力可以让新德里"有效地阻止任何外部大国的海军进入印度洋"。[74]另外，中国的观察家也注意到印度向东方投送部队的能力也增强了。事实上，《现代舰船》2004 年的一篇文章回顾了新德里在过去十年中建设远东舰队的情况，在安达曼海和附近的马六甲海峡增兵，并加强与美国海军进行联合演习。[75]中国的一位分析家想到以后印度会对中国的关键海上运输线产生威胁，提出："印度海军的注意力从阿拉伯海扩展到南海。中国进口原油的油轮每天都要通过印度海军控制的海域。"[76]

另一位中国分析家提出，美国海军在阿拉伯海和波斯湾保持存在，"印度海军的特遣部队游弋在印度洋和马六甲海峡的西入口，日本向海外派遣部队，日本海上自卫队的驱逐舰大规模部署，这些情况无疑对中国石油供应构成了巨大压力。"[77]事实上，另外一些海军分析家已经对日本向伊拉克派遣部队提出了批评，认为这种行为与任何人道主义的动机相比，与能源政治的关系更密切。[78]在评估日本最近形成的防御姿态时，中国分析家担心"日本的防御范围已经扩展到了台湾海峡，而且可能会将马六甲海峡包括在

内。日本已经使用了新加坡的空军基地。"[79] 日本 2005 年发表的《防卫白皮书》专门描述了日本的海上安全问题，其中马六甲海峡被列为重中之重。[80] 中国海军分析家也在密切监视这个关键的海上运输线附近的其他地区性势力（比如印度尼西亚）的军事行动。[81]

无论如何，正如《现代舰船》上最近刊载的一篇海上石油安全分析中所说："可预见的将来，美国、日本、印度是三个有能力阻断中国石油运输线的国家。但阻断中国石油运输线基本意味着与中国开战……只有美国有能力、有勇气阻断中国的海上石油运输线。"[82] 这篇中国海军的分析还提出了美国有可能封锁中国的石油运输线的两种情况。第一，台湾海峡爆发战争，"而大陆的军事实力不足以威慑美国放弃干涉台海"。[83] 第二种情况更为不确定："中国的崛起不是和平性质的，而且崛起的速度过快，对美国霸权和国际制度造成了过于强大、过于快速的根本性挑战，这样美国有可能封锁中国的石油运输线，以此打断中国崛起的进程。"[84]

文中提出，除了马六甲海峡，美国可以在绝大多数海域阻断中国石油运输线。这被解读为可以大幅度加剧美国海军和中国海军进行面对面对抗的根源。[85] 在 1993 年，另一篇分析得出了相似的简洁的结论：

> "发生了美国海军在印度洋上拦截'银河'号商船的事件；十年后，情况并没有发生根本改变。美国可以随时实施与'银河号'事件类似的拦截行动，在印度洋上拦截驶向中国的油船。在这些特定的情况下，（中国）无法保证这种事情不会再次发生。例如，如果台湾海峡爆发战争，一旦美国进行干涉，就一定会采取相似的战略，在与中国大陆距离较远的这片区域，凭借自己的海上优势切断中国的石油供应。"[86]

一篇海军战略评估文章也给出了相似的悲观结论："在美国选择的关键时刻，美军可以采用拦截过往船只进行检查的方法，完全控制从波斯湾的石油生产国经印度洋到南海的海上石油运输线。如果台湾危机出现，不能排除美国阻断海上石油运输和海上交通线的可能。"[87]

美国在马六甲海峡内部和附近区域的影响不断增大，对此中国海军分析家特别敏感。一份中国的分析文章得出了这样的结论："谁控制了马六甲海峡，谁就能随时威胁中国的能源安全。"[88] 文章的作者问道：美国是否会把马六甲海峡建成美国在亚太地区的有一个军事前哨（图 2）。[89] 另一位分析家断言对于中国的能源安全存在一个"重大的潜在威胁"："哪个国家能控制马六甲海峡呢？显而易见，美国！"[90] 中国海军分析家指出，20 世纪 90 年代第七舰队的后勤司令部从菲律宾的苏比克湾搬到了新加坡的樟宜海军基地。[91] 提到海上航线安全的问题，文中指出"美国在新加坡建立军事基地表明这片区域可以被置于美国军事力量的控制之下"，[92] 而且，"美国以反恐为由，试图把手伸向马六甲海峡"。[93]

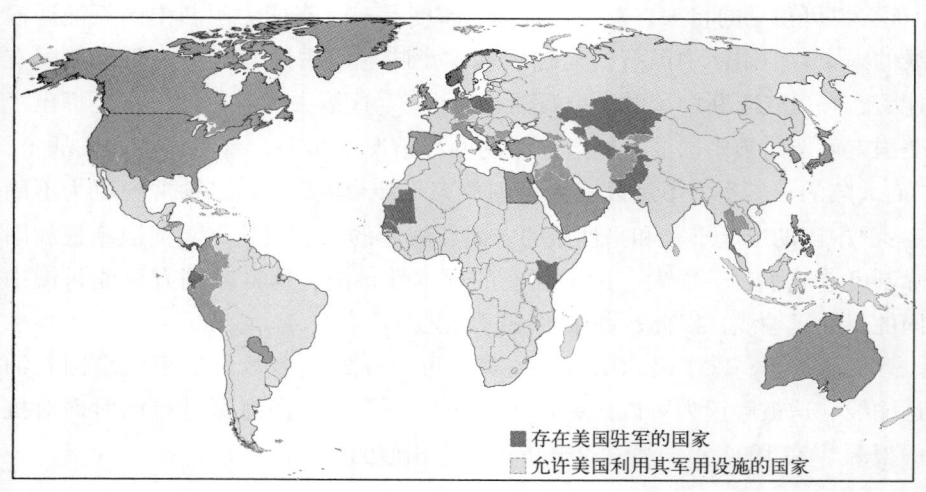

存在美国驻军的国家
允许美国利用其军用设施的国家

图 2　关键海上运输线附近的美国海军基地

关于中国能源海上交通线面临的威胁，一份海军战略文章谈到了它与台湾可能存在的关联。中国官方提出台湾问题是纯粹的主权问题，大多数中国国内对台湾问题的分析都遵循这一提法。而《戍海固边》这本书却恰恰相反，它聚焦台湾岛对于中国的战略价值。该书的作者断言："台湾地区问题，实际上隐含着一个中国的生存空间问题，因为收复台湾将使中国打开通向太平洋的大门。"[94]

不久前这些作者提出，不利的地理形势——特别是敌人在台湾的位置——使对手能够对中国形成封锁。这篇分析认为，台湾的位置非常关键，这里控制着中东石油输往东亚的"油路"。另外，"如果台湾被国际上敌视中国的势力所挟制，不仅这扇大门被关闭，台湾海峡的交通也将受阻。中国最方便的通道是宫古海峡，其宽度仅 145 千米，一支现代化海军要封锁这样的水道可以说轻而易举。"[95]

中国海军分析家非常清楚，美国、印度、尤其是日本的经济也非常依赖海上油气贸易。甚至有人提出，至少在近期，面对前面提到的禁运情况时，中国海军唯一可行的反应就是采取报复战略——对于针对中国的禁运要"以眼还眼"。[96]

由于这种情况，再加上与保障海上运输线安全相关的中国人民解放军的分析非常少，于是在此考察一下直接阐述这个话题的稀少的著作之一就显得非常必要。《战役学》是一本针对实战和战术的原则性教科书，这本由中国国防大学出版社在 2000 年出版的书籍似乎关注于讨论台湾危机。尽管我们对它的权威性如何不得而知，但是它代表了北京的重量级军事专家的观点。第十二章"海军战役"的内容是对中国人民解放军可能遇到的封锁如何进行反封锁的详细讨论，其中提到的所有内容都明显指向台湾问题。[97] 本书作者似乎同意被人普遍接受的"马汉"的海权理论。作者提出"先敌发现，先敌突击具有决定性意义"[98]"应采取有利于首突成功的一切可以采取的措施"。[99]

这一章中反复强调采取进攻行动保障海权的重要性。甚至在中国处于弱势的情况下，也突出了进攻的重要性。

"组织实施海上破交战役，并非每次都能在优势的情况下进行。当海上力量处于劣势，而又要对对方的交通线进行系统破坏时，战役的持续时间将可能更长……"书中还强调了中国海军需要对各种敌方目标进行攻击：

> "从破交战役的需要看，不仅需要近岸破交，有时还要远洋破交，才能收到良好的战役效果。在一般情况下，应打击对方的运输舰船。但为了顺利实现这一目的，往往需要首先打击对方的护航舰艇，甚至战役掩护队。有时甚至要突击对方的装卸港口、码头和机场。"[100]

作者非常看重进攻的价值，而不仅仅是防御和布设水雷。[101]比如说，在题为"袭击、封锁敌装卸港口"的小节中，作者写道："集中主力突击对方的码头、装卸设施和运输舰船。在航空兵袭击对方港口的同时，通常应使用部分空军轰炸机轰炸航空兵和潜艇，在对方港口之外的航道上，布设攻势水雷障碍，封锁对方港口。"[102]

"主动防御"的概念甚至允许在中国的"保交战役"中采取进攻行动。因此"保交战役从总体上说是防御性战役。然而局部的积极主动的进攻行动，却是保交战役削弱、限制对方破交作战能力的有效措施。"[103]特别是"为了主动削弱、限制对方的破交作战能力，有时还需要前出到对方基地、机场进行袭击和封锁。"[104]作者认为，中国在海上交通线防御战役中应该根据双方的相对能力和作战形式采取不同层级的进攻方法："在己方拥有较强的作战兵力的情况下，以主动突击对方破交兵力而发起……在己方不具备实施主动突击的条件而对方也未发起攻击的情况下，己方以隐蔽发起运输行为为开端……。对方已采取封锁和袭击行动的情况下，己方以各种反封锁、反袭击的作战行动为开始。"[105]

尽管整章都在强调舰队采取攻击性行动，但是作者认识到当今作战和舰队行动分散性的本质，这导致很难取得单一一次决定性的作战胜利。[106]作者对进攻性战略的喜好似乎难以与保护友军海上运输的战略——困难的、需要大量资源的、防御性的使命——协调起来。作者承认保护海上运输是一个防御性使命而且缺少设备可能会限制海军保护所有运输线的能力[107]。但是需要对这个两难的问题提出解决方案的时候，他们又回归了防御优先。这一点在作者的论断中表现得尤为突出："总体来说，保交战役是一场防御性的战役。无论如何，积极……本地防御行动是一种有效的削弱、限制敌人能力的方法。"[108]这一段的其他内容推崇即使在执行"防御"任务的时候，只要出现机会，就要抓住机会首先进攻。

作者反复论述了空中优势的重要性，还在每节中都提出了使用战斗机的指导性建议。这可能与台湾事态有关；但是由于中国海军现在缺少航母起降的战机，需要使用战斗机的区域又超出了陆基飞机的行动范围。这里作者如果不是在针对台湾，就是在有意倡导中国海军发展航空母舰能力（或者二者兼而有之）。"组织和掩护运输舰船装卸和出港"这一节似乎不是在讨论一支普通的商船或货船船队沿着海岸航行，而是在讨论一支海军远征特遣队集结起来航向一个共同的目的地。[109]现在在中国以外，已经可以逐渐获得一些中国海军的原则性的著作，当把上述的这些言论与它们相比的时候，似乎有理由得出结论认为七年前中国已经在小心地评估海上能源封锁的效果，而且在努力开发有效的反制措施。

本章的下一部分，将讨论针对中国海军的未来发展，中国的海军战略家所进行的上述威胁分析的含义。

五、海军的含义

外部观察家倾向于专注于中国海上遏制能力的发展，这种能力可以用于在海峡两岸冲突中让中国对抗美国的干预。然而中国可能也在追求超出台湾危机所需范围的海军力量投送能力。另外，很多海军能力都可以相互替代，因此在台湾的背景和更远范围的任务中都可以得到应用。

中国可能在朝着超出台湾问题以外的蓝水海军方向发展，这种发展的一种原因是中国不断增加的对进口石油和其他关键的经济输入的依赖。除了前面已经详细描述过的海军讨论的这些问题以外，在中国的政策知识分子之间的讨论十分活跃。图 3 示出了中国的"经济自由主义者"和"新重商主义者"的思想流派之间的关键代表人物。

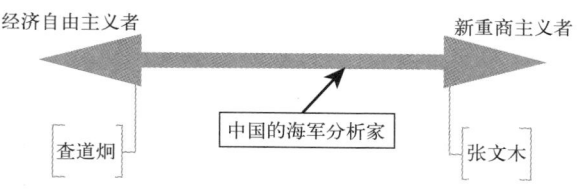

图 3 中国能源安全的范畴

很多中国"新重商主义学派"的能源安全分析家认为，全球石油体系已被美国控制，因此倡导取得必要的海军能力来保障中国不断增长的对安全海上石油进口的依赖。北京航空航天大学的学者张文木解释了这个学派的思路："中国将在获取海外份额油方面遇到更激烈的竞争……（需要）尽可能加快海军建设。"[110]事实上，"中国不仅应该加强海军力量来保卫石油进口，而且要在亚太地区扩展本国海军对近海资源的影响"[111]。另一处来源提到："保护中国的海上交通线已经成为海洋安全的一个重要组成部分。这对中国海军来说是一个重要的新使命。"[112]另一位分析家补充说："为了……有效地控制特定海域，中国海军一定要具有在危机时期控制进出重要战略通道的能力。"[113]正如前面说到的，中国的安全分析家特别强调了中国海军能够自由通行马六甲海峡的重要性。[114]

中国海军现在没有能力保障中国的长距离石油运输海上交通线或者说没有阻止美国封锁的能力，这是中国的海军分析家非常关心的问题。[115]他们痛苦地认识到美国海军相对于中国海军的优势。[116]中国表现出了明确的紧迫感："（中国）一定要……加强中国海军和空军，让他们获得保卫中国的海上资源和能源供给的能力，可以摧毁（一切）对中国经济和能源供给的海上封锁，保卫（中国）自己的运油通道……考虑到海上禁运或运油线路被切断的情况……中国一定要'未雨绸缪'。"[117]

与美国、日本和印度这样的中国海军潜在的对手相比，中国海军现在处于弱势地位，为了改变这种现状，北京正在积极推进海军平台以及训练和作战原则的现代化建设。"中国已经有了一支相对强大的海军力量"，而且正在努力增强自己的综合海上实力。[118]

1997 年，中国人民解放军的一支小型舰队进行了一次具有历史意义的环球航行。这一事件的战略重要性表明："中国希望在全球海域确立自己的地位，特别是保证自己的海上能源通道安全，然而，由于中国海军的能力、技术和规模落后于其他国家"。一位分析家主张："中国未来的海洋开发将由商贸推动，而不是依靠军事基地的建设。"[119]事实上，政府启动的一个名为《大国崛起》的新的高层研究项目表明，一支强大的海军可以推进国家实力的发展，而国家实力实际上主要来自于由对外贸易推动的经济发展。[120]

让中国对海洋的开发沿着和平的方向发展，同时向全世界展现出中国的和平发展战略。尽管中国在进行这样的努力，历史表明任何一个重要的军事现代化项目都可能会让其他的大国感到紧张。北京从"近海"向蓝水海军转变的战略，即使在"商业保护"的名目下进行，可能也不会有什么差别。最近在《中国军事科学》上的一篇文章提出："（中国）海军一定要……不断向着'蓝水海军'发展，扩大海上战略防御的范围。"[121]中国分析家已经明确提出需要取得武力投送装备来支持这种不断增强的海军目标。其中包括远距离区域防空驱逐舰、直升机母舰、不依赖空气推进的柴油动力潜艇、巡航导弹、能够攻击敌方海港和地面目标的核潜艇，以及苏－30"侧卫"战斗机这样先进的海军飞机。[122]

对于海权和资源安全的另一篇中国海军分析解释了中国海军不够强大，不能保障能源海上交通线的安全，因为中国的长期政策"重陆轻海"。[123]这暗示了中国海军的战略可能发生转变，以及中国海军作战团体内部存在的争执，这篇分析继续说道：

> "（为了）建立一支具有较强远洋作战能力的强大海军……（中国）海军不能单纯以潜艇为主体，强大的潜艇部队只是积极防御的一部分。现代海军必须是一支以联合作战为主体的综合性海上力量。为了维护海上通道的安全、保障海洋权益，我们必须要保持一定的海上存在，尤其是在南海等具有重要军事和经济等战略地位的地区。"[124]

一位中国的分析家认识到了南海的海洋探测的战略价值和它的关键位置，一方面它本身就是一个关键的海上交通线，另一方面，它是马六甲海峡的入口："如果一艘核潜艇藏匿于南沙群岛附近的深水区域，就可以对美国部署在菲律宾的第七舰队的强大军事力量做出反应，……（因为）潜艇易于利用这里的深水区域进行藏身……对手无法进行反击。"[125]

正如前面所说明的，控制马六甲海峡的需求，或者至少防止其他大国阻止中国利用马六甲海峡，这是中国战略家心中的头等大事。因此，中国人民解放军似乎已经为了推进这个目标在进行部署。

根据最新的简氏分析，中国的南海舰队获得的军事装备越来越多。它拥有的驱逐舰和护卫舰数量已经比东海舰队和北海舰队的更多了。据报道，一个新的中国海军或中国空军的航空基地可能正在海南岛进行建造。[126]然而，大量的潜艇正在被调往海南。中国可能在海南的榆林海军基地（在三亚附近）附近的一个新潜艇基地驻扎093型攻击型核潜艇和094型弹道导弹核潜艇。[127]互联网上的照片已经表明"宋"级柴油动力潜艇和"基洛"级柴油动力潜艇，以及至少一艘094型"汉"级攻击型核潜艇，至少已经在海南进行临时驻扎。人们认为中国海军陆战队已经全部驻扎在南海舰队，这可能与此有关。[128]

将设备持续运往南海可能意味着中国海军的使命不仅限于台湾，而是在追求实实在在的海上交通线保护能力，尽管这种能力或许是有限的。事实上，中央党校的一位学生提出，中国制定政策的人员正在支持发展海军建设：

> 由于美国、日本等海军强国的存在，我们一直过于谨慎，并且将我们的活动局限在……近海和领海水域……放弃了战略主动性……我们应该加速从近海防御海军向远洋海军转变。在不久的将来，具有500海里海域内的绝对控制力，在马六甲海峡到印度洋南部的海上交通线具有威慑力，不仅能够保证海上交通线的安全，还要能打破第一岛链的封锁，[129]并在第二岛链附近（超过1 000海里）可以拦截或打击敌方目标，保卫东南沿海区域的安全。[130]

这样看来，中国海军可能确实有进攻使命，即使在"主动防御"的背景中在意识形态上是合乎情理的，这个使命也具有进攻性："在海上冲突发生时，双方作战的一个重要方面会是开展海上交通线封锁和反封锁。中国海军将承担着保障海上交通线畅通无阻，同时破坏敌方的运输线并削弱其作战能力的重任。"[131]这种关于海上交通线安全的积极方式并没有被描述成一种选择，而是势在必行的："中国东海舰队和南海舰队的海域中的战略通道——例如朝鲜海峡、琉球群岛的通道、巴士海峡、马六甲海峡、龙目海峡、巽他海峡——这些区域要么是中国海军为了执行战略防御使命一定要穿过的岛链；要么是美国和日本执行进攻使命进行突然袭击，攻击中国大陆和沿海地区目标的战略要点。"[132]

中国海军在海上交通线和海上交通线的附近地区增加存在也有一个有价值的"塑形"功能，因为它可以在和平时期"强化（中国）影响关键海域和海峡的能力"，并以此降低中国的利益在战争时期遭到威胁的概率。[133]

关于中国海军与能源海上交通线安全相关的发展这一点，最雄心勃勃的讨论之一出现在 2006 年的《舰载武器》杂志上的一篇文章中。这篇文章提出，随着中国在 21 世纪加强中国海军在世界各大洋的存在，中国的北海舰队、东海舰队和南海舰队应该转变成一支北方舰队、一支太平洋舰队和一支印度洋舰队。文章中提出的北方舰队和太平洋舰队的潜在使命范围可能会超过此次研究的范围，但是中国印度洋舰队的设想可以代表中国人民解放军对海上交通线安全问题反应的一个极端转变。这篇中文的分析提出，设想的印度洋舰队的核心使命可能是"保护中国在中国南海的利益，与此同时保卫印度洋的航路并护卫中国油船穿越马六甲海峡，以此维护对于中国来说生死攸关的'能源生命线'和'油路'的安全。"[134]

在这篇分析中，强调了航空母舰在这样一支中国海军的印度洋舰队中的关键地位，尤其是当它们可以与中国的新防空驱逐舰有效协调的情况下。"为了在整个印度洋的航路护卫商船并解决相关的危机"，这位作者解释说，"中国未来的印度洋舰队一定要有强大的、远洋、护卫、作战能力"。另外，中国印度洋舰队的一个主要使命可能会是"对抗驻扎在新加坡的美国海军。"[135]

中国已经在采取一些行动，希望增强中国在印度洋石油运输航路周边的战略地位。在中国最具声望的军事杂志《中国军事科学》的一篇文章中，中国人民解放军的一位大校说道："在 21 世纪 90 年代，中国在东印度洋的缅甸建设了港口码头还清理了湄公河水道，为了取得通向中国西南部海洋的通路……中国投资了十亿美元（在瓜达尔）建造了一个深水港口，为了建立一个面向中亚国家的贸易和运输枢纽，并同时扩大中国的地缘战略影响力。"[136]

印度等海上强国将会对这种中国海军在印度洋区域的存在做出不利的反应。印度已经拥有了一支强大的海军，其中包括"维拉特"号航空母舰和"图－142"远距离海上巡逻机，这种巡逻机已经被用来跟踪俄罗斯制造的战舰通过印度洋航向中国的过程。[137]为了在印度洋维持大量海军存在，中国海军可能会需要大幅度扩展其海上补给能力，也要保障其在巴基斯坦、缅甸的驻军权，或许还包括在斯里兰卡或孟加拉的驻军权。印度和美国可能会向这些国家施以高压，让它们拒绝中国的部队驻扎。事实上，值得注意的是，2006 年 10 月美国海军陆战队和斯里兰卡海军在斯里兰卡的汉班托特港口进行了大型军演，而中国正寻求在这里建造储备石油和给船只加油的设施。[138]最后，即使中国的确克服了上述这些困难并取得了驻军权，这也会是违背了中国现行的外交政策的关键规则，其中强调中国将不会在海外驻军。

六、负责任的利益相关者

中国的海军分析家正在寻求超越台湾危机的严格限制的所谓蓝水使命，这或许不令人奇怪。这样做当然符合中国的政府利益。确实，这种政府利益过去已经推动了海军竞争。一个更为令人吃惊的发现就是，大量的中国海军分析家认为中国必须与其他的主要石油消费国合作，尤其是美国。

比如，关于中国的海上交通线安全问题的一项重要研究呼吁重视在石油运输国际组织和惯例、法律、规则内进行合作。[139]2004 年《舰船知识》的一篇调查揭示了很多民族主义者关于能源的主张，但是也做出结论认为中国"越来越依赖中东地区的稳定"。[140]当然，这种措辞对西方世界来说已经耳熟能详了。《现代舰船》的一篇分析得出结论："能源危机和海上通道的安全不单是中国一个国家所面临的困局……还关系到国际航道的安全与稳定。"[141]《现代舰船》杂志一篇更近期的更加详细的分析发现波斯湾的不稳定可以严重危害中国的利益，并强调中国一定要与印度、韩国、甚至日本在能源领域密切合作——否则它们可能会在任何冲突中都联合美国对抗中国。[142]但是，总体要求就是与美国保持良好的关系。根据这篇文章，这是别无选择的，因为"美国可以随时封锁中国的海上能源运输"。[143]这篇分析认为中国海洋石油总公司 2005 年收购美国优尼科公司的失败是能源外交政策的一个严重挫折，并详细阐述了中国这次难堪的原因。另外，文中提出，尽管发生了优尼科事件等不快，现在的美中关系在很大程度上已经稳定。作者还认识到华盛顿不大可能采取破坏现状的行为。事实上，"如果美中关系可以保持稳定，中国的海上石油运输基本上就是安全的"。[144]

在中国最重要的海军杂志《当代海军》中，一篇非常引人注目的关于能源问题的文章实际上将中国与海上交通线使命相关的海军建设同"和平发展"原则联系起来。这篇分析断言，中国"舰队在广阔的大洋上巡逻，阻击恐怖分子、海盗对商船的袭击，会得到世界的赞许"。所有的石油贸易国都从稳定的供应链中获益，据称"一支强大的海上编队有助于稳定这个供应链。所以经济全球化时代，一支强大的海军不仅是本国安全的需要，也是世界安全的需要"。[145]在反恐这样的行动中与世界上其他国家的海军合作，尤其是与发展中国家的海军合作，将会有效地消除"中国威胁论。"这篇文章得出结论"建立一支强大的海军与中国和平崛起的形象是不矛盾的"。[146]只要中国海军不断地以开放的心态吸收世界各种先进的文化，只要中国海军不断地主动融入世界的发展，只要中国海军的发展越来越成为他人的机遇，世界就会接受一个强大的中国，世界也希望中国有一支强大的海军。[147]

七、结语

此次研究发现，当今中国卷帙浩繁的海军著作中，与能源相关的内容并不太多。当然，对能源的讨论不可能像对水下战（例如，不依赖空气推进的技术）的讨论那样随处可见。无论如何，可以说中国海军的战略家中的确存在对能源问题的敏锐关注，而且确实有一种比较明确的总体观点。在这种视角下潜在的最关键主题就是中国觉得现在易于受到能源禁运的威胁。正如人们可能会认为，中国海军分析家极其不愿意将本国的石油安全置于其他大国的掌控之下，尤其是美国。如果它现在没有发挥这样的作用（这是非常可能的），那么能源问题将可能成为一个有力的理由来支持继续甚至进一步加速中国的海军现代化建设，特别是当中国的军事决策者开始积极推动应对台湾以外的情况时。本研究还发现，中国的海军战略家坦率地承认他们保护中国长长的能源海上交通线的能力现在非常弱小。让人有些出乎意料的是，这些分析家尽管提出了很多民族主义的主题，似乎对于在能源方面进行多边合作还是持谨慎的开放态度，而且似乎明白努力与华盛顿保持良好的关系的重要性。

本篇研究所考察的众多中国海军分析研究中，或许最为复杂的就是2006年10月的《现代舰船》中，对于能源问题的长篇对策。在这篇分析的结论中，作者阐明了一个三点战略，这个战略可能敏锐地总结了中国海军圈中对于能源问题采取的方法："（中国）必须从不让美国切断中国的石油运输线的角度看事情，具体地说，就是使美国对中国的石油运输线不愿阻断、不敢阻断、无法阻断。"[148]不去夸大这个特定来源的重要性，大家可能会注意到，这种论述内在的一致性可能实际上表明它是从官方的内部政策中得来的。它还进一步提出，一个自我利益网络可能会使美国不想对中国进行禁运,而且输油管线和灵活的外交可能会防止华盛顿试图使用这种手段。最让人出乎意料的或许是这种规划的实施方案也呼吁不要仅仅加强海军,还要加强核战略部队。[149]最后一点可能真正地勾勒出中国对于能源问题没有安全感所达到的深度。

注释:

1. 中国官员经常呼吁建立石油储备、减少中国经济的能源需求,并鼓励中国的国家油气生产商丰富自己的油气来源,尽量避开不稳定的中东地区,增加通过陆上油气管线进口的石油量。然而,中国的石油需求仍然在飞速增长(2005 至 2006 年的增长率为 14.5%)。参阅 Wang Qiyi 的 "Energy Conservation as Security",China Security,第 3 期(2006 年夏),第 90 页,http://www.worldsecurityinstitute.org/showarticle.cfm?id163;参阅 "China's Crude Oil Imports Up 14.5% in 2006",发表于《人民日报》,2007 年 1 月 12 日,www.english.people.com.cn/。

2. 由于很多与海军相关的文章作者难以完全确定,本章将会使用一个非常宽泛的"海军分析家"的定义,即在海军问题上进行研究和出版的人。

3. 美国国防部 2006 年的报告也反映了这些关注点,其中提出"保障原材料供应充足已经成为中国对外政策的一个主要推动力……有证据表明,中国正在投资发展水面和水下武器系统,依靠这些系统可以建立一支的强大部队,这支部队可以向关键的海上交通线和/或关键的地缘战略区域投送武力,保障这些区域的安全。"同上,1。

4. 参阅 "World Briefing/Asia:China:Hu Calls For Strong Navy" 发表于 New York Times,2006 年 12 月 29 日,http://query.nytimes.com/gst/fullpage.html?res=9C0CE3D71F31F93AA15751C1A9609C8B63。

5. 参阅 David Lague 的 "China Airs Ambitions to Beef Up Naval Power",International Herald Tribune,2006 年 12 月 28 日,http://www.iht.com/articles/2006/12/28/news/china.php。

6. 参阅 "Chinese President Calls for Strengthened,Modernized Navy," 发表于《人民日报》,2006 年 12 月 27 日。

7. 参阅 "Chinese President Calls for Strong Navy",发表于 VOA News,2006 年 12 月 28 日,http://voanews.com/english/2006-12-28-voa41.cfm。

8. 《2006 年中国的国防》白皮书进一步提出海军着眼于建设一支多兵种合成的、具有核常双重作战手段的现代化海上作战力量,把信息化作为海军现代化建设的发展方向和战略重点,突出发展海上信息系统,加强新一代武器装备建设。完善海战场建设,重点搞好新型装备的各项配套设施建设和作战支援保障建设。加强适应信息化条件下作战需要的海上机动兵力建设,增强近海海域的整体作战能力、联合作战能力和海上综合保障能力。改革创新训练内容和组训方式,深化海上一体化联合作战

训练。加强海军作战理论研究，探索现代条件下海上人民战争的战略战术。参阅
"China's National Defense in 2006", Information Office of the State Council, People's Re-
public of China, 2006 年 12 月 29 日，刊载于 http：//www. fas. org/nuke/guide/china/
doctrine/wp2006. html。

9. 参阅 Wu Lei 和 Shen Qinyu 的 "Will China Go to War Over Oil？" Far Eastern Economic
Review 总 169 期，2006 年 4 月第 3 期，第 38 页。

10. 参阅 Kenneth Lieberthal 和 Mikkal Herberg 的 "China's Search for Energy Security：Impli-
cations for U. S. Policy"，发表于 NBR Analysis 总 17 期，2006 年 4 日第 1 期，第
23 页。

11. 其中至少包括《当代海军》《人民海军》《舰船知识》《舰载武器》和《现代舰船》。
《当代海军》是由中国人民解放军海军的官方报纸《人民海军》出版的一份月刊。
《人民海军》是中国海军政治部出版的一份日报。《舰船知识》是由中国造船工程学
会出版的一份半技术性的月刊。《舰载武器》和《现代舰船》都是由国有企业中国
船舶重工集团公司（CSIC）出版的月刊。中国船舶重工集团公司是中国最大的军用、
民用船只及相关工程设备的设计、建造和贸易的公司。除了这些源于海军的出版物
外，北京最具声望的军事杂志——《中国军事科学》是中国人民解放军军事科学院
出版的。

12. 海潮出版社位于北京，该社出版过权威书籍《中国海军百科全书》，第一卷（北京：
海潮出版社，1998）。

13. 参阅 Kong Bo 的 "Institutional Insecurity"，China Security 3（2006 夏），第 67 页。相
反，中国的能源政策由众多团体共同制定，这被约翰·霍普金斯大学的孔波称作
"高度的组织混乱"。这其中包括国家发展和改革委员会（NDRC，国务院的分支机
构，国家发展和改革委员会的报告可以在 www. eri. org. cn 查阅）、国有油气生产商和
特殊的高层工作组，比如温家宝总理主持的国家能源领导小组。还有一个国家能源
办公室也刚刚成立，它属于国家发展和改革委员会的能源局，但是人员不足，没有
对能源机构的正式管理权力。而且国家能源办公室的工作很可能是对事件做出反应
而不对制定政策形成切实的影响。参阅 Erica Downs 的 "Brookings Foreign Policy Stud-
ies Energy Security Series：China"，Brookings Institution，2006 年 12 月，第 21 页，刊
载于 http：//www. brookings. edu/fp/research/energy/2006china. pdf.
  另外，据传很多能源办公室的成员直接来自国有能源公司，特别是中国石油天然气
股份有限公司。这些机构主要关注能源的供给、需求、定价、储备等关注与市场的
事务。同时关注能源和海上安全问题的非军方专家少之又少，而且他们也仅关注特
定主题（比如，研究马六甲海峡的东南亚专家）。中国人民解放军和中国人民解放
军海军必然对能源安全非常关注，但是很难跟踪它们的观点，因为这两个组织对外
国专家几乎完全封闭。2006 年 12 月，作者在北京采访中国学者获知。

14. 2007 年 5 月，作者在上海采访中国学者获知。

15. 参阅陈安刚和武明的《马六甲：美国觊觎的战略前哨》，发表于《现代舰船》（2004 年 12 月），第 13 页。

16. 参阅 Evan S. Medeiros 和 M. Taylor Fravel 的 "China's New Diplomacy"，Foreign Affairs，2003 年 11 月/12 月，http：//www. foreignaffairs. org/20031101faessay82604/evan – s – medeiros – m – taylor – fravel/china – s – new – diplomacy. html.

17. 例如参阅 "U. S. Confirms Aircraft Carrier Had Close Brush with Chinese Submarine"，发表于 Japan Today，2006 年 11 月 14 日，http：//www. japantoday. com.

18. 作者采访获知，北京，2006 年 6 月。

19. 例如参阅，查道炯的《相互依赖与中国的石油供应安全》，发表于《世界经济与政治》，2005 年第 6 期，第 15 – 22 页。

20. 例如参阅，张文木的《中国的能源安全与政策选择》，发表于《世界经济与政治》，2003 年第 5 期，第 11 – 16 页，FBIS# CPP20030528000169；刘新华和张文木的《中国石油安全及其战略选择》，发表于《现代国际关系》，2002 年 12 月第 12 期，第 35 – 37，46 页，FBIS# CPP20030425000288.

21. 参阅 Bruce Blair，Eric Hagt 和 Chen Yali 的 "The Oil Weapon：Myth of China's Vulnerability"，China Security 3（2006 年夏），第 39 页。

22. 参阅 Gabriel Collins 的 "China's Seeks Oil Security with New Tanker Fleet"，发表于 Oil & Gas Journal 总 104 期，2006 年第 38 期，第 20 – 26 页。

23. 提升下游安全意味着改进国内能源基础设施和建立战略石油储备。改进国内能源基础设施包括增加炼油能力和扩大炼油的适应范围以对更广泛的原油储备进行炼化。无疑，这是上游、中游、下游这三个领域中最简单的。中国在这个领域取得的进步也最大，可能巨大的经济因素在其中起到了一定的作用。

24. 参阅 "10% of GDP Now Comes From Sea，Says Report"，发表于 China Daily，2007 年 4 月 10 日，www. chinadaily. com. cn.

25. 参阅 Chen Fong – Ching 和 Jin Guantao 的 "From Youthful Manuscripts to River Elegy：The Chinese Popular Cultural Movement and Political Transformation 1979 – 1989"（Hong Kong：Chinese University Press，1997 年），第 221 – 222 页。

26. 同上，第 222 页。

27. 参阅周德华，陈炎，陈良武的《蓝色方略：二十一世纪初的海洋和海军》（北京：海潮出版社，2003 年），第 3 页。

28. 参阅曲令泉和郭放的《卫海强军：新军事革命与中国海军》（北京：海潮出版社，2003 年），第 46 页。

29. 参阅张玉坤和张慧的《戍海固边：海上安全环境与海洋权益维护》（北京：海潮出版社，2003 年），第 39 页。

30. 参阅郝廷兵和杨志荣的《海上力量与中华民族的伟大复兴》（北京：国防大学出版社，2005 年）。

31. 同上，第 32 页。

32. 同上，第 6 页。

33. 同上，第 6 页。

34. 整段文章来自顾祖华的《维护海上石油安全须有强大海上编队》，发表于《当代海军》，2004 年 8 月，第 40 页。

35. 参阅徐起的《21 世纪初海上地缘战略与中国海军的发展》，发表于《中国军事科学》总 17 期，2004 年第 4 期，第 75 - 81 页，Andrew Erickson 和 Lyle Goldstein 译，Naval War College Review 总 59 期，2006 年第 4 期，第 46 - 67 页。

36. 参阅张运成的《能源安全与海上通道》，发表于《海上通道安全与国际合作》，杨明杰（北京：时事出版社，2005 年），第 103 页。

37. 参阅 Peng Guangqian 和 Yao Youzhi 的 "The Science of Military Strategy"（Beijing：Military Science Publishing House，2005 年），第 446 页。

38. 参阅达巍的《中国的海洋安全战略》，发表于《海上通道安全与国际合作》，杨明杰（北京：时事出版社，2005 年），第 361 - 362 页。

39. 参阅张运成的《能源安全与海上通道》，第 101 页。

40. 参阅 Donna J. Ninic 的 "Sea Lane Security and U. S. Maritime Trade：Chokepoints as Scarce Resources," in Globalization and Maritime Power, ed. Sam J. Tangredi（Washington, D. C. ：National Defense University Press，2003 年），第 143 - 169 页。

41. 参阅 Zhang Xuegang 的 "Southeast Asia：Gateway to Stability"，China Security 总 3 期，2007 年第 2 期，第 26 页。

42. 凌云，《龙脉》，发表于《现代舰船》，2006 年 10 月，第 12 页。

43. 同上。

44. 参阅李杰的《石油，中国需求与海道安全》，发表于《舰船知识》，2004 年 9 月，第 12 页。另见江风的《21 世纪中国海军三大舰队构想》，发表于《舰载武器》，2006 年 6 月，第 21 页。

45. 张运成的能源安全与海上通道，第 107，108，118 页。

46. 参阅《避开霍尔木兹海峡》，发表于《世界经济与政治》，2006 年第 1 期，第 49 页。

47. 同上，第 48 页。

48. 参阅张运成的《能源安全与海上通道》，第 118 页。

49. 同上，第 107 页。

50. 同上，第 118 页。

51. 参阅陈安刚和武明的《马六甲》，第 13 页。

52. 参阅李兵的《国际战略通道研究》，博士论文，中共中央党校，2005 年 5 月 1 日，第 355 页。

53. 参阅张运成的《能源安全与海上通道》，第 118 页。

54. 参阅陈安刚和武明的《马六甲》，第 13 页。

55. 参阅江风的《21 世纪中国海军三大舰队构想》第 21 页。

56. 参阅章明的《马六甲困局与中国海军的战略抉择》，发表于《现代舰船》，2006 年 10 月，第 21 页。

57. 同上，第 21 页。

58. 参阅陈安刚和武明的《马六甲》，第 11－14 页。

59. 参阅张玉坤和张慧的《戍海固边》，第 50 页。

60. 参阅张运成的《能源安全与海上通道》，第 107 页。

61. 参阅 Scott C. Roberts 的 "China's LNG Program Turns a Corner"，Cambridge Energy Research Associates，刊载于 http：//www. cera. com/aspx/cda/client/report/reportpreview. aspx? CID = 7328&KID = .

62. 参阅陈安刚和武明的《马六甲》，第 12 页。

63. 参阅张玉坤和张慧的《戍海固边》，第 47 页。

64. 参阅 Peng Guangqian 和 Yao Youzhi 的 "The Science of Military Strategy"（北京：Military Science Publishing House，2005 年），第 441 页。

65. 凌云的《龙脉》，第 8－19 页。

66. 参阅 "Husky Energy Announces Significant Gas Discovery in South China Sea"，Husky Energy Inc. News，2006 年 6 月 14 日。

67. 参阅陈安刚和武明的《马六甲》，第 11－13 页。

68. 同上，第 12 页。

69. 参阅张玉坤和张慧的《戍海固边》，第 45 页。

70. 参阅李冰的《国际战略通道研究》，第 355 页。

71. 例如参阅 Robert Looney 的 "Market Effects of Naval Presence in a Globalized World：A Research Summary"，in Globalization and Maritime Power，ed. Sam J. Tangredi（Washington，D. C.：National Defense University Press，2003 年），第 103－132 页。

72. 参阅《全球能源大棋局》，中国现代国际关系研究院经济安全研究中心. 北京，2005 年，第 91 页。

73. 例如参阅始于 2005 年 11 月的《现代海军》的一系列非常详细的报道。

74. 参阅张运成的《能源安全与海上通道》，第 116－117 页。

75. 参阅陈安刚和武明的《马六甲》，第 14 页。

76. 参阅张运成的《能源安全与海上通道》，第 120 页。

77. 同上，第 119。

78. 参阅顾祖华的《维护海上石油安全须有强大海上编队》，第 40 页。

79. 参阅张运成的《能源安全与海上通道》，第 120 页。

80. 参阅章明的《马六甲困局》，第 23 页。

81. 例如参阅，李杰的《石油，中国需求与海道安全》，第 13 页；陈安刚和武明的《马六甲》，第 14 页。

82. 参阅凌云的《龙脉》，第 15 页。

83. 同上。

84. 同上。

85. 同上。

86. 参阅张运成的《能源安全与海上通道》，第 119 页。

87. 参阅凌云的《龙脉》，第 12 页。

88. 参部陈安刚和武明的《马六甲》，第 13 页。

89. 同上，第 11 页。

90. 参阅凌云的《龙脉》，第 15 页。

91. 参阅张运成的《能源安全与海上通道》，第 111 页。

92. 同上，第 118 页。

93. 参阅陈安刚和武明的《马六甲》，第 14 页。

94. 参阅张玉坤和张慧的《戍海固边》，第 22 – 24 页。

95. 同上。宫古海峡位置接近台北的正东方，处于琉球群岛中。参阅，Chen Xue'en 的 "Analysis of the Circulation on the East – China Shelf and the Adjacent Pacific Ocean"，PhD dissertation，University of Hamburg，2004 年，第 85 页。

96. 这是中国战略家的立场，在中国采访，2005 年 12 月。

97. 美国海军的 Michael Grubb 上尉为这一部分提供了重要的见解，在此向他表示感谢。

98. 参阅王厚卿，张兴业的《战役学》（北京：国防大学出版社，2000 年），第 320 页。

99. 同上，第 330 页。

100. 同上，第 324 – 325 页。

101. 关于在海上布设防御性的水雷屏障并使用水雷来 "对抗敌方对（中国人民解放军海军）基地的封锁"，要获取更详尽的信息参阅同上，第 341，344 页。

102. 同上，第 327 页。

103. 同上，第 336 页。

104. 同上，第 334 页。

105. 同上，第 336 – 337 页。

106. 然而，这种重要的思考没有进行进一步延伸。同上，第 318 – 319 页。然而并没有对这种重要的思考进行进一步延伸。

107. 同上，第 334 – 335 页。

108. 同上，第 336 页。

109. 同上，第 337 页。

110. 参阅张文木的《中国的能源安全与政策选择》，发表于《世界经济与政治》，2003 年 5 月，第 5 期第 11 – 16 页，FBIS CPP20030528000169.

111. 参阅刘新华和张文木的《中国石油安全及其战略选择》，第 35 – 37，46 页。

112. 参阅沈游的《新世纪潜艇创新发展前瞻》，发表于《现代舰船》，2005 年第 5 期，第15－16页。

113. 参阅李冰的《国际战略通道研究》，第 355 页。

114. 参阅陈安刚和武明的《马六甲》，第 13 页。

115. 参阅凌云的《龙脉》，第 16 页。

116. 同上，第 15 页。

117. 参阅张运成的《能源安全与海上通道》，第 122 页。

118. 参阅达巍的《中国的海洋安全战略》，《2006 年中国的国防》白皮书明确把海军现代化放在重要的位置，文中提出："海军着眼于建设一支多兵种合成的、具有核常双重作战手段的现代化海上作战力量，……突出发展海上信息系统，加强新一代武器装备建设。完善海战场建设，重点搞好新型装备的各项配套设施建设和作战支援保障建设。""China's National Defense in 2006", Information Office of the State Council, People's Republic of China, 2006 年 12 月 29 日，刊载于 http：//www. fas. org/nuke/guide/china/doctrine/wp2006. html.

119. 参阅张运成的《能源安全与海上通道》，第 119 页。

120. 《大国崛起》是一共八卷的书籍，还是中国中央电视台播放的十二集的纪录片，它在中国非常有名。据说中国共产党中央委员会政治局小组会议提出了"研究 15 世纪以来世界主要国家的发展历程"，由此启动了《大国崛起》这个项目。该项目最终在 2006 年完成。《大国崛起》试图确定为什么九个国家（葡萄牙、西班牙、荷兰、英国、法国、德国、日本、俄罗斯和美国）成为了世界大国。

121. 参阅徐起的《21 世纪初海上地缘战略与中国海军的发展》，第 75－81 页。

122. 参阅章明的《马六甲困局》，第 25 页。

123. 参阅高月的《海权，能源 与安全》，发表于《现代舰船》（2004 年 12 月），第 7 页。

124. 同上，第 7 页。

125. 参阅张运成《能源安全与海上通道》，第 111 页。

126. 除非另有说明，本段中的数据来自 "China's New Sub Base to Make Waves"，Foreign Report，Jane's，2006 年 3 月 2 日，刊载于 www. janes. com/defence/naval_forces/news/fr/fr060224_1_n. shtml.

127. 可以想象，094 型弹道导弹核潜艇具有重要的战略地位，中国会部署其他的海上和空中装备对它进行保护。如果需要把装备有 JL－2 型潜射弹道导弹的 094 型弹道导弹核潜艇派到南海以外的地区来对美国本土进行威慑，情况更是如此。这些"核心"部队可以进一步增强中国人民解放军海军的海上交通线保护能力。

128. 参阅 "Marine Corps"，China Defense Today，刊载于 http：//www. sinodefence. com/navy/orbat/marinecorps. asp.

129. 刘华清曾任中国海军司令员（1982—1988 年）和中央军事委员会副主席（1989—1997 年）。他曾说过第一岛链是指日本机器北部和南部的群岛、韩国、台湾地区、菲律宾和大巽他群岛组成的链形岛屿带。第二岛链起点是日本群岛南部，经小笠原诸岛、马里亚纳群岛（包括关岛）火山列岛等延至帕劳。参阅刘华清的《刘华清回忆录》（北京：中国人民解放军出版社，2004 年），第 437 页。中国分析家将"岛链"看做是中国海上兵力投送的标尺，也是中国在海上自由穿行必须跨越的障碍。例如参阅 Alexander Huang 的"The Chinese Navy's Offshore Active Defense Strategy：Conceptualization and Implications"，Naval War College Review 总 47 期，1994 年第 3 期，第 18 页。由于中国人民解放军海军或任何其他的中国政府组织都没公开把岛链作为官方政策的一部分或对其进行过精确描述，因此对中文文献提到的"岛链"一定要谨慎解读。

130. 本段引用内容，除非另有说明，均来自李冰的《国际战略通道研究》，第 354，355 页。

131. 参阅李冰的《国际战略通道研究》，第 354 页。

132. 参阅张运成的《能源安全与海上通道》，第 124 页。

133. 同上。

134. 整段文字来自：江风的《21 世纪中国海军三大舰队构想》，发表于《舰载武器》，2006 年 6 月，第 19 – 22 页。

135. 同上。

136. 参阅徐起的《21 世纪初海上地缘战略与中国海军的发展》，第 75 – 81 页。

137. "China：Facing a Multinational Maritime Morass"，Stratfor，2006 年 2 月 15 日，刊载于 http：//www. stratfor. com.

138. "Sri Lanka：Exercises with U. S. Send a Message to China"，Stratfor，2006 年 10 月 19 日，刊载于 http：//www. stratfor. com/products/premium/read_article. php？id = 278539.

139. 参阅张运成的《能源安全与海上通道》，第 124 页。

140. 参阅李杰的《石油，中国需求与海道安全》，第 11 页。

141. 参阅高月的《海权，能源与安全》，第 7 页。

142. 除非另有说明，本段文字均来自：凌云的《龙脉》，第 10，11，14，17 页。

143. 同上，第 14 页。

144. 同上，第 17 页。

145. 顾祖华的《维护海上石油安全须有强大海上编队》，发表于《当代海军》，2004 年 8 月，第 40 页。

146. 同上。

147. 同上。

148. 本段文字均来自的凌云《龙脉》，第 19 页。

149. 同上，最后一句明确提出了需要对中国能源战略和中国核武器战略之间可能存在的关联进行考察。

中国海洋战略中的能源因素

■ 伯纳德·D. 科尔[①]

本章考察了在制定和实施中国的海洋战略时，能源安全问题占据什么地位。讨论集中于两个主要方面：第一，中国海军的成长和现代化建设；第二，中国对能源安全问题的看法。第二个方面涉及以下内容：不断增加的能源需求、增加能源供给的需求（中国的能源供给大部分都来自海外），对于能源进口必须使用的海上交通线进行保护的海军能力需求。对于这些问题的思考主要集中在以下五个问题中：

（1）在过去的十年中，中国海军的发展产生了什么变化？

（2）中国是否在加速发展本国的海军现代化建设项目？

（3）中国的海军现代化建设中能源因素占有多大比重？

（4）未来的中国海军是否能够保护中国的能源海上交通线？

（5）中国是否希望在印度洋或中东地区保持海军存在？

过去的 15 年间，中国海军一直在进行非常重要的现代化建设项目。这个项目的一个战略焦点就是与台湾发生海上冲突的情况。在这种情况下，美国海军势必会进行干预，向台湾提供帮助。然而，在"台湾以外"，中国海军的未来将会取决于多个因素。

首先就是国家的经济走势。中国国内生产总值和大部分其他重要的经

---

① 伯纳德·D. 科尔（Bernard D. Cole）教授来自美国海军，现已退休。他是华盛顿哥伦比亚特区海军军事学院世界史教授，主要从事中国军事以及亚洲能源方面的研究。此前，他曾在海军服役 30 年，担任水面舰艇作战军官，工作单位都在美海军太平洋部队。他指挥过美海军拉斯伯恩号护卫舰（FF 1057）和驱逐舰第 35 中队；担任过海军舰炮联络官，负责与在越南的海军陆战队第三师的联络；还在太平洋舰队司令手下担任过计划官并担任过海军作战部长远征作战的特别助理。科尔博士著述颇丰，已出版 4 部专著：《舰炮与海军陆战队：美国海军在中国，1925—1928》（特拉华大学出版社，1982）；《海上长城：中国海军进入 21 世纪》（海军学院出版社，2001）；《中国的灯油：北京在 21 世纪对能源的寻求》（国防大学出版社，2003）；《台湾的安全：历史与展望》（劳特利奇，2006）。目前，他正在撰写一本关于东亚能源安全的海洋前景方面的书。科尔博士曾获得北卡罗来纳大学历史学学士学位、华盛顿大学公共管理（国家安全事务方向）硕士学位和奥伯恩大学历史学博士学位。

济指标将继续保持高速增长，几乎所有人都这样推测，但又无法确定。日本经济曾经连续几十年大幅增长，然而到了 20 世纪 90 年代就开始停滞不前，日本经济受到重创。这仅仅是最近的一个例证，说明对于国家经济的预测并不可靠。如果中国的经济规模确实不断扩大，那么中央政府将继续向中国人民解放军划拨更多的年度预算。不那么确定的是，在中央政府增加军费的情况下，省级政府或地方政府向军队提供的财政支持是否也会增长，或者说，是否仍然会向军队提供财政支持。

当然，海军的预算将会大大增加，超过全军预算增加的幅度。或许预算的增加可能会反映中国的决定：至少中国的一些关键海上利益面临着很大的威胁，需要中国海军对其加强关注。而且中国领导人对安全的关注度越来越高，海上利益是最有可能引起重视的领域。当然，中国现在最为关注的是台湾，而且如果要动用军事力量向台湾施加压力，必然会需要中国海军的支持。

中国不信任日本的对外政策，而且担心日本的军国主义死灰复燃，这是一个更为广泛的关注点。现在，最为人所熟知的关于能源的问题是对于东海的能源储量的争论，而且这个争论不但表明了关于海上能源的争议，也表明了中日之间长期存在的敌意。第三个重点关注的海洋领域是保卫海上交通线，在这个问题上，中国对能源的关注是一个更为重要的因素。

在一个美国海军处于潜在的主导地位，而且其他国家（特别是韩国、日本和印度）的强大海军有重大影响的环境中，中国一定要关注这些海洋战略问题。另外，尽管中国的海岸线长度超过 14 000 千米、有数千个岛屿，而且对海洋问题的意识也在不断增强，但是对于威胁国家安全的方面，中国几乎总是更关注陆地，而非海洋。[1]

中国人民解放军的确由陆军主导，海军只能在特定的与海洋相关的国家利益的支持下，才能在跨军种的讨论中发挥影响力。中国的领导人似乎非常清楚，要保证国家经济健康发展，保证自己执政的合法地位，海洋利益是关键的因素，强大的海军至关重要。但是，中国保卫海上交通线的重要性，特别是中国海外能源供给的安全问题，并未在国家安全决策过程中占据主要地位。现在，与军事预算的整体重新分配相比，国家收入的增加在推动中国海军的现代化建设中发挥了更大的作用。

一、过去十年中，中国海军的发展经历了怎样的变化

为了建立一支可以与现代海上对手——特别是台湾地区、日本和美国

进行对抗的新型海军，中国进行了专项发展，并且已经取得了成果。现在，中国正在部署这些成果。中国这样做的目的不是为了在面对上述任何国家的海军力量的时候可以取得制海权，而是为了在这些海军出现或进行积极干预的情况下，保障关键的国家海洋利益。

当然，自从 1949 年中国海军建立开始，中国就一直在进行海军现代化建设，但是在 20 世纪 80 年代，海军现代化建设开始飞速发展，尤其是 1995 到 1996 年的台湾海峡危机对此起到了极大的推进作用。尽管中国的海军航空部队仍然是中国海军中作战能力最为不足的部队，但是考虑到台湾与中国空军的很多陆上基地距离很近，而且海军和空军的航空部队正在加强一体化建设，这也不算是一个严重的弱点。

海军航空部队在反潜战和远距离侦察飞机方面能力特别匮乏，空中电子战的能力同样不足。中国海军的舰载直升机数量有限，所有的固定翼飞机都是岸基飞机。尽管海军的固定翼飞机部队包括一支可以发射反舰巡航导弹的远距离航空部队，但是海军的大部分固定翼飞机都是战斗机和轰炸机。

中国海军的直升机部队规模小，但是数量在增多，能力也在增强。最近的海上演习展现了海军对舰艇与飞机（包括固定翼飞机和旋翼飞机）之间的作战行动的重视。这些演习证明了海军的水面部队和航空部队的一体化能力不断增强。中国海军的舰艇也终于取得了与舰载直升机之间的数据链传输能力。[2]

中国海军的水面舰艇部队中，能够在 21 世纪初的海军环境中进行作战的舰艇不足 20 艘。这些舰艇中有四艘"现代"级导弹驱逐舰，一艘"旅海"级导弹驱逐舰，两艘"旅沪"级导弹驱逐舰，还有大约 12 艘"江卫"级导弹护卫舰。这些舰艇仅装备了有限的防空武器系统。另外中国还有约 40 艘舰艇装备了反舰导弹，在没有空中威胁的情况下，可以在中国近海水域执行保卫海上交通线的任务。

然而，这支部队在很大程度上仍然局限于参与关键区域的反潜战。只是从 2005 年开始，由于三艘新型驱逐舰开始服役，中国海军才配备了具有"区域防空"能力的舰艇。这种重要的区域防空能力让单一的舰艇不但可以保卫自己，而且可以保卫一个舰艇编队。区域防空能力对于海上舰艇编队的作战任务至关重要，既可以对抗美国海军的特遣部队，也可以在与台湾作战时为两栖特遣部队进行护航。

由于中国海军现在只有五艘海上补给舰，因此中国海军的远距离行动能力进一步受到了限制。事实上直到 2005 年，中国北海舰队、东海舰队、南海舰队这三支舰队中，每支舰队仅有一艘海上补给舰，而且其中的两艘都相对较小，排水量只有 14 000 吨。两艘排水量达到 28 000 吨的较大的海上补给舰在 2005 年才刚刚服役，但是这两艘补给舰将会替代两艘较小的海上补给舰，还是与它们同时服役增强海军的补给能力，目前还不清楚。

在过去的五年中，北京也在两栖舰艇方面投入很大。然而，新的两栖舰艇相对较小，在多个舰艇分队共同执行的较大规模的两栖作战中，并没能大幅度增强中国海军的作战能力。

水雷战应该是中国海军的一个重要能力，但是具体的能力如何不得而知。中国的扫雷部队装备比较陈旧，采用 20 世纪末的扫雷技术进行的演习也只是最近才有所报道。[3]尽管水雷战显然在与台湾作战中能发挥重要作用，但是与台湾海军或美国海军相比，中国海军对水雷战的重视程度并不突出。中国海军的布雷能力更为强大，在与台湾进行海战时，可以作为一种有效的作战手段。

在海军官员中无疑存在着航空母舰情结，但是在中国军队的其他领域和非军方决策者中，似乎对这种非常昂贵的采购项目不怎么支持。在过去的二十多年中，中国购买了四艘退役的航空母舰，但是没有一艘被当做作战单位。最近采购的一艘是苏联的"库兹涅佐夫"级航空母舰"瓦良格"号。这艘航母现停泊于大连的干船坞，对于船体进行的维护不过是为了维持船体不会沉没。现在显然没有完成让航母可以执行作战任务必需的维修，特别是没有安装一套可以运转的辅助装置。[4]无论如何，最近关于从俄罗斯购买可以舰载的"苏－33"飞机的报道表明，中国海军仍然希望拥有可以搭载飞机的大型舰船。[5]

大量的现代化潜艇是中国海军最强势的力量。中国海军现在掌控着一支强大的传统动力的潜艇部队，而且其能力在不断增强。12 艘"基洛"级和 12～15 艘"宋"级传统动力攻击型潜艇对于执行远距离任务（比如说，到印度洋执行任务）并不十分合适，但是在与中国海岸线距离大约 1 000 海里的范围内，这是一支强大的力量。由于中国正在继续建造"宋"级潜艇或者从俄罗斯购买"基洛"级潜艇，而且一些潜艇已经开始在部队中服役，三四十艘较陈旧的"明"级和"R"级潜艇可能会退役。

中国潜艇部队发展的下一步可能是在一些潜艇中配备不依赖空气推进的系统。不依赖空气推进的系统使传统动力的潜艇的水下潜行期（低速状态下）最多可达 40 天，而传统动力潜艇通常在水下潜行 4 天就需要进行换气。[6] 2004 年，中国海军中有一种本国制造的新型潜艇开始服役，西方观察家将其称为"元"级潜艇。最初人们认为该型潜艇可能安装了不依赖空气推进的系统，但是从艇体的大小判断，该型潜艇更像是中国对"基洛"级潜艇的仿制品。[7]

中国海军的五艘"汉"级核动力攻击型潜艇比较陈旧而且噪声较大，难以进行维护。然而，随着新型的"商"级潜艇开始服役，中国核动力潜艇部队的能力将会很快得到提升。中国曾经试图部署有效的舰队弹道导弹（FBM）潜艇，但是以失败告终。而随着"晋"级舰队弹道导弹潜艇正在俄罗斯的帮助下进行建造，中国没有有效的舰队弹道导弹潜艇的情况将很快改变。现在至少有一艘该级潜艇已经下水，而且据推测正在建造中的该级潜艇有五艘。[8]

中国也在学习美国的做法，将自己的海军作为一种外交手段。从 1983 年起，中国海军就定期部署由两到三艘舰艇组成的特遣部队执行外交任务，所到区域包括东南亚、南亚、西南亚和西半球。2002 年，一艘"旅沪"级导弹驱逐舰和一艘综合补给舰完成了一次环球航行，这是一个重要成就。[9] 还有一支特遣部队在 2006 年 9 月访问了美国。

二、中国的海军现代化项目是否在加速发展

20 纪 90 年代初期至中期以来，中国海军的现代化建设越来越受重视，获得的资金也越来越多。1996 年 3 月的台海危机更是推动了海军现代化建设，从那时起，北京开始从俄罗斯采购"基洛"级潜艇。而且中国在 20 世纪 90 年代中期开始自己建造"基洛"级潜艇，新的核潜艇项目也在这个时期开始启动。1996 年美国海军干涉台湾乱局之后，中国人民解放军认识到了自身的弱点，中国潜艇部队从此开始进行现代化建设，这与美国海军的干涉不会仅仅是一个巧合。

20 世纪 90 年代中期的事件无疑也促使中国海军开始对水面舰艇部队进行现代化建设。在中国海军认识到自己在防空作战等特定的海军作战领域的弱点之后，现代化建设的步伐进一步加快。于是，新型的"旅洋 - Ⅰ"级、"旅洋 - Ⅱ"级和"旅州"级驱逐舰以及"江凯 - Ⅱ"级护卫舰似乎装备了重要的改进型防空系统。显然，其中包括了对于舰队作战至关重要的区域防空能力。

中国海军的现代化建设也包括了对其他海军作战领域的改进。自从 20 世纪 90 年代中期开始，加强两栖部队的项目中就包括了重要的造船项目，

项目包含近 20 艘坦克登陆舰，排水量约为 3 500 吨，可能还有一个排水量会超过 1 万吨的船坞登陆舰。[10]甚至更为重要的是加强了两栖训练，还向南京军区和广州军区的至少两支中国人民解放军分队布置了特定使命。海军陆战队的编制仍然是两个旅，但是在中国海军的支持下，海军陆战队会定期增加成员。

中国人民解放军的空中能力也有所提升。中国购买了"苏 – 27"、"苏 – 30"、空中加油机和空中预警机等重要的设备，但是对于两栖作战来说，更重要的是还增强了空军和海军航空兵的一体化，提升了包括海上航空在内的多种作战能力。[11]

在过去的十年间，中国海军进行的现代化建设中最重要的两个领域相对来说与硬件关系不大。第一，中国军队努力征召掌握当今战舰复杂技术的人员，为了让他们扎根军营，中国对军队的人员培养和训练系统进行了全面改革。这又扩展到了第二个方面，中国海军对训练规范进行了修订和改进。中国原来采用的舰艇和作战单位训练系统受到日历年的约束，改进后的训练系统似乎要比以往灵活得多，其中融入了维护和岸基训练需求，提升了能力。中国海军还在继续加强参与联合演练。

三、在中国海军的现代化建设中能源因素占有多大比重

能源安全的定义是"以确保合理的价格，充足而可靠的能源供应使国家的核心价值和目标不受损害"。[12]这其中包括三个主要因素：可获得、可承受、军事保障。第一，要保证在确定的地点可以获得能源——特别是包括石油、天然气和煤在内的化石燃料，满足国家在 21 世纪初的经济发展需要。可承受是能源安全的第二个因素：要保证能以可接受的价格获得能源。[13]能源安全的第三个因素是军事保障：必须保证中国安全稳妥地获取进口能源。当然，这三个因素并不是完全分开毫不相干的，而是由共同的地理、经济、政治和军事状况联系在一起的。

中国已经成为世界经济大国，随之而来的就是能源需求急剧增长。同时，北京正在为了完成特定的国家安全使命而进行军事现代化建设。经济和军事这两项重要发展将从很大程度上决定中国海外能源供给的安全级别。

能源需求和利益本身在很大的程度上是一个海洋问题，是中国海军使命的一部分。2004 年的国防白皮书提到了"优先建设海军"。北京非常清楚美国在所有未来海上能源问题中的角色。从战略上看，美国在日本、台湾地区和菲律宾的军事存在被中国海军看做是对中国合法的海上安全利益的

一种潜在"封锁"。[14]

中国正在建设一支可以应对各种海上安全问题的海军。从近期来说，针对的要点是台湾；从中期来说，还包括与日本就东部海床蕴藏的天然气的争议和对南海的主权的争议。

中国试图仿效美国，建设石油战略储备库（对于北京来说，到 2015—2020 年，储备量将相当于 90 天的进口石油量）来应对国际石油市场的波动。[15]这项规划正在实施，至少要建造四个石油储备基地，其中的第一个正在上海周边进行建造，而且其他的石油储备基地也将建在中国的沿海地区。还有两个基地将位于浙江省和山东省，第四个基地将会建在中国东北的辽宁省。

广东省的官员也在努力争取在当地建造战略储备基地来保证"珠江三角洲的经济安全"。[16]显然，这些石油战略储备不是军事性的，因为中国沿海地区的这些石油战略储备基地都规划为地面储备基地。由此可以得出结论，北京保障能源供给的重心在于经济方面，而不是出于军事考虑。

四、将来中国海军能否保护中国的能源海上交通线

亚洲广阔的陆地和海洋区域通常被分为东北亚地区、东南亚地区、东亚地区、南亚地区和西南亚地区，但是由于交通的连接和世界市场的形成，能源生产和消费的全球化不断加强。这决定了对于能源安全的考虑不仅包括了上述所有地区，而且范围更广。

尽管中国有史以来一直是一个重要的大陆国家，但也是一个海洋国家。第一，中国依靠本国密集的河网进行交通、商贸和能源运输。尽管中国有些河流位于边境线上，有些河流的管控会影响到其他国家，存在着国际问题，但是中国的河流存在的主要问题来自内陆。第一种情况：中俄边境的阿穆尔河（译注：黑龙江）就是位于边境线上的一条河流；第二种情况：湄公河（中国称作澜沧江）的源头位于中国境内，但是它主要对中南亚国家造成影响。这条河流的源头位于中国西南部，但是流经东南亚地区，而北京试图对湄公河上游进行管控来进行水力发电，这让位于中南半岛的越南、老挝、泰国、柬埔寨等国与中国产生了直接、激烈的利益冲突。中国的做法已经减少了河流下游的水量，而湄公河的水是这些区域至关重要的资源。[17]

沿海的水域，这里指的是距离中国海岸线 100 海里以内的水域，一部分属于中国，一部分属于国际水域，其中包含了数千个属于中国或中国称拥

有主权的岛屿。[18]特别值得注意的是中国就这些岛屿与日本、台湾地区和越南存在争议。近海水域当然是出港和进港海船的交通水域，但是也有数十万渔船、渡船和包括能源运输船在内的近海商船在这片区域航行。

以海军的观点来看，这片海域也很敏感。因为北京为了维护国家主权、经济自主以及政治体制和人民的安全，就必须对这片海域进行控制。其次，沿岸水域为中国提供了关键的海上高速公路，东亚地区的海域就是如此，这是中国海洋依赖的第三个范畴。

中国的区域性海域包括黄海、东海和南海。它们北达日本、朝鲜半岛，南抵马六甲海峡。中国在这些海域的利益必然会成为国际问题。中国与朝鲜、韩国、日本和越南具有海上边境、并与这些国家存在争议，而且与菲律宾、文莱、印度尼西亚、马来西亚也存在领海争议。

这些海域是中国食品、矿产、运输和防御的源头，对于中国来说至关重要。当然，这些海域是国际水域，将中国与自己现有的和潜在的朋友与敌人联系在一起。因此，关于东亚军事平衡的所有评估都一定要涵盖这些中—俄、中—韩、中—日以及中国与其他东南亚国家之间的通道。所有这些国家都是东南亚国家联盟的成员国。而且美国的海军和空军在整个太平洋及太平洋沿岸的海域无处不在，这也使美国与中国在海上直接相连。

最后，世界海域对中国经济的持续增长和人民幸福越来越重要，特别是在北京频繁提到的"综合国力"的支持下更是如此。[19]当然，所有这些海域都是相互关联的，但是情况各有不同，因此对于中国的文职领导和军方领导提出了不同的问题。

中国对海洋越来越关注，因为海洋是中国经济持续增长、稳固自己世界大国地位的重要因素，进而也是中国共产党继续掌握政权所需要的。中国已经部署了世界第二大的商船船队，仅次于巴拿马的"方便旗"船队。[20]中国的造船业也是全世界最强大的造船产业之一，位于上海的长江入海口处正在建造有史以来最大的造船厂。上海仍然是东北亚的主要集装箱港口，位列世界第三。对于中国的海洋领域来说，上海的重要性可以与香港媲美，而香港是中国的南大门，也是世界上最繁忙的集装箱港口。

中国海军现在仅能保卫近海区域的海上交通线，而且这种能力也十分有限，因为我们确知中国的水面舰艇难以防御潜艇的进攻。[21]保卫中国的近海经济基础设施也是中国海军的一个重要使命。如果在南海发现了大量的能源资源，这里可能会变成一个主要的行动区域。中国海军的部队从20世纪70年代初期开始，就已经定期在西沙群岛部署，从20世纪80年代初期开始，就定期在南沙群岛部署。中国在其中至少六个岛屿都有部队。

五、中国是否会希望在印度洋或中东地区保持海军存在

由于中国对西南亚和中东地区（包括东非）的能源越来越依赖，因此在海上交通线安全的问题上，印度洋的地位特别重要。印度洋上的海上交通线延伸了数千英里，例如，从上海到波斯湾的距离超过了5 500海里。

在过去十年中，中国海军已数次航行到中东地区，甚至有一次还抵达了西欧地区。进行这些航行的船队只是由两三艘舰艇构成，但是这对于中国海军来说却是非同寻常的举动。[22] 要让中国长期或经常在这些遥远的水域保持存在，中国人民解放军需要花大力气加紧相关建设。即便如此，中国海军的规划者可能还是会提倡实施苏联在20世纪七八十年代采取的政策，在诸如亚丁湾口的索科特拉岛等遥远的地点驻扎一艘维修船和由2～4艘舰艇组成的特遣队。

第一，中国海军需要拥有可以出海的维修船和大量的海上补给舰，数量要足够为每一支特遣队配备一艘。一种备选的方法可能是依靠沿线的加油补给港，但是这将会限制海上行动的灵活性，舰船将无法远离岸上的基地，而且这也让中国海军的行动选择受到港口所在国的限制。如果需要在海上重新配备这些作战单位的武器装备，这种方式也无法满足这种需求。中国人民解放军无疑现在就可以在缅甸和巴基斯坦，可能还包括孟加拉使用港口设备，但是缅甸和巴基斯坦属于世界上政局最不稳定的地区，而孟加拉又位于印度的海岸线之间。

这就为中国海军在西南亚和中东的海域保持存在带来了另一个难题：强大的印度海军和空军。新德里可能不得不默许这样的军事存在。中印关系的历史和两国利益的不同，都会让中国的海军战略家评估这样的情况时无法安心。

最后，中国为何会希望形成这样的远距离海军存在？将会遇到什么样的威胁？现存的及可能发生的威胁来自于恐怖主义、海盗、和其他的国际犯罪，应对这些威胁对海军存在的需求极小，或者海军存在无法有效应对这些威胁，而且北京可能会采取更明智的做法，加入现有的专门保障海洋安全的国际项目。

如果北京认为，在中国与日本或台湾地区发生军事冲突的时候，美国或许会试图切断中国的海上交通线，那样就会预想到需要中国海军进行干

预。但是如果中国海军不想白白送死，就必须要长期大规模地扩充海军。这样的项目并非出人意料之举，而且这必将造成美国（或许还有印度）也加强自己的海军和空军。

进一步说，中国海军在西南亚海域存在的目的是保卫这片区域的海上交通线和能源储备，但是中国已经开始采取措施，开发另一些可以保障自身能源安全的途径。其中包括在中国开发可替代能源，并为能源进口建立较短的海上运输线或陆上运输线。前一种方式已经在水力发电、太阳能发电和风力发电的领域取得了大量的成果；后一种方式或许可以从中国过去十年间迅速建设了大量的国内油气管线中体现出来。

这些油气管线的建设既是为了强化脆弱的国内能源分配系统，也是为了与国外的油气管线连接起来。这些项目中最为重要的就是处于规划阶段的西伯利亚管线，通过它可以将俄罗斯的亚洲部分蕴藏的大量能源输送到中国，也可以连通正在中国西部建造的通往哈萨克斯坦储量丰富的油田的管线。其他正在考虑或规划的项目可能会使中国直接获得里海盆地蕴藏的石油，或通过一条从伊朗通向巴基斯坦的瓜达尔港的油气管线间接获取里海盆地的石油，北京正在对这样的项目进行资助和管理。

这至少会缩短油轮将石油运往中国的海上时间，而且最近从云南省经缅甸通向安达曼海岸的油气管线获得了批准。[23]中国在南部可选的方案包括曼谷提出的从泰国湾通向云南的一条油气管线；泰国也在积极推动建造一条通过克拉地峡的运河，而且马来西亚支持在泰国边境附近的马来半岛建造一条油气管线。这些提议都需要投入巨额资金，其中第一项将会缩短运输时间，而且二者都可以使中国不再依赖让油轮通过狭窄的马六甲海峡进行石油运输。油轮在马六甲海峡航行受到地理条件的制约，通过这里的油船也是恐怖分子和海盗觊觎的目标。这些因素都可以减弱中国加强海军建设，保证海军在西南亚或中东水域存在的需求。

中国的政府白皮书《2004年中国的国防》直接提出了沿海和地区性海域的国家安全利益。[24]白皮书的作者提到保卫国家主权和领土完整，以及把"海洋权益"作为"国家安全目标"。

中国进口的石油中，大约45%来自西南亚，而中国进口的天然气中大部分来自东南亚。[25]从这些地区进口石油和天然气都必须进行远距离海上运输。通过保卫海上交通线和蕴藏着能源的深海区域，中国人民解放军或许会直接参与到中国寻求能源安全的项目之中，美国被看做是这支部队将要面对的对手。

甚至凭借美国的军力，要切断中国用于运输进口能源的海上交通线也很困难，但是在中国海军的眼中，这些交通线十分脆弱。如果美国试图采取实际行动切断中国的海上交通线或陆上油气管线，那几乎意味着直接进攻中国、直接进攻其他国家（油气管线和油泵所在的国家）、在和平时期干预第三国油轮的海上通道，或者上述三者兼而有之。

海上交通线最脆弱的部分不在公海，而是位于所通过的狭窄的海峡，其中包括霍尔木兹海峡、九度海峡、马六甲海峡、吕宋海峡以及台湾海峡。美国最可能实施的战术将是封锁中国的运输终端——油港或者封锁上述这些瓶颈区域。这样的行动将等同于向中国和其他国家宣战，而且可能并不会大幅度减少中国的总体能源供给。

六、结语

中国的海上战略是近海防御战略，这意味着中国海军将竭尽全力在这些海域"保证控制大陆沿海地区的海上交通"和资源。[26] 即使仅仅关注于相对较小的区域——从中国海岸线延伸出大约 100 海里的距离到台湾地区东部、从菲律宾到日本一线和整个黄海，也难以描述出完成这些目标所需的能力。

与东南亚国家继续保持建设性的关系应该会使中国放松警惕，不那么迫切希望控制狭窄的马六甲海峡沿岸的海域。保卫中国南海和印度洋之间更远距离的海上交通线（从马六甲海峡到波斯湾口的霍尔木兹海峡）将会需要中国海军的能力有一个巨大的飞跃。然而，可以想象的是，中国应该选择让中国海军的作战单位参与多国部队的行动。北京可能也会效仿在当地驻扎小规模海军使命小组的苏联模式，但是在受到威胁的环境中，这种方式仅能发挥有限的作用。

中国在如何利用中国海军来保障能源安全这方面，将要解答四个主要的问题：第一，中国共产党领导层对于其执政地位有多大把握？第二，依靠世界能源市场来保证进口能源的价格可以承受、供应稳定和运输安全，中国领导层对此抱有多大希望？第三，在中国采取可能存在争议的行动的时候，比如对台湾施加更大的军事压力，中国领导层对于美国的和平意图有多大信心？最后，中国领导层对中国海军的能力有多大信心？

在可预见的将来，美国海军将会保护这些海上交通线，但是中美危机（比如在台湾问题上）可能会促使北京决定必须让中国海军来保护这些海上交通线。中国可能会迫于形势，改变国家预算分配的重点，大力支持建设一支强大的海军和空军，让他们有能力保护这些负责运输中国大量的进口石油和天然气的远距离海上交通线。中国人民解放军在这方面的发展受到以下几点因素的限制。

第一，发展经济保证人民的福利仍然是中国政府和中国共产党的重中之重。

第二，尽管台湾问题仍然是北京和华盛顿之间最为敏感的问题，但是台湾岛现在的经济和政治条件，美国和中国对于在和平范围内维持这个问题的利益，以及对抗恐怖主义的共同利益都在约束着台湾统一的问题，使其不会恶化到发生敌对冲突的地步。因此，如果中美之间频繁发生摩擦，中美之间的关系仍将维持和平。

第三，没有多少迹象表明近期中国的军事战略模式会发生重大转变。中国人民解放军仍由陆军主导，海军发挥的作用十分有限，自身能力仅能达到特定的与海洋相关的国家利益需要的范围内。现在中国海军现代化建设的推动力似乎来自于不断增加的财政收入，而不是由于资金在中国人民解放军内部进行了重新配置。

总而言之，当今中国海军具有全世界最强大的常规潜艇部队，规模庞大不可小觑的水面舰艇部队，在其他的海上使命领域也能发挥一定作用。与台湾海军相比，中国海军已经具有压倒性的优势，对日本的海上自卫队也是一个严重的挑战，在台湾发生危机的情况下，对美国海军可能采取的干预行动也会形成挑战。能源安全仍将是中国海军的使命，但是不太可能成为中国海军现代化建设的驱动因素。

注释：

1. 参阅例如，叶自成的《中国海权须从属于陆权》，发表于《国际先驱导报》，2007 年 3 月 2 日，OSC# CPP20070302455003。

2. 2006 年 5 月作者与"江卫－Ⅲ"级护卫舰的指挥官进行的讨论。

3. 参阅例如，郭伟民和马爱民的《提高水雷探测效果的声呐图像增强算法》，发表于《火力与指挥控制》，2006 年，第 66－68 页。OSC# CPP20060803476001。

4. 参阅图片：http://www.sinodefenceforum.com/showthread.php? t = 529. 另见 MOSNEWS 的讨论，"China Converts Russian Ship to Build Its First Aircraft Carrier"，刊载于 http：//mosnews.com/news/2005/08/25/chinacarrier.shtml.

5. 参阅例如，军方将领，《中国将研建航母舰队》，发表于《文汇报》（香港），2006 年 3 月 10 日，OSC# CPP20060310508004，http://www.wenweipo.com/news_print.phtlm?

news_id = CH060300007；及 "China Plans to Procure 50 SU – 33 Carrier – Borne Fighters from Russia"，Sankei Shimbun，2006 年 11 月 6 日，U. S. Pacific Command Virtual Intelligence Center（VIC）website，2006 年 11 月 7 日，www. vic – info. org.

6. 关于 AIP 的一个很好的解释请见：Richard Scott 的 "Boosting the Staying Power of the Non-Nuclear Submarine"，Jane's International Defense Review 总 32 期（1999 年 11 月），第 41 – 50 页。

7. 参阅 Andrew Erickson 和 Lyle Goldstein 的 "China's Future Nuclear Submarine Force"，paper prepared for the U. S. Naval War College，2005 年 10 月；及 Lyle Goldstein 和 William S. Murray 的 "Undersea Dragons：China's Maturing Submarine Force"，International Security 总 28 期，2004 年第 4 期，第 161 – 196 页。

8. 然而，这反映了美国的一贯思想，北京可能不会遵照美国的模式：第一艘弹道导弹核潜艇进行巡逻、第二艘进行维护、第三艘进行训练。

9. 这次舰队航行的简要介绍："PLAN World Cruise 2002：Special Report，" Asia – Pacific Daily News Summary，PACOM Virtual Information Center Site（VIC）2002 年 9 月 23 日，http：//www1. apan – info. net/. 另见 Bernard D. Cole 的 "Oil for the Lamps of China"：Beijing's 21st Century Search for Energy（Washington，D. C.：National Defense University，2003 年），第 74 页。关于中国人民解放军海军执行传统的 "存在" 的海军使命，详见 Kenneth W. Allen 和 Eric A. McVadon，"China's Foreign Military Relations"（Washington，D. C.：The Henry L. Stimson Center，1999 年）。

10. 参阅 Eric Wertheim 的 "The Naval Institute Guide to Combat Fleets of the World：2005 – 2006"（Annapolis，Md.：Naval Institute Press，2005 年），第 118 – 119 页。关于船坞登陆舰的讨论参阅 "PLAN Amphibious Transport Dock 071 LPD"，2006 年 11 月 14 日，http：//www. china – defense. com/forum/index. php? showforum = 4.

11. 参阅例如《南京军区空军部队举行夜间海上攻击演练》，发表于《解放军报》，2004 年 6 月 1 日，www. pladaily. com. cn；另，作者与中国解放军空军第九支队 DCOS 的讨论，2002 年 5 月。

12. 参阅 Daniel Yergin 的 "Energy Security in the 1990s"，Foreign Affairs 总 67 期，1988 年第 1 期，第 11 页。

13. 关于这些因素的多方面讨论参阅，"The PRC's Global Pursuit of Natural Resources"（Seattle：The National Bureau of Asian Research，2006 年），特别是 Philip Andrews Speed 等的 "Natural Resources Strategy and Resource Diplomacy" 和 Aaron L. Friedberg 的 " 'Going Out'：China's Pursuit of Natural Resources and Its Implications for Grand Strategy" 的文章。另见 Erica S. Downs 的 "The Chinese Energy Security Debate"，The China Quarterly，2004 年 3 月第 177 期，第 21 – 41 页。

14. 在美国国防部 2005 年向国会做的报告 Report on the Military Power of the People's Republic of China 中引用中国解放军的将军，军事科学院的温宗仁的话。

15. Zhang Guobao，引用"China's energy tsar"，in "China Is Building Strategic Petroleum Reserve"，Dow Jones（2004 年 5 月 23 日）in Alexander's 9，2004 年第 12 期，http：// www. gasandoil. com/GOC/news/nts42425. htm. 能源研究局的中国分析家杨晶（音译）推测到 2015 年，中国将具有 90 天的石油储备（"China Builds Four Oil Reserve Bases"，Agence France - Presse［AFP］，2004 年 6 月 29 日）。中国石油天然气集团公司石油经济和信息中心的刘可宇（音译）预测到 2005 年，中国的石油储备目标是 20 天，2010 年是 50 天，2020 年是 90 天（"Asia Pacific Daily Summary"，VIC Site，2002 年 9 月 16 日），但是这样的规模还没有实现。

16. 参阅"Guangdong to House Oil Reserve Bases"，发表于《人民日报》，2006 年 2 月 28 日，http：//english. people. com. cn/200602/28/eng20060228_246572. html.

17. 参阅"Mekong River，the Lifeblood of Southeast Asia"刊载于 http：//www. irn. org/programs/mekong；和 Chen Liang 的"For China，Xiaowang Dam a Reservoir for Progress"，刊载于 http：//www. ipsnews. net/mekong/stories/xiaowan. html.

18. 一海里约等于 1. 2 法定英里。1982 年的《联合国海洋法公约》明确了海权的定义，虽然有些国家没有正式签署或批准该公约，但是几乎所有拥有海岸线的国家都承认该公约。简言之，其中描述了四个主要的国家海洋控制领域：①一个国家的领海从其海岸线向外延伸 12 海里，该国对相应的海域及其上空、海床和底土拥有主权。②毗连区从一个国家的海岸线向外延伸 24 海里，该国可以在毗连其领海称为毗连区的区域内，行使下列事项所必要的管制：有权防止在其领土或领海内违反其海关、财政、移民或卫生的法规和规章，并惩治在其领土或领海内违犯上述法律和规章的行为。③专属经济区（EEZ）从一个国家的海岸线量起，不应超过 200 海里，该国对专属经济区中的自然资源和特定的经济行为具有主权权力，并对海洋科学研究和环境保护和保全具有管辖权。④大陆架（国家的海床区域）不应超过一国海岸线以外 350 海里，该国为勘探大陆架和开发其自然资源的目的，对大陆架行使主权权利。

19. 参阅例如 Hu Angang 和 Men Honghua 的"The Rising of Modern China：Comprehensive National Power and Grand Strategy"，paper presented at the KEIP Conference on "China and East Asian Economy"，Seoul，2004 年 3 月 19 - 20 日，http：//www. kiep. go. kr/.

20. CIA World Factbook，刊载于 https：//www. cia. gov/library/publications/the - world - factbook/index. html.

21. 第一次世界大战和第二次世界大战中面临的对抗潜艇的难题仍然存在，反潜战非常困难、非常耗时而且需要大量的资源。

22. 参阅例如"PLA Navy Fleet Makes First Portcall to Hong Kong"发表于 People's Daily，2001 年 11 月 11 日，http：//english. peopledaily. com. cn/200111/10/eng20011110_84297. shtml；"India，China to Conduct Joint Naval Drills" Indo - Asian News Service，2005 年 11 月 25 日，hindustantimes. com；《和中国海军舰艇编队访问夏威夷》，发表于《解放军报》，2006 年 9 月 6 日，www. pladaily. com. cn/.

23. "China Wants Pipeline to Myanmar to Secure Oil Supplies", Straits – Times, 2004 年 7 月 31 日, in Alexander's Gas & Oil Connections 9, 2004 年 8 月 18 日第 16 期, http://www. gasandoil. com/goc/news/nts43358. htm; "China Approves US ＄998 Million Sino – Myanmar Oil Pipeline", Asia Pulse News, 2006 年 4 月 17 日, http://goliath. ecnext. com/coms2/gi_0199 – 5430136/CHINA – APPROVES – US – 998 – MLN. html.

24. 这份中国国防白皮书和其他的中国国防白皮书在 http://www. china. org. cn/e – white/index. htm 找到。

25. 参阅 Philip Bowring 的 "Oil – Thirsty Asia Looks to Calm Gulf Waters", International Herald Tribune, 2006 年 2 月 9 日, http://www. iht. com/.

26. 引述中国海军司令员石云生的话, 参阅《江泽民亲定近海防御战略》, 发表于《东方今报》, 2001 年 8 月 24 日, OSC# CPP20010824000062。

中国的水面作战单位和推动新型海上交通线防御的必要性

■ 詹姆斯·布瑟特[①]

海上交通线这个名词是指国与国之间的海上运输航道。这个词可能也会让读者想起在大西洋和太平洋上，努力保护运送关键战争物资的商船的护航舰艇与潜艇间的史诗般的战斗。

中国是一个陆上强国，曾经在海洋方面十分弱势，微不足道。至少在现代，人们几乎不会注意到中国的海上力量。长期以来，中国海军的使命重点一直都是近海防御——这与中国海军最初的楷模苏联海军十分相像。本书的其他章节描述了中国的能源需求如何催生了一个世界性的油气资源网络，这个网络达到了距离中国港口数百到数千英里的海域。

尽管台湾问题似乎是中国海军现在关注的问题，但是本章的主题是中国海军能否完成未来可能出现的保护海上交通线的使命。当然，保卫这些长长的海上航道难度很大，这也代表了当今中国的一个潜在的关键弱点。在战争时期，总的来说商船、尤其是油轮将会需要海军来保证运输安全。当今中国海军的舰艇能否完成保护海上交通线的任务？如果不能，需要设计什么样的舰艇和作战系统才能满足中国海军保护海上交通线的需求？

一、新使命——艰难的选择

因为防范恐怖袭击和拦截及搜查的任务在当今的海上安全环境中确实

---

① 詹姆斯·布瑟特（James Bussert）先生十年来一直在位于弗吉尼亚州达尔格伦市的海军水面作战中心担任水面舰艇反潜战安全副官。在此之前，1979 年退休后他曾在海军海洋系统中心作为该中心的合约商和工作人员从事系统性能测试工作。他在国立大学获得学士学位并担任电气与电子工程师协会圣迭戈和里士满分会主席。自 1954 年入伍以来，他研究反潜战已有 52 年。他还曾在驱逐舰上服役，任声呐军士长，长达 27 年。他的爱好是从事外国技术方面的自由撰稿工作。自布瑟特先生于 1972 年和 1973 年在美国海军学院士兵作文竞赛中夺魁之后，他已经在多家专业期刊上发表军事/技术类文章近 200 篇。1990 年他的写作重点由苏联转向中国大陆。他所撰写的关于中国人民解放军海军作战系统技术方面的一系列文章促成了他与布鲁斯·艾里曼教授就同一主题联袂出书。

占有很大比重，所以在和平时期保护商船的任务对海军舰艇的要求最低，但是在国家之间的严重冲突中对海军舰艇的需求就不可同日而语了。本章不会考察这些行为，而是会直截了当地讨论战争时期"控制"海上交通线的使命，使命将分为两类：绿水使命和蓝水使命。

本章将提到的蓝水意指在中国大陆架以外的公海，绿水指毗邻中国的海域，大体来说包括中国 200 海里的专属经济区。蓝水和绿水的海上交通线对战舰和作战系统的要求会有所不同。这里一定要注意的是保卫蓝水的海上交通线不单单是中国海军的未来使命，因为中国舰艇的日常任务就是为部队提供支持，占领从越南夺取的中国南海基地以及南沙群岛的其他存在争议的小岛和珊瑚礁。图 1 是中国海军可能会受命保护的中华人民共和国能源运输海上交通线。

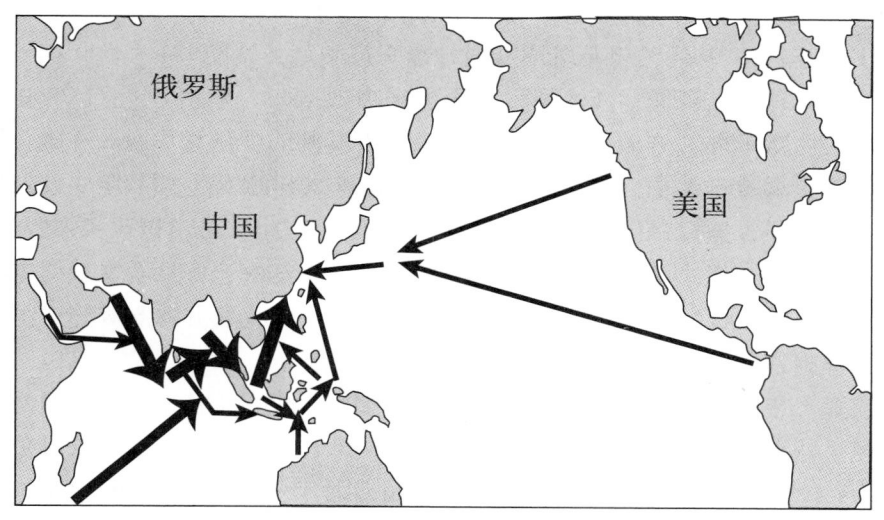

图 1 中华人民共和国的能源运输海上交通线

显而易见，中国很难对一些海上航道进行保护，即使仅仅是尝试进行保护也会十分困难，中国到加拿大或者拉丁美洲的航路就是这样。其他的蓝水海上交通线能够输送的能源量不够大，不值得中国海军向这些海上交通线投送自己有限的资源。然而，中东到中国的海上航路跨越了印度洋和南海，这条航路可能值得中国海军对这里提供最大的支持、派出自己最好的舰艇。中国石油的另一个源头是来自中国近海油田的能源，这里可能是绿水海上交通线防御问题的一部分。

在保护海上交通线的行动中，可能会使用老式的柴油动力潜艇，但是新型的"宋"级和"元"级潜艇将会更有效。在浅水区域和复杂的水声环境（例如，马六甲海峡附近的近海地区）中，这些平台可以比较容易地发挥作用，特别是如果在瓶颈区域攻击过往的战舰会很有效。中国正在开发新型的高速核潜艇（例如，093型"商"级核潜艇），这些潜艇在太平洋中部或印度洋等地的蓝水行动中将会发挥较大的作用。

在保护海上交通线的行动中，潜艇会发挥作用，但是更重要的是现代水面舰艇提供的防空和护卫能力。[1]确实，这个新的使命领域促进了中国海军在过去的五年中加速水面舰艇部队的现代化建设进程。

二、水面舰艇编队发展的新动力

按照新一代的中国海军战舰设计，中国首批制造了两艘 5 000 吨的"旅沪"级驱逐舰。这两艘舰艇建造于 1991 至 1993 年间，配备了法国的 DUBV－23 和 DUBV－43 舰壳以及多种深水声呐、美国的 LM－2500 燃气轮机动力装置、两架直升机，还有 TAVITAC 作战显示系统。1996 至 2000 年的五年计划期间，中国海军又增加了一艘 6 600 吨的"旅海"级驱逐舰。该舰配备了法国的近程"响尾蛇"舰空导弹、意大利的 IPN－11 作战数据系统、两架"直－9"直升机、DUBV－23 舰首声呐、100 毫米快速装弹舰炮，而且展现了一些可以减小雷达横截面的设计。"旅海"级驱逐舰采用柴油机－燃气轮机联合动力装置。"直－9"舰载直升机后来由俄罗斯的"卡－28"反潜直升机所取代。

在 1999 至 2000 年间（以及后来在 2005 至 2006 年间），中国从俄罗斯进口了四艘 7 900 吨的"现代"级驱逐舰。其中每艘都配备了八枚可怕的"航母杀手"——飞行速度高达 3 马赫的超视距 SS－N－22 舰对舰导弹、3D 雷达、SA－N－6 舰对空导弹，以及复杂的中频 MG－552 声呐。"现代"级驱逐舰由蒸汽动力装置推进。20 世纪 90 年代末，八艘第一代"江卫"级导弹护卫舰升级成了"江卫－Ⅱ"级护卫舰，将原来国产的近程"红旗－61"防空导弹发射架替换为法国的"眼镜蛇"系统，增加了 TAVITAC 作战显示系统和 DUBV－23 声呐。37 000 吨的"南运"补给舰已经下水，这可以体现出中国正在进行的提升作战能力的重点，这艘补给舰还配备了一个直升机甲板。这艘补给舰属于中国的南海舰队。1991 年服役的"红箭"级导弹巡逻艇使中国海军第一次拥有了作战指挥系统。随后，"江沪Ⅲ"级、"江卫"级和"江凯"级护卫舰，以及"旅海"级、"旅大－Ⅱ"级、和"旅大－Ⅲ"级驱逐舰全部配备了作战指挥系统。国产的 C－802 反舰巡航导弹在 1994 年服役，现在中国新近制造的战舰上多有装备。

同那些新型的中国海军战舰和作战系统同样重要的是，2001 至 2006 年中国海军中又加入了更多引人注目的舰艇。2004 年中国建造了两艘 7 000 吨的"旅洋－Ⅰ"级驱逐舰。它们配备了俄罗斯的 SA－N－12 舰对空导弹发射器、630 型近程武器系统、改进型 ZJK－5 以太网作战指挥系统以及一个"音乐台"反舰巡航导弹支持数据链。第二年，两艘排水量与此相似的"旅洋－Ⅱ"级驱逐舰的出现引起了轰动，它们配备了类似宙斯盾系统的相控阵雷达和八个六联装垂直发射系统模块。真正让人吃惊的是它们都不是俄罗斯或美国系统的仿制品，而是完全由中国自主设计的。2006 年，又出现了另外两艘新的"泸州"级导弹驱逐舰，它们配备了俄罗斯的远距离区域防空系统 SA－N－6。"泸州"级导弹驱逐舰载有六个八联装垂直发射系统模块和海军型 30N6E1 S－300 TOR 防空雷达，该型雷达与用于保卫上海和北京这样的主要城市的雷达相似。然而出人意料的是，"泸州"级导弹驱逐舰缺少所有其他新型导弹驱逐舰都具备的隐身设计和柴油机－燃气轮机联合动力装置，它使用的是蒸汽动力装置。该型导弹驱逐舰的舰首声呐、近程武器系统、两个直升机吊架和作战系统都与其他四个级别的新型导弹驱逐舰类似。

2003 年出现了两艘新的隐身"江凯"级（054 型）护卫舰。很快，在 2006 年又出现了"江凯－Ⅱ"级护卫舰。"江凯－Ⅱ"级护卫舰升级了装备，配备了一个方形布局的垂直发射模块（看起来与美国海军的 MK－41 导弹发射系统类似），4 个"头灯"火控舰空导弹指示器，连接八座新型 YJ－83 舰对舰导弹的"音乐台"舰对舰导弹数据链。两个新型的排水量为 23 000 吨、补给范围达 10 000 英里的"福池"级补给舰在 2003 年也开始服役。与这些大型舰艇配套的是量产（已经建造了超过 20 艘）的"红稗"级高速穿浪式低可见双体导弹艇。"红稗"级双体导弹艇的适航力和持久力还有待考证，但是由于它吃水浅、速度快，具有对鱼雷的抗毁性，它配备的八座国产反舰巡航导弹具有强大的攻击能力，这意味着新型的巡逻艇可以具有强大的作战能力，可以保护绿水海上交通线。

中国也在开发国产反舰巡航导弹方面取得了巨大的进步。2006 年 7 月 14 日，黎巴嫩真主党使用中国制造的射程 120 千米的 C－802 反舰导弹成功击中了以色列海军的"INS 哈尼特"号导弹护卫舰，这说明了中国制造的反舰巡航导弹的能力。后续的射程 160 千米的 C－803 反舰导弹可能具有末段超音速能力，而且已经装备在中国海军的水面舰艇之上。

尽管最近中国海军取得了大量的进步，但是中国海军的水面舰艇部队仍然存在严重不足。这使中国海军在执行海上交通线保护任务时，会面临严峻的挑战。中国海军仍然存在的问题包括100多艘陈旧的20世纪90年代以前的巡逻艇、战舰和相应的设备仍在服役，中国还要依赖俄罗斯和西方的舰壳、系统和舰艇维护。或许中国水面舰艇部队面临的最严峻的挑战是反潜能力薄弱。只有三艘中国海军的战舰——"旅大级"导弹驱逐舰166和两艘"旅沪"级导弹驱逐舰装备了多种深水雷达，中国的舰艇都没有装备专门用于搜寻潜艇的强大低频声呐，而且中国海军也没有配备大量的反潜直升机。直到现在，还不能证实中国的水面舰艇装备了"长缨一号"远距离反潜导弹武器，但是"江凯－Ⅱ"级护卫舰的垂直发射系统可能会装备这种武器。[2]

为了讨论中国海军可能进行的海上交通线作战，需要介绍一下作战背景，但首先要做一个重要的说明。本章的焦点是中国海军的水面舰艇部队，但这并不意味着潜艇部队和空中部队与海上交通线保护的任务无关。恰恰相反，海军航空兵和潜艇部队的侦察和攻击能力至关重要，它们在中国海军的一切蓝水和绿水区域执行海上交通线保护和支持任务中都能发挥巨大的作用。

三、绿水海上交通线防御

因为中国具有漫长的14 500千米的海岸线，沿岸水域的护航问题对于中国来说是一个至关重要的战略问题。另外，大部分的中国关键能源进口要经过位于中国西南方附近的海域。中国大量的重工业设施都位于中国东北部地区，而且包括大连港、青岛港、上海港、天津港在内的中国众多大型港口也位于中国东北部地区——这个事实凸显了中国近海海上交通线的重要性。事实上，对于中国现在的海军发展战略的一个合理解释是，中国希望能够将对手驱赶到遥远的太平洋。这样，近海海上航线和东部沿海等关键地区，整体上就更加不易于遭到来自海上和空中的打击。

为了表明保护自己领海和专属经济区的决心，中国已经部署了水面舰艇。确实，中国已经动用了一些中国海军最强的战舰，来强势彰显在这方面的政治立场和决心。日本和中国都在东海的"白桦/春晓"大型油气田进行着天然气勘探。中日两国各自声称的专属经济区之间存在重叠区域，而且自20世纪80年代以来，中国船只频繁闯入日本声称的本国专属海域，这一情况有增无减。[3]闯入这些海域的中国船只从拖网渔船或海岸警卫队快艇逐渐升级为情报和研究船，而且最近还出现了战舰。中国海军最早进入争议水域的海军舰艇是护卫舰。但是在 2005 年 1 月，一艘"现代"级驱逐舰进入了这片争议海域。这个情况在 2005 年 8 月又大幅度升级，由五艘舰艇组成的水面行动组进入了这一水域，其中包括一艘舷号为 137 的"现代级"导弹驱逐舰，两艘"江沪 – I"级护卫舰（舷号 515、517），一艘舷号为 886 的"福清"级补给舰，和一艘"东调"级情报船（舷号 851）。部署这支水面行动组是中国关于东海蕴藏的能源向日本做出的最强势的声明。这样的水面行动组可以执行多种海上交通线保护任务，其中包括在油轮进入争议区域前，为其在适当的距离清出一条通道，还有在这些区域扫除或对抗敌方部队。

现在，中国海军缺少反潜小分队或护航舰队，这种部队是世界大战时期联军的一种创新，而且经过实践证明，它们非常有效。直到 20 世纪 80 年代中期，大多数中国海军的护卫舰都配备着毫无作用的俄罗斯高频舰壳声呐。然而在 1983 年，沪东船厂调整了舰首框架和锚的位置，为一些"江沪"级护卫舰加装了改进型的 SJD – 5A 舰首声呐。从 1991 年开始，所有新型护卫舰——包括"江卫"级和新型"江凯 – I"级、"江凯 – II"级护卫舰都配备了法国的改进型 DUBV – 23 舰首声呐。这些舰艇上还搭载了配备有轻型反潜鱼雷的直升机，于是也具有了一些反潜作战能力。然而，这些舰艇自身也仅装备了舷侧轻型鱼雷，而且没有拖曳阵列或者可变深度声呐。[4]

谈到防空战，中国海军的绝大多数护卫舰中仅装备了防空舰炮。这种两用的全自动舰炮由法国制造，装备在"江沪"级、"江卫"级、"江凯"级护卫舰和所有的导弹驱逐舰上。它可以对抗飞机和水面舰艇，但是只能进行近程防御，而且只能防御低级别的威胁。尽管一些较新的"江卫"级和"江凯 – I"级护卫舰配备了舰空导弹，但都是法国的 HHQ – 7 型导弹，射程只有 13 千米。然而，北京正在努力解决这一问题。正如前文所述，2007 年年初正在建造的四五艘"江凯 – II"级护卫舰将配备垂直发射舰空导弹，两艘"旅州"级驱逐舰和两艘"旅洋 – II"级驱逐舰也将装备这种舰空导弹。中国海军舰艇防御巡航导弹的能力仍然不足，只有 2001 年以后建造的护卫舰和驱逐舰才大体上具有了这种能力。很多与中国近海海上交通线相邻的国家的海军具有一定数量的反舰巡航导弹，因此中国海军的大量炮艇和导弹巡逻艇或许能够在这些威胁较低的区域完成保卫海上交通线安全的任务。中国海军很多导弹巡逻艇的设计都模仿了四十多年前的苏联

"欧萨"级和"扣玛"级导弹艇（被命名为黄蜂和河谷），但是这些舰艇上装备的反舰巡航导弹仍然有效。陆基飞机、雷达和远距离舰空导弹也可以进行有效的辅助。尽管报道中提到了中国海军的这些局限，中国的四个北斗卫星或许能够为中国海军提供一定的支持，至少可以满足中国海军的一些绿水卫星通信和导航需求。

四、蓝水海上交通线防御

在第一次世界大战和第二次世界大战中保护海上交通线的部队需要执行反潜、反舰和防空作战任务。在德国的"格拉夫·斯佩"号、"俾斯麦"号等战舰被摧毁以前，反舰作战任务非常重要。伪装成商船的军舰也是两次世界大战中的一个重要问题。在两次世界大战中，为了压制德国潜艇，避免它们对自己的海上交通线造成威胁，联军必须要部署大量的作战单位。日本没能有效保护自己的海上航线，遭受了巨大的损失。想想这些历史，就会发现保护海上交通线的使命非常重要而且非常复杂。尽管在海上航线保护使命中，反潜作战和防空作战可能仍将非常重要，但是出现了一个全新的领域（当然，这个领域会与上述这些作战任务存在某些重叠）——对抗反舰巡航导弹的艰巨问题。从近期看，中国的情报、监视、侦察能力仍然相对有限，因此难以探测到敌方的发射平台并发动攻击。于是，在执行护航任务的过程中，摧毁来袭导弹的能力就变得非常重要，在这方面承担的压力也就更大。

现在，台湾问题仍然是中国需要面对的首要问题，因此中国海军把大部分舰艇分配给东海舰队，而北海舰队和南海舰队平分了剩下的作战部队。尽管大部分护航舰队将会从北海舰队和东海舰队的港口出发，但是南海舰队将会成为远距离蓝水护航队的起点和终点。然而，中国海军最近已经把舷号 170 的"旅洋"级 052C 导弹驱逐舰和现代化的护卫舰转移到了海南岛的海军基地。如果驻扎在海南岛的中国海军部队中包括潜艇部队，那么其中或许也会有新型核潜艇。这样，对于中国西南方的关键能源海上交通线，就需要重新进行战略规划。无论如何，美国在东南亚的主要军事基地数量不多，难以对抗这样的军力建设。

中国海军的战舰需要在多条远距离的蓝水海上航线保护价值高昂的油轮，那么中国海军有哪些舰艇能够满足这些新使命的需要呢？考察一下 20 世纪的血腥且耗资巨大的战役可以发现，驱逐舰、护航驱逐舰、和护卫舰是保护关键的海上航路的全能装备。对于护卫舰的需求可能会特别大，尤其是那些拥有强大反潜能力的护卫舰（中国海军没有这样的护卫舰）。在具有区域防空能力的舰艇方面，情况也十分相似。美国海军有 73 艘宙斯盾战舰，他们无法想象中国现在可以如何部署自己数量有限的区域防空舰艇。事实上，中国海军正在建设的水面舰艇部队似乎处于非常初级的试验阶段，现在各种不同的先进平台都在进行制造和测试。关于中国海军执行未来使命的发展重点，一个关键的问题在于中国是否会根据自己的需求决定战舰设计以及什么时候会进行量产——最近出现的"宋"级柴油动力潜艇和"红稗"级高速穿浪式双体导弹艇就是这种情况。"江凯－Ⅱ"级护卫舰中可能已经在进行实践了。2007 年至少有四艘"江凯－Ⅱ"级护卫舰正在两个造船厂分别进行建造。

中国在海上交通线防御方面面临的一个主要难题出现在舰载机领域。[5]中国海军分析家承认中国海军的空中掩护能力严重不足，这在一定程度上促使中国在过去十年间将潜艇作为发展的重点。迄今为止，中国最大的战舰是一艘 1 万吨级的登陆直升机母舰。该舰在 2006 年 12 月下水，但是它的舰载航空能力在实战中的作用并不大。要形成在遥远的蓝水区域行动的关键战术航空能力，中国海军仍然有很长的路要走。当然，为了在未来十年中将航空母舰引入部队，中国海军还要依赖前面提到的那些在航母战斗群中执行护航任务的水面舰艇部队，于是这些水面舰艇部队将无法专注于执行护航任务。但是从另一方面来说，这样的航母战斗群可以成为海上交通线防御的一个关键组成部分，它们在广阔的印度洋这样的关键地区将会特别重要。即使中国在航空和空中加油领域取得了大幅度进步，这片区域现在是而且仍将处于陆基航空部队的控制范围之外。无论中国是否拥有航母，中国海军都可能利用水面舰艇行动组来执行海上交通线防御任务。现在，"旅洋－Ⅱ"级和"旅州"级舰艇可能作为海上交通线行动组的旗舰，它们分别装备了射程 100 千米的国产 HHQ－9 垂直发射舰空导弹和射程 150 千米的俄罗斯产 Rif－M 舰空导弹。[6]这两个级别的舰艇也都配备了远距离 C－802 或 C－803 反舰巡航导弹。中国海军的四艘"现代"级驱逐舰配备了射程 160 千米、飞行速度 2.5 马赫的远距离反舰巡航导弹，也能为水面行动组提供强大的进攻能力。

从近期来看，中国的 14 艘"江卫"级护卫舰、31 艘"江沪"级护卫舰和 18 艘"旅大"级导弹驱逐舰虽然比较陈旧，但是仍将是中国水面舰艇部队中的主要力量。这些舰艇几乎全部配备了相似的装备，也都有比较大的缺陷，其中包括反潜能力不足、没有值得一提的防御反舰巡航导弹的能力以及缺少执行实时数据共享和协调作战所需的现代通信设备，而这是网络中心战所需的。比如说，18 艘陈旧的"旅大"级驱逐舰如果要在现代战场上进行协同作战，发挥较大作用，就需要现代化的远距离通信能力，特别是卫星通信能力。这种改进可能想起来容易做起来难。我们确知"旅大 – Ⅲ"型驱逐舰装备了一种三维雷达天线。这种天线后来被一种卫星通信天线取而代之。这意味着可以用于升级舰艇的指挥、控制和通信系统的甲板空间可能会十分不足，那么就需要建造新的平台。[7]中国的卫星为与大陆距离很远的区域提供的支持不多，但是全球定位系统和俄罗斯的 GLONASS 接收机在中国海军中得到了广泛应用。值得注意的是，中国的护卫舰最初的设计目的是为了执行绿水海域的任务，但是在与导弹驱逐舰共同编队时，也可以满足蓝水海域任务的需要。

水雷可以对中国的海上交通线防御部队形成巨大的威胁，尤其是在狭窄的海峡和出港入港的地点。中国拥有的扫雷舰艇都是原始的机械扫雷舰艇，是附属于军区的小型作战单位。如果要应对布设在中国近海水域的原始水雷，它们能够发挥一些作用。中国海军曾经拥有一支由大约 40 艘扫雷舰组成的扫雷部队，它们是俄罗斯的 T – 43 扫雷舰的仿制品。但是现在中国可能只有十几艘扫雷舰。中国海军仅有的现代化水雷战装备是 1988 年制造的 3 100 吨的"沃雷"级布雷舰、四艘较小的"沃扫"（音译）级海岸扫雷艇和一艘 2004 年的"沃藏"（音译）级扫雷舰。中国海军有 50 艘扫雷艇，它们是德国的"托利卡"遥控扫雷艇的仿制品。中国最近还在扫雷部队中增加了新型的无人扫雷试验设备。[8]

采用蜂群战术的高速艇也可以对执行海上交通线保护任务的中国海军水面舰艇造成威胁，这表明中国海军需要近程武器系统进行防御。对于中国海军的规划者来说，一个有趣的问题就是中国海军是否会在执行海上交通线保护任务时获得（比如说，来自缅甸、巴基斯坦或者伊朗）帮助。在保证能源可以运往中国这个问题上，伊朗这样的石油出口国可能有着非常直接的战略利益。这些国家现在不能投入大量装备保卫海上交通线，但是这种情况可能在未来发生改变。如果中国加强对保护海上交通线任务的重视以后，这种情况非常可能发生改变。比如说，中国在其中的一些国家驻扎巡逻艇或导弹双体船能否对印度洋的战略平衡造成影响，这是值得思考的。如果能够造成影响，那么印度洋的战略平衡将会发生怎样的变化。[9]在战区内获得本国或他国的支持，可能会使中国水面舰艇执行护航任务时减小一些压力。

　　除了护航舰艇以外，保护海上交通线任务中最为关键的海上单位就是海上补给舰。中国的海域与波斯湾距离超过 8 000 千米，到拉丁美洲的石油产地距离约为 15 000 千米。这都超过了中国海军水面舰艇的续航能力，这就要求中国海军具有航行中的补给能力。

　　几十年来，中国海军一直在进行着某种形式的海上补给行动，这一点并不是广为人知的。事实上，从 1980 年中国进行洲际弹道导弹测试的时候起，1979 年制造的 23 000 吨级 "福清" 级补给舰就开始进行远距离巡航补给。当时中国海军向南太平洋派出了 18 艘舰艇。1985 年，该舰还在五个月的南极考察任务中发挥了重要作用。对于执行海上交通线保护任务来说，理想的补给舰就是运载了各种燃料、食品和弹药的大型舰艇，所有这些给养都装在一个船身中，而船身两侧有多个高线补给站。中国只有三艘这样的补给舰，一艘 "南运" 号补给舰和两艘 "福清" 级补给舰。因此，如果要同时派出三支以上的蓝水海上交通线特遣部队，就需要额外的补给舰。中国海军还有很多单一用途的运油船，有些是海岸防御部队配备的，其中包括 19 艘 "福林" 级运油船。它们可以支持绿水护航行动。中国海军的所有驱逐舰和护卫舰都配有海上补给操作设备。

　　通过在过去 20 年间大幅度提升自身能力，中国海军在 2007 年实际上已经取得了在主要的海上交通线附近的有限作战能力，这些主要的海上交通线连接着中国和中东地区的中国能源主要供应国。这与传统的看法是相悖的。通过投入大量的水面舰艇，潜艇部队的能力也大幅度提升，而且最近还增强了空中部队的能力，更不用说此前没有提到的可由二炮部队提供的寻的弹道导弹的支持，极具难度的海上交通线防御使命已经有了一定的可行性。[10]然而，能否保护跨越印度洋通往中东地区的关键海上航线，这个问题还要取决于大量的重要假设。第一，印度海军将会保持中立。第二，巴基斯坦和缅甸等中国的区域性盟友会允许中国利用本国的空军和海军基地并提供其他支持。第三，如果中国海军的对手是美国海军，可能还要依靠在其他地区（例如台湾地区、关岛）采取作战行动来牵制美国海军的部队，这样的行动可能具有不对称的特性（例如，水雷战）。可能还需要采取先期压制手段攻击位于印度洋迪戈加西亚的主要美军基地，或许要攻击美国的天基情报、监视、侦察设备——中国人民解放军在 2007 年 1 月 11 日进行了成功的反卫星试验，说明中国有可能采取这种手段。最后一个假设或许是最站不住脚的，那就是中国海军已经普遍达到了专业化的程度，这一点我们不得而知。我们知道中国海军缺少主要的海上交通线防御的作战经验，而且迄今为止，中国海军在印度洋或者其他的深水区域没有什么实际经验，那么这一点就变得非常关键了。

当然，读者可能会认为其中的一些假设很牵强。比如说，新德里是否会袖手旁观，看着中国海军在自己的后院执行护航任务？或许会或许不会，但是最关键的是要认识到五年前中国海军可能根本就不会想到可以保护这条海上航线。这种情况正在发生转变。如果中国海军继续按照现在的速度进行现代化建设，尤其是从长期来看，中国海军可能会具有到印度洋执行任务的能力。

五、实力提升将会使中国海军超越"反介入"

中国海军为保护海上交通线进行认真准备时，必将对中国海军的部队结构做出重大的调整。其中将包括大幅度增加海上补给舰的数量，中国海军现在仅有三艘海上补给舰。尽管没有迹象表明中国已经开始建造海上补给舰，但是中国的造船厂正在蓬勃发展，它们有能力快速设计并建造海上补给舰。

不仅最现代化的水面舰艇需要准备防御巡航导弹的攻击，所有的水面舰艇都是如此。这将需要在现有平台上加装现代化的防御系统，但是前文已经阐明，较陈旧的各级舰艇上的空间问题和设备重量都会限制进行这样的改进。与此类似，中国海军可能也不得不升级自己大量的老旧舰艇，在上面加装现代指挥控制系统，但是一些证据表明，要在这些舰艇上加装现代指挥控制系统同样困难重重。因此，这些因素表明，中国海军要完成保护海上交通线的任务，可能必须要替换全部的"江卫"级、"江沪"级、"旅大"级等早期设计的舰艇。如果要保证部队的整体层次几乎不变，那么可能需要建造 60 多艘大的水面舰艇。

为了防止遭到水下攻击，中国海军必将向蓝水水下作战投入大量的预算并进行艰苦的训练，才能学会所需的高难度技巧。这将包括配备现代低频舰首声呐和展开式声呐、反潜直升机、海上巡逻艇和远距离反潜火箭等有效的反潜武器，并熟练掌握这些设备的操作技术。进行有效的反潜作战还要求能够有效利用现代攻击型核潜艇，实现攻击型核潜艇的协同作战。中国海军的这种能力还有待检验。为了完善这些关键领域，中国海军需要付出数年的艰苦努力。

现代海军的远距离作战还需要大量用于监视、导航和通信的空间设备。中国在这个领域起步相对较晚，但是中国的进步很大。即使取得了所有这些执行远距离海上航线保护任务所需的装备，中国海军仍将需要一段时间才能获得在遥远的地区操控舰艇编队作战所需的大量经验。在需要部署军队的区域获得驻军权将会大大提升远距离作战的能力，但是现在中国没有相应的经验，也没有建立海外军事基地。这种需求仍然非常重要。

尽管这些问题一直挥之不去，但是中国的水面舰艇现代化建设的速度确实超乎寻常。现在，一定要看到中国似乎仍然关注于提高自己的反介入能力，比如有助于应对台湾问题的能力。"江凯 – Ⅱ"级护卫舰，"旅州"级、"旅洋 – Ⅰ"级和"旅洋 – Ⅱ"级驱逐舰，甚至"红稗"级导弹艇全都是近五年制造的，而且全部装备有先进的武器系统和辅助系统——它们可以在处理台湾问题时发挥作用。但是也可以灵活运用这些舰艇和它们配备的武器系统，让它们在其他使命领域也可以发挥作用，这其中就包括海上交通线保护。中国迅速建造大型舰艇的能力不应被低估。而且中国最近的造船速度表明，如果有必要，中国可以在十年内打造一支完整的现代化水面舰艇编队。这支舰艇编队可以执行包括保护关键海上航路和促使台湾回归在内的所有使命。

注释：

1. 在冷战的前半段，以潜艇为核心的苏联海军践行这一理念的时候，没有取得多少成功，例如在古巴导弹危机期间。

2. 要了解关于这套系统的更多信息，请参阅 China Defense Today 的网站：http：//www. sinodefence. com/navy/navalmissile/cy1. asp.

3. 关于给争议的法律层面，请参阅本书中 Peter Dutton 撰写的章节。

4. "江凯 – Ⅱ"级护卫舰的舰尾有两个可以布设拖曳式阵列的喇叭口。

5. 关于这一点，参阅如：Andrew Erickson 和 Andrew Wilson 的 "China's Aircraft Carrier Dilemma"，Naval War College Review 总 59 期，2006 年第 4 期，第 13 – 46 页。

6. SA – N – 6/20 "Grumble" (S – 300 Fort/Rif) 和 "HQ – 9/ – 15，HHQ – 9A，RF – 9,"Jane's Strategic Weapon Systems，2006 年 12 月 29 日，www. janes. com. 此份报告指明 HHQ9 的射程为 150 千米，但是 Jane's 中另一份较新的报告中提出 HHQ – 9 的射程为 100 千米。参看 "旅洋 – Ⅱ (Type 052C) class (DDGHM)" 发表于 Jane's Fighting Ships，2007 年 1 月 29 日，www. janes. com.

7. 在思考对 "旅大"级驱逐舰进行升级的时候，应该注意到该级驱逐舰是 20 世纪 50 年代设计、70 年代制造的。该级驱逐舰应该比较陈旧，而陈旧舰艇可能无法轻易升级。有些人可能会认为这的确是一个关键点，因为这些舰艇已经达到或超过了它们的使用寿命 (30 年)，必然要废弃掉。这些舰艇的大量设备都非常陈旧，可能是中国制造

"江卫 - Ⅱ"级护卫舰的主要原因。与此类似的是,"明"级和"R"级柴油动力潜艇的退役至少是中国采购"基洛"级和"宋"级潜艇的部分原因。无论如何,如果中国愿意冒着人员大量伤亡的风险并对"旅大"级驱逐舰进行充分装备,它们或许也能吸引到敌方的一些注意力和资源。

8. 2006 年春,此新型舰艇的照片在网上发出,网址:http://www.anyboard.net/gov/mil/anyboard/uploads/minesweeper060515220200_1_p111.jpg.

9. 关于中国在印度洋的前景的更深入的讨论,请参阅本书中 James Holmes 和 Toshi Yoshihara 撰写的章节。

10. 关于中国的传统弹道导弹部队第二炮兵的具有的潜在威胁,参阅 Eric McVadon, "China's Maturing Navy", Naval War College Review 总 59 期,2006 年第 2 期,第 90 - 107 页。

封锁战略的比较历史学研究

——针对中国进行的这项研究

■布鲁斯·艾里曼①

　　海军封锁可以是实现国家目标的一种重要军事手段。在过去的一个世纪中，东亚地区有七次海军封锁值得我们进行研究，从中学习相关的历史经验：①第一次中日战争（1894—1985 年），日本对山东省的威海卫军港进行了短期快速的封锁，并配合地面部队打败了中国最现代化的海军部队；②第二次中日战争（1937—1945 年），日本对全中国的海岸线和主要河流进行了长期的收紧型封锁，但是最终引发了大规模的联合反抗；③太平洋上的第二次世界大战（1941—1945 年），美国海军和陆军航空部队对日本进行了中等长度的收紧型封锁，但是最终在迫使日本投降方面没有起到直接作用，日本最终决定投降主要是由于美国投放了两颗原子弹和苏联对日本进行的大规模入侵；[1]④朝鲜战争（1950—1953 年），联合国部队使用了中等长度的快速封锁，最终迫使北朝鲜和北朝鲜的支持者承

　　① 布鲁斯·艾里曼（Bruce Elleman）教授 1982 年获得加利福尼亚大学伯克利分校学士学位，1984 年获得哥伦比亚大学文科硕士学位和哈里曼学院结业证书。此后，在哥伦比亚大学他又分别于 1987 年获得哲学硕士学位，1988 年获得东亚研究结业证书，1993 年获得博士学位。另外，他还于 1985 年获得伦敦政治经济学院国际史专业理科硕士学位，2004 年获得美国海军军事学院国家安全与战略研究专业文科最高荣誉等级硕士学位。他是一名研究型教授，任职于美国海军军事学院海战研究中心的海洋史系。他撰写了《日－美平民战俘交换与拘留营，1941—1945》（劳特利奇，2006），与 S. C. M. 佩恩合著了《海军封锁与海权：战略与反战略，1805—2005》（劳特利奇，2006），与克里斯多夫·贝尔合著了《从国际视角看 20 世纪的海军兵变》（弗兰克·卡斯，2003）。他还撰写了《威尔逊与中国：山东问题历史溯源修订版》（M. E. 夏普，2002）、《现代中国的战争，1795—1989》（劳特利奇，2001）并与斯蒂芬·科特金合著了《20 世纪的蒙古：被陆地包围的世界公民》（M. E. 夏普，1999）。此外，他还撰写了《外交与欺骗：中苏外交关系秘史，1917—1927》（M. E. 夏普，1997）。艾里曼教授所撰写的一些书籍已经被翻译成多种文字，包括其《现代中国战争》一书被译为《近代中国的军事与战争》（台北：尔雅出版社，2002），以及将其有关海军兵变的书籍翻译为捷克语并于 2004 年在布拉格由比巴特（BBart）出版社出版。

认了南朝鲜；⑤越南战争（1965—1973年），使用了中等长度的收紧型封锁，这确实使美国的部队得以撤退，最终导致在几年后让北越取得了胜利；⑥"中华民国"（台湾当局）——中国大陆封锁（1949—1958年），对于中国的长期放松型的封锁，可能防止了来自中国内地方面的进攻，但是如果没发挥这样的作用，结果就是平局；⑦中国的导弹封锁（1995—1996年），这是对台湾实施的短期间歇性封锁，仅使用了导弹进行封锁，结果事与愿违，导致美国派出两个航母战斗群进行干预，最终是个平局。[2]

为了与中国现在面临的情况进行相应的比较，这七次封锁将会被分成三组进行讨论：日本对中国实施的两次封锁；美国领导的对中国、朝鲜和越南实施的封锁；还有台湾当局对中国内地的封锁和中国大陆对台湾的导弹封锁。

马岛战争期间，一个大陆国家试图入侵邻近的岛屿并声称对其拥有主权，这样的封锁可能与中国的情况有类似之处，本文也对这次封锁进行了探讨。最后，本章将思考美国或其他国家可能会进行的反封锁情况，特别是在马六甲海峡可能出现的反封锁。这项历史学研究表明，如果中国大陆决定对台湾实施海上封锁，可能会快速行动，进行短期到中期的封锁，最终解决问题的方式可能是双方签署停战协议。如果封锁的时间更长，那么台湾的盟友很可能会进行反封锁。

一、在亚洲地区进行成功封锁的时间因素

实施海上封锁的速度可以对封锁的效果造成影响。海上封锁可以分为快速封锁、间歇性封锁、收紧型封锁或放松型封锁。根据封锁的时间长度，可以分为短期、中期和长期封锁。有一个非常好的例子可以说明这种差别：第一次中日战争时期日本对中国进行了快速封锁，但是时间很短，而在第二次中日战争期间，采取的是逐渐收紧的长期封锁。

表1示出了这些因素如何在亚洲的这七个研究案例中发挥了作用。[3]第一次中日战争和朝鲜战争都是海洋国家快速对大陆国家实施的封锁，最终取得了胜利。第一次中日战争的封锁是快速封锁，封锁的时间很短。实施封锁的国家最终迫使对方让步，与自己签订了停战协议。而朝鲜战争的协商经历了两年时间。快速封锁有助于迫使被封锁国家做出让步，这表明封锁的速度与和封锁的效果之间可能存在关联。在朝鲜战争中，要取得成功不能依靠快速封锁。因为北朝鲜与苏联和中国接壤，这些强大的盟友可以帮助平壤抵抗封锁。

表 1　封锁时间

名字	封锁方式	封锁时长	战略有效性	胜－负－平
第一次中日战争	快速	短期	是，迫使战争结束	胜
第二次中日战争	收紧型	长期	否，促使对方建立联盟	负
第二次世界大战	收紧型	中等长度	是，但是原子弹结束了战争	胜
朝鲜战争	快速	中等长度	是，挫伤敌方士气，切断敌方补给和弹药	胜
越南战争	收紧型	中等长度	否，暂时拖延了战争的结束	负
台湾当局对中国内地的封锁	放松型	长期	否/是，阻止了中国内地进攻	平
中国的导弹封锁	间歇性	短期	是/否，促使对方建立联盟	平

在第二次中日战争和越南战争中，收紧型封锁没有促成胜利。或许由于战区的范围很大，这两次封锁都无法快速进行。由于水雷（由重型轰炸机投放）、潜艇和战术飞机的进攻逆转了日本的军事优势，并削减了日本可以用于战争的资源。美国对日本本岛的逐渐收紧型封锁更加成功。联军的作战指挥官认为需要入侵日本才能结束这场战争。在向日本投掷了原子弹之后，人们开始对是否应该入侵日本争论不休。当对一个陆上大国实施收紧型封锁时，被封锁的国家通常有足够的时间来建立另一条贸易路线。20世纪30年代末40年代初中国建立了滇缅公路的贸易路线，20世纪60年代越南的反叛军建立了胡志明小道的贸易路线。两者都是这种情况。与之相对的是，岛国在保证海上航道开放方面就会面临巨大的困难，第二次世界大战时的日本就是这种情况。

国民党对中国内地的封锁是放松型的封锁，而中国内地对台湾的导弹封锁是间歇性的封锁。可以认为，两者都没有成功，因为两次封锁都没有促成最终的战略胜利。无论如何，两者可能都取得了一些战略成效，防止了某些情况的发生：中国在20世纪50年代没有入侵台湾，而台湾在1996年没有宣布独立。

第二次中日战争和"中华民国"的封锁都是长期封锁——每次封锁至少持续十年或更长——而且都试图阻断被封锁国家的后勤补给线。随着时间的推移，第二次中日战争的封锁逐渐收紧，而"中华民国"的封锁逐步放松。两次封锁都不是特别成功。相比而言，短期和中长期的封锁常常伴随着发动陆上进攻，或者至少存在着陆上进攻的威胁。实施封锁的国家通常注重破坏敌方的军事部队。比如，在第一次中日战争中，由于日军的封锁，中国海军被困在威海卫港并被消灭；然而，在朝鲜战争中，封锁的重点是北朝鲜军队的弹药和补给的运输。如果中国内地决定封锁台湾，迅速击败台湾海军可能会是取得成功的必要条件。

二、在亚洲进行成功封锁的空间因素

按照封锁的特性，战区封锁可以被分为近处封锁和远处封锁，这是指封锁部队与被封锁的国家之间的距离；近距离封锁和远距离封锁，这是指实施封锁的国家与战区之间的距离；部分封锁和全面封锁，这是根据封锁部队的间隙来评判的；根据不同的压制程度，还可以分为纸面封锁、和平封锁和冲突封锁。海洋国家通常对大陆国家实施封锁，而大陆国家很难对海洋国家进行封锁；然而，最近对台湾的导弹封锁表明，使用远距离飞机、弹道导弹和巡航导弹可能有助于转变这种状况。

在亚洲，大多数封锁都位于被封锁国家的边境附近。只有美国对日本的封锁、朝鲜战争的封锁和越南战争的封锁距离实施封锁的国家很远。实施封锁的国家可以是一个，也可以是多个国家进行联合封锁。而破坏封锁的方式可以是突破封锁，也可以是建立其他的新陆地交通线或者空中航路。

从表2中可以看出，七次封锁中有六次都是近处封锁，只有中华人民共和国的导弹封锁是个例外。而且这些封锁主要是海洋国家对大陆国家的封锁。同时，在六次近处封锁中，三次是近距离封锁：第一次中日战争的封锁、第二次中日战争的封锁和"中华民国"对中国内地的封锁。在所有这些案例中，都可以认为被封锁的国家太弱，无法对实施封锁的国家进行有效的反击。因为任何时候都可以采取武装反击，而敌方海军常常成为武装反击的主要目标。

表2　封锁空间

名字	封锁方	被封锁方	邻国	类型	类型
第一次中日战争	海洋国家	大陆国家	没有其他国家的干预	近处	近距离
第二次中日战争	海洋国家	大陆国家	苏联干预	近处	近距离
第二次世界大战	海洋国家	海洋国家	苏联参战	远处	远距离
朝鲜战争	大国联盟	半岛	苏联和中国干预	近处	远距离

续表

名字	封锁方	被封锁方	邻国	类型	类型
越南战争	海洋国家	大陆国家	苏联和中国干预	近处	远距离
台湾当局对中国内地的封锁	岛屿海上势力	大陆国家	美国和苏联干预	近处	近距离
中国的导弹封锁	大陆国家	岛国	美国干预	远处	近距离

第二次中日战争、朝鲜战争、越南战争和"中华民国"对中华人民共和国的封锁表明，如果大陆国家凭借自身的中心地理位置建立了新的陆上通道，它们非常有能力让海洋国家的封锁失效。尤其是被封锁国家与盟国之间建立了陆上交通线后，实施封锁的成本将会增大，而且封锁的效果也会减弱。在第一次中日战争中，这样的封锁仍然取得了成功。由于在新的陆上交通线形成以前两国间就签署了停战协议，战争很快就结束了。

要想对与俄罗斯接壤的国家实施封锁，就应该准备面对俄罗斯的干预。从历史上看，俄罗斯在这种冲突中都有明确的立场，它会打开或关闭其他的供应通道和来源。在亚洲的七次封锁中，俄罗斯的行动影响了其中六次封锁行动的平衡，包括①在第二次中日战争中对抗日本；②支持美国对抗日本；③反对联合国封锁朝鲜；④反对美国封锁北越；⑤在20世纪50年代，反对台湾当局封锁中国大陆；⑥在1995至1996年的台湾导弹危机期间，继续向中国出售武器。[4]

大陆国家常常可以用另外的陆上交通线进行补偿，海洋国家和岛国需要有强大的海军才能克服封锁造成的影响。相反，拥有强大海军的国家可以成功地对大陆国家进行快速封锁，实现一招制敌，而大陆国家很少有能力对海洋国家或岛国进行快速封锁。这表明，在中国拥有一支足够强大的海军之前，中国或许可以对台湾产生一种遏制效果，但是如果它选择对台湾实施封锁，可能会面临巨大的困难。

三、在亚洲进行成功封锁的军力因素

从空中、水面舰艇或者潜艇上投放的炸弹、导弹、鱼雷或者水雷可以用于进行海上封锁。在七次封锁中有六次采取了水面舰艇巡逻和布设水雷的方法：第一次中日战争、第二次中日战争、太平洋上的第二次世界大战、朝鲜战争、越南战争和台湾当局对中国内地的封锁。在空中轰炸出现以后，这种方式也得到了广泛应用，其中包括第二次中日战争、太平洋上的第二次世界大战、台湾当局对中国内地的封锁、朝鲜战争和越南战争。最后，在中国内地对台湾的封锁中，陆基导弹是封锁的主要手段，这在所有的封锁中是独一无二的。对台湾的导弹封锁目的是切断战略要道，这有一个专门的称谓："瓶颈"封锁。另外，实施"瓶颈"封锁的方法多种多样，可以利用水雷或沉船等多种障碍物。[5]

从表 3 中可以看出，在七次封锁中，美国有五次配合进行了对被封锁国家的地面进攻。太平洋上的第二次世界大战是一个例外，由于当时向日本投放了原子弹，因此不能对日本本岛进行地面进攻。另一个例外是中国内地对台湾的导弹封锁，这是一次异乎寻常的封锁。

表 3　封锁军力

名字	水雷	巡逻	潜艇	轰炸	占领	入侵	地面行动	空中行动
第一次中日战争	X	X				X	X	
第二次中日战争	X	X		X	X	X	X	X
第二次世界大战	X	X	X	X				X
朝鲜战争	X	X		X	X	X	X	X
越南战争	X	X		X			X	X
台湾当局对中国内地的封锁	X	X		X	X		X	X
中国内地对台湾的导弹封锁					X			X

在这些封锁中有四次，进行封锁的国家意在占领或再次占领对方的领土，其中包括第二次中日战争中的日本、国民党当局对中国内地的封锁、联合国对南朝鲜的保护和中国的导弹封锁。然而，在三次封锁中，对被封锁国家进行了地面入侵，但是最终目的却不是永久占领，其中包括在第一次中日战争中的日本、美国对日本的战后占领和美国在越南的军事存在。

没有任何地面行动的封锁非常少，而且多次海上封锁后，都采取了海陆空的联合行动。在这方面，第一次中日战争、第二次中日战争和朝鲜战争都非常突出。在这方面唯一的一次例外是中国的导弹封锁，其中地面行动没有发挥任何作用，即使有也是微乎其微。潜艇在欧洲的众多封锁行动中，都发挥了重要的作用，但是在亚洲，潜艇发挥的作用相对较小，值得注意的例外是美国对日本的封锁使用了潜艇。随着空中力量变得越来越强大而且越来越可靠，航空兵部队也得到了应用。联合作战的作用也越来越大，现在海空联合行动越来越多地代替了陆海联合行动。

最后，尽管意在占领对方的战争通常都会采取入侵行动（只有关于中国的两次封锁行动是个例外，国民党对中华人民共和国的封锁和中华人民共和国对台湾的封锁，要在这两次事件中进行大规模入侵不是轻而易举的事），地面入侵不一定意在长期占领。地面入侵常常是为了与对方达成协议而施加的压力，而不是为了让对方无条件投降。第一次中日战争、朝鲜战争和越南战争期间都是这种情况。如果中国内地想要对台湾进行一次大规模的海上封锁，很可能会试图入侵台湾控制的地区，其中可能会包括台湾沿岸的大量岛屿。采取这种手段对于进行停战协议谈判特别有帮助。

四、海上封锁期间的行动目标和战略目标

通过海上封锁可以实现多种行动目标和战略目标。在亚洲进行封锁追求的行动目标包括摧毁敌方海上或地面部队、破坏敌方贸易和占领敌方领土。战略目标可以包括封锁敌方经济、削弱敌方军事力量和进行威慑。封锁可以是全面封锁也可以是部分封锁，全面封锁完全切断了敌方的交通，而部分封锁（故意为之或无法全面封锁）允许一定比例或某些种类的贸易和人口流动继续进行。有些封锁有效地切断了海上航路，但是没能切断替代的陆上通道，这样的封锁即使为战争的胜利做出了巨大贡献，但仍然是部分封锁。最后，实施封锁者的目标可能是没有限度的（即推翻敌方的政府）也可能是有限的，这通常取决于战略目标，而不是用于封锁的资源数量。可以认为，实施封锁的国家中只有一个是大陆国家——中国。

通过表4可以看出，台湾当局对中国内地的封锁、第二次世界大战、中国内地对台湾的导弹封锁，这三次封锁中，最初的目标是没有限度的，而在第二次中日战争和朝鲜战争中，封锁的目标最初至少发生了一次转变，从有限度的目标变成了没有限度的目标。只有两次封锁最初是有限度的，而且在整个过程中都没有发生变化，其中包括第一次中日战争和越南战争。在有限度的战争中，通常采取部分封锁。但是在亚洲的两次全面封锁中，只有第一次中日战争的封锁是有限度的，封锁目的是为了击败敌方军队，尤其是中国海军。而第二次世界大战中美国对日本的封锁是没有限度的，这场战争逐渐升级，甚至最终使用了核武器。

表 4　封锁目标

封锁	行动目标	战略目标	焦点	部分/全面	有限/无限	大陆国家*
第一次中日战争	控制关键港口来钳制中国	剿灭中国海军	海军	全面	有限	
第二次中日战争	支持地面部队惩罚中国	中国承认了满洲国	贸易	部分	有限－无限	
第二次世界大战	切断日本的对外贸易	完全投降	贸易	全部	无限	
朝鲜战争	切断沿岸交通线和内陆交通线	击败北朝鲜	陆军	部分	有限－无限－有限	
越南战争	切断反政府部队和武器运输	保护南越	陆军	部分	有限	
台湾当局对中国内地的封锁	切断中国内地的贸易，取得前方基地	重返内地	贸易	部分	无限	
中国内地对台湾的导弹封锁	切断贸易和运输	防止独立	贸易	部分	无限	大陆国家

注：* 为实施封锁的是大陆国家。

在大部分有限封锁中，实施封锁的国家对被封锁国家进行了近处封锁。这意味着它们的舰艇在敌方的海岸线附近海域采取行动。封锁通常是为了孤立并摧毁敌方海军，这个目标常常与切断敌方贸易的目标同等重要甚至更为重要。与此相反，远处封锁更多的是为了实现没有限度的目标。在这些冲突中，封锁的目的常常是切断敌方的贸易，这与其说是为了消灭敌方特定的军事目标或是占领敌方的一些领土，不如说是为了让己方获得优势。没有限度的战争本质上是整体军事力量的全面对抗，这种对抗通常发生在多个战区中，而封锁仅仅是众多手段其中之一。

单独进行海上封锁可以实现有限度的目标。单独进行海上封锁对于实现有限度的海上目标特别有效。例如，第一次中日战争中日本成功地把中国海军封锁在港口以内，在朝鲜战争和越南战争中，美国和它的盟友试图封锁敌方的武器和给养的输送。单独进行海上封锁无法快速实现没有限度的目标，或许杜鲁门总统决定对日本使用原子弹就是这种说法最好的明证。

很难评估针对贸易的有限封锁造成了什么战略影响。除非敌方的某种关键资源只能通过贸易获得，而且这种资源对于战争进程至关重要，另外在进行封锁时这种资源还要可以被明确识别出来。

在亚洲，大陆国家试图仅用封锁来取得整体战略目标的案例只有一个，那就是 1995 至 1996 年间中华人民共和国的导弹封锁。这是一次近距离的远处封锁，敌方近在咫尺，但是由于仅仅动用了导弹，不足以实现全面封锁。由于第三方的干预——美国政府决定派驻两个航母战斗群到台湾附近的海域，中国在一定程度上失败了。但是这次封锁仍然产生了重要的威慑作用，因为台湾当局并没有正式宣布从中国内地独立出来。

在第二次中日战争和朝鲜战争中，有限度的封锁全面升级或者在一段时间之内升级成了无限的针对敌方军力的封锁，特别是针对敌方的军事补给线。中国和朝鲜的地理位置使海军很难切断它们与邻近国家的陆上交通线，即使有空中力量和大量部队的帮助仍然十分困难。有趣的是，在这两个案例中，战争目标都错误地从有限的封锁转向了无限的封锁。在朝鲜战争中，联合国部队迅速将战争目标重新调整为有限度的。在中国内地对台湾当局的封锁中，有限的目标可能会比无限的目标更加容易实现。

五、敌方适应能力在破坏封锁中的重要作用

敌人可以在面临威胁的时候做出适应环境的调整。如果被封锁的国家采取了正确的对抗策略，那么实施封锁的国家就要在资金、人力和声望方面付出极其高昂的成本才能进行有效的封锁，最终封锁的成本会超过封锁的收益——换句话说，这就成为了实施封锁国家的噩梦。同时，如果被封锁的国家不能做出适当的调整，那么海上封锁就可以取得立竿见影的成效。通常可以迅速迫使对方签署停战协议，这对于实施封锁的国家来说是梦寐以求的。

第一次中日战争很好地表现了"梦寐以求"的情况，因为中国不愿派出本国海军来摧毁日本的海上交通线。在这个案例中，通过签署停战协议结束了封锁，而且战争没有波及日本的领土。在"梦寐以求"的情况中，被封锁的国家采取的行动大体上也是实施封锁的国家意料之中的；第一次中日战争中，日本能够实现有效封锁也得益于中国的错误行动。当时中国将自己的北洋舰队停泊在军港中，北洋舰队就是在这里被日本的海军和陆军发现，最终被日军包围并一举击溃。如果中国当时没有采取有利于日军封锁的错误举动，北洋舰队完全有能力挑战日本的制海权。

表5中列出了实施封锁的国家的"噩梦"的情况——第二次中日战争和与此有关联的太平洋上的第二次世界大战。在这个案例中，日本对中国的封锁促成了强大的敌对联盟的诞生。而这个敌对联盟的目标甚至比实施封锁的国家更加没有限度，它们最终打倒了日本帝国主义。产生这一结果在一定程度上得益于一次卓有成效的封锁行动，但主要是由于对日本投放了原子弹，而且苏联进入了太平洋战区。

表5 敌方适应能力

名字	反封锁	第三方行动	对抗措施	N/D
第一次中日战争				D
第二次中日战争	中国对日本实施禁运	美国、英国帮助中国	备选的陆上交通线，苏联	N
第二次世界大战		英国、苏联帮助美国		
朝鲜战争			备选的陆上交通线，苏联—中国	
越南战争			备选的陆上交通线，苏联—中国	
台湾当局对中国内地的封锁	中国攻击岛屿		备选的陆上交通线，苏联	
中国内地对台湾的导弹封锁		美国部署航母		

注：D为对手的行动是实施封锁的国家梦寐以求的；N为噩梦般的情况，使主要的敌对势力联合在一起，最终扭转了战局。

东亚地区的大部分封锁既不是梦寐以求的，也不是一场噩梦。在大多数情况中，实施封锁方和被封锁方都适应了对方的战略。并非所有的调整都取得了成效。例如，国民党对抗日本入侵的一项反制策略就是实行贸易壁垒。这些额外的贸易限制不过是让日本加强了封锁，尽管这并没有对战争结果造成重大影响。其他的对抗措施效果不错。在陆上和海上进行大量隐蔽运输对众多海上封锁的影响很大。建立替代的陆上交通线严重削弱了封锁的战略效果，而且常常使实施封锁的国家延长了封锁时间，其中包括第二次中日战争、台湾当局对中国内地的封锁、朝鲜战争和越南战争。

在日本对中国封锁的案例中，日本的两次封锁都采用了相同的基本战术。第一次封锁非常成功。但是在第二次封锁中，被封锁的国家可能更好地适应了封锁。因为被封锁的国家知道将要面对什么，于是花大力气与其他国家联合对抗日本，而且建立了替代的资源供应线——比如说，国民党政府迅速将资金从南京转移到了中国内陆的重庆，这样就能建立一条新的陆上交通线，避开日本的封锁。这表明，在第二次实施封锁战略的时候，一定要降低自己的预期。[6]不能认为曾经成功的战略一定能为自己带来胜利；对手也有一个学习的过程。

当评估封锁战略能否发挥作用的时候，非常重要的一点就是考虑对手所有可能的反应。第三方的干预可以有效地破坏封锁，比如美国和英国在第二次中日战争中的干预，中国在朝鲜战争中的干预，中国进行导弹封锁期间，美国政府决定向台湾派出两个航母编队等。如果封锁促使被封锁国家与其他国家形成联盟，那么封锁成功的可能性就会大打折扣。只要中国内地希望对台湾实施封锁，就一定要考虑到美国和日本可能不会置身事外。[7]

六、海上封锁对于取得最终胜利的作用

大部分在亚洲的封锁都取得了一定的战略效果和行动效果，这主要是由于与直接进攻相比，实施海上封锁可以对敌人施加非致命的经济和军事压力。影响封锁效果的因素包括被封锁区域的大小、封锁的力度、隐蔽运输的效果、能否获得替代市场和替代产品来对抗瓶颈封锁。

表6中给出了实施封锁的国家取得了战略目标的两次封锁。第一次中日战争中进行的是紧密封锁，封锁的重点是迅速击败敌方海军。而朝鲜战争中的封锁是松散的，因为朝鲜是一个半岛国家，很难进行紧密封锁。在最终导致平局的松散封锁中，穿越封锁线、隐蔽运输和替代的贸易通道破坏了封锁的效果，台湾当局对中国内地的封锁和中国内地对台湾地区的导弹封锁都是这样的情况。

表6　效果

名字	其他路径	覆盖的地理范围	瓶颈	失败/胜利	效果
第一次中日战争		威海卫	海军被困在港口	胜	严密
第二次中日战争	越南、缅甸	巨大	战争物资	负	有空白
第二次世界大战		巨大	石油、自然资源	胜*	严密

续表

名字	其他路径	覆盖的地理范围	瓶颈	失败/胜利	效果
朝鲜战争	苏联、中国	有限的海岸线		胜	有空白
越南战争	中国、老挝、柬埔寨	长长的海岸线		负	有空白
台湾当局对中国内地的封锁	穿越封锁线	巨大		平	有空白
中国内地对台的导弹封锁	穿越封锁线	岛国		平	有空白

注：1. 胜为实施封锁方胜利，负为实施封锁方失败。

2. ＊尽管在第二次世界大战期间美国潜艇对日本的封锁非常有效，而且对日本的经济产生了严重影响，但是与使用原子弹和苏联决定参战相比，就逊色得多了。最终，这次封锁没有被看做是促使日本投降的一个主要因素。

在战争最终取得胜利的各次封锁中，只有一次封锁是海洋国家实施的远距离封锁——朝鲜战争的封锁，这着实令人吃惊。在这次战争中，取得胜利是指联合国成功保护了南朝鲜。[8]海洋国家实施近距离封锁的成功率较高，但是日本在第二次中日战争中的近距离封锁却失败了，这主要是因为1941年日本袭击珍珠港导致其他的海洋国家（主要是美国）也参与了这场战争。

如果封锁的目的就是威慑对手，那么很难确知封锁是否成功。封锁失败常常是由战区特性决定的。在第二次中日战争和台湾当局对中国内地的封锁这两个案例中被封锁的区域非常巨大，这就不可能进行有效的封锁。在越南战争中，陆上边境非常长，无法进行紧密封锁，而封锁存在空白的情况让对手形成了多条陆上交通线。威慑性封锁仅有一次，那就是中国的导弹封锁，但是它的最终结果直到今天仍然悬而未决。

七、历史上的封锁和中国的战略难题

为了从近期的封锁中获得经验，中国可能已经详细地考察了1982年的马岛战争，[9]这场战争被艾勒默·朱姆沃尔特将军称为"现代有限封锁的经典范例"。[10]这场战争发生的地点与台湾的地理环境非常相似。马尔维纳斯群岛距离阿根廷的西南海岸300英里，阿根廷声称马尔维纳斯群岛4 700平方英里的范围属于阿根廷所有，而英国这个海上大国可能会对马尔维纳斯群岛伸出援手，但是与马尔维纳斯群岛的距离超过 8 000 英里。至少从理论上来说，阿根廷海军可以阻止英国进入这一地区。

1982 年 3 月 28 日，阿根廷海军的特遣部队离开了自己的主基地向东北方向航行，准备参加与乌拉圭海军的联合演习，与此同时阿根廷开始进行秘密行动准备夺回福克兰/马尔维纳斯群岛。1982 年 4 月 2 日，海军士兵在马尔维纳斯群岛登陆，在经过三四个小时的战斗后没有什么伤亡就夺取了斯坦利港，并且在整个群岛部署了 12 000 名指挥和战斗人员。同时，阿根廷海军在斯坦利港附近驻扎了 6 000 人的预备队，而且阿根廷空军还占据着斯坦利港周围 4 000 英尺的空域。4 月 3 日，斯坦利港以东距离很远的南乔治亚岛被阿根廷军队占领，这是为了阻止英军进入附近海域。

为了确保英国海军无法进入这片区域，阿根廷海军试图从北面封锁海上通道，不让英军部队直接从距离马尔维纳斯群岛大约 4000 英里的阿松森岛直接来到这里，或者穿过麦哲伦海峡后，经智利从西南方赶来。阿根廷海军在马尔维纳斯群岛以北 450 英里驻扎了一艘运输船和一些护卫舰，而在马尔维纳斯群岛以南驻扎了一艘巡洋舰和一些护卫舰。阿根廷最初宣布马尔维纳斯群岛周围 200 英里为禁区，随后将禁区的范围扩大，把整个南大西洋地区都划为禁区。

对于靠近的英国船只来说，最为危险的地区之一是他们离开阿松森岛继续向南部的马尔维纳斯群岛进发时经过的区域，这里与阿根廷 900 英里长的海岸线平行。补给船是非常好的攻击目标，但是，令人吃惊的是，阿根廷的水面部队起初完全没有对英国补给船发动攻击。原因是 1982 年 5 月 2 日，一艘英国的攻击型核潜艇"征服者"号跟踪并击沉了阿根廷的"贝尔格拉诺将军"号巡洋舰。随后，阿根廷将所有的本国舰艇都重新召回本国海域，这样就对英国开放了通向马尔维纳斯群岛的海上航道。

阿根廷海军撤出这片区域是为了保证"舰队存在"，并试图在马尔维纳斯群岛上利用"军旗"攻击机和 A－4 攻击机保护自己的部队。英国派去夺回马尔维纳斯群岛的舰队包括两艘垂直起降或短距离起降的航空母舰，"竞技神"号和"无敌"号，另外还有一艘其他的战舰和四艘补给舰；随后，近 90 艘英军舰艇参与了行动。由于航空母舰是行动的核心，阿根廷的战机试图击沉英军航母。1982 年 5 月 4 日，阿根廷驻扎在里奥格兰德州外的两架"超级军旗"飞机向英国特遣部队发射了两枚低空飞行的"飞鱼"反舰导弹。英军的预警时间只有 3 ~ 4 秒，于是英国驱逐舰"谢菲尔德"号遭受重创，英军士兵死亡 20 名，受伤 24 名。"谢菲尔德"号最终在 5 月 10 日沉没。英国海军少将山迪·伍德沃德后来承认，任何"对'竞技神'号或者'无敌'号（我军关键的'第二甲板'）的重创，都可能令我们放弃整个马尔维纳斯群岛战役。"[11] 因此，如果阿根廷成功地击中两艘航空母舰中的任意一艘，冲突的结果可能会产生极大不同。

英军迅速宣布进行反封锁，并划定了 200 英里的禁区。他们的目标是使用舰艇和飞机来阻止阿根廷进一步派出增援部队，而且他们随后进行了空中管制。这近乎切断了驻扎在岛上的阿根廷部队的全部补给。4 月 30 日，英国划定了禁航区，距离阿根廷 12 英里外的海域都是一般警告区。到 5 月 7 日，舰队司令将禁航区扩展到了 12 英里以内，并且警告阿根廷船只不要进入禁航区，否则就会遭到攻击。

一声令下，通向马尔维纳斯群岛的北部航道和西南部航道均被切断。同时，英国在马尔维纳斯群岛西北两百英里（阿根廷和马尔维纳斯群岛的中间）的位置，驻扎了两艘攻击型核潜艇。[12] 驱逐舰可以侦察靠近这片区域的敌机，英方还部署了驱逐舰为英军提供作战支持。同时，英国的航空母舰和两栖部队就位于马尔维纳斯群岛以东 100 英里的位置，保护英军免受阿根廷攻击机的袭击。

为了夺回马尔维纳斯群岛，英国海军陆战队的士兵在斯坦利港以西的圣·卡洛斯港登陆。从 5 月 20 至 21 日开始，这些部队向东进发，在 6 月 15 日攻占了斯坦利港。在一个月之内，阿根廷余下的作战部队全部被俘。在取得这次决定性的胜利之后，英国在 6 月 22 日解除了封锁。封锁区暂时由马尔维纳斯群岛周围 150 英里的保护区取而代之。

到有限冲突结束的时候"阿根廷的损失包括'贝尔格拉诺将军'号巡洋舰，常规（柴油动力）潜艇'圣达菲'号；'阿菲雷斯·索柏拉尔'号和'索玛勒拉将军'号炮艇；海岸警卫队的巡逻艇'里约·伊瓜苏'号和'马尔维纳斯群岛'号；货船（在禁航区）'里约·卡卡拉纳'号和'洛斯·埃斯塔多群岛'号；情报收集（渔船）'独角鲸'号"。[13] 在冲突中，100 多架阿根廷飞机被击毁。一种推测认为，50% ～ 60% 的阿根廷飞行员驾驶的飞机被击落。[14]

英国在福克兰战争中对阿根廷沿岸进行了空中和海上封锁，这次反封锁的特点是：有空隙、远处、远距离、间歇性。同时对马尔维纳斯群岛的封锁具有严密、近处、远距离、持续和"全面"（包括空中、海军和商业）的特点。海军封锁有时候是挑战他国海军的第一步。面对英国海军的封锁，阿根廷海军选择将舰艇停泊在港口。这个军事决定实际上也确定了战争的总体走向，特别是决定了两国之间仅会发生有限的海上冲突。英国部队登陆并攻占马尔维纳斯群岛导致了阿根廷军队的全面溃败。

中国从马尔维纳斯群岛战争中可能学到的一个经验就是航空母舰易于受到导弹的攻击；有报道称，中国正在投资开发新一代的"航母杀手"舰对舰导弹，希望以此震慑美国的航空母舰。[15]第二个经验就是海上管制和空中管制的重要性；因为中国的海军和空军不够强大，无法进行绝对的海上管制，因此非常可能采用导弹来建立禁区。第三个经验就是如果派遣两栖部队入侵台湾可能会产生不利的结果：对手会切断他们的退路将他们俘获，如果对台湾进行陆上入侵但是没有空中和海上部队的强力支持，情况更是如此。要入侵台湾，中国需要具有的一个重要能力就是提供强大的后勤支援。因为如果没有这种能力，入侵部队可能会被困在台湾。[16]

最后，英国愿意派出海军舰队来对阿根廷的海军实施反封锁，而且英国在8 000英里以外取得了胜利，中国一定对此非常感兴趣。与英国相比，美国在日本、冲绳、关岛和东亚沿岸都有军事基地，这些较近的军事基地使美国海军比马尔维纳斯群岛冲突时期的英军更有优势，可以在前方驻扎军事力量。中国在面对美国的反封锁时会非常脆弱，这也让中国对此非常重视。

八、中国面对反封锁的脆弱程度

前面我们已经发现，大陆国家对海洋国家或者岛国实施封锁的时候，没有取得胜利。马尔维纳斯群岛战争和中国的导弹封锁都是很好的例子。同时，海洋国家封锁大陆国家一定要考虑到大陆国家可能建立新的陆上交通线，他们可以与邻国结成联盟来破坏封锁；前面讨论过的敌方适应了封锁后，实施封锁的国家遭遇了"噩梦"的案例就属于这一类。有趣的是，俄罗斯/苏联最常利用自己的中心地理位置在建立新的陆上交通线中发挥作用。中国现在进口的新武器中，大部分都来自俄罗斯。[17]中国从俄罗斯和中亚地区进口石油所占的比重也越来越大。到2020年，俄罗斯和中亚地区向中国供应的包括天然气在内的能源量可能占到中国能源进口的10%。[18]如果美国或其他的海洋国家对中国进行反封锁，可能会试图切断中国的关键进口项目——石油。

美国已经在亚洲实施了三次海上封锁，其中包括对日本、朝鲜和越南的近处封锁。如果中国决定封锁台湾，就应该会想到美国海军可能会试图进行反封锁。然而，鉴于中国的反介入能力不强，实施近处封锁可能性不大，最有可能采取的策略是远处封锁。2004年12月至2005年2月美国在苏门答腊北部进行的统一援助行动让中国意识到，美国海军部队可以在没有任何前期预警的情况下，在不到一周的时间里，通过和平时期没有威胁的海域，航行到马六甲海峡的西侧入口并开始执行任务。[19]

尽管他们的使命是执行人道主义援助行动，但是喷气式战斗机还是要从美国的"林肯"号航空母舰上起飞进行训练飞行，因为根据美国海军的规定，舰载机的飞行员连续两周没有进行训练就一定要参加全面的重新训练项目。由于印度尼西亚政府不愿意允许舰载机飞行员使用印度尼西亚的空域，美国的航空母舰必须要利用国际水域进行训练。"林肯"号航母的日常训练于是就包括了在马六甲海峡的西侧入口外进行飞行行动，这就相当于用一种不太深入的方式模拟了海军对马六甲海峡的封锁，而这里正是一旦发生中美之间的严重冲突时，美国海军部队可能会选择对中国石油供给进行封锁的地点。

在2004年12月26日的海啸发生之前，大家开始质疑美国能否在整个东南亚继续保持存在，特别是中国"软实力"急剧提升，质疑之声就更强了。[20]从2007年开始，中国将会从印度尼西亚的东固气田进口天然气，这可以进一步增加对印度尼西亚的影响力。[21]然而，美国决定派出"林肯"号航母战斗群这样的"硬实力"装备到印度尼西亚，这带来了重要的"软实力"利益。例如，美国政府立即恢复了向印度尼西亚军官提供的美国国际军事教育和训练项目，而且两国之间的军方关系大幅度增强。澳大利亚国立大学的讲师格雷·费利把这种变化归功于统一援助行动，"海啸引发了与印度尼西亚军方前所未有的合作。"[22]

在统一援助行动之后，这片区域整体上对中国"软实力"的评价发生了微妙的变化，一些学者提出"中国的软实力正在增强，可是在把这些资源转变成想要的外交政策收益方面，中国面临着严重问题"。[23]中国没有能力向海外派出大量的人道主义援助部队，东南亚国家政府又一次认识到，依靠美国军队保障自己国家安全的重要性。正如克林顿政府的国家安全委员会的亚洲专家指出，"这给了我们一个机会，可以提醒当地国家，有些事情是美国以外的任何国家都无法做到的，特别是中国无法做到"。[24]一名记者最近提出："2004年印度洋海啸发生后，美国、日本等国迅速做出反应，派出空中和海上力量提供援助，而中国无法提供多少帮助，这使中国蒙羞"。[25]

美国海军在印度尼西亚亚齐省的行动对中国发出了强有力的军事警告，

因为在海啸发生后不到一周，美国就到达了马六甲海峡的西部入口。"林肯"号航空母舰的训练任务向中国发出了明确的信息，美国部队可以迅速抵达这片区域执行任务。对于中国封锁台湾的情况，以美国为首的反封锁行动可以阻断中国与非洲和波斯湾之间的大量石油贸易，几乎所有的贸易运输都要经过马六甲海峡到达中国。

九、结语

通过对历史上的封锁进行分析，我们发现快速、短期到中期的封锁最容易促使敌方接受停战协议。海洋国家比大陆国家实施封锁的成功率高，而近距离封锁比远距离封锁更普遍。在成功实施的封锁中，决定因素不是一种技能而是全方位的军事能力。单凭中国的新潜艇和导弹部队可能不足以有效地封锁台湾，中国可能还需要一支更加强大的水面舰艇部队和战术空中掩护能力。针对敌方海军部队和军事保障的有限目标封锁问题常常最快取得成效。

最易于成功的海上封锁类别是海洋国家对岛国或被孤立的半岛进行的封锁。例如，第一次中日战争中被封锁的是山东半岛，封锁这里能取得双重效果，既能切断敌方贸易，也能向敌方施加军事压力。然而，对于拥有足够的陆上运输和强大盟友的大型半岛或者沿海国家来说，这种封锁就不那么快速有效。朝鲜战争和越南战争期间进行的封锁就是这样的情况。

实施封锁的国家试图采取同样的方式再次进行成功封锁，可是由于被封锁国进行了相应的调整，于是第二次封锁出现了问题。19世纪90年代日本帝国对中国的封锁非常成功，可是20世纪30至40年代日本对中国的封锁却失败了。这表明被封锁的国家和实施封锁的国家都从历史中学到了经验，甚至被封锁的国家获得的经验更多。只要中国试图封锁台湾，这一条就存在意义。从1996年开始，台湾努力加强自己的海军力量，而且努力为己方争取潜在的盟友——特别是日本。

技术发生了变化，海上封锁也在变化。随着时间的推移，实施封锁的国家已经从主要依赖水面舰艇巡逻和水雷进行封锁，转向了更加广泛地使用空中力量、空投水雷和导弹进行封锁。于是，入侵敌方领土已经不那么常见了，而空中打击的威胁变得更加普遍。在"瓶颈"封锁中，比如中国大陆对台湾的导弹封锁，封锁的目标不是一支特定的海军部队或者某段海岸线，而是通过建立禁区来切断敌方的贸易路线；这种封锁的一个重要的隐含目标可能是扰乱股票市场或者提高保险费率，这会使与台湾进行贸易往来的成本变得高不可攀。

对于实施封锁的国家而言至关重要的就是防止第三方干涉，形成反封锁。在这种情况下，反封锁的一个主要目标将是切断对手的备用陆上交通线和海上交通线。历史表明，中国能够破坏封锁的部分原因是依靠自身的地理位置，它可以通过在俄罗斯这样的陆上邻国形成安全的替代陆上通道。当然，由于俄罗斯为中国海军和陆军的设备提供零部件，这也使俄罗斯具有特别重要的地位。因此，如果没有把这些陆上通道考虑在内，将很难对中国进行任何有效的严密封锁。

还可以利用严密封锁来封锁石油进口这样的关键项目。如果中国大陆对台湾进行封锁，北京一定要准备面对支持台湾地区的国家实施的反封锁，这种反封锁最有可能是由美国领导的。可能进行反封锁的地点之一是马六甲海峡西侧，这里与中国的距离足够远，因此中国难以进行强势反击，或者根本不可能进行强势反击。

然而，中国也多次经历过海上封锁。从第一次中日战争开始，中国通常都是被封锁的国家，而不是实施封锁的国家。这些历史经验将会在中国规划封锁战略时发挥作用，尤其是中国会事先做准备，规划好如何面对各种形式的反封锁。

注释：

1. 很多书中都提出对日本投放原子弹没有必要，因为当时日本即将投降。其中最著名的一本书就是 Gar Alperovitz 的 " The Decision to Use the Atomic Bomb "（纽约：Vintage Press，1996 年）。然而，麦克阿瑟将军的参谋认为日本并非即将投降，而且推测如果美国入侵日本本土，会导致数十万名美军士兵伤亡。美国国务院推测这场战争最有可能在 1947 年结束。格哈德·韦恩伯格认为"投放原子弹是关键点"，日本决定投降的原因主要在于原子弹的投放，其次就是苏联进入太平洋战场。韦恩伯格认为，此前美国对日本封锁的一个关键贡献就是日本无法将德国开发的"新武器进行有效利用"，在战争进行到大后期的时候，通过对日本实施封锁才艰难地扭转了战争的局势。Gerhard L. Weinberg 的 " A World at Arms：A Global History of World War II"（纽约：Cambridge University Press，1994 年），第 402 - 403 页，第 888 - 890 页。由于使用了核武器，美国对日本实施封锁在迫使日本投降中发挥的作用变得极其难以确定。日本的经济损失相对容易记录。最近出版的一本书得出结论认为，美国对日本的封锁非常有效，"如果没对日本投放原子弹，封锁可能已经拖垮了日本经济。" Lance E. Davis 和 Stanley L. Engerman 的 " Naval Blockades in Peace and War：An Economic History Since 1750"（纽约：Cambridge University Press，2006 年），第 381 页。

2. 中华人民共和国的导弹"测试"是否是一次封锁，这其中存在争议。作者十分清楚，将发射了 10 枚"东风 – 15"近程弹道导弹与经过数年激烈交战的情况比较起来十分困难。另一种解读会把这种行为与其他武力行动进行比较，将其描述成是一次演习。然而，1996 年 4 月的台海危机期间，中国的两个导弹打击目标区域确实对进出台湾的海上贸易造成了影响，其中包括北部的基隆港和南部的高雄港，这与更为常见的封锁目标十分相似。关于中国发射的导弹数量的信息，参阅 Andrew Scobell 的 "Show of Force：The PLA and the 1995 – 1996 Taiwan Strait Crisis"，working paper，Walter H. Shorenstein Asia – Pacific Research Center，Stanford University，1999 年，p. 5，http：//iis – db. stanford. edu/pubs/10091/Scobell. pdf. 关于作为一种新的封锁形式的中华人民共和国导弹试验的更多信息，参阅 Chris Rahman 的 "Ballistic Missiles in China's Anti – Taiwan Blockade Strategy"，发表于 Naval Blockades and Seapower：Strategies and Counter – strategies，1805 – 2005，ed. Bruce A. Elleman and S. C. M. Paine，第 214 – 223 页。(London：Routledge Press，2006 年)。

3. 本文中的表格来自 Bruce A. Elleman 和 S. C. M. Paine，"Conclusions：Naval Blockades and the Future of Seapower"，发表于 Naval Blockades and Seapower，ed. Elleman and Paine，第 250 – 266 页。

4. 在第一次中日战争中，俄罗斯对中国的帮助是所谓的"三国干涉"的组成部分，但是这是在封锁已经结束之后发生的事情。参阅 S. C. M. Paine 的 "The Sino – Japanese War of 1894 – 1895：Perceptions，Power，and Primacy"(London：Cambridge University Press，2003 年)，第 247 – 294 页。1995 至 1996 年间，俄罗斯国防部违反《导弹及其技术控制制度》向中国出售上面级火箭发动机；未经证实的报道指出，俄罗斯允许中国雇用一支俄罗斯巡航导弹研发团队，而且 1997 年初以前，俄罗斯向中国出售了数枚最先进的 SS – N – 22 "日炙"反舰导弹。参阅 Stephen J. Blank 的 "The Dynamics of Russian Weapons Sales to China"，Strategic Studies Institute (SSI) Monograph，1997 年 3 月 4 日。

5. 参阅 Kohei Hashimoto 的 "Japanese Energy Security and Changing Global Energy Markets：An Analysis of Northeast Asian Energy Cooperation and Japan's Evolving Leadership Role in the Region"(Houston，Texas：James A. Baker III Institute for Public Policy，Rice University，2000 年 5 月)，第 11 页。

6. 当然，封锁国家并非总会学到应当吸取的经验教训。这种情况的一个明证就是第二次世界大战期间德国对英国进行的潜艇封锁，这次封锁起初卓有成效，但是最终并不成功。

7. 2005 年，日本退役海军将领川村纯彦 (Sumihiko Kawamura) 在接受台湾地区媒体采访时说："我认为一旦(台湾)发生紧急情况，日本政府会帮助美国。"参阅 "China's Navy Not Yet a Threat to Japan and US"，发表于 Taipei Times，2005 年 10 月 31 日。

8. 同样，第二次世界大战期间美国对日本的封锁也缩短了时间。

9. 参阅如丁一平《世界海军史》（北京：海潮出版社，2000 年），第 761 – 780 页。

10. 参阅 Elmo R. Zumwalt Jr. 的 "Blockade and Geopolitics"，发表于 Comparative Strategy 总 4 期，1983 年第 2 期，第 169 – 184 页。引用 Charles W. Koburger Jr. 的 "SLOCs and Sidewinders：The 1982 Falklands War"，发表于 Naval Blockades and Seapower, e-d. Elleman and Paine，第 189 – 200 页。

11. 参阅 Sandy Woodward 的 "One Hundred Days：The Memoirs of the Falklands Battle Group Commander" （Annapolis, Md.：Naval Institute Press，1997 年），第 5 页；引用 Charles W. Koburger 的 "Sea Power in the Falklands"（纽约：Praeger Publishers，1983 年）。

12. 第三艘核潜艇驻扎在马尔维纳斯群岛南面用于跟踪 "贝尔格拉诺将军" 号巡洋舰。 "Falklands/Malvinas War"，Global Security. org，http：//www. globalsecurity. org/military/world/war/malvinas. htm.

13. 参阅 Koburger 的 "Sea Power in the Falklands"，第 196 页。

14. 参阅 Bryan Perrett，"Weapons of the Falklands Conflict"（Dorset：Blandford Press，1982 年），第 95 页；参阅 Koburger 的："Sea Power in the Falklands"，第 95 页。

15. 参阅 Roger Cliff 等的 "Entering the Dragon's Lair：Chinese Antiaccess Strategies and Their Implications for the United States" （Washington, D. C.：RAND，2007 年），第 71 – 76 页。

16. 参阅 James R. Holmes 和 Toshi Yoshihara 的 "Taiwan：Melos or Pylos?" Naval War College Review 总 58 期，2005 年第 3 期，第 43 – 63 页。

17. 参阅 "Russia to Sell Arms Worth ＄6 Bln in 2006 – Putin," Novosti，2006 年 12 月 7 日，http：//www. globalsecurity. org/wmd/library/news/russia/2006/russia – 061207 – rianovosti02. htm.

18. 参阅 John C. K. Daly 的 "The Dragon's Drive for Caspian Oil"，发表于 China Brief 总 4 期，2004 年第 10 期，http：//www. jamestown. org/images/pdf/cb_004_010. pdf.

19. 更多分析，参阅 Bruce A. Elleman 的 "Waves of Hope：The U. S. Navy's Response to the Tsunami in Northern Indonesia"，Naval War College Newport Paper，2007 年第 28 期。

20. 参阅 Eric Teo Chu Cheow 的 "Paying Tribute to Beijing：An Ancient Model for China's New Power"，International Herald Tribune，2004 年 1 月 21 日。

21. 参阅 Robert Collier 的 "China on Global Search to Quench Its Thirst for Oil"，San Francisco Chronicle，2005 年 6 月 26 日。同时参阅 "Indonesia Expects Bank of China's Loan for Gas Field Project," 发表于《人民日报》，2004 年 3 月 4 日，http：//english. people. com. cn/200403/04/eng20040304_136457. shtml.

22. 参阅 "Indonesia's Stature Rises with New Security Pact"，Christian Science Monitor,

2006 年 1 月 17 日。

23. 参阅 Bates Gill 和 Yanzhong Huang 的 "Sources and Limits of Chinese 'Soft Power'"，Survival 总 48 期，2006 年第 2 期，第 17－36 页。

24. 参阅 Tom Raum 的 "U. S. May Boost Image if Efforts Seem Nonpolitical"，Philadelphia Inquirer，2005 年 1 月 5 日。

25. 参阅 Richard Halloran 的 "China Intent on Aircraft Carrier Goal"，发表于 Washington Times，2007 年 5 月 28 日。

中国无油可用

■ 加布里埃尔·B. 柯林斯 威廉·S. 默里①

消费品上无处不在的"中国制造"的贴纸和标签每天都在提醒我们：中国正经历着令人难以置信的经济增长。全世界似乎习惯了中国经济强势发展的现象；分析家预测中国的经济至少在未来十年中，将每年增长10%。这样引人注目的经济增长速度已经让数百万中国人脱离了贫困，也为全球经济带来了巨大的益处。也可以认为中国的经济增长就是保证中国共产党的执政权的关键。

西方和亚洲对中国廉价商品的渴求大大推动了中国的经济增长，但是中国的经济发展必须依赖原材料进口，比如铝土矿、铁矿石、木材以及或许最重要的是原油。中国曾经是原油的重要出口国，但是在1993年变成了净进口国，而现在中国正在努力解决对进口石油的依赖问题。

中国的安全分析家担心依赖进口石油存在潜在的风险，中国未来的对手可能会想方设法利用中华人民共和国这一点。[1]中国每天进口原油3 300万桶，其中大约80%都要经过马六甲海峡运输。这样狭窄的通路可能会有助于在发生危机的时候阻断中国的石油生命线。[2]美国、印度和日本都被看做是可能对中国实施封锁的国家，但是中国的观察家似乎认为只有美国一个国家既有能力也希望对中国的石油运输进行封锁。[3]中国近期发表的一篇文章提出，与台湾发生冲突以及中国崛起而变得不友善并对其他大国形成直接威胁，这两种情况最有可能引发对中国的石油封锁。[4]

一些中国分析家提出，保护运送石油和其他关键原材料的航路的需求是中国积极进行空中和海上的现代化建设项目的关键推动因素。[5]然而，尽管取得了引人注目的进步，中国海军在保护中国的石油供应海上交通线方面

---

① 威廉·S. 默里（William S. Murray），美国海军军事学院作战模拟系研究与分析室助理教授。1983年纽约州立大学布法罗分校电气工程学士，1994年海军军事学院硕士。退役潜艇军官，随攻击型核潜艇在大西洋和太平洋部署过，有核潜艇艇长资质。在《国际安全》、美国陆军军事学院的《界限》《比较战略》《美国海军学会会刊》《简式情报评论》和《水下作战》等刊物发表过文章。

能力依然不足。中国海军存在很多不足之处：缺乏可靠的可以进行加油和补给的港口，而且支持远距离行动的海上补给舰的数量也不足，等等。更为核心的问题在于，中国海军很少执行远距离任务，而这种任务能为保护海上交通线的使命提供至关重要的训练经验。

与之相比，中国的一些潜在对手有数十年的蓝水经验、世界级的后勤补给能力、在全世界都可以利用的补给港以及针对公海上的战争进行的作战规范制定和设备的设计开发。中国的战略家认识到了与这些对手之间存在的差距，可能正在制订计划来应对任何可能试图切断中国的石油生命线的行动。

本章将考察针对各种形式的能源封锁，中国可能会做出何种反应。[6]本章的前两个部分讨论了进行远处封锁可能采取的方式，而且将考察中国可能会对这样的行动做何种反应。第三部分设想了一种近处封锁的方式，然后分析了中国可能的反应。第四部分考察了"护航封锁"的可能性，最后一部分分析了针对中国的原油运输和原油加工能力的限制战略。

文章得出结论，对中国的能源封锁将会对全球的经济和政治局势造成大规模的破坏。希望直截了当地讨论能源海上航线的安全将会在中国和其他主要石油消费国之间增进互信，并为深化能源安全合作打下基础。

一、设想

世界各国都迫切希望经济保持持续增长，而且相互之间高度依赖，这决定了大规模战争发生的可能性不大。无论如何，本章设想了中国与实施封锁的国家之间进入了战争状态。即使没有发生战争但是实施了"禁运"仍然可能引发公开对抗，因为这将威胁到中国的持续经济增长，而且这种行为会被北京解读为毫无道理、不可容忍的对中国主权的侵犯。因此，我们推断北京将会把以任何名义进行的封锁都解读为战争行为，并采取相应的行动。

本章也设想如果面临能源封锁，中国将会限制或者禁止使用私人汽车和其他并非必不可少的交通工具，而且会对柴油发电机的所有者和其他非政府的石油用户实施所有液态燃料的销售配给制度。这样的方式将会降低中国的石油需求量。或许仅仅依靠国内生产的石油、哈萨克斯坦及俄罗斯的油气管线输送的燃料以及铁路运输的进口燃料，中国就可以满足自身的能源需求。中国现在的非海上石油进口总量为每天350万桶，到2010年可以达到每天400万桶。作为对比，在2004财年，美国军队在伊拉克和阿富汗都参加了战争，而且还进行了各种常规行动，当时美国大约每天使用39.5万桶石油。[7]尽管无法在假设的基础上将美国军队的石油消耗量直接与中国军队的石油消费量进行类比，但是这些数据有力地表明甚至在高度紧张的冲突中，如果出口渠道不变、关键的非能源进口量不降低，中国仍然会有足够的石油来保证本国军队的正常运转。

阻断中国的能源进口，但是允许中国继续进口其他原材料并出口制成品，我们知道这样的封锁是人为的，不太可能出现。对中国港口的进出口海上运输进行全面封锁会比单独进行能源封锁作用大得多。然而，中国国内的讨论很多都直接针对进行海上能源封锁的情况。因此，本章仅探讨潜在的能源封锁机制及中国可能做出的反应。

二、远处封锁

对于中国的能源封锁可以在马六甲海峡和霍尔木兹海峡这样的瓶颈地区实施，这两个地区距离中国的海岸线都很遥远。中国分析家担心相对少量的舰艇就可以在这里有效地切断中国的石油生命线，这或许是很有道理的。毕竟，远处的海上能源封锁对于准备与中国发生冲突的每一位军方和非军方的领导都有很大的吸引力。一旦封锁成功，就有可能产生政治利益，而发生武装冲突的可能性又很低。[8]另外，至少从近期来看，中国的常规军事力量没有什么办法来直接对抗这种封锁。

这种情况下，中国面临的最大障碍就是中国的海军基地与这些能源瓶颈地区的距离。中国的海军舰艇很少在本国海域以外很远的距离执行任务，或者长时间执行任务。只有几次例外的情况，中方人员可能没有多少在战争时期进行长期远距离行动的经验。雪上加霜的是，在保证远距离行动方面，中国海军的补给舰的数量和人员经验都不足。[9]因此，近期中国海军的反封锁特遣队执行任务时，可能需要达到自己的行动能力和作战范围的极限或在极限以外行动。另外，实施封锁的部队可能不会存在这两方面的限制。远距离行动的另一个特性就是，中国海军的舰艇可能在他们进入敌方舰艇武器的攻击范围之前，甚至他们一旦离开中国港口就会被探测到。因此，在整个航行过程中，中国的水面舰艇行动编队将会易于在实施封锁的部队选择的地点受到来自水下、水面和空中的攻击。

中国人民解放军还可以采取一种不对称的策略，那就是动用空中发射的反舰巡航导弹来打击实施封锁的舰艇。可是距离远、中国的飞机可能被敌机早期发现、中国又缺少足够的空中加油能力，这些因素会限制所有空中打击部队发挥自己应有的能力。另外，在远离中国内地的地区执行任务的中国人民解放军的轰炸机和战斗机都极易遭受敌军的舰空导弹、陆基空中优势战斗机和舰载机的攻击。中国大约拥有 90 架高性能的苏 – 30 战斗轰炸机，这些飞机可以飞抵马六甲海峡并在那里与敌人的水面舰艇作战并返航。然而，执行这样的任务需要娴熟的空中加油技术和远距离打击技巧，而我们还没有发现中国人民解放军具有这方面的能力。有鉴于此，现在中国对实施封锁的部队进行成功的空中打击的可能性不大，尽管中国人民解放军如果为执行此类行动开发了新的作战原则和基础设施，并取得了一定的经验，这种情况就可能发生变化。

另一种方式是，中国可以用自己的潜艇部队来对实施远距离封锁的舰艇进行威胁。然而，中国海军的潜艇可能会处于劣势。试图从中国内地的基地驶往马六甲海峡的所有潜艇都要突破实施封锁国家的反潜部队，而有些国家的反潜能力非常强大。[10]中国的柴油动力潜艇在远距离航行的时候可能不得不频繁进行换气，这就大大增加了被探测和摧毁的可能性。中国海军数量有限的、噪音非常大的攻击型核潜艇可以从中国北海舰队的基地起航，但是在航行途中易于遭到攻击。中国海军的潜艇很少进行远距离巡逻，所以中国海军的潜艇部队很可能对于如何执行此类行动也没有形成体系的经验。

另外，如果在马六甲海峡对中国实施封锁，那么中国海军的潜艇将无法发挥作用。马六甲海峡的大部分水域都很浅，无法允许潜艇从水下通过或者允许任何潜艇在水下长期执行任务。如果对中国的封锁位于马六甲海峡的西侧入口，中国海军的潜艇将不得不在两种方案中选择一个，要么就采用水面航行通过马六甲海峡，这样会很容易被发现并遭到攻击，或者派潜艇绕过印度尼西亚群岛，这样的航行更加充满挑战。由于各种各样的原因，浅水对鱼雷的使用有很大的限制，因此中国海军的潜艇至少在马六甲海峡的很多区域都无法使用它们最为致命的武器。由于无法很好地区分目标，从统计上来说，中国海军的反舰巡航导弹也很难在拥挤的海峡对敌舰进行成功的打击，特别是无法有效进行远距离打击。所以中国海军的反舰巡航导弹在马六甲海峡的作用也很有限。[11]霍尔木兹海峡也存在同样的问题。于是，尽管中国海军的潜艇所代表的威胁不能被完全忽视，但它也不是反封锁的神兵利器。必须要提的是，如果"商"级（093 级）潜艇或者任何中国的新型攻击型核潜艇（或者从某种更为有限的程度上来说，不依赖空气推进的柴油动力潜艇）更为安静、可操作的话，那么它们对水面舰艇造成的威胁会大大提升。

由于对敌方执行远处能源封锁的部队进行直接打击的能力有限，因此，中国可能会认真思考在其他地点采取报复行动，[12]也可能会进行的一种选择是使用潜艇在实施封锁国家的商业港口和海军基地的入口布设水雷。另一种选择是使用短程或中程弹道导弹来打击地区性的目标并用潜艇攻击实施封锁国家的补给舰。[13]存在有力的证据表明中国已经开发出了一种与战斧巡航导弹类似的对地攻击巡航导弹。[14]在不久的将来，这种武器，特别是远距离轰炸机或者潜艇发射的变体，可以针对大量关键的区域性目标进行打击，这就为中国提供了一种强大的非对称性反应的手段，也可以利用潜艇或者经过改装的商船在敌方的港口通道布设水雷。对这些威胁进行防御可能会消耗实施封锁的海军的精力，迫使敌方的每艘舰艇都在整个区域采取战术防御措施并使整个战区的军事力量承受压力，因为它们要努力保护自己脆弱的基础设施。中国还可以采取大量其他的升级措施来对能源封锁做出反应，尽管中国承诺"不首先使用"核武器，或许也会动用核武器。

尽管从实施封锁的国家的角度来看，远处封锁似乎相对来说更有吸引力，但是实施这样的封锁存在着几个关键问题。需要把捕获的船只、货物和船员押解到一片中心的管控区域。如果被捕的船员不愿意继续驾驶船只，实施封锁的部队除了驾驶战舰押解捕获的船只以外，还不得不派出押解船员的水兵来驾驶货船。这将会是一个非常复杂的工作，如果短时间内捕获了多艘船只，这样做是非常困难的。很多水兵都掌握了操作油轮所需的知识，这样的情况不太可能出现。而且大部分海军舰员的训练要求都不包括押解船员。选择管控区域也会存在诸多问题，因为东南亚国家可能会拒绝公开帮助实施封锁的国家。另外，很多港口甚至大多数港口的水位都很低，无法允许吃水很深的超级油轮进入。

除了找到停泊截获油轮的地点以外，实施封锁的国家还将面临如何处理被捕船员和货物的错综复杂的问题。油轮的船员通常来自多个国家，而且任何被捕获的油轮和货物的所有者都会向本国的政府提出强烈抗议，而这些政府又会向实施封锁的国家施加压力，要求他们释放捕获的船只，这会导致封锁中并不鲜见的多次捕获同一艘船的情况。[15]

石油贸易的灵活性会使远处封锁很难成功实施。每天有约 52 艘载有 1 170 万桶原油的油轮经过马六甲海峡。[16]实施封锁的海军部队必须确定这些油轮中哪些是每天向中国运送 330 万桶原油的油轮。[17]也许辨认并拦截挂着中国国旗的油轮或者已知的属于中国的油轮可能会相对容易。可是现在只有约 10% 的中国能源进口由本国的船只负责运输，这就要求实施封锁的部队可以准确地辨认并拦截剩下的 90% 的船只。[18]航行在阿拉伯湾至远东航路的载重量为 25 万吨的巨型油轮每次航行运载的原油量仅仅略低于 200 万桶。这表明每天只需要两艘巨型油轮就可以运载中国每天的进口石油量，对于正在考虑对中国进行远距离海上能源封锁的海军来说，这可能是个好兆头。但是在某一天向中国运输原油的油轮数量可能会有很大的差异，这取决于商业利益，我们将很快讨论这一点。油轮的数量可能在 2 ~ 10 艘，或者更多。油轮的数量可能会比较多，这种情况表明，提前确认哪些油轮是航向中国可能会非常困难。因此，就要登上每艘经过这条海峡的油轮，并检查船运单据。能提供写有石油是运往日本、韩国和菲律宾或者其他地点的合法的海运提单的油轮都将被放行，[19]而海运提单上写有运往中国字样的油轮将会被扣押。

利用传统的商业方法可以很容易地破坏远处封锁。货物在装货港和目的港之间进行销售的情况并不鲜见，有些油品在油轮仍在海上航行的时候就会在现货市场上经过多达 30 次的转卖。[20]这表明，一艘油轮可能具有将货物运往韩国的合法的海运提单，但是在它经过检查通过封锁以后还是会将货物卖给中国。如果一个国家仅仅依靠检查海运提单来确定一艘油轮的最终目的地，那么当今石油贸易的这个特点将会为它带来极大的麻烦。另外，油品常常进行"分装"，即一艘油轮上装载了运给多个客户的石油。[21]例如，巨型油轮上可能载有 200 万桶原油，其中的 50 万桶运往新加坡、50 万桶运往韩国、还有 100 万桶运往中国。如果人们认为即将对中国的海上石油运输进行封锁，那么中国的石油进口中分装的现象可能就会迅速增加，因为中国的石油进口商希望避免自己的石油被分离出来。即使船长坦言自己运送的货物中有 1/4 是运往中国的，那么实施封锁的国家如果扣留了这艘也载有运往韩国和新加坡的原油的油轮，它可能也会面临非常严重的外交和经济压力。这个问题在与台湾相关的冲突中可能会特别突出，因为这个区域的国家可能不愿意在中国和外部势力的冲突中表态。

船运单据也可以伪造。伪造的单据可能会非常逼真，尤其是如果中国政府帮助（这无疑会发生）进行这种造假，那么伪造的单据就更加难以分辨。因此在进行封锁时，实施封锁的国家可能无法找到任何海运提单上写明目的地是中国的油轮。中国政府和国有能源公司几乎必然会为私营的承运人和石油生产商提供足够的补偿来保证他们愿意在这个过程中进行配合。

在执行封锁任务时可能会发生的另一个问题就是船只可能会直接拒绝

停船，不让封锁方登船检查。如果不是在发生全面战争的情况下，击沉一艘不配合检查的巨型油轮似乎不是一种好方法，因为货物的价值很高，击沉油轮可能会造成漏油而引发环境危机，还会威胁到普通船员的生命。要承担如此之高的代价，实施封锁的国家可能会尽量不依靠暴力行为来让船只配合检查，但是击伤了一艘外国船只（比如希腊或者挪威的巨型油轮）可能会产生严重的外交影响。实施封锁的国家可能不需要发射一颗炮弹或者使用其他的致命武器就可以拦截不配合的船只，但是如果大量的船只都拒绝实施封锁的海军士兵登船，那么这些方法也会使封锁方负担过重。北京可能会组织船只一起进行反抗，比如一天中有十艘船拒绝登船检查。

战争时期的海上保险问题和它对海上石油运输的影响也是值得思考的。在正常的情况下，油轮的船身保险每年的保险费占油轮价值的 2.5% ~ 3.75%，[22]那么价值为 1.3 亿美元的巨型油轮的所有者每天要承担的保险成本为 8 900 ~ 13 300 美元。然而，中国和英国、法国、美国、俄罗斯之间一旦发生战争，以伦敦的劳埃德保险公司为首的众多保险公司将会自动废除船体保险，即在冲突期间，来往中国的一切海运都将自动停止。[23]然而，在实践中，如果船只航行的区域是宣称的战争风险的隔离区，那么货主和承运商就可以获得船舶战争险和罢工政策的赔偿保障。[24]在这种宣称的战争风险隔离海域中，船舶航行一次的保险费率可以飙升到船舶价值的 7.5% ~ 10%，这意味着同样的巨型油轮的经营者在危险区域航行时，将不得不为油轮的每次航行付出 890 万 ~ 1 330 万美元的保险费。[25]北京如果希望继续利用私营承运商进行石油运输，就要为承运方的这种成本提供直接或者间接的补贴。

可以想象，中国的国有油轮可以进行自保险并放弃付出这种保险金以便维持到本国的石油运输不中断。这可能说明了为什么最近中国国有石油公司建立了一支大型的油轮船队并投入运营，这种情况在本书中柯林斯和埃里克森撰写的章节进行了描述。另外，中国可能会采用直接付款或者某种形式的洗钱机制来吸引承运商和船主。足够高的回报可能会吸引一些承运商在没有保险的情况下驶入战争区域。提供合适的工资也就能找到愿意工作的船员。[26]这样就可以解决潜在的封锁中保费提高的问题。

然而，规避封锁的另一种方法可能是完全避开马六甲海峡，让油轮通过龙目海峡和巽他海峡航行，甚或是从太平洋的公海区域绕行澳大利亚来抵达东亚。[27]这会使远处封锁更加不可能实现既定目标，而且会需要增派更多的封锁部队。如果每个海峡都要配备四艘水面舰艇、一艘提供保护的潜艇、还有一艘补给舰，那么守卫这些通道将会要增加 12 艘水面舰艇、三艘潜艇和三艘补给舰。[28]重新规划航路可能会导致东亚客户的海上石油供应中断 4 ~ 16 天，这取决于承运商采取的新航路是经过龙目海峡还是被迫绕过整个澳大利亚。换句话来说，这样会增加运费，并最终抬高所有的石油用户需要承担的油价。图 1 显示了油轮重新规划航路绕开马六甲海峡导致的对油轮的更大的需求，以及运输中断的时间。

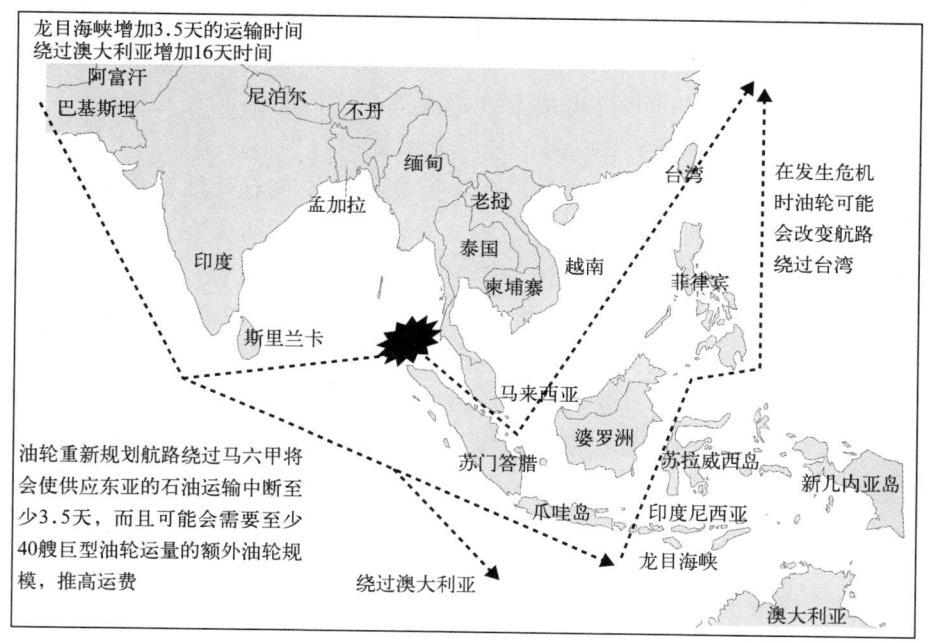

图1　中国的油轮重新规划路线的选择

来源：《现代舰船》2006 年 10 月。

远处封锁还将无法切断中国从邻国获得的转运石油。实施封锁的国家可以对东亚国家施加压力来防止这种转运，但是经济利益的吸引可能使一些商人违反这种限制，这种情况也值得注意。另外，防止转运将会意味着在大陆附近拦截大量将石油运往中国的较小的船只，这个问题随后将会讨论。

三、估算所需的兵力

执行前面讨论的远处封锁，要面临一些相关的实际问题，这要求实施封锁的国家投入大量的兵力。这将会产生很高的机会成本，因为这减少了应对冲突的可用的舰艇数量，而最初正是这种冲突引发了封锁行动。执行远处封锁所需的水面舰艇的大概数量可以估算出来。推动因素就是需要确定哪些通过马六甲海峡的油轮要将原油运往中国。如果一定要登上每艘油轮才能进行判断，那么或许每艘战舰可以在 24 小时中向四艘油轮派出登船检查的部队。由于每天通过海峡的油轮是 52 艘，那么就需要配备 13 艘水面舰艇。如果需要登船检查的油轮的数量可以采用某种方法进行缩减，或许可以对提单进行某种方式的电子确认，那么舰艇的数量就可以减少。这样或许六艘战舰再加上一艘专用的补给舰就可以完成所需的登船检查任务。[29]

这样一支有限的部队也将由于维护或者战损的原因而需要在战区内进行替换，而且如果执行封锁任务的船只必须要执行押送或追踪任务的时候，还需要有备用的战舰。那么要在马六甲海峡保证安全有效地实施封锁将会需要有多达十艘水面舰艇和至少两艘补给舰。如果还需要在龙目海峡、巽他海峡和绕过澳大利亚的航路进行巡逻，那么所需舰艇的数量就需要相应增加。笔者推算每增加一个海峡就需要增加三艘水面舰艇和相应的补给舰，这样才能提供合理的保障，保证对所有经过的油轮都能进行登船检查，而且如果有必要，还要将油轮押送到检疫锚泊地。这样，就至少需要一共 16 艘水面舰艇和至少四艘补给舰，还不算可能会需要的支持部队，可能需要它们拦截并对抗中国的反封锁部队的攻击，而且也没有计算替换最初部队所需的轮换部队。显然，只有大规模的海军才可能会考虑进行这样的封锁。

四、进一步限制和中国的选择

除了前面讨论过的问题，远处的海上能源封锁仍将无法阻止经过陆上运输的石油输入中国。同使用较小的船只进行转运一样，大量的利益刺激将催生很多新的将石油运往中国的方式，比如输油管道、火车、汽车等方法。俄罗斯现在每天通过铁路向中国输送 30 万桶石油，而且据推测，到 2008 年年底，通过输油管道运送原油的能力将达到每天 28 万桶。要想切断中国的陆上石油供应就需要对深入中国内陆的关键基础设施进行攻击，而随之而来的可能会导致冲突升级，带来各种风险。值得注意的是，如果没有俄罗斯的默许，历史上对中国的封锁无一成功。

如果遭到封锁，中国还可以采取外交手段进行抗衡。除非中国有什么重要的行为让国际社会联合起来反对中国，否则实施封锁的国家可能就要单独面对中国。实施封锁的国家可能具有军事优势，但是中国对国际经济至关重要，这意味着实施封锁的国家可能会面临巨大的国际压力要求它快速结束行动。随着对经济破坏的增大，这种压力会逐步加大，而且会产生实际效果，让实施封锁方失去盟友甚至最终被国际社会所唾弃。与之相伴的国际外交压力将会严重妨碍封锁行动，而且即使封锁无懈可击，可能也需要数月甚至数年才能完全发挥作用。无疑，中国也会利用其强大的外交能力以能源和经济利益来联合其他国家，这样，使实施封锁方的外交、经济甚至军事成本都进一步增加。

在可能采用的外交手段中，中国可能会决定（或威胁）向与实施封锁的国家存在敌意的国家提供它们以前无法获得的武器，或者采取报复政策撕毁以前与实施封锁的国家之间签订的对其有利的协议。中国可能会将本国油轮的注册国改为其他国家，这样就使登上这些油轮的合法性变得异常复杂。根据防扩散安全倡议的拦截原则声明，参与的国家都同意"如果其他国家认为本国船只装有与大规模杀伤性武器相关的货物，该国会认真考虑在合适的环境下同意其他国家的调查人员登上本国的船只进行搜查并扣押与大规模杀伤性武器相关的货物"。[30]中国的决策者认为实施能源封锁的国家也可能以一种大体上类似的方式说服或迫使一些国家来默许他们登船、搜查货物并拦截船只，这是很有可能的。这样中国可能会试图将油轮的注册国变更为实施封锁的国家不愿意与之对抗的国家。这样，这些油轮就可以不受影响地穿过远处的封锁，除非实施封锁的一方准备好应对冲突规模大幅度扩大的风险。

中国可能也会试图去破坏敌方的能源体系，比如破坏美国的能源体系。飓风卡特琳娜证明了墨西哥湾沿岸的石油生产、提炼和分配体系不堪一击。依靠进口油气作为能源的其他国家无疑具有类似的易于遭到破坏的能源基础设施集中的区域。中国可以对这些地点和其他关键的节点进行物理攻击或者电子攻击，这就会限制实施封锁的国家可以进口的石油量。对于金融、电力甚至食品的分配网络的类似的攻击也可能发生，而且可能会产生非常深远的影响。

简言之，尽管中国可能无法依靠传统的军事力量有效对抗潜在的远处石油封锁，但是可能通过商业、外交和非传统的军事方法来大幅度降低封锁的效果。即使中国无法通过这些机制维持自己在和平时期的石油进口水平，中国凭借限制国内消费、国内生产的石油和通过陆路进口的石油也可以维持很长的时间，中国唯一要面对的限制就是中国领导人要说服本国人民，为了让敌人放弃封锁付出这些代价是值得的。同时，在商业利益和外交的推动下，世界各国必将强烈要求继续与中国进行贸易。这种情况似乎对北京是有利的，而对实施封锁方是不利的。

五、"供应方"封锁

一个想要对中国进行能源封锁的国家可能会考虑实施"供应方"封锁，这样就要禁止伊朗、阿曼、沙特阿拉伯这样的石油出口大国向中国出口石油。实施这种封锁可以有两种方式，要么说服这些国家减少它们的石油出口量（减少的数量等于平时向中国的出口量），要么监视驶出这些国家的油轮，如果这些油轮将石油运往中国，就对它们采取惩罚性措施。然而，对供应方的封锁可能会需要使用武力来迫使伊朗或者委内瑞拉这样不愿配合的石油出口国进行合作，这样就大大增加了发生冲突的可能性。通过减少世界石油市场上的石油供应总量，对供应方的封锁将会引发中国和其他石油消费大国竞相加价购买石油，导致所有石油消费方的成本增加，其中也包括实施封锁的国家的石油消费者。另外，从 1973 年的阿拉伯石油禁运可以发现，甚至被禁运的国家最终也会从实施禁运的国家获得石油，更不用说通过第三方加价购得石油了。这样，对于供应方的封锁将既没有效果，也不可行。

六、近处封锁

如果远处封锁切断了大型油轮向中国运送石油的通道，可能就会出现新的情况，中国更多地使用较小的船只来运送石油。为了摧毁这样的运输模式，实施封锁方将不得不考虑采取近处封锁。

实施近处封锁将需要在中国三个主要的石油运输港集中区域——广州/香港、上海/宁波、天津/大连附近部署水面舰艇。这三个区域中每一个都需要约六艘水面舰艇完成登船检查的任务，如果有必要，还要拦截试图突破封锁线的船只。实施封锁的部队还需要做好准备，发现了中国和其他亚洲国家的海岸线附近有进行运输的小型船只就要进行拦截。所有这些方法都将需要在中国海岸线附近部署几十艘水面舰艇。在这样的战争环境中执行任务的舰艇所要面临的风险很大，而且实施封锁的国家可能很快就陷入了海战和空战的消耗之中。为了在这样的情况中占据优势，实施封锁的国家可能会试图打击中国海军的支持设备（比如，指挥控制节点、舰队指挥部、海军的舰艇补给站）。这种行动可能非常容易引起对抗升级，这也是远处封锁和近处封锁的重要区别。

七、护航队封锁

实施封锁的国家可以采用的另外一种方式可能是建立一种护航队系统。建立这些护航队不是为了完成防御目的，而是为了保证其他国家同意对中国进行能源禁运。每支护航队都将包括驶向中立或友好的亚洲国家的油轮，而且会由一艘水面舰艇进行护航。而其他油轮都不允许在东太平洋的水域航行。假定每天需要有五艘巨型油轮为中国以外的亚洲国家供应石油，建立这种护航队系统所需的后勤保障可能会压垮大部分甚至所有国家的海军。我们推测每组五艘巨型油轮从新加坡航向釜山的往返行程需要 20 天以上，再加上两天的停航时间。每次执行 22 天任务的护航队会需要至少一艘护航的水面舰艇和相应的补给舰。还需要准备备用的舰艇在护航舰艇进行维护和修理的时候执行任务，而且要有巡逻系统来保证没有其他船只从东部或经由其他路线进入中国。这将需要庞大的军队而且只能有世界上最大规模的海军才能实施，而且这种行动只能在邻国的积极配合下才能实现。

八、能源切断

由于前面讨论的海上能源封锁的措施存在缺陷，实施封锁的国家可能会寻求防止中国能源进口的其他办法。想要对中国进行至少部分能源封锁的一种可行的办法是防止中国加工和分配石油，而不考虑石油是如何运往中国的。中国和其他的主要石油消费国一样，都易于遭受精确打击武器对其关键的基础设施（比如炼油厂和泵站）的打击。对这种关键的基础设施的摧毁几乎可以使中国完全失去炼制原油或者有效运输精炼油的能力。可以想象这种方式需要的军事力量和造成的破坏会很小，而且也最大限度地减小了攻击部队面临的风险。

一个强大的对手可以在非常短的时间内摧毁这样的目标。反过来，攻击方可能会考虑采用一种精心选择的方式来表明自己的决心，迫使对方与自己签订停战协议。在这样的一个行动中，卸油码头和附近的战略石油储备设施可能会首先遭受攻击，然后就是中国从哈萨克斯坦和俄罗斯获取石油的中国境内的输油管线上的泵站，最后如果有必要的话，就会攻击炼油厂。摧毁了炼油厂之后，中国可能会在六个月或者更长的时间内失去利用石油生产液态燃料的能力。[31] 然而与海上封锁不同的是，海上封锁的情况可能迅速转变，而破坏需要半年或者更久的时间才能更换的炼油设施将会对中国的经济产生严重的长期影响。另外，这种行动非常可能被看做是一种不可逆的行动，极易引起冲突升级。更为严重的是，俄罗斯和哈萨克斯坦可能会由于本国大部分的能源出口不复存在，而且推测与它们接壤的中国的政治、社会、和经济会发生巨变，导致它们做出强烈的反应。

九、中国对于精确规划的切断其能源通道的行为可能会做出的反应

中国军方领导无疑认识到了中国的对手可能会想方设法破坏中国的能源基础设施。中国在先进防空系统中进行了大量的投资，比如俄罗斯的"SA－10""S－300"和国内的仿制型号"红旗－9"，这表明中国正在获得在这种任务中所要依赖的对精确打击武器系统的对抗手段。[32]中国也可以通过储备迅速重建关键的能源节点所需的部件，来防止敌方发动这种攻击。中国担心本国的能源基础设施和其他关键的潜在目标遭到精确的常规武器的攻击，这或许也可以解释为什么中国的海军现代化的规划似乎总是希望可以将敌方部队驱赶到"第一岛链"以外，并最终将它们驱赶到载人战术飞机和巡航导弹的攻击范围之外。[33]

如果中国的能源基础设施成为了精确打击的目标，那么中国可能会采用前面描述过的手段进行报复。然而，中国可以采用的对称的军事手段不太可能发挥作用，因为实施了精确打击的海军部队可能会在远离中国的位置行动，这足以为它们提供一定的安全保障。中国难以对精确打击进行反击，因此，中国现在的压力越来越大。而这种压力又是伴随着引发封锁的危机而来的。

能源切断行动的一个更为严重的问题是对中国大陆发动了攻击。这与进行海上封锁的目标截然相反。我们实施海上封锁是因为它只依赖对武力的有限使用，而且在使用以后可以快速调整迅速撤出，不会带来什么永久性的伤害。然而，精确的能源切断行动中采取的手段会对中国的经济增长带来严重的威胁，也会威胁到中国领导的生存和他们统治的合法性，因此极有可能造成冲突升级。北京很早以前就已经拥有了核武器，现在又有了新型弹道导弹核潜艇上安装的远距离潜射弹道导弹和机动洲际导弹系统，中国的核威慑的生存能力进一步加强。中国人民解放军的高级官员偶尔会私下里谈到使用核武器，这引出了这个切实的问题：中国动用核武器的红线在哪里。人们可能会希望能够避免这种情况的发生，只有在最根本的为了国家生存进行的无限制斗争中才会使用核武器。

十、结语

尽管一些海军部队实施的远处海上能源封锁可能只存在中低级别的战术风险，但是它可能无法阻止中国通过备用海上航道、提单造假或第三方石油转运的方式获得进口石油。随着中国提升自身的海上和空中部队的攻击范围和打击力度，这样的封锁将会变得更为不切实际。另一方面，近处封锁可能会需要大量的舰艇到中国附近执行任务，而中国拥有的反介入武器系统威力越来越大，如果用于对抗封锁，实施封锁的部队面临的风险就会增加。护航队封锁也将需要大量的部队，而且对中国海上石油运输的供应方的封锁只能推高全世界所有石油消费者购买石油的价格。

这些封锁方案中没有一种可以阻止中国通过输油管线、铁路或者公路将石油输送到中国，而且没有一种方案可以阻止中国从国内的油田获得石油。2005 年，中国国内的资源占了中国石油消耗的 60% 以上，而这一年，中国进口的石油只占中国全部能源消耗的约 10%。这些数据有力地说明中国可以应对海上石油进口的全面封锁。另外，有效的封锁一般也需要经过数年的时间才能实现自身的目标，甚至实现目标后，还要将封锁融入一场全面的军事行动之中才能取得最终的成功。而进行全面的军事行动通常要对被封锁国家进行入侵或者实施大规模的空中轰炸。[34] 难以想象任何一个实施封锁的国家会在一场有限的战争中采取这样的行动。

本章考察了封锁的情况，给出的最终结论似乎与中国海军的分析家和观察家的普遍看法相反，如果没有发生全球性的战争，中国并不易于成为海上能源封锁的目标。[35] 这具有深远的意义。首先，这表明中国不需要为了保护自己的能源海上交通线，为了对抗潜在的敌对海军部队做准备而提升自己的海军实力。认识到这一点可能会使中国国内的讨论重新进行调整，让中国增加透明度，并促使中国与相关的地区性国家之间增进相互信任。这反过来可能又会为中国海军打开一扇大门，让它与其他国家的海军进行更为有意义的海上交通线安全领域的合作。

中国的能源需求急剧增长，地区性国家总的来说都在促进本国海军的现代化建设，这两个趋势引发了对坦诚商讨关键的能源和海上安全问题的迫切需求。实施海上封锁这样艰难的话题让讨论的内容更为具体，而且可能会帮助参与方跨越"交谈"的阶段而进入政策"实施"阶段。

加深中国和其他地区性和全球性国家之间的理解可能有助于缓解紧张关系，催生出能源运输安全方面更为有效的多边解决方案。这可能会通过诸如鼓励国际能源机构接受中国成为其正式成员国、增进军队之间的相互接触，提出共享战略石油储备管理技巧等方式来实现。中国认为自己易于遭受能源封锁，如果潜在冲突的任意一方没有谨慎对待这个问题，无论它的行为是不经意的还是故意的，都将破坏整个安全局势，并最终使全世界都失去安全保障。

注释：

1. 例如参阅 Gabe Collins、Andrew Erickson 和 Lyle Goldstein 的 "Chinese Naval Analysts Consider the Energy Question", in Maritime Implications of China's Energy Strategy, Interim Report, Chinese Maritime Studies Institute, U. S. Naval War College, 2006 年 12 月。

2. 参阅 P. Parameswaran 的 "U. S., China, India Flex Muscle over Energy – Critical Sea Lanes", Agence France – Presse, 2006 年 10 月 4 日，刊载于 http://www. defense-news. com/story. php？F = 2151823&C = asiapac.

3. 参阅凌云的《龙脉》，发表于《现代舰船》，2006 年 10 月，第 8 – 19 页。

4. 参阅凌云的《龙脉》，第 15 页。

5. 参阅 Lei Wu 和 Shen Qinyu 的 "Will China Go to War over Oil?" Far Eastern Economic Review 总 169 期，2006 年第 3 期，第 38 页。

6. 本章中提到的 "封锁" 一词用于描述切断一个特定国家的货物运输的行为，在这里是指与石油相关能源的运输。我们知道封锁的法律要求和定义可能与本章中提到的设想的情况有所差异，但是对于一个在战争期间试图切断敌国能源通道的国家来说，这些差异并非无法克服。众多有力的理由让我们认为，中美之间发生战争的可能性微乎其微而且这样的战争是大家都不希望发生的。

7. 参阅 Sohbet Karbuz 的 "The U. S. Military Oil Consumption"，2006 年 2 月 25 日，刊载于 http://www. energybulletin. net/13199. html.

8. 本章中提出的封锁方法是对可疑船只进行登船检查。载有违禁品的船只将被扣留或押往羁押港，而载有合法货物并驶向许可地点的船只将被允许自由通行。本章没有设想在无限制的战争以外对可疑船只进行选择性的或无差异的击沉行为。

9. 2006 年夏末，中国海军向加拿大和美国的西海岸部署了 "旅沪" 级驱逐舰 "青岛" 号和一艘补给舰，这是罕见的例外。

10. 中国人民解放军海军位于海南岛南部的潜艇基地与马六甲海峡的距离约为 1 200 海里。中国人民解放军的柴油潜艇可以在不会迅速耗光电池的情况下，以约 4 节的最大速度进行静音潜航。那么，它们就可以每天航行近 100 海里，从基地航行到马六甲海峡将需要 12 天。到达马六甲海峡以后，中国海军的潜艇还要在马六甲海峡拥挤的浅水区附近对抗实施封锁部队强大的联合反潜部队。中国海军的潜艇无法保证成功完成任务。

11. 反舰巡航导弹这样的自动武器通常无法很好地区分潜在目标，它们会依照满足自己攻击标准的第一条雷达信息进行攻击。因此，2004 年 7 月 14 日真主党向以色列的"Hanit Sa'ar 5"护卫舰发射的一枚中国产 C－802 反舰巡航导弹没有击中目标，据称这枚导弹击中了一艘埃及商船。当然，另一枚导弹击中了目标。参阅 Yitzhak Shichor 的"Silent Partner：China and the Lebanon Crisis"，China Brief 6，2006 年第 17 期，http：//www. jamestown. org/publications_details. php? volume_id = 415&issue_id = 3837&article_id = 2371390.

12. 布鲁斯·布莱尔，陈亚力（音译）和埃里克·哈格指出中国海军会提升海上战争，其中引用了前中国海军司令员刘华清在自己的回忆录中提出的"如果敌人攻击我国海岸线，我们将打击敌人的本土基地。"参阅 Bruce Blair，Chen Yali，和 Eric Hagt 的"The Oil Weapon：Myth of China's Vulnerability"，China Security，2006 年夏，第 3 期，第 43 页。

13. 尽管由于中国海军的经验不足，这样的攻击可能最终不会成功，但是任何实施封锁的部队都必将准备应对这样的威胁，并相应地配置资源。

14. "Land Attack Cruise Missiles（LACM），" GlobalSecurity. org，http：//www. globalsecurity. org/wmd/world/china/lacm. htm.

15. 比如，专门进行石油天然气、液体丙烷气和液化天然气海运的挪威船舶公司在俄罗斯的圣彼得堡和中国武汉雇佣船员。参阅"The I. M. Skaugen Group"，刊载于 http：//www. skaugen. com. 它们的船只在主流国际公司登记。使用现代的通信手段，将要被捕的船只一定会告知船主发生了什么情况，而船主会告知货主，货主会在当地市场将货物卖出。一艘载有 30 万吨原油（约合 220 万桶）的巨型油轮所装载的原油（每桶 60 美元）价值超过 1.3 亿美元。载有的货物价值如此之大，运输船只一定会采取复杂的手段，以此增加定位货物所有人的难度。中国政府及中国的石油公司可能还会建立空壳公司。这样，任何面临登船检查的船只都可以将货物立即卖给看似不是中国所有的购买商。参阅 James Goldrick 的"Maritime Sanctions Enforcement against Iraq，1990－2003"，in Naval Blockades and Seapower，Strategies and Counter－Strategies，1805－2005，ed. Bruce Elleman and S. C. M. Paine（London：Routledge，2006 年），第 210 页。

16. 每天 52 艘油轮的数据来自向巴生港（Klang）的马来西亚船舶交通管理系统（Malaysian Vessel Traffic Service）的报告，该数据可以在马来西亚海事局（Malaysian Marine Department）的网站查到，网址 http：//www. marine. gov. my/misc/index. html. 参阅"World Oil Transit Chokepoints，Strait of Malacca"，2005 年 11 月，刊载于 http：//www. eia. doe. gov/cabs/World_Oil_Transit_Chokepoints/Malacca. html.

17. 2005 年，经过马六甲海峡运输的石油中有 27% 是中国进口的石油。中国进口 310 万桶，日本进口 520 万桶，韩国进口 220 万桶，台湾进口 100 万桶。参阅"Top World Net Oil Importers，2004"，刊载于 http：//www. eia. doe. gov/emeu/cabs/topworldtables3

_4. html；310 万桶石油仅需两艘巨型油轮就可运输，也可以由众多小型船只进行运输。

18. "China Needs More Supertankers to Ensure Oil Supply Security：Report"，Xinhua News Agency，2006 年 8 月 11 日，刊载于 http：//english. people. com. cn/200608/11/eng2006 0811_292246. html.

19. 提单是由承运人出具的一份文件，上面写明特定的货品已经装船，即将运往特定的地点，上面通常写明收货人。

20. The International Crude Oil Market Handbook 2004，5th ed.（纽约：Energy Intelligence Group，2004 年），A12。

21. 我们是在采访一位前巨型油轮的管理人员时发现这种情况的。一篇文章中也提及了此事，John S. Burnett，Dangerous Waters：Modern Piracy and Terror on the High Seas（纽约：Penguin Group，2002 年），第 43 页。

22. 参阅例如 P. Manoj 的 "War Risk Insurance for Indian Flag Ships Liberalized"，The Hindu Business Line，2004 年 12 月 28 日，http：//www. thehindubusinessline. com/2004/12/29/stories/2004122902350100. htm.

23. Michael D. Tusiani，"The Petroleum Shipping Industry，Volume II，Operations and Practices"（Tulsa，Okla. ：PennWell Publishing Company，1996 年），第 216 － 217 页。

24. 同上。

25. 参阅例如 Perrine Faye 的 "Iraq Attacks Drive Up Oil Tanker Insurance，Middle East On Line"，2004 年 4 月 28 日，http：//www. middle － east － online. com/english/？ id = 9821. 对一些业内专家的采访表明，在某些情况下，上面提到的费用可能每天都会发生。

26. 在伊朗和伊拉克进行油轮战期间，一些船员在获得 3 倍工资的情况下愿意在波斯湾内航行。Tusiani，Petroleum Shipping Industry，第 217 页。如果在封锁期间，封锁方更倾向于捕获船只而不是击沉船只，那么更容易找到愿意工作的船员。

27. 如果封锁了马六甲海峡，那么重新规划航道的方式存在的局限和时间延误，在这篇文章中进行了完美的概括：Mokhzani Zubir，"The Strategic Value of the Strait of Malacca"，Centre for Maritime Security and Diplomacy，Maritime Institute of Malaysia，第 2 页，刊载于 http：//www. mima. gov. my/mima/htmls/papers/pdf/mokhzani/strategic － value. pdf.

28. 将这些作战单位加入巡逻马六甲海峡所需的舰队中，这支舰队需要约 24 艘水面舰艇、五艘潜艇、一艘航空母舰和至少五艘补给舰。维护、整修及其他原因会将所需的舰艇数量增加至少 50%，形成一支由至少 55 艘舰艇组成的部队，这样可以有效地对中国的海上石油进口进行远处封锁。如果封锁的任务还包括阻断其他的进出口项目，所需的舰艇数量将会更多。

29. 需要为这六艘战舰配备保护兵力，因为单单凭借距离远和水深不够还无法充分保护它们的安全。如果实施封锁的海军拥有一艘或一艘以上的航空母舰，那么舰队中的空中力量可以提供一定的自我防护和监视侦查能力，这都会有助于实施封锁。然而，航空母舰需要从其他的水面舰艇和潜艇获得保护，还需要配备一艘专用的补给舰。

30. 参阅 "The Proliferation Security Initiative"，U. S. Department of State，2004 年 6 月，http：//usinfo. state. gov/products/pubs/proliferation/. 读者应该注意到在这些原则的措辞中对主权的基本尊重。

31. 这种推测基于作者与经验丰富的炼油专家的交谈得出。

32. 中国的防空导弹的作战级别在此文中进行了部分描述："Surface – to – Air Missiles"，Chinese Defence Today，http：//www. sinodefence. com/army/surfacetoairmissile/default. asp，2008 年 2 月 6 日。中国的先进防空导弹采购也在 2005 年的国防部报告中进行了描述："DoD Report to Congress on the Military Power of the People's Republic of China,"刊载于 http：//www. defenselink. mil/news/Jul2005/d20050719china. pdf. 第 12，23，32 页。

33. 关于扩展中国海军作战能力的紧迫性，中国海军的高级将领进行的讨论，参阅徐起的《21 世纪初海上地缘战略与中国海军的发展》，Andrew S. Erickson 和 Lyle J. Goldstein 翻译，发表于 Naval War College Review 总 59 期，2006 年第 4 期，第 62 页。

34. 第一次世界大战中的联合封锁、美国南北战争期间的联邦封锁、拿破仑战争时英国对法国的封锁、第二次世界大战期间美国对日本的封锁都是这样的例子。

35. 最近的其他研究支持这种论断。一份 2006 年的分析采用了两种计算方法，最后得出结论认为完全切断中国的海上石油运输只会将北京的国内生产总值减少 5.4% ～ 10.8%。这份研究指出，中国一直保持着国内生产总值年增长 10%，让国内生产总值减少 5.4% ～10.8% 会让中国的国内生产总值年增长减半（最好的情况）或完全消失（最坏的情况）。这当然会对中国造成影响，但是仅仅依靠这样的影响，不足以促使中国的领导人接受停战谈判来结束相关的冲突。参阅 Blair、Chen 和 Hagt 的 "The Oil Weapon"，第 43 页。

第四部分

中国能源安全与美中关系

中国海军现代化建设：
对美国海军必备能力的潜在影响

■ 罗纳德·奥罗克[①]

本章讨论三个问题：中国海军现代化建设的目标或重要性；中国海军现代化建设对美国海军必备能力的影响；中国因素与美国政府所称的全球反恐战争这二者之间究竟哪个才是美国海军规划需要优先考虑的事项。

一、中国海军现代化建设的目标或重要性

中国海军现代化建设的近期目标是为与台湾发生一场短暂冲突做好准备。研究者们确信，这一目标包括发展足以威慑、阻止或是迟滞美国军事（主要是海、空军）干涉的反介入部队。

中国海军现代化建设更为宏大的长期目标包括维护中国的地区军事领导地位，捍卫中国的海洋领土主张，以及保护中国的海上交通线。海洋领土主张与海上交通线都或多或少地与中国的能源利益相关，之所以这么说，是因为前者包含着潜在的石油勘探区块，而后者则用于石油进口。

正是由于有这样的远大目标，中国很可能会在台湾问题（以和平或其他手段）得到解决之后，仍然继续坚持其海军现代化建设进程。如果这一长远目标得以进一步确立，中国海军现代化建设思路或会有所调整，更加重视以下某个或几个方面：

（1）更大型化的水面战舰（即量产一型或多型驱逐舰）；

（2）攻击型核潜艇；

---

① 罗纳德·奥罗克（Ronald O'Rourke）先生是约翰·霍普金斯大学优等生，获得该校国际研究专业学士学位。他还是该校保罗·尼采高级国际研究学院致毕业词的学生代表并获得高级国际研究专业硕士学位。自1984年起，罗纳德·奥罗克先生一直在国会图书馆的国会研究服务部门从事海军方向的研究工作。罗纳德·奥罗克先生就与海军有关的各种不同主题为国会撰写了许多报告。他定期向国会议员以及国会工作人员做简要汇报，并且多次在国会委员会作证。1996年，罗纳德·奥罗克先生因其在海军研究方面为国会做出的贡献，荣获国会图书馆颁发的杰出服务奖。罗纳德·奥罗克先生在多家刊物上发表过海军研究方面的论文，曾在美国海军军事学院阿利·伯克论文竞赛中夺魁。他一直为政府、业界和学术界人士做海军相关问题的报告。

（3）航空母舰以及舰载飞机；

（4）航行中补给；

（5）海外基地和支援设施。

二、对美国海军必备能力的潜在影响

为应对中国海军着眼长远目标所发展的能力，在未来若干年中，美国海军需要建设以下能力：

（1）在西太平洋保持其存在和影响力；

（2）在非台湾冲突作战中击败中国海军主力部队；

（3）跟踪、对抗中国的弹道导弹核潜艇。

欲保持在西太平洋的存在和影响，就要在该地区前沿部署部队，或能在事态突起时迅速抵达。而这些又需要海军拥有充分的兵力构成、合理的基地配置以及合理的部署与战备状态。合理的基地配置可能包括以诸如夏威夷和关岛那样的前沿位置为母港驻屯更多的舰艇。合理的部署和战备状态则可能包括采取基于舰员轮换的长期部署、多重舰员编组以及舰队反应计划等措施。保持在西太平洋的存在和影响还要求进行港口访问、演习、军事交流，以及采取技术措施推进美军与盟军或友军的互用性。

欲在非台湾冲突作战中击败中国海军主力部队，就要投资建设多种或可称之为更高端的海上能力，包括：

（1）弹道导弹防御，包括针对配备有机动再入弹头、能够击中海上移动舰船的潜在弹道导弹的防御能力；

（2）空对空作战；

（2）针对反舰巡航导弹的防空作战；

（4）反水面战；

（5）反潜战与鱼雷防御；

（6）攻势与防御水雷战；

（7）抵御信息战/信息作战；

（8）抵御电磁脉冲及其他核武器打击效应。

对美国海军而言，上述能力中弹道导弹防御是一个较新的领域，其他能力虽然在未来需要注入新的技术和作战观念，仍可被视为传统能力。

跟踪、对抗中国的弹道导弹核潜艇可能需要一定数量的攻击型核潜艇，以及现代版本的水声监视系统、战术辅助通用海洋监视型海洋监视船和冷战时期用于跟踪、抗击苏联潜艇的 P - 3 型海上巡逻机（包括弹道导弹核潜艇）。

三、中国因素与全球反恐战争在美国海军规划中孰轻孰重

是全球反恐战争还是旗鼓相当的对手（中国因素），美国海军需要面对的未来在多大程度上分化成了这么两个水火不相容的前景？如何权衡？怎样抉择？

应对全球反恐战争与应对中国或是第三种类型的作战行动（即可能在西南亚某处及朝鲜半岛爆发的大规模对陆作战）所需的海军作战能力既有所交叉，又不尽相同。

表1列举了美国海军的部分投资建设领域，以及三种类型作战行动中他们更倾向于哪种。本表仅为指出能力构成之间既有所交叉又不尽相同，而无意对所列项目做出系统详尽的说明，更何况所列项目中既有平台，又有平台集合，还有能力范畴或作战行动类型。观察人士可能会对所列项目做出不同评价，或是尝试选择不同的项目。还有一些项目在表中没有列出，如航空母舰、攻击型核潜艇、精确打击武器、特种作战部队以及情报、监视和侦察等，这是因为它们与三种作战类型的关联程度较为均衡。就这些项目而言，潜在的规划矛盾更多地体现于在三种类型的作战行动中如何加以调配运用的问题。

表1　美国海军的部分投资建设领域

海军的部分投资建设领域，以及作战行动类型中他们更倾向于哪种	全球反恐战争	大规模对陆作战	应对中国
海域感知与海上拦截作战	●		
江河部队	●		
全球舰队站	●		
民事/工程建设/医疗/救灾	●		
反恐/部队防护措施	●		
近海战斗舰		●	
两栖舰队	●	●	
海上预置舰船	●	●	
海军水面火力支援		●	
弹道导弹防御		●	●

海军的部分投资建设领域，以及作战行动类型中他们更倾向于哪种	全球反恐战争	大规模对陆作战	应对中国
空对空		●	●
防空作战		●	●
反水面战		●	●
反潜战与鱼雷防御		●	●
水雷战		●	●

鉴于美国海军未来将面临资源困境，可能不足以对上述三种作战类型所必需的全部能力进行充分投资，因此，今后若干年内很可能会产生这三种作战类型在美国海军建设规划中孰重孰轻的矛盾。至于究竟矛盾几何，则将部分取决于资源短缺的程度。

表中列出的一些与全球反恐战争相关的投资或许并不昂贵，在其他条件相当的情况下，这将有助于缓解反恐战争需求与其他规划需求之间的矛盾。

更容易引发矛盾的，或许是美国海军在与政府决策人员讨论其未来规划时，为强调每一种需求的重要性所花费的时间多少。最近几个月以来，海军在公开声明中突出强调了全球反恐战争，对准备应对来自中国的海上军事挑战则几乎总是轻描淡写。

美国海军眼下对全球反恐战争的公开强调，在一定程度上似乎是为了防止或最大限度地减少预算流向陆军和陆战队。就此而言，海军或许多少能够如愿以偿。不过从长远来看，对全球反恐战争的公开强调会强化政府决策人员头脑中以全球反恐战争为中心的防务规划思维定势，最终必然导致他们更多地关注陆军和陆战队而不是海军或空军的需求，从而损害海军在其他方面的能力需求。

以全球反恐战争为中心的防务规划思维无助于建设在应对中国时可能需要的更高端的海军能力。下面仅举几例说明可能为这种偏颇的思维定势所损害的既有和预期投资领域：

①每年度第二艘攻击型核潜艇的采购，尽管攻击型核潜艇在全球反恐战争中有其作战运用价值；

②一艘以上的 CG（X）级巡洋舰的年度采购量和最终采购总量；

③海军所期望被取消的"海军区域弹道导弹防御"（又称"海基末端"或"海军低层"）项目的完全替代计划能否启动；

④海军 F-35 型联合攻击战斗机的采购总量以及由此带来的联合攻击战斗机在海军攻击机部队中所占比例的问题；

⑤多种防空、反潜武器系统的采购。

简而言之，在这种情形下，海军对到底需要什么恐怕还是以谨言慎行为好。如果海军还是一味强调其在全球反恐战争中的价值，同时继续对准备用于应付未来中国潜在海上军事挑战的需求轻描淡写，那么有朝一日美国海军的舰队就可能变得更适合前者而非后者。这样的舰队看上去可能或多或少地像个大号的海岸警卫队，装备大量的近海战斗舰和救灾行动所需的额外后勤支援能力，但没有应对中国可能需要的某些更高端的作战能力。

要推动防务规划思维在全球反恐战争与应对中国之间更趋平衡，必须做到以下三点。首先，要能同时认知若干重大现实或潜在安全挑战，即使其中的某项挑战（中国）尚未表现得迫在眉睫。

其次，要能把中国当成一个大国来理解和思考。这会涉及很多因素，其中有些还会相互矛盾。中国既是一个充满活力的经济体、一个重要的贸易伙伴、一个在特定国际事务中现实或潜在的合作伙伴，同时也是一个潜在的重大安全挑战。

再次，要能明确无误和开诚布公而不是自我禁言或夸大其词地讨论中国的方方面面。中国的观点和可能的反应当然要关注，但这不应妨碍美国考虑在其防务规划中公开将中国列为美国重大利益的潜在同量级地区对手，也不应妨碍美国公开全面地讨论中国军事现代化进程给美国防务规划带来的影响。

与美国海军相比，现时的中国海军既算不上强大，甚至也算不上强壮。但是，用中国人对其使命任务的思考来衡量，这支海军正逐渐变得强壮起来。中国海军现代化建设的目标已清晰可见，即使美国有所节制，不公开在其防务规划中把中国列为美国重大利益的潜在同量级地区对手，似乎也无法诱使中国止步。美国的自我禁言是否会促使中国放慢海军现代化建设的步伐尚不清楚，而且人们有理由认为自我禁言会让中国领导人们觉得自己的海军现代化建设吓住了美国的政策制定者，结果适得其反。但不管怎么说，在这一问题上自我禁言，将使可能需要用于应对中国海军现代化建设的那部分投资既得不到美国政策制定者们应有的关注，也缺乏理由支撑，从而损害美国的防务规划。

正在起草的新版《海上战略》或可成为把中国作为美国海军规划中的一项主要议题加以更加公开、持续讨论的开端。美国海军在冷战之后曾颁发过不少战略类文件，但大部分很快就销声匿迹了，至少在海军以外是如此。究其原因，就在于这些文件虽然在很多方面都不乏有用和令人感兴趣的内容，但却无法让读者有焕然一新、脱胎换骨和特别重要之感。这些文件在海军圈子以外受到的冷遇让我想起了温斯顿·丘吉尔，据说在一次晚宴上他这样表达了对餐后甜点的不屑："把这些布丁拿走吧——它们毫无主题！"今天，这些缺乏主题的美国海军战略文件已经基本上被人遗忘了。

1992年末颁布的《从海上……》是个例外。这一文件的主旋律催生了美国海军规划着眼点的重大转移，即从冷战时期与苏联/俄罗斯海上力量的大洋作战转向冷战之后与其他潜在敌手陆上和海上部队的濒海作战，因而颇具影响力。

如果美国海军想让其新的战略文件真正产生影响，就要让它的议题焕然一新、脱胎换骨和特别重要。中国海军现代化建设及其对美国海军规划的影响就是这样的议题。

在新的战略文件中，美国海军当然可以继续讨论其在全球反恐战争中的作用、千舰海军构想、全球舰队站、人道主义行动以及其他类似议题。但如果仅此而已，恐怕很难产生多少影响。将准备应对未来中国潜在海上军事挑战的深层次讨论纳入其中，则会赋予文件更加持久的影响力。这一讨论应当平和谦恭，不能夸大其词；同时也应当开诚布公，不能自我禁言。

新的战略文件可以像1992年的《从海上……》一样，推动海军规划着眼点的重大转变。这一次的转变既要保留对全球反恐战争和大规模对陆作战行动的关注，也要把准备抵御来自中国的潜在海上军事挑战公开提升至同等重要的地位。

关注中国能源政策

■ 丹·布卢门撒尔[①]

    中国对能源的胃口大增以及地区国家对此的反应正在改变着国际政治的进程。过去 20 多年，中国对自然资源的需求急剧攀升。此前，中国曾是东亚最大的石油出口国，现在却成了世界第二大石油进口国。根据不同估算，过去 20 年间，中国能源需求增长大概占到世界总增长的 20% ~ 40%。中国在世界能源及其他自然资源需求中所占份额的膨胀正好解释了其在国际舞台上愈发红火的原因。中国在世界铝、镍和铁矿石消费总量中的占比在 1990 至 2000 年间翻了一番，目前已接近 20%，而且到 2010 年末还可能再翻一番。[1]

    伴随着在全球搜寻能源资源的步伐，中国已然成为某些重要地区的新玩家。中国能源进口的 40% ~ 45% 来自中东，其中伊朗独家占到 11%；从非洲的石油进口已超过 30%。胡锦涛主席和温家宝总理一直都在倾力巩固和保护中国的海外投资。通过高层外交、经济援助和军事关系，中国领导人加强了其在产油国家的影响力。作为世界能源消费的后来者，中国已经打入了把美国拒之门外的市场。凭着与中国的关系，某些试图摆脱美国另寻靠山的危险政权得到了巩固。例如，中国在拉丁美洲资源市场的出现就给了乌戈·查韦斯鼓噪美国将不再是委内瑞拉石油头号消费者的资本：现

---

    ① 丹·布卢门撒尔（Dan Blumenthal）先生是美中经济与安全审查委员会副主席、美国企业公共政策研究所亚洲研究方向常任研究员。他还是美国国会美中工作组学术咨询小组成员。此前，在首届乔治布什政府时期，2004 年 3—11 月，他还担任了国防部副部长办公室的高级主管，负责中国（应为中国内地，译者注）、台湾地区以及蒙古事务。他制定并实施了针对中国（应为中国内地，译者注）、台湾地区、香港地区以及蒙古的防务政策，并因而获得了"国防部长办公室公共服务杰出贡献奖章"。从 2002 年 1 月至 2004 年 3 月，他还担任国防部长办公室国际安全事务局的区域主管，负责中国（应为中国大陆，译者注）、台湾和香港事务。在国防部任职之前，丹·布卢门撒尔先生在美国凯利律师事务所担任企业及亚洲事务组的助理律师。此前，他还在华盛顿近东政策研究所担任编辑与研究助理。丹·布卢门撒尔先生在约翰·霍普金斯大学高级国际研究学院获得文科硕士学位并于 2000 年获得杜克大学法学院法学博士学位。丹·布卢门撒尔先生在国家安全方面著述颇丰。他与爱人以及两个孩子居住在华盛顿哥伦比亚特区。

在，"（委内瑞拉）自由了，她的石油任由伟大的中国享用。"[2]

美国担心中国正在为从喀土穆到德黑兰的危险和高压独裁政权提供保障。在鼓励中国成为国际事务中"负责任的攸关方"的外交政策框架内，美国政府采取的措施是劝说中国融入国际能源市场，而不是"锁住"上游资源。美国还力图使中国认识到支持产油国家的独裁者无益于国际体系的长期稳定，甚至也不能增强中国自身的石油供应安全。

随着能源投资在全球的扩张，中国的战略研究人员和官员们正在中国内部关于未来战略走向大讨论的框架下，就巩固其石油供应的措施进行研讨。诚然，这一研讨已经产生出了与不断演进的国际惯例相一致的政策。例如，中国正在建设战略石油储备，参与现货石油市场，并在努力通过提高能效降低需求。但是，中国能源安全政策的主要成分仍是"锁住"油源、同产油国发展战略关系以及发展能够慑止恶意中断供应行为的军事能力。[3]支撑这一政策的主要因素，是对美国和包括日本、印度在内的地区大国的猜疑，以及认为中国应当尽可能控制住自身战略资源的经济民族主义思潮。

中国认定美国与其的关键战略目标相左。中国把美国视为统一台湾的绊脚石，并怀疑美国的长远目标是遏制中国的崛起。这种看法强化了中国人普遍持有的观点，即美国"控制"了石油市场，并会用来与中国作对。此外，很多中国官方人士相信，一旦中国的所作所为触怒了华盛顿，美国就会利用其海上优势阻挠中国的石油供应。了解中国对美国政策的解读，有助于人们理解为什么中国在经济政策谱系中没有走向"自由"一端。[4]

按照前副国务卿罗伯特·佐利克的描述，华盛顿的政策是努力使中国确信，维持国际能源体系对双方都有利。针对中国宣称的和平崛起（现在称为"和平发展"）战略，佐利克勾勒出了华盛顿对和平崛起的理解。他说，中国从美国创立和保证下的国际体系中受益。[5]发展自由和公开的贸易、推进人权和民主、反扩散、能源市场运行有序、军事事务透明以及努力以和平方式解决争端是这一体系的基本特征。既然中国加入了这个国际体系并从中受益，现在就应当要求其协力维护之。当前，国际体系正受到圣战主义恐怖分子、由政府赞助并寻求获取核武器的恐怖组织和施行种族灭绝政策的独裁者的威胁。这就要求中国协力打击这些威胁，并对其国家利益做出更加清晰的界定。

如果中国排斥现行国际体系的主要特质，并试图改弦更张，就会被视为是一个不合作的、可能对体系保证者提出挑战的崛起大国。这些保证者反过来就会更加激烈地遏制中国的崛起。但如果中国不是挑战而是协力维持这一体系，其大国地位就会被接受。

中国的外交政策在很大程度上是受其能源政策所驱动。北京的行为方式正越来越多地损害佐利克所描述的国际体系。当美国和欧盟联手挫败德黑兰的核野心之时，中国的石油外交却为伊朗提供了掩护。中国的能源政策不但在严苛的国际制裁环境中保护了苏丹和缅甸，还为非洲的独裁者们提供了抗拒国家改革压力的挡箭牌。

此外，中国当下的能源活动加剧了其同美国在亚洲的主要盟国日本的关系，也引发了印度的恐惧。中国的举措还激化了日本和印度国内的经济民族主义冲动，诱使他们卷入在缅甸等国的能源竞争。[6]

中国关于运用军事手段巩固其能源供应的讨论已隐约可闻。中国对人民解放军"保卫国家经济发展"的使命已经越来越直言不讳。2006年国防白皮书指出"中国的国防，是维护国家安全统一，确保实现全面建设小康社会目标的重要保障。建立强大巩固的国防是中国现代化建设的战略任务。"[7]中国军事官员们还在讨论建设蓝水海军的问题。[8]中国确有这样的雄心，但其军队未来的特征和能力并不为人所知。一个发展起更为强大的力量投送能力的中国，必将极大地改变以往美国主导海洋的地缘政治格局。

如果中国坚持把能源安全视为一种零和游戏，并继续质疑美国的战略意图，那么中美关系将会变得更具竞争性。如果中国更加富强，就会像其他崛起大国所作过的一样，建设保卫其石油供应的能力。尽管这样的发展进程并不必然导致中美冲突，但除非中国改变其国家追求，否则美国很可能会把中国更强的力量投送能力视为一种威胁。

美国一直不遗余力地尝试把中国拉进诸如清洁煤炭、美中石油和天然气产业论坛这样的能源安全合作。但这些倡议对中国战略思维的影响甚微。美方还应继续这样的努力，但不能高估自己改变中国政策的能力。只要中国意欲称雄亚洲，就一定会把美国视为有威胁的绊脚石。"美国威胁"会始终萦绕在中国战略研究者的心头。既然能源政策与外交政策息息相关，那么中国只有在接受了现行国际政治体系之后，才可能调整其能源安全方略。

一、中国观点

中国1993年起成为石油净进口国，此后对能源安全的关注与日俱增。但美国发动反恐战争之后，中国对遭受遏制的忧虑明显加重。在许多中国战略研究者看来，美国正通过打入中亚，与印度、巴基斯坦、日本、韩国、澳大利亚建立伙伴关系，以及加强与越南和菲律宾的互动，沿其周边实施围堵。用某些人的话说，美国的目的是阻止"中国在本地区影响力的提升"。[9]

美国在中亚、南亚和中东的部署和强化存在助长了中国关于确有一个包括阻挠中国获取石油在内的遏制战略的观点。尽管中国最初对美国在这一地区的军事行动给予了支持，但美国开始鼓励中亚国家进行政治改革乃至颜色革命爆发之后，中国对美国的质疑便与日俱增。[10]中国认为中亚的政治改革将会引发动荡，给其资源产地带来风险，进而威胁到中国共产党政权的稳定。

对中东能源供应的过分依赖也是中国能源安全焦虑的一个原因。中国在该地区的大部分原油运输航线都在美国海军的掌控之下，这尤其被认为是令人不安的软肋所在。[11]中国80%的石油进口都要航经马六甲海峡，这一现实问题更是引发了中国媒体的某种警觉，将其称之为"马六甲困局"。[12]隶属于中国国务院的上海国际问题研究院研究人员赵念渝将一项2004年发起的旨在保护海上交通线的联合安全行动——"地区海上安全倡议"称为美军打着"反恐的幌子驻防马六甲海峡"的第一步。[13]应当指出的是，该倡议被媒体误贴了标签，对主权问题十分敏感的印度尼西亚和马来西亚迅速提出巡逻和空中监视等反恐措施，因而倡议很快就销声匿迹了。

根据詹姆斯·霍尔姆斯和吉原俊井的记载，基于不断增加的危机感，中国就对依赖外贸的国家而言控制海洋的必要性进行了一次重要的研讨。官员们在国内军事期刊上用马汉的口吻撰文："谁控制了海洋，谁就控制了世界"；[14]"海上制交通权对一个国家的前途和命运依然重要"；[15]"过度依赖进口而又没有适度的保护，对中国这样的大国是极其危险的"。[16]北京航空航天大学战略研究中心的张文木等中国学者还支持扩张海军。张文木曾直言不讳地指出"（中国）必须加快海军建设"，准备"海上军事斗争"，这是许多海洋大国解决国际贸易争端的终极手段。[17]

解放军的某些部门甚至从地缘战略的角度看待台湾问题，这是因为收复台湾之后中国就更容易进入大洋。解放军军事科学院的温宗仁将军指出，重获对台湾的控制对"打破国际力量对中国海上安全的包围具有重大的意义……只有当我们突破了这个包围圈，我们才能谈得上中国的崛起……中国必须在将来的发展中通过海洋，从海上走出去"。[18]

美国是中国崛起绊脚石的观点强化了重商主义倾向。如果美国对中国的行为有所不满，怎么可能不利用其优势地位封杀中国经济的生命线呢？美国控制着海上通道和航运要冲，在中国看来，石油武器就是美国武器库中强有力的一件。

如果中国觉得自己在诸如台湾地区、南海或日本等地突发事态时采取的行动会引发美国的反应，那么美国的石油武器就最具威胁。只要中国确信华盛顿决意遏制，就一定会觉得自己的能源供应线不安全。基于上述旗帜鲜明的地缘政治观点，中国的能源政策虽令人担忧，却也不完全出人意料。

二、中国的能源政策与无赖国家

为绕过美国所感知到的对能源市场的控制，中国正着力与被美国孤立的产油国家发展关系。中国把石油外交，尤其是与产油国构建特殊关系，视为其能源安全战略的重要组成部分。苏丹、伊朗和缅甸就是最好的例证。

（一）苏丹

中国已经成为苏丹发展中的能源部门的最大投资国，并帮助喀土穆进行军事扩张。苏丹是中国国有石油公司最大的石油产地和中国的第七大原油供应国，日均供应量为 13.3 万桶。[19] 中国是苏丹的头号贸易伙伴，购买苏丹出口总量的近 2/3，并向苏丹提供约 20% 的进口。尽管 2005 年联合国对喀土穆政权实行了武器禁运，在过去十年中，中国仍是其头号武器、军需和装备技术供应国。[20]

中国一直坚持保护喀土穆免于严厉的外交制裁，甚至在认为联合国施压太重时不惜威胁行使否决权。[21] 北京成功地弱化了联合国安理会第 1556 号决议，该决议对达尔富尔非政府参战者施以武器禁运，要求喀土穆允许人道主义救援进入达尔富尔并解除阿拉伯牧民民兵组织的武装。[22] 2006 年联合国安理会就 1672 号决议进行辩论时，中国阻挠对被控战争罪的苏丹政府官员进行制裁，将受安理会旅行禁令和金融制裁的人员从 17 名减至 4 名。

尽管在国际压力下，中国蓄意阻挠的立场有所松动，但仍不愿因让喀土穆付出高昂代价而威胁到自己的石油投资。2007 年 2 月，胡锦涛高调到访，他一方面要求喀土穆接受国际社会要求，一方面又宣布了新的经济协定，其中包括 1.04 亿美元债务减免和 1 700 万美元用于基础设施建设（含新建总统府）的无息贷款。[23]

（二）伊朗

伊朗是中国的第三大原油供应国，2005 年的日供油量为 28.7 万桶。2004 年中国成为伊朗最大的石油出口市场。2002 年以来，伊朗一直占中国年均石油进口量的 15% 以上，仅略低于沙特。[24]2005 年两国双边贸易总量为 100.9 亿美元，而 2000 年仅为 24.9 亿美元，5 年翻了两番。[25]

过去几年，为迫使其履行不扩散责任，美国和欧洲一直试图孤立德黑兰，但中国却与之签订了数个能源大单。2006 年 2 月，双方签订了一项价值 3 300 万美元的 3 年合同，由中国帮助伊朗修理和维护其在里海的厄尔布尔士半潜式石油平台。[26]2004 年 10 月，中石化签订了一份 1 000 亿美元的大单，在 25 年内从伊朗南帕斯天然气田进口 2.5 亿～2.7 亿吨液化天然气。根据该合同，中国还将在 25 年内从伊朗日均购买 15 万桶亚达瓦兰油田出产的原油，并持有该油田 170 亿桶预期石油储备 50% 的股份。[27]

2004 年 3 月，中国国有石油贸易公司珠海振戎公司与伊朗签订了价值 200 亿美元、为期 25 年、总量 1.1 亿吨液化天然气的进口合同。与此同时，两国还签订了一项价值 1.21 亿美元的合同，由中国国企中石化公司收购加拿大企业希尔能源在伊朗的子公司，并接收马斯吉德苏莱曼油田 49% 的股份。[28]为拿下这些合同，中国外长李肇星数度造访德黑兰，承诺在其与西方的不睦中给予外交支持。

此外，中国还与俄罗斯一道为推动伊朗参与上海合作组织发挥了关键作用。伊朗总统马哈茂德·艾哈迈德·内贾德在上海与会时得到了巨大的道义支持，他呼吁该组织"防止恃强凌弱者的威胁和干涉"。[29]中国还公开谴责美国把伊朗称为支持恐怖主义的国家。中国左右逢源，既不想损害与美国的稳定关系，所以，2006 年投票支持安理会制裁伊朗；同时又让伊朗深信受到了强有力的保护。在投票支持对伊制裁后，中国马上明确表示这不会损害良好的双边关系。

国际社会无法齐心协力对付伊朗，这助长了德黑兰的气焰，导致局势更加不稳。尽管美国力图使中国相信两国都希望迫使伊朗放弃核武器开发，但中国不想置其能源投资于险境。

（三）缅甸

中国与缅甸之间也有类似的"能源安全换保护"交易。中国把缅甸视为其在印度洋的出海口，已开始投资兴建连接中国西南与缅甸海岸的公路与油气管线。中缅关系中有三大军事内容：向国家恢复法律与秩序委员会提供军事技术、修建各类军事设施以及建设情报收集设施[30]。从中国得到的通信器材、装甲运兵车和火箭筒等武器装备帮助缅甸军人集团扭转了对抵抗分子的颓势。据说，中国常规武器还被部署在了沿缅印和缅泰边境地区，以备中国人可能的应急之需，这就把中国的防线外推到了东南亚，进一步抵近了印度洋。[31]

许多研究者（特别是在印度）相信中国在中缅关系中的最大收益是沿印度洋海岸修建的港口和基地，其中包括在海基岛的大型基地。该基地可容纳比缅甸海军舰队所有装备都大的舰船，这引起了印度的注意。[32]尼科巴和安达曼群岛附近大科科岛上的中国情报设施让中国具备了大范围监视印度洋海空活动的能力。尽管对中国能在多大程度上左右港口建设和情报设施还存有争议，但中国寻求最大限度地使用印度洋沿岸设施却是不争的事实。[33]

缅甸还是中国油气管线战略中的重要一环。2005 年，中国与缅甸达成了近 3 亿美元的财政援助和贸易协定，这对换取缅方支持连接中国云南与缅甸之间 500 英里的管线发挥了关键作用。中石油公司计划使用这条管线输送缅甸近海开采的天然气。中国希望这条天然气管线能为走相同路线的云南到阿拉干海岸石油管线铺平道路。[34]不少中国和西方研究人员认为这些管线将使中国得以绕开马六甲海峡，从而避免因封锁、海盗和恐怖主义带来的安全风险。

不过，这些拟议中的油气管线对中国的能源安全恐怕起不到多大的作用。缅甸输油管线的计划输油量仅为 20 万桶/天，而中国年度石油进口需求的增加量每年都在 20 万桶/天以上，这意味着其对进口安全本来就很有限的贡献很快就会被需求增长所淹没。更何况，与使用超级油轮将原油经马六甲海峡直接运送至能源需求中心华东相比，通过管线从缅甸泵至云南精炼而后再运输到消费市场的成本可能要高出数倍，甚至会高过用管线从巴基斯坦瓜达尔输送到中国西部省份新疆。

尽管如此，中国显然还是把缅甸视为具有相当重要地位的战略资产。作为对缅方经济、资源或许还有安全合作的回报，中国一直在联合国和美国的压力之下保护着缅甸。这也导致了与日本和印度的"逐底竞争"。2003年 5 月，东京因缅甸军政府屠杀持不同政见者而宣布终止援助，但到 10 月份又恢复了对非政府组织和另外许多开发项目的援助。一些报道称，日本之所以决定恢复援助，是受了中国准备协助缅甸政府开发伊洛瓦底江的影响。日本政府官员"支持向缅甸军政府增加援助，以抗衡中国不断上升的影响力"。[35]日本政府在缅甸的动作"显然部分是由于担心中国取代日本的对缅经济援助和政治影响地位"[36]。到了 2006 年，日本不顾西方压力，逆国际期待而动，投票反对谴责缅甸践踏人权的联合国安理会决议案，弄得不少评家猜测东京是否是在被北京日益提升的影响力推着走[37]。这样的担心不无道理，因为日本一直标榜人权与民主是其外交政策的核心。

研究印缅关系的学者也注意到印度随中国在缅影响力提高而动的情况。尽管印度声称要推进民主，但2006年就在联合国安理会讨论缅甸问题之时，印度向缅甸提供了4 000万美元的援助并签下了天然气合作大单。有研究因此称"印度近来也转而向缅甸提供实质性政经援助，这显然是印度为抗衡中国在缅甸经济和军事影响而采取的综合性政策"[38]。印度安全官员确信印度在对缅甸影响力竞争方面比中国"落后十年"，必须迎头赶上[39]。

中国、日本、印度三国都把缅甸视为重要的地缘政治因素。尽管日本和印度宣称要把人权因素纳入其外交政策之中，但面对中国在缅甸治动的增强，2003年缅甸屠杀事件发生后，两国还是弱化了上述立场[40]。

印度和日本都必须对这些不理智的举动负责。不过从美国的角度看，东京和新德里努力将其外交政策融入集体意愿而非仅凭一国利益行事，倒是亚洲最值得称道的动向。只是出于应对中国的考虑，两国外交政策中利己主义的成分加重了。

三、中国在中亚的存在日增

由于中国认为易受海上封锁是其软肋，这就使得陆上能源供应线备受重视。在最初认为从哈萨克斯坦铺设管线不够经济之后，中国于2003年调整思路签下了这笔价值30亿～35亿美元的合同。2006年7月，该线开始从哈萨克斯坦北部的阿塔苏向新疆维吾尔自治区输油，输送量约为20万桶/天。[41]北京对中亚政治颇感兴趣并一直试图强化上海合作组织，这并不奇怪。中国研究人员正在谈论利用上合组织把古老的中亚丝绸之路改造成"能源之路"。[42]2005年，中国与俄罗斯联手促使上海合作组织发表声明，要求美军确定撤离中亚的时间表。

同样的，北京利用乌兹别克斯坦2005年安集延市屠杀后与美国交恶的机会向乌兹别克斯坦总统伊斯拉姆·卡里莫夫伸出道义支持之手，在镇压发生不到两周之后就以21响礼炮欢迎其到访。[43]

中国从中亚输送能源的利益所在以及随之产生的提升影响力的需要对美国的政策构成了挑战。首先，中东和非洲的独裁政权有了中国这张新牌在手，使得西方在该地区的民主化目标受挫。展望未来，中国很可能要保护其陆上能源投资。针对陆上威胁，中国已经参照20世纪80年代苏联战役机动集群的模式，着手组建2支强大的重装甲机械化部队。[44]今后，中国对抗甚至限制美国在中亚地区自由行动的能力会更强，这将与美国反恐战争的目标相冲突。

四、日本和印度的观点

印度早就对中国的长远意图心存疑虑，把中国视为其在全球范围内的能源竞争对手。2005 年，印度总理曼莫汉·辛格在新德里的一次讲话中明确表达了印度的担心："中国的能源安全规划走在了印度前面，印度再也不能这么自满自足了"。[45]两国都在四处签订油气协定，并都在伊朗大量投资。印度石油天然气部部长尚卡尔·艾亚尔倡导更多合作，还有人探讨将拟议中的伊朗—巴基斯坦—印度管线延伸至中国。但更多的印度战略学者对此持怀疑态度，其重要原因是印度把中国视为地区影响力的竞争者。

中国在缅甸和印度洋沿岸的能源政策进一步加剧了印度的忧虑。印度认为中国在印度洋沿岸修建公路、水道、港口和情报设施的最终目的是争夺印度洋。[46]印度海军规划者尤其担心中国侵入印度洋，认为随着中国能源不安全局面的加剧，中国海军会加紧尝试向这一地区投送力量。[47]印度陆军官员把中国视为陆军强国，认为其跨越欧亚大陆投送兵力的能力正随着对公路和铁路网的大举投资而得到提升。[48]为确保油气管线的安全，这一趋势无疑还将进一步增强。

印度仍然质疑中国对斯普拉特利（中国南沙，译注）群岛和帕拉塞尔（中国西沙，译注）群岛的意图。新德里认为伊朗的战略地位至关重要，印度安全官员警告说他们绝不会把伊朗"让与"中国。[49]印度正试着与中国就能源事务进行合作，同时保持在其他激烈竞争领域内政策选项的开放性。印度对中国在中亚地区影响力提升的忧虑解释了其为何成为上海合作组织的观察员国，但印度也担心美国减少存在会导致其后院的又一部分为中国所控制。[50]

亚洲能源市场曾经的主要玩家日本也震惊于中国日益增长的石油需求。日本对中国能源政策的看法受到如下观点的影响，即一个更强大的中国将在地区和全球范围内损害日本的利益。日本尤其把东海划界和油气资源争端视为中国更富攻击性态势的一部分。2004 年，日本还断然将一艘入侵的中国核潜艇逐出日本水域。2005 年，两国互相指责对方开始在东海争议水域开采资源，双边关系恶化。[51]中国派出了一支由现代级驱逐舰领衔的小型舰队到气田周边展示力量，有报道称一艘中国军舰还用舰炮瞄准了日本的 P－3C 巡逻机。[52]日本在其 2004 年防卫白皮书中首次宣称中国海军力量会成为整个亚洲的疑虑所在。这两个亚洲大国使用武力宣示或解决油气争端的前景令人不安。由于美国对日本负有重大条约义务，这就意味着中日冲突的风险也就是中美冲突的风险。

中国的能耗增长率及其能源政策中所表现出来的重商主义倾向引起了日本的警觉。[53]这种警觉促使日本国家安全政策制定者们对中国更加强硬，而与美国的同盟关系得到提升。日本的能源政策也有相应调整，在实行了20年产业自由化之后，其最新的能源战略有了更多的国家主义色彩，呼吁政府干预以便与中国在同等地位上进行国际资源竞争。[54]诚然，日本也在采取措施降低需求并提倡多边合作，但最近一段时间以来，能源是战略资源以及日本必须与中国竞争能源的观点在日本政界甚嚣尘上。最近东京与北京竞争俄罗斯东西伯利亚和萨哈林岛能源供应就是一个典型案例。

因能源政策导致的大国竞争威胁了亚洲的安全。鉴于日本和印度对中国能源政策的担忧，美国有责任通过积极的经济和军事存在维持其在亚洲的主导地位。美国的撤出和忽视所形成的真空，将引发这三个大国（其中两个拥有核武器）激烈的安全竞争。

很不幸，中国在致力于巩固其能源供应安全的同时，还发展了可能限制美国自由进入亚洲沿海和大陆的反介入/区域拒止能力，给美国在本地区的霸主地位还能维持多久画上了问号。这反过来又加剧了日本和印度对可能不得不面对中国一家独大局面的担心，致使两国的能源政策更不乐观。

五、揣度中国未来的能源安全战略

基于中国的重要性，这样的揣度尽管未必可靠，但也确有必要。中国是一个充满活力和富于熟练技能人口的国家。随着经济的持续增长，其国防工业和技术基础以及军队人员素质得到同步提升。中国军队建设走过的道路令外界即使不足十年前的预测都大跌眼镜。中国问题研究者们再也不能说"中国军队水平一般，进步缓慢"之类的话了。[55]绝大多数国家安全问题研究人员现在都相信中国能够对企图协防台湾地区或本地区其他盟友的美军构成严重挑战。在过去十年中，中国原先很小的弹道导弹武库已经发展壮大，拥有大约900枚更精确、更致命的弹道导弹和巡航导弹。十年前，中国仅有区区几艘现代化的"基洛"级柴油潜艇，现在则有了"基洛"级、"宋"级和"元"级乃至两型核潜艇的发展项目。十年前，中国机队中第四代战机的数量还微不足道，现在采用第四代技术的比例已经有了显著提升。[56]中国格外重视水雷战和信息战，并在太空与美国展开竞争。中国在东海及其附近海域的举动还表明其对军事力量的运用已经变得更加大胆。十年前，没有几个研究者能想到中国会用现在这样的方式挑衅日本。

中国改善军事能力的步伐不会停顿。其国防工业基础正在得到改善，也有钱用在军事项目上，而且还有急于重温其辉煌历史地位的雄心。正在进行中的能源研讨显然会影响到解放军的行为方式。如果中国在能源政策谱系中继续偏向重商主义一端，而不是完全依靠开放的市场，那么解放军在中国能源战略中的权重就会增加。

只要中国继续认为美国会阻挠其武力夺回台湾地区、控制能源市场以及阻挠其崛起为大国，其控制能源供应线的念头就会进一步强化。此外，随着海外能源投资的增加，中国有更广泛的威胁感，因而会要求为这些投资提供安全保障。最后，崛起中的大国通常都会有很强的"马汉情结"，而大国必须具备保护海上贸易的能力是这一情结的基本准则。回首历史，崛起中的英国、美国、德国乃至日本都是这么做的。

有一些积极的迹象表明，中国的能源战略未必会导致其与邻国或美国的关系更加对立。美国奉行与中国深入合作的能源政策，目前正在实施的官方合作项目就有20余项，这或许能推动中国能源战略研讨的结果更加趋向能源政策谱系中的自由经济一端。[57]除双边合作项目外，美国还在促进中国加入多边能源论坛，增加与国际能源署的互动。这种接触政策旨在鼓励中国接受能源市场以及国际能源安全机制。[58]中国本身存在的能源不安全感可能激励其通过投资可再生能源和提高能效来减少对外依赖，而这些都是值得欢迎的。

但是，对乐观想法持怀疑态度也不无道理。除非中国彻底改变其国家目标，否则就永远会觉得美国将对自己认为有威胁的行为做出反应。在北京看来，破坏中国的能源供应就是美国可能做出的一种反应。只要美国握有"控制"中国能源供应的手段，中国就会继续寻求自我掌握能源的途径。

更为令人沮丧的是，大国通常认定，要想真的被视为大国，就必须有能力保护自己的贸易。作为经济全球化的早期例子，20世纪初期，诺曼·安吉尔认为德意志帝国应该借助英国皇家海军带来的普遍利益来延续自身的繁荣。但德皇并未采纳他的建议，反而向英国海军提出了挑战，结果铸成了历史的不幸。

我们能够也应当向中国提供更多的能源安全合作机会，但也应保持低调。只有在中国经历了深刻的战略调整之后，才有可能真正接受现行的能源体系。中国当下的能源不安全感乃是担心美国可能会对其未来行为施以反制的产物。华盛顿由此得出结论认为中国会尽量不采取可能招致美国反制的行动。反之，中国将会奉行一种避免因美国反制导致中美冲突的能源安全政策。中国能源安全政策的改变，即真正融入现有能源市场、接受国际能源安全体系、不再支持危险政权以及决定放弃发展蓝水能力，或许才是中国和平意图的核心体现。

注释：

1. 关于需求增长的统计，可参阅 David Zweig 和 Bi Jianhui 所著 "China's Global Hunt for Energy"，该文载于 Foreign Affairs 总 84 期，2005 年第 5 期，第 25 – 38 页。

2. 同上。

3. 近来一些中国研究人员开始质疑这一论点，他们指出中国国家石油公司持有的海外份额油（几乎全为中国石油天然气集团公司所有）在中国石油进口总量中所占的份额很低（约为 15%）。然而，北京强势追求石油产业上游股权的事实充分证明，份额油比市场油更有保证的观点依然在中国的许多圈子内盛行。有关内容，请参阅 2006 年 8 月 4 日 Erica S. Downs 在美中经济与安全评估委员会（U. S. – China Economic and Security Review Commission）上的证词 "China's Role in the World：Is China a Responsible Stakeholder?"。可通过以下网址查阅：http：//www. uscc. gov/hearings/2006hearings/hr06_08_03_04. php.

4. 参阅 Erica Strecker Downs 所著 "China's Energy Security"（PhD diss. , Princeton University，2004 年 1 月）。

5. 参阅 2006 年 12 月 8 日美国国务院 "Deputy Secretary Zoellick Statement on Conclusion of the Second U. S. – China Senior Dialogue"，网址为：http：//www. state. gov/r/pa/prs/ps/2005/57822. htm.

6. 参阅 Jill McGivering 所著 "India Signs Burma Gas Agreement"，该文 2006 年 3 月 9 日由 BBC News 报道。可通过以下网址查阅：http：//news. bbc. co. uk/1/hi/world/south_asia/4791078. stm.

7. 参阅中国国务院新闻办公室 2006 年 12 月 29 日发表的《2006 年中国的国防》白皮书，可通过以下网址查阅：http：//www. fas. org/nuke/guide/china/doctrine/wp2006. html.

8. 源于笔者 2007 年 4 月在北京与解放军官员的谈话。

9. 参阅 Zhai Kun 所著 "What Underlies the U. S. – Philippine Joint Military Exercise?" 该文载于 2002 年 3 月 14 日北京周报（Beijing Review），第 9 页。Mohan Malik 引用于其所著 "Dragon on Terrorism：Assessing China's Tactical Gains and Strategic Losses Post September 11"（出版者：Carlisle, Pa. ：Strategic Studies Institute，2002 年）一书，第 30 页。

10. 参阅 Ge Lide 所著 "Will the United States Withdraw from Central and South Asia?" 该文

载于 2001 年 1 月 17 日《北京周报》（Beijing Review），第 8 – 9 页。

11. 参阅前述 Downs 之证词 "China's Role in the World"。

12. 据传 2003 年胡锦涛曾要求举行政府闭门会议研究破解"马六甲困局"之道。所谓"马六甲困局"指的是中国包括石油、天然气在内的大量海上贸易需要航经马六甲海峡。有报道称胡锦涛说"一些大国"试图控制马六甲海峡。具体内容请参阅《能源安全遭遇'马六甲困局'，中日韩能否携手?》该文载于 2004 年 6 月 15 日中国青年报，刊载于：business. sohu. com/2004/06/15/49/article220534904. shtml.

13. 参阅 Dan Blumenthal 和 Joseph Lin 所著 "Oil Obsession"，该文载于 Armed Forces Journal（2006 年 6 月），网址为：http：//www. armedforcesjournal. com/2006/06/1813592。尽管马来西亚、印度尼西亚和新加坡主导了马六甲海峡的巡逻行动，但在中国的一些圈子当中仍有"美国控制"海峡将成为（中国）战略软肋的看法。印度尼西亚和新加坡拒绝了美国海军协助巡逻的提议，而且在自行实施多边行动方面颇为成功。因此，中国担心美国控制马六甲海峡并无多少根据。

14. 参阅谢值军的《21 世纪亚洲海洋：群雄争霸中国怎么办?》该文载于军事文摘 2001 年 2 月 1 日，第 20 – 22 页。英文翻译见（美国）FBIS – CPP10010305000214。相关内容由 Toshi Yoshihara 和 James Holmes 在 "The Influence of Mahan upon China's Maritime Strategy" 一文中引用，该文载于 Comparative Strategy 总 24 期，2005 年第 1 期，第 23 – 51 页。

15. 参阅蒋士良的《再论制交通权》，该文载于中国军事科学 2002 年 10 月 2 日，第 106 – 114 页，英文翻译见（美国）FBIS – CPP20030107000189。相关内容由 James Holmes 和 Toshi Yoshihara 在 "China and the Commons：Angell or Mahan?" 一文中引用，该文载于 World Affairs 总 168 期，2006 年第 4 期，第 172 – 191 页。

16. 参阅石洪涛的 "中国的'马六甲困局'"，该文载于中国青年报 2004 年 6 月 15 日，英文翻译见 OSC#CPP20040615000042。

17. 参阅张文木的《中国能源安全与政策选择》，该文载于世界经济与政治 2003 年 5 月 14 日，第 5 期，第 11 – 16 页。相关内容由 James Holmes 和 Toshi Yoshihara 在 "China and the Commons" 第 181 – 182 页引用。

18. 参阅美国国防部 "Annual Report：The Military Power of the People's Republic of China"（Washington，D. C. ：Government Printing Office，2005 年），第 12 页。

19. 参阅前述 Downs 之证词 "China's Role in the World"；另请参阅 2006 年 8 月 4 日 Amy Jaffe 在美中经济与安全评估委员会的证词 "China's Role in the World：Is China a Responsible Stakeholder?"，可通过以下网址查阅：http：//www. uscc. gov/hearings/2006hearings/hr06_08_03_04. php.

20. 参阅 2007 年 6 月 7 日 Eric Reeves 在美国第 110 届国会第 1 次会议众院监管和政府改革委员会国家安全和外交事务小组委员会上的证词 "Darfur and the Olympics：A Call for International Action"。

21. 参阅 Peter S. Goodman 所著 "China Invests Heavily in Sudan's Oil Industry"，该文载于 Washington Post，2004 年 12 月 23 日。

22. 参阅 Yitzhak Shichor 所著 "China's Voting Behavior in the UN Security Council"，该文由詹姆斯敦基金会（The Jamestown Foundation）2006 年 9 月 6 日发表，网址为：http：//www. jamestown. org.

23. 参阅 Tom Lantos 众议员 2007 年 2 月 8 日在美国第 110 届国会第 1 次会议众院外交事务委员会上的情况介绍 "The Escalating Crisis in Darfur"。

24. 参阅 2006 年 9 月 14 日 Ilan Berman 在美中经济与安全评估委员会上的证词 "The Impact of the Sino – Iranian Strategic Partnership"，可通过以下网址查阅：http：//www. uscc. gov/hearings/2006hearings/written_testimonies/06_09_14wrts/06_09_14_berman_statement. pdf.

25. "环球投资"（Global Investment）援引国际货币基金组织（IMF）2007 年 3 月世界贸易方向统计（Direction of Trade Statistics），可通过 IMF 网站查阅：www. imfHorg。

26. 参阅 2006 年 9 月 14 日 Ehsan Ahrari 在美中经济与安全评估委员会上的证词 "China's Proliferation to North Korea and Iran，and Its Role in Addressing the Nuclear and Missile Situations in Both Nations"，可通过以下网址查阅：http：//www. uscc. gov/hearings/2006hearings/written_testimonies/06_09_14wrts/06_09_14_ahrari_statement. php.

27. 参阅 Jephraim Gundzik 所著 "The Ties That Bind China，Russia and Iran"，该文载于 Asia Times，2005 年 6 月 4 日。

28. 参阅 Borzou Daragahi 所著 "China Goes Beyond Oil in Forging Ties to Persian Gulf"，该文载于 The New York Times，2005 年 1 月 13 日。

29. 参阅 2006 年 9 月 14 日 John Douglas、Matthew Nelson 和 Kevin Schwartz 为美中经济与安全评估委员会准备的报告 "Fueling the Dragon's Flame：How China's Energy Demands Affect Its Relationships in the Middle East"。

30. 参阅 Ross Munro 所著 "China's Strategy Towards Countries on Its Land Borders"，第 58 页。该文系受美国国防部基本评估办公室主任委托所作的研究报告最终版本。

31. 参阅 Malik J. Mohan 所著 "Myanmar's Role in Regional Security：Pawn or Pivot"，该文载于 Contemporary Southeast Asia 19，1997 年 6 月，第 52 – 73 页。

32. 参阅 Rahul Bedi 所著 "Rural India Trying to Build Military Ties with Burma"，该文载于 The Asian Age，2000 年 6 月 6 日；Donald L. Berlin 所著 "The Great Base Race in the Indian Ocean Littoral：Conflict Prevention or Stimulation"，该文载于 Contemporary South Asia 13，2004 年第 3 期，第 239 – 255 页，引用于 Munro 所著 "China's Strategy Towards Countries on Its Land Borders"，第 65 页。

33. 格里菲斯亚洲研究所（Griffith Asia Institute）的 Andrew Selth 强烈要求在指称缅甸的港口和情报设施为中国所有或控制时要慎重，具体内容请参阅其所著 "Chinese Military Bases in Burma：The Explosion of a Myth"，该文载于 Griffith Asia Institute：Re-

gional Outlook 10 （2007 年）。但 Ross Munro 和 Juli MacDonald 等人的研究却发现有证据表明中国对重要港口和情报设施投资、施加影响以及某种程度的控制。美国海军军事学院教授 Toshi Yoshihara 和 James Holmes 同样认为中国把印度洋沿岸的港口和设施视为其能源安全政策的核心要素，具体内容请参阅 Yoshihara 教授 2007 年 6 月 14 日在美中经济与安全委员会上的证词。

34. 参阅前述 Munro 所著 "China's Strategy Towards Countries on Its Land Borders"，第 108 – 109 页。

35. 参阅 "Did Japanese ODA to Burma Really Stop After the Massacre on May 30th, 2003?"，该文载于 Mekong Watch （湄公河观察），2004 年 5 月 27 日，网址为：http：//www. mekongwatch. org/english/policy/oda. html.

36. 参阅 "Is Japan Really Getting Tough on Burma? Not Likely"，该文载于 Burma Information Network，2003 年 6 月 28 日。网址为：http：//burmainfo. org/oda/analyseGOJpolicy20030628. pdf.

37. 参阅 Michael Green 所著 "Japan Fails Test on Democracy and Burma"，该文载于 Washington Post，2006 年 6 月 8 日；"Japan's Lackluster Policy on Burma"，该文为 2006 年 6 月 3 日泰国 The Nation 报社论。

38. 参阅 Helen James 所著 "Myanmar's International Relations Strategy：The Search for Security"，该文载于 Contemporary Southeast Asia 26，2004 年第 3 期，第 530 页；Michael Jonathan Green 2003 年 3 月 29 日在美国国会参院外交关系委员会 （Senate Committee on Foreign Relations） 的证词 "U. S. – Burma Relations"。

39. 参阅 Bethany Danyluk、Amy Donahue 和 Juli MacDonald 所著 "Perspectives on China：A View from India" （出版者：Washington, D. C.：Booz Allen Hamilton, 2005 年） 一书，第 17 页。

40. 2003 年 5 月 30 日，与缅甸军政当局有关的部队攻击了全国民主联盟 （National League for Democracy） 领导人昂山素季及其支持者的车队，一些联盟成员伤亡，包括昂山素季在内的许多人被捕。昂山素季一直被软禁。请参阅美国国际开发署 （USAID） 网站：http：//www. usaid. gov/policy/budget/cbj2006/ane/mm. html.

41. 参阅 2006 年 8 月美国能源部能源情报署 （Energy Information Administration） "China Country Analysis Brief"，网址为：http：//www. eia. doe. gov/emeu/cabs/China/Background. html.

42. 参阅 2006 年 9 月 14 日 John Douglas、Matthew Nelson 和 Kevin Schwartz 为美中经济与安全评估委员会准备的报告 "Fueling the Dragon's Flame：How China's Energy Demands Affect Its Relationships in the Middle East"，第 12 页。

43. 参阅 Chris Buckley 所著 "China 'Honors' Uzbekistan Crackdown"，该文载于 The International Herald Tribune，2005 年 5 月 27 日。

44. 参阅 Martin Andrew 所著 "PLA Doctrine on Securing Energy Sources in Central Asia"，

该文载于 China Brief 6，2006 年第 11 期，第 6 页。

45. 参阅印度总理曼莫汉·辛格（Manmohan Singh）2005 年 1 月 17 至 18 日在印度新德里发表的谈话 "Speech to Petrotech 2005"，有关内容载于印度总理网站（Prime Minister of India website），网址为：http：//pmindia. nic. in/speech/content. asp？id = 69.

46. 参阅前述 Danyluk、Donahue 和 MacDonald 所著 "Perspectives on China" 一书，第 17 页。

47. 同上，第 6 页。

48. 同上，第 7 页。

49. 同上，第 8 页。

50. 俄罗斯一直与印度保持着密切关系，其中包括能源和武器销售。可以想见，莫斯科与新德里或许会在中亚及其他任何地区联手制衡中国与日俱增的影响力。

51. 参阅 2005 年 7 月 21 日人民日报（网络版，英文，Opinion 栏目）"Japan's Provocation in East China Sea Very Dangerous"，网址为：http：//english. people. com. cn/200507/21/eng20050721_197493. html.

52. 参阅 James Holmes 和 Toshi Yoshihara 所著 "Japanese Maritime Thought：If Not Mahan，Who?" 该文载于 Naval War College Review 总 59 期，2006 年第 3 期，第 14 页。

53. 参阅 Peter C. Evans 所著 "Japan" 第 2 页，此系 2006 年 12 月发布的布鲁金斯能源安全系列研究报告（Brookings Energy Security Series）之一。

54. 同上。

55. 参阅 Bates Gill 和 Michael O'Hanlon 所著 "China's Hollow Military"，该文载于 The National Interest，1999 年夏，第 56 期，第 55 – 62 页。

56. 参阅美国国防部 "Annual Report：The Military Power of the People's Republic of China"（Washington，D. C.：Government Printing Office，2007 年）。

57. 这些合作项目包括能源政策对话、中美石油和天然气产业论坛、《化石能技术开发与利用合作议定书》《和平利用核技术合作协定》以及美中战略经济对话（SED）。请参阅美国能源部政策与国际事务办公室公布的 Karen Harbert 助理部长 2007 年 6 月 14 日在美中经济与安全委员会上的证词 "China's Energy Consumption and Opportunities for U. S. – China Cooperation to Address the Effects of China's Energy Use"。

58. 参阅美国能源部政策与国际事务办公室公布的 David Pumphrey 助理部长帮办 2007 年 2 月 1 日在美中经济与安全委员会上的证词 "U. S. – China Relationship：Economics and Security in Perspective"。

具有中国和美国特色的能源
不安全感：现实与可能

▓乔纳森·D. 波拉克①

世界正处在真实和臆想的能源焦虑之中。这些恐惧感为各种观点、国内政治、公司与政府利益、心理因素以及（并不罕见的）媒体过度解读所驱动，喧嚣刺耳，理性分析因此有被产油国和消费国的政策以及某些防务战略人士的担忧所湮没的危险。[1]针对这种情况，本章聚焦美中两国能源战略研究中的一些基本问题，提供两国（以中国为主）的能源需求数据，简析两国未来能源政策的研究情况，探讨能源安全问题对中美长远关系的潜在影响。通过聚焦中美能源战略观点及其给国家层级决策带来的后果，我们可以找出利益交集，澄清误读误判，并指出一旦美中未来无法达成能源合作，其可能的后果会是什么。

研究界对如何定义能源安全，在制定防务规划时应该如何处理能源安全问题，特别是应该如何认识能源安全与海上安全的关联存有严重分歧。本书的文章对此都做了强调，但对能源战略的基本前提和在更大背景上的审视却显得不够充分。只有统筹考虑供需因素、供需各方不同行政体制对能源决策的影响、资源开发科技、资源保护政策以及全球能源市场运行情况，才能对能源替代方案做出全面评估。[2]

中美能源战略无疑有利益相通的一面，如确保价格合理的能源供应、

---

① 乔纳森·D. 波拉克（Jonathan D. Pollack）先生是海军军事学院从事亚太研究的教授，也是该校亚－太研究小组主席。2002年至2004年，他曾任该校战略研究系主任。在到战争学院任职前，他在兰德公司从事过各种不同岗位的研究和管理工作。乔纳森·波拉克博士主要的研究兴趣包括美－中关系、东亚国际政治、中国国家安全战略、美国在亚太地区战略、韩国政治与外交政策以及东亚技术与军事发展。近来他已经完成编写一套由三部分组成的主要会议论文丛书，主题是亚洲战略转变及其对美国政策的影响。这套出版物包括《亚洲看美国：对美国势力的地区看法》（2007）、《韩国：东亚的枢纽》（2006）以及《战略惊奇：21世纪初期的美－中关系》（2004）。他除了撰写许多报告、研究专著以及编辑著述外，还定期给美国、亚洲与欧洲的专业核心期刊投稿并为其编辑的许多书目撰写部分章节。在这些作品中，他特别关注中国国际战略、东亚国际政治、地区安全以及美国的外交政策。他还定期为美国及国外媒体投稿，其中包括许多专栏文章和战略评论。

保护能源运输不受任何破坏、供应来源的多样化、鼓励能源开发以及通过减少对油气的依赖防止环境进一步恶化等等，但这些共性常常被掩盖或被忽视。不过，尽管合计消费占全球能源产量近35%的中美两国有这样的利益交汇，它们对对方能源战略的看法却往往大相径庭。其中的一个主要原因，是中国在海外能源市场（尤其是在波斯湾、非洲和中亚地区）购买股权的行为，这被某些分析人士视为其"锁住"油源或控制供应源头的大棋局的一部分。[3] 中国令人不安的长远海上利益及其海军现代化建设的重点领域，也是导致观点分歧的原因。

不管有多少利益和政策之争，一个无法回避的事实是，中美在全球能源问题上处境相去无几。在处理能源事务时，两国政府显然需要放弃成见，甚至为实现共同利益牺牲一些国家自主，实施可能十分痛苦的内部调整，以期达成更为远大的政策目标。如果两国政府不为之付出艰苦努力，进行严肃认真、持续不断的能源事务交流，这些根本就无从谈起。美国和中国的政策制定者们还必须对两国海上安全的未来，以及这样的未来究竟是会以正面的还是负面的方式互动，有更深刻的认识。

此外，所谓能源"安全"也有些词不达意。几乎所有分析研究讲的都是能源"不安全"问题。政府、生产者、消费者都追求能源供应的可预测、有保障并且价格明确，而这些都很难企及。对各种灾难的过度臆想层出不穷，其中的许多担心确实反映了能源市场运行中所固有的竞争性和不稳定性。谨小慎微和谋取私利的行为方式往往导致官僚主义或公司至上的结果，而且能源战略正越来越被看成是一个军事计划问题。[4] 国家和公司层面的决定可能会对后续的政策选项产生强烈的锁定效应。能源供应水平和价格因素还会影响消费者的行为以及环境状况。美中两国富有见地的科学家、分析人士和政策计划者们都在认真思考能源战略的长远走向，但国家决策者们是否会倾听他们的见解，现有的决策机制又能否给出全面的政策解决方案，都还很难说。[5] 尽管长远规划的功效还有待印证，但寄望于一定的共识和理性的私利并无大错。

对能源供需状况和价格走向保持适度警觉亦有必要。举例而言，1999年3月《经济学人》杂志曾宣称世界"已被石油淹没"，而且这种供过于求的局面将无限期存在，并可能导致油价跌破十美元/桶。[6] 可见，即使是小心谨慎、富有见地的研究者也会被能源价格的反复无常引入歧途。能源预测中的综合分析要求尽量淡化偶发因素的影响。对后萨达姆时代伊拉克石油增产的预期是盲目乐观的又一例证。由此可见，特定事件或政策（尤其是波斯湾地区的不稳定）可以影响市场和国家心态，这既解释了油价大起大落的原因，也有助于避免脱离理性经济计算来规划战略。赫尔曼·卡恩在其著名的情况简报中谈到其特有的乐观主义远景预期时，经常会有一个双重审慎的结尾：“我的判断应该站得住脚，除非运气太差、管理太糟。”只是，未来几年这两样恐怕都少不了。

一、大局

近年来，对石油的远期预测引发了很大的焦虑，究其原因，中国对进口石油需求的快速增长（相对于其他能源）占了很大成分。国际能源署预计，到 2030 年，中国对进口石油的需求量将从目前的 350 万桶/天（约占其日均需求量的 50%），攀升至 1 400 万桶/天（约占届时日均需求量的 75%）。进口的主要来源是波斯湾。[7]造成这种供需矛盾增长局面的因素很多，如中国经济向能源密集型工业的结构性转移、汽车保有量的几何级增长、国内石油储量下降、能效过低、政府因担心能源产品价格引发社会动荡而人为压低国内油价等等。结果是，在过去五年中，中国对全球能源需求增长的贡献占到近 40%！[8]中国 1993 年才成为石油净进口国，但很快就崛起为国际能源市场的主要行为体。亚洲其他一些高速发展国家（主要是印度）对全球能源需求增长也有贡献。

美国和中国分别是世界第一和第二石油消费大国。沙特阿拉伯、俄罗斯和美国位列世界产油大国第一梯队，伊朗、墨西哥和中国则为第二梯队。目前，中国是排在美国和日本之后的世界第三大石油进口国，但恐怕用不了多久其位次就会趋前。[9]中国在很大程度上正沿着美国的足迹前行（尽管是从低得多的经济发展水平上起步）：两国的石油消费量都远远超过自身的石油产量。[10]英国石油公司估计，2005 年美国拥有世界石油探明储量的 2.5%，却消费了全球石油产量的 24.9%；相比之下，中国占有世界石油探明储量的 1.4%，消费全球石油产量的 8.2%。[11]但今后几年最后这个百分数的大幅增长似乎已成定局。

中美石油进口对比的最大不同之处在于来源地，不过这更多的是由于地理而不是其他因素所致。美国石油进口的 50% 多一点来自西半球（墨西哥、加拿大以及中、南美国家），20% 略少一点来自西、北非，大约 18% 来自中东，剩下部分的来自北海和俄罗斯（都不到 10%）。[12]相比之下，中国石油进口主要来自非洲（25%）、沙特阿拉伯（17%）、伊朗（14%）和俄罗斯（8%），预计从中亚的进口最终会占到 15%。[13]因此，中国在波斯湾和中亚不断增强的石油渗透（以及可能随之而来的政治影响）正搅得那些对中国的长期目标和政策怀有戒心的国家愈发焦虑不安。

但是，这样的局面带有误导性。也许会有激烈的石油资源竞争，但不会是霍布斯所说的那种"人人相互争斗"的局面。尽管全球供需失衡很小，但能源资源本质上是可以替代的。[14]丹尼尔·耶金认为："只有一个全球石油市场，美国是其中的一部分。而且，能源市场与其他贸易和金融市场一样，在国家地区间始终盘根错节。能源安全不只是自身的问题，而是国家关系大格局的一部分"。[15]供需基本吻合的局面恰好说明，对能源供应的任何破坏都将导致严重的后果。一些研究人员认为现有局面会引发未来危机，尤其是考虑到全球对波斯湾和几内亚湾这两个世界上最不稳定地区石油出口的依赖。[16]

把眼光再放远些，按照2005年的消费率计算，世界现有探明石油储量大约可供应41年。这倒不是说2047年世界就会突然断油，也许还有更多的储量尚待发现，技术进步和油价上扬可能使以前认为不够经济的既有储量得以开采。直到20世纪80年代初，这一估计还是30年多一点，相比之下，41年已经是很大的提升了，更何况过去十余年中能源消费也有大幅增长。[17]正如陈凤英所说："近几年全球能源供应紧张与石油价格上涨，系生产性短缺与需求拉动，而非资源枯竭。换言之，风险主要来自地上而不是地下。因此，我们不应将市场意义上的供应紧张与战略意义上的能源安全混为一谈，否则会引起不必要的市场恐慌。"[18]

二、中国的希望与担心

中国学者对中国越来越多地依赖国外能源、这种依赖可能带来的危险后果以及在不断变化的形势下如何最有效地保障中国的切身利益进行了广泛的探讨。中国国际问题研究所的刘学成认为，"从中国的角度来看，影响国内能源战略的主要因素在于获取外部能源的脆弱性和防范美国对其能源供应限制的需要。考虑到中国进口总量的80%都要航经马六甲海峡这一（潜在的）软肋，中国把海上航运安全视为重中之重"。[19]

在内部不稳和民族冲突地区铺设管线的潜在脆弱性进一步强化了这种悲观意识。但中国人民大学的查道炯认为：

> 运往中国的外部能源出现问题导致供应中断就是能源安全问题。不过……20世纪90年代初以来尚未出现过因蓄意干扰而造成

的重大事件，因此这类问题主要还是心理上的……尽管这种恐惧
并无实证，但对思考未来中国在全球能源市场上的命运还是有很
深的影响。世界主要大国关于"中国威胁"其能源供应的言论对
这样的恐惧心理起到了推波助澜的作用。但是，对中国地理弱势
的警醒应当转化为与有能力破坏中国供油安全的大国进行合作的
强大战略动力。[20]

查道炯的言论反映了中国研究界对全球化将如何影响中国未来经济发
展的普遍看法。一些中国战略学者对未来中国能源形式持有更为审慎的
"防范"观点。比如，北京航空航天大学的张文木认为：

> 中国对国际能源进口正迅速从相对依赖关系转变为绝对依赖
> 关系……中国几乎无力保护其海外进口通道。这是当代中国的阿
> 基里斯之踵，迫使中国把自己的命运寄托于他人（稳定的市场和
> 可获取的资源）。因此，中国必须举国重视海上安全，重视通过海
> 上力量保卫自身利益。海上力量至关重要，中国目前还很落
> 后……民族国家一经参与到全球化之中，就有权利保护与世界融
> 为一体的国家利益……海上通道是联结中国与本地区乃至全世界
> 的命脉，因此中国必须要有一支强大的海军。[21]

虽然张文木认为中国可以通过多边磋商和全面遵守其所理解的《联合
国海洋法公约》来部分保护自己的海上利益，但他仍主张拥有"通过对外
积极防御政策"来维护"中国已经取得的地区性利益"的军事能力。[22]

中国的海上权益及其对中国海军未来发展的影响也越来越受到关注。
如 2004 年，海军军事学术研究所的徐起大校曾在中国最权威的军事和战略
刊物之一《中国军事科学》上发表了一篇十分详细的分析文章，[23]鼓吹加强
海上力量建设以确保国家的长远国力和繁荣，这俨然是艾尔弗雷德·塞
耶·马汉的论调。放在中国经济和能源过渡期的大背景中来看，他的观点
并不令人感到惊讶。

徐起的观点以及近期发表的其他一些文章使人想起国际上对中国海上
未来的争论。[24]但这种争论似乎更多的是利益使然而非应变之需，尽管中国
海上能力的增强将使其得以在未来冲突中更加有力地施加影响。[25]不过，这
些争论并未给中国的对外战略设置一个"非此即彼"的选择前提，特别是
在中国对能源相互依赖（包括可能的中美政策协调）的态度方面没有设置
这样的前提。中国的研究者们对国家现代化战略中重大选择的认识正变得

更深刻、更成熟，这尤其表现在对中国日益扩大的全球商业和能源交易规模对国家利益的影响的认识方面。这些问题将愈来愈多地左右中国人对国家战略的思考，并将影响美国、中国以及其他海洋大国未来几年的政策抉择。

然而，中国最近的某些行为却在美国激起了相当的不安。在过去五年中，中国的三家国有石油公司通过在中东、非洲和中亚地区收购股权、投资钻探以及建设炼油厂和输油管，在全球能源生产体系中建立了立足点。弗林特·莱弗里特和杰弗里·巴德认为这种"走出去"的政策始于2002年，得到胡锦涛的明确支持，最近又在最高领导层中确立下来。[26]不过，当中国人（在许多美国政客们看来）真的打到了家门口时，这种不安达到了顶点：中海油欲斥资185亿美元收购美国加州联合石油公司（优尼科）。尽管自由贸易的支持者们把中国参与竞标视为一个机会，即通过让中国大公司在全球经济中占有更大份额来开创一个重要的先例，但中海油的最终撤标还是反映了美国国内对此项交易激烈的政治反对。[27]

这次经历让中海油董事长傅成玉变得清醒了，他认为这不是竞标本身的问题，而是某种事态的先兆。正如傅成玉后来所说："震惊（美国人的）……并非仅仅因为这一交易的规模。在美国以及世界资本市场上，这类规模的收购只是寻常事，不会令人大感意外。人们感到震惊是因为出这笔钱的是一家中国公司。当时没人认为一家中国公司能够做这件事"。[28]随着中国公司在全球商业中的力量越来越强，这不会是中国大公司（即便是中海油）最后一次竞标收购美国能源公司。联想收购IBM个人计算机业务就是另一起同类型的标志性事件。但在许多美国政客眼中，这样的收购依然是令人不安甚至是令人震惊的。

三、美国的希望与担心

在美国，对能源前景的讨论被严重扭曲了，对中国在各个油气市场取得立足点后会给美国能源供给带来何种影响的讨论也被严重扭曲了。美国还出现了新一轮"能源自给"的呼声，但这无论是从经济效益还是从实践经验角度都讲不通。[29]丹尼尔·耶金指出，在美国能源总体结构中，自给部分仍有70%。石油进口在美国能源依赖中所占比例过重。1973年11月份尼克松总统首次宣布能源自给目标时，美国的石油进口率为1/3，但后来增长到了60%，而且今后还将进一步增长。液化天然气进口也会增长，从目前的3%增长到2030年的25%以上。[30]因此，美国是开放的、全球化的石油和天然气市场最大的受益者和支持者，这种局面不可能很快改变。

然而，一些分析人士（尤其是丹·布卢门撒尔和约瑟夫·林）却对中国购买能源资源的行动感到非常不安。布卢门撒尔和林认为，"中美在中东及其他不稳定或非民主产油国围绕化石燃料发生冲突"的风险在增加。他们将能源进口定性为一种"零和游戏"，并形容中国的能源采购是受了"偏执的能源安全思维的驱动"。布卢门撒尔和林认为，从长远看，中国"所理解的军事需要和强烈的民族自尊恐怕已经在引领着他们走向中国版的制海权……美国（与中国展开）合作的提议……可能会被中国控制本国贸易的民族主义本能所淹没……导致其与美国争夺制海权。"布卢门撒尔和林还对中国实现供应来源多样化的努力持批评态度，不承认中国通过增加全球石油可供应量（尽管规模并不算大）的办法获取能源降低了美国及其他石油消费国出现石油短缺的可能。[31]

布卢门撒尔在为本书所著的文章中对他的这些观点做了详细的介绍。他坚信"中国的外交政策在很大程度上是受其能源政策所驱动"，而且中国日益增长的能源焦虑还决定了其主要的战略优先和诋毁美国意图的思维方式。在布卢门撒尔看来，导致这些问题产生的根源，一是中国对美国力量的长期怀疑，二是中国对"真正融入市场并接受国际能源安全机制"的抵触心态。这些特征在某些中国研究人员那里表现得确实非常明显。但从全局看，中国的行为似乎更为"综合"而非"零和"。虽然中国的规划制定者们已经对"供方"主导的能源战略做了清晰的阐述，但中国的能源战略并未显示出连贯性和一致性。中国能源体系内部的竞争至少不亚于坊间所描述的中美两国能源战略研究者们之间的恶斗。中国国内的许多争论都反映出拥护一方与官僚体制之间的争斗，这说明其决策并非体制内自上而下协调一致的结果。

更为重要的是，美中两国都越来越强烈地要求能源的无障碍流通。美国海军军事学院的学员们在最近进行的一项研究中提出了这样一个概念，即中美两国正面临着一种"相互确保依存"的能源需求形势。[32]双方在投资增加能源勘探、提高能效、鼓励资源保护、减低化石燃料消费给环境带来的恶果等方面具有结构性的利益互补关系。只有两国加强合作，这些目标才有可能实现。如果华盛顿和北京退缩到狭隘的、自我保护的能源战略思维之中，谁也不想接受其对全球能源未来承担的责任，那么两国（乃至整个世界）都将自食其果。

前副国务卿罗伯特·佐利克在呼吁中国崛起为国际体系中"负责任的

利益攸关方"时就明显体现出一些这样的含义。佐利克认为，中国在过去30年中越来越多地参与到全球贸易体系（包括能源领域）中来，这使得其国力得以稳步提高。他认为，（作为国际体系的主要受益者），中国"有义务加强这个帮助其取得成功的国际体系"。佐利克断言，通过对现有准则和国际关系做出更多贡献，中国就能提升其国际政治影响力，降低与美国深化对抗的可能性。他更进一步指出，中美"维护使双方共同受益的政治、经济和安全体系符合双方的利益。"但他也指出，中国漠视知识产权、维持被低估了的货币、采取重商主义的能源政策，所有这些都不是美国所期望的。[33]不管佐利克此番言论的要旨何在，他对国际体系长远走势的描述证明了美中利益环环相扣的特性，而能源问题可能将在其中发挥更加关键的作用。

四、对合作的思考

随着中国经济、政治和军事力量的增长，美国的政策制定者们显然必须厘清中国的战略走向和政策重点将会如何与美国的长期利益互动这样一个问题。不过，美国有能力塑造和推动中美关系向于己有利的方向发展，这其中也包括能源领域。中国正在努力实现其领导人确立的战略利益，而且实现的手段越来越多。中国战略中最具活力的核心理念是认为会有多个大国。因此，未来的世界秩序不会简单延续以往几乎只由美国一家说了算的大国游戏规则。21世纪初的全球秩序要求纳入新的大国，美国有足够的动机帮助中国全面融入这一进程。通往未来秩序之路现在就要动手打造，而中美能源合作正是推动这一进程的良机。

两国眼下都缺少一个清晰的能源战略。就中国的情况而言，李侃如和米克尔·赫伯格认为：

> 中国的对外能源推进并不代表对美国安全利益有组织的战略性挑战，……而是一系列可塑的、松散地联系在一起的政策。它们并非直接针对美国，但却对美国的若干关键利益有间接的影响。……北京的能源政策与其说是一个清晰的战略，倒不如说是一些临时的动议：有些经过统筹协调，有些却没有；有些是国家主导的，有些则是受市场和商业驱动的产物……没有一个中央政策机构来有效监管这一战略。相反，中国领导人及其办事机构看来更倾向于一种更宽阔的"心态"，即政府、非政府组织（国家石

油公司）和外交使团在一定程度上都在做着相同的事情。[34]

上述局面反映了中国能源决策能力缺失的历史，而且随着中国能源需求的增长，这一问题正变得愈发突出。正如利兰·米勒所言："几十年来，中国能源工业的组织结构经历了一次又一次整编，但大都失之于表面化。受制于严重的人员配置不足、权力交叉、地域之争和官僚惰性，中国的能源监管体系在分散与集中之间纠缠不清，没有哪个部门对其长期的失误负责。这样的乱局对目前北京视之为 21 世纪最重要的国家安全问题是一种讽刺。"[35]

然而，近年世界石油需求量的飙升使得美国和中国的专家学者以及政府官员更加重视长期能源战略。[36]如 2003 年中国提出要制定一个综合性的"21 世纪石油战略"，2004 年国务院发展研究中心又准备起草一部国家能源战略报告。[37]但这些努力仍然受到缺乏一个管理能源战略的权威政策机制的掣肘。2005 年 4 月在国家发展与改革委员会下设立国家能源办公室的举措看似方向对头，但好像又被几个星期之后成立的由国务院总理温家宝和副总理黄菊、曾培炎执掌的领导小组压过。正式恢复能源部的计划一再推迟，这反映出在明确划定权力界线已经变得十分迫切的情况下，中国还要继续饱受官僚机构职责分割之苦。甚至在普遍认为中国有必要建立一个超部委的权威性机构的情况下，这个机构也与酝酿恢复的能源部不同，很可能会成为受制于既得利益的又一个官僚层级。[38]

美国和中国还必须悉心审视其能源政策战略规划的根本前提和目标。虽然能源自给的目标看似值得称道，但对两国来说都极不现实。[39]不过，两国政府确实需要充分认识依赖石油进口的长远影响，权衡减少潜在风险的政策选项。但无论是美国还是中国都不可能独善其身。两国需要互动，需要就能源战略进行充分沟通。作为世界头号进口石油消费国，两国都必须证明自己是对能源未来"负责任的利益攸关方"。此外，更多的能源合作倡议和项目也会对两国各自体制内的官僚部门和能源企业的行为与责任起到有强制影响力的作用。

未来的美中能源战略将会怎样互动？有三种主要形态已初具雏形：一是两国领导层的长期高层政策对话；二是能源政策合作研究，特别是能源保护议题；三是评估潜在能源风险对美中防务规划尤其是两国海军的影响。所有这些都需要悉心经营。

美中两国于 2005 年 6 月启动了一项年度能源政策对话，此后两国能源官员又于 2006 年 9 月继续实施了这一会晤。此种机制必将成为交流长期议题的重要平台。两国都迫切需要政策制定者和能源问题专家之间的定期交流，而且其议题也开始变得丰富起来。年度对话应当成为两国政府责无旁贷的长期互动进程中的一个组成部分。此种讨论应当涵盖所有相关议题，包括比较双方对未来能源需求的判断，评估战略石油储备政策（包括改善透明度的措施），鼓励中方提高能效和转变能耗结构（包括更多使用可再生能源）等。2006 年 9 月的会晤就包含了所有这些议题，美方与会官员称这次会晤议题广泛、气氛坦率。[40]此后，国际能源署在与中国发改委就建立战略石油储备一事达成一项框架协议方面所取得的进展也具有积极意义。国际能源署称，上述进展包括中国方面承诺提高透明度和公开其计划，这显示出美中政策对话可以在多大程度上推动实现包括相关国际组织在内的更大的合作目标。[41]

第二个合作领域是包括强化环境安全措施在内的未来能源技术研发。此项合作应涵盖所有以减少对化石燃料的依赖为目的的能源保护策略。清洁煤炭技术也是很有前途的温室气体减排途径。迅速现代化正使中国面临着更为严峻的环境损害。在此方面，中国的政策制定者和能源企业都可以从美国丰富的经验和技能中获益。此外，这样的合作为把高等院校、研究机构和私营部门纳入其中提供了更大的可能，它们当中有些已经在进行积极的探索。

第三个潜在交流领域事关能源供应对两国国家安全战略的影响。这一领域当然涉及美中两国的重大敏感问题，但显然也有全面审视和互相讨论的可能。随着中国在全球商业中的地位日增，中国的战略研究者们正越来越多地提出事关中国能源供应的海上运输线安全问题。任何人都不应对此感到奇怪。中国的计划者们能够勾勒出两大类型的未来情形。第一类情形假定美国寻求妨害或完全阻止中国在重大危机发生时获取石油，而其核心是台湾危机。第二类情形则设想通过合作确保海上通道安全，在这里中国将扮演一个旨在保护所有海洋国家防范潜在威胁的多边联盟中的一员。

这两种相互排斥的可能性触及到了美国和中国制定长期防务规划所依据的基本假定。例如，美国海军正在制定一项新的海上战略，以期在海军聚焦实战能力的传统与一系列更为广泛的职责之间取得平衡。这一战略的某些精髓体现于《国家海上安全战略》之中，后者主张通过加强国际合作确保海洋领域的集体安全利益。[42]美国海军希望既能维持自身在重大突发事件中的决定性作战能力，又能让地区合作者分担一些责任。

新的国际环境将怎样重塑美国海军的使命任务？2005 年 9 月，时任海军作战部长的迈克尔·马伦上将在海军军事学院的一次讲话中做了这样的论述：

> 联合运用海权……是（当前）国际社会的核心要义……不能控制海洋，或曰没有制海权，我们就无法保护贸易，无法对陷于险境和蒙受灾难者施以援手，也无法在整个国际社会因奴役、大规模杀伤性武器、毒品和海盗而分崩离析之时挺身而出……我们需要一个崭新的、完全不同的海权形象。

> 我们拥有一支……非常善于在大规模作战行动中推动海权的联合运用，从而赢得战斗……的舰队。但我们同样需要一支能运用于战争谱系另外一端的舰队，……我把它形象地称之为"千舰海军"，当然如果你们愿意，也可以称之为"存在舰队"。我所追求的是所有热爱自由的国家携起手来，守护海洋，守护彼此。……我们已经验证了海洋用于战争时所具有的令人称奇的能力。但我们还未能完全实现海洋用于和平、繁荣和增进理解、透明度以及普遍安全事业时所具备的潜能。……海权的真正潜能……是通过海洋力量的运用实现共享与联合、威慑与挫败、防卫与永续。[43]

马伦上将的"千舰海军"（亦称"全球海上伙伴"）说在美国海军圈内正变得流行起来。但与其说这是一个纲领性的目标或作战概念，倒不如说是对未来海上环境的憧憬。正如约翰·摩根中将和查尔斯·马尔托利奥少将所强调指出的，这一提法的意思是依靠集体力量应对复杂多样的海上威胁，否则任何国家仅凭一己之力都难以成功，美国海军也不例外：

> 推进和维护全球海洋公域安全是其核心要素，因为海上自由对每个国家的长期经济福祉都至关重要。……同样，任何国家、团体和个人以破坏、摧毁或是妨害海上安全为目的开发利用海洋公域的行为，都应被视为全球性挑战。……监管海洋公域远非美国或其他任何国家可以独力为之。……"千舰海军"主张在自愿基础上联合起来，在极大地拓展可用手段监控海上安全形势的同时，使更多国家有能力保护海上安全。[44]

尽管上述言论都没有直接提及中国，但题中之意却是心照不宣：面对这样一个理念上的海上同盟，中国是"投身其中"还是"置之度外"？这一理念起初并似乎并不排斥中国。实际上，2007 年 5 月中国海军司令员吴胜利访问美国时，迈克尔·马伦上将向其表露了探讨这种可能性的兴趣，而吴胜利将军也表明了愿意考虑这种前景的态度。同月访华的美国太平洋总部司令蒂莫西·基廷海军上将进一步强调了这一信息。

美中两国的更高层官员都不会直接回答中国是否会融入到这样一种合作理念之中的问题，更何况目前这还只是对海上安全合作的展望而非一整套已经完全成形的概念和实践。各国都会采取它们认为必要的手段保护其至关重要的利益，但这并不排除在利益重叠或交叉的领域进行合作的可能。美中海岸警卫队合作取得的进展就是一个不事声张的成功案例，这种合作避免了负有战斗使命的海军介入时所固有的敏感性。它们的合作内容包括保护沿岸基础设施、确保航运安全以及南海海域反海盗、反恐等。两国或许还有机会在培训东南亚国家海上力量以及其他类似的能力建设项目上展开合作，这也有利于提升能源安全。[45]

然而，在美方缺乏探索美中合作可能性的意愿而中方也没有相应意愿的情况下，完善应急计划和发展自主能力就会逐渐成为两国海上力量最终的、占主导地位的默认选项。不愿意给合作以机会，也就预先注定了最终的结局。美中两国都曾表示愿意相互肯定对方在亚太地区扮演的角色。但是这种相互肯定能拓展延用于两国所有的安全责任和军事能力吗？这对美中两国未来的影响是再大不过的了，而且关乎的也不仅仅是各自的能源问题。

注释：

本章的另一版本将刊载于 Journal of Contemporary China 17，2008 年 5 月第 54 期。

1. Daniel Yergin 所著 "What Does 'Energy Security' Really Mean?" 一文对此种倾向有很好的矫正作用，该文载于 Wall Street Journal，2006 年 6 月 11 日。

2. 关于对此类问题的全面讨论，请分别参阅 John Deutch 和 James R. Schlesinger 主持的独立研究小组第 58 号报告（Independent Task Force Report No. 58）："National Security Consequences of U. S. Oil Dependency"（New York：Council on Foreign Relations，2006 年）；美国能源部 2006 年 2 月发布的《2005 能源政策法案》（Energy Policy Act 2005，Section 1837：National Security Review of International Energy Requirements）；布鲁金斯能源安全系列研究报告中 Erica Downs 的 China 篇（Washington，D. C.：The Brookings Foreign Policy Studies，2006 年 12 月）；Eugene Gholz 和 Daryl G. Press 所著 "Energy Alarmism：The Myths That Make Americans Worry About Oil"，Report No. 589（Washing-

ton，D. C.：Cato Institute，2007 年 4 月 5 日）；以及 Daniel H. Rosen 和 Trevor Houser 所著 "China Energy：A Guide for the Perplexed"（Washington，D. C.：China Balance Sheet Project，2007 年 5 月）。

3. 可参阅例如，Josh Kurlantzick 所著 "Crude Awakening"，该文载于 The New Republic，2006 年 9 月 25 日。

4. 参阅 James A. Russell 和 Trisha Bury 所著 "Conference Report：The Militarization of Energy Security"，该文载于 Strategic Insights 6，2007 年第 2 期。可通过以下网址查阅：http：//www. ccc. npsHnavy. mil/si/2007/Mar/energyMar07. pdf.

5. 参阅 "Ending the Energy Stalemate：A Bipartisan Strategy to Meet America's Energy Challenges"（Washington，D. C.：The National Committee on Energy Policy，2004 年 12 月）；欲了解对美国防务需求的专项解读，请参阅 "Reducing DoD Fossil – Fuel Dependence"（出版者：McLean，Va.：JASON，The MITRE Corporation，JSR – 06 – 135，2006 年 9 月）。关于中国能源战略问题，请参阅 Chen Fengying（陈凤英）的 "World Energy Security in Flux"，该文载于 Contemporary International Relations（《现代国际关系》英文版）2006 年第 6 期，第 1 – 12 页，以及刊载于 China Security（Washington，D. C.：World Security Institute China Program，2006 年夏）上的一些文章；Xuecheng Liu（刘学成）的 "China's Energy Security and Grand Strategy"（出版者 Muscatine，Iowa：The Stanley Foundation，Policy Analysis Brief，2006 年 9 月）；中国国务院国家发展与改革委员会 2007 年 4 月 10 日发布的《能源发展十一五规划》。

6. 参阅 "Drowning in Oil"，该文载于 The Economist，1999 年 3 月 6 日。

7. 参阅 2005 年 2 月 3 日 Jeffrey Logan 在美国国会参院能源与自然资源委员会上的证词 "Energy Outlook for China：Focus on Oil and Gas"，Phillip C. Saunders 在其主编的 "China's Global Activism：Strategy，Drivers，and Tools"（Occasional Paper 4。出版者：Washington，D. C.：National Defense University Press，Institute for National Strategic Studies，2006 年 10 月）第 6 页中引用。

8. 参阅 Flynt Leverett 和 Jeffrey Bader 所著 "Managing China – U. S. Energy Competition in the Middle East"，该文载于 Washington Quarterly 29，2005 年 6 月第 1 期，第 189 页。

9. 尽管中国和印度的能源消费量增长迅速，但就人均能耗水平而言，两国仍远低于与加拿大和美国（加拿大的人均能耗远超美国）。2004 年，中国的人均能耗水平介于美国的 1/8 ~ 1/7 之间，而印度则仅相当于中国的 1/3。有关情况请参阅 "Leaders of the Pack"，该文载于 The Atlantic，2007 年 1 至 2 月，第 125 页。

10. 但 Xuecheng Liu（刘学成）指出，中国仍然过度依赖国内能源。2005 年中国能源需求的 94% 来自国内资源，而其中煤炭的压倒性占比（超过 2/3）造成了严重的环境问题。刘进一步指出，中国预期到 2020 年国内资源占整个能源需求的比重将下降至 80% 左右。具体请参阅其所著 "China's Energy Security and Grand Strategy" 一书，第 3，5 页。

11. 参阅 Chen（陈凤英）在其 "World Energy in Flux" 一文第 6 页所引用的英国石油公司（BP）2006 年 6 月 Statistical Review of World Energy。

12. 参阅 "Reducing DoD Fossil – Fuel Dependence" 一书根据英国石油公司（BP）2006年 6 月 Statistical Review of World Energy 绘制的表格 vi。

13. 参阅 Liu（刘学成）的 "China's Energy Security and Grand Strategy" 一书，第 10 – 11 页。

14. 数据源于国际能源署（IEA）网站，Liu（刘学成）在其 "China's Energy Security and Grand Strategy" 一书中引用，第 8 页。

15. 参阅 Yergin 所著 "What Does 'Energy Security' Really Mean?"。

16. 参阅 Chip Cummins 所著 "As Threats to Oil Supply Grow, a General Says U. S. Isn't Ready"，该文载于 Wall Street Journal，2006 年 12 月 19 日。

17. 参阅 "Reducing DoD Fossil – Fuel Dependence" 一书，第 4 – 5 页。

18. 参阅 Chen（陈凤英）的 "World Energy Security in Flux"，第 4 页。

19. 参阅 Liu（刘学成）的 "China's Energy Security and Its Grand Strategy" 一书，第 12 页。

20. 参阅查道炯的 "Energy Interdependence"，该文载于 China Security（2006 年夏），第 7、9 页。

21. 参阅张文木的 "Sea Power and China's Strategic Choices"，该文载于 China Security（2006 年夏），第 19 – 22 页。

22. 同上，第 27 页。

23. 参阅徐起的《21 世纪初海上地缘战略与中国海军的发展》（"Military Geostrategy and the Development of the Chinese Navy in the Early Twenty – first Century"），Andrew Erickson 和 Lyle Goldstein 翻译本，载于 Naval War College Review 总 59 期，2006 年第 4 期，第 47 – 67 页。

24. 欲了解一位中国重要战略学者的观点，请参阅杨毅的《占领富国强军道德高地》（"Occupy the Moral High Ground of a Rich Country with a Powerful Army"），该文载于 2006 年 4 月 27 日环球时报。杨毅，海军少将，中国国防大学战略研究所所长。

25. 欲了解对这些文章的更多评论，请参阅 James R. Holmes 和 Toshi Yoshihara 所著 "China and the Commons：Angell or Mahan？"，该文载于 World Affairs，2006 年 3 月 22 日。

26. 参阅 Leverett 和 Bader 所著 "Managing China – U. S. Energy Competition in the Middle East"，第 193 页。欲了解更多观点，请参阅 Kenneth Lieberthal 和 Mikkal Herberg 所著 "China's Search for Energy Security：Implications for U. S. Policy"，该文载于 NBR Analysis 17，2006 年 4 月第 1 期，第 11 – 16 页。Lieberthal 和 Herberg 认为 "走出去" 政策要比 Leverett 和 Bader 认定的时间要早一些。

27. 可参阅例如 "China's Energy Thirst"，该文载于 Wall Street Journal，Editorial，2005 年

6 月 24 日。

28. 傅成玉是在接受《华尔街日报》（Wall Street Journal）的 Shai Oster 采访时作上述表态的。具体内容请参阅 "China's Offshore Oilman"，该文载于 Wall Street Journal，2006 年 7 月 31 日。

29. 参阅 Charles Wolf Jr. 所著 "Energy Fables"，该文载于 The International Economy 19（Fall 2005）第 38 – 39，54 页，对这些观点进行了有力驳斥。欲了解对这些问题有价值的综述，请参阅 Deutch 和 Schlesinger 所著 "National Security Consequences of U. S. Oil Dependency" 一书。

30. 参阅 Daniel Yergin 所著 "Energy Independence"，该文载于 Wall Street Journal，2007 年 1 月 23 日。

31. 参阅 Dan Blumenthal 和 Joseph Lin 所著 "Oil Obsession"，该文载于 Armed Forces Journal（2006 年 6 月），可通过以下网址查阅：www. armedforcesjournal. com/2006/06/1813592，第 49 – 50 页。另请参阅 Blumenthal 在本书中的 "Concerns with Respect to China's Energy Policy" 一章。

32. 参阅 Matthew J. Bonnot 等所著 "Responding to China's Global Pursuit of Energy：U. S. Challenges and Strategic Options"，该文系 2007 年 6 月 1 日向美国海军军事学院教官提交的 "中国能源高级研究项目" 部分内容论文。

33. 参阅 Robert B. Zoellick（佐利克）2005 年 9 月 21 日在纽约向美中关系全国委员会发表的演讲 "Whither China：From Membership to Responsibility?" 本段提取了演讲中最有用的分析，同时参考了 James J. Przystup 和 Phillip C. Saunders 关于这些因素对美国战略影响的看法，这部分内容请参阅他们所著的 "Visions of Order：Japan and China in U. S. Strategy"，该书为国家战略研究所（INSS）的《战略论坛》第 220 期（Strategic Forum no. 220，出版者：Washington，D. C.：National Defense University，June 2006 年）。

34. 参阅 Lieberthal 和 Herberg 所著 "China's Search for Energy Security"，第 17 页。另，Downs 的（布鲁金斯能源安全系列）China 篇对既有能源决策体制的职责做了深入细致的解读，请特别参阅第 16 – 24 页内容。

35. 参阅 Leland R. Miller 所著 "In Search of China's Energy Authority"，该文载于 Far Eastern Economic Review 169，2006 年第 1 期，第 39 页。

36. 有关美国政策辩论的情况，请参阅 Deutch 和 Schlesinger 所著 "National Security Consequences of U. S. Oil Dependency" 一书。关于可能将中国纳入其中的举措，请参阅 Lieberthal 和 Herberg 所著 "China's Search for Energy Security"，第 30 – 37 页。

37. 参阅 Miller 所著 "In Search of China's Energy Authority"，第 39 页。

38. 参阅布鲁金斯能源安全系列中 Downs 的 China 篇，第 17，19，20 页。

39. 参阅 Deutch 和 Schlesinger 所著 "National Security Consequences of U. S. Oil Dependency"，该书对把能源自给作为美国明确的政策目标做了令人信服的批判。

40. 参阅 Karen Harbert 2006 年 9 月 19 日在华盛顿外国媒体中心的情况介绍 "U. S. – China Energy Policy Dialogue",可通过以下网址查阅:fpc. state. gov/fpc/72880. htm.

41. 参阅 Shai Oster 和 David Winning 所著 "China, IEA Near Pact on Strategic Oil Reserve",该文载于 Wall Street Journal,2007 年 1 月 18 日。

42. 参阅 "The National Strategy for Maritime Security" (Washington, D. C.: The White House, 2005 年 9 月);另请参阅 "Maritime Security in the East Asia and Pacific Region" (Washington, D. C.: U. S. Department of State, Bureau of Public Affairs, 2006 年 4 月 21 日)。

43. 参阅 Michael Mullen 海军上将 2005 年 9 月 21 日在美国海军军事学院承办的第 17 届国际海上力量研讨会上的致辞 ("Remarks as Delivered for the 17th international Seapower Symposium"),可通过以下网址查阅:http://www. navy. mil/palib/cno/speeches/mullen050921. txt.

44. 参阅 John Morgan Jr. 和 Charles Martoglio 所著 "The Thousand Ship Navy – A Global Maritime Network"。该文载于美国海军学会会刊 Proceedings,2005 年 11 月。可通过以下网址查阅:http://www. usni. org/magazines/proceedings/archive/story. asp? STORY_ID = 247.

45. 参阅 Lyle Goldstein 所著 "Conceptualizing China as Maritime Stakeholder: USCG Opens Door to Cooperative Relationship",该文载于美国海军学会会刊 Proceedings,2007 年 8 月。可通过以下网址查阅:http://www. usni. org/magazines/proceedings/archive/story. asp? STORY_ID = 749.

索　引